재난안전 용어사전

한국방재학회 저

DISASTER

DICTIONARY

SAFETY

한국방재학회
Korean Society of Hazard Mitigation

씨아이알

발간사

한국방재학회는 자연재난과 사회적 재난이 세계적인 화두가 되면서 그와 관련된 깊은 관심을 가지고 해결책을 모색해 나가야 하는 책임감을 가지게 되었다. 복합적인 요인들이 모여 발생하고 있는 여러 자연재난과 각종의 사회적 재난이 국민의 불안감 증대로 이어져 큰 문제가 되고 있다. 따라서 복합적인 원인으로 발생하는 다양한 형태의 재난은 정확한 용어의 정의를 통한 이해가 필수적이다. 다른 과학기술 분야와 마찬가지로 재난 관련 용어도 선진 외래 전문용어의 영향으로 표현의 차이, 불일치 등 혼란을 가중시켰다.

이에 본 서에서는 재난 관련 학술단체가 사용하는 전문용어를 통일하고 그 뜻을 명확히 하고자 노력하였다. 사용하는 용어의 통일과 그 뜻을 분명히 하여 재난 관련 연구에 획기적인 발전의 계기가 되기를 기대한다. 관련 분야 연구자, 설계자뿐만 아니라 일반인들의 재난 관련 용어의 사용과 활용에 길잡이가 될 것이다.

본 용어 사전의 발간은 다양한 재난 관련 분야에서 제각기 사용되던 방대한 양의 용어가 정리되지 않은 채로 부정확하게, 그리고 불일치되게 쓰이고 있어 그 한계를 가짐에서 시작되었다. 교육, 연구, 관련 업계 및 각 기관에서 뜻을 명확히 하고 통일된 전문용어, 원활한 소통 및 일관적인 용어 사용이 되기를 바란다.

끝으로 쉽지 않은 본 『재난안전 용어사전』을 집필하는 데 도움을 주신 (사)한국방재학회 출판위원회 소속 여러 저자들과 감수를 해주신 분들, 그리고 출판에 도움을 주신 분들께도 감사드리며, 앞으로 산학연 등 재난 관련 업무에 종사하는 분들께 많은 도움이 되기를 희망한다.

2015년 11월

(사)한국방재학회 회장

정상만

일러두기

1. 전문용어의 선정 및 절차

1) 본 재난용어 사전은 현재 재난 관련 전문기관 및 관련 연구기관과 대학 2학년 이상의 일반인이 활용할 수 있는 상용 학술용어로 표제어를 선정 · 편집하였다.
2) 본 관련 용어들의 범위는 방재학, 환경분석학, 환경공학, 기상학, 농공학, 수리학, 수문학, 토질역학, 지반공학 등 전 분야에서 활용되는 재난 관련 용어들을 포함한다.
3) 각 표제어는 국문을 기준으로 하여 자음 · 모음 순으로 배열하였으며, 각 표제어들에는 그 필요에 따라 국문 다음에 [ ]으로 하여 영문을 병행 표기하였다.
4) 전문용어 검토는 각 분과에서 전문가에게 의뢰하였으며, 최종 감수는 한국방재학회 출판위원회가 완성하였다.
5) 하나의 표제어에 각 전문 분야별 여러 가지 용어해설이 있을 경우 가급적 모두 수록하였다.
6) 하나의 표제어가 각 전문학회 및 분야에서 사용하는 다른 뜻을 지니고 있을 경우, 관습으로 굳은 것과 상용으로 이용되는 것 중에 가장 많이 사용되고, 적절하다고 판단되는 용어를 기준으로 두었다.

2. 전문용어의 정비 및 표시

1) 표제어 및 그 풀이의 맞춤법은 국립국어원의 한글 맞춤법에 따랐다.
2) 표제어의 국문표기 중 중복 표기가 필요하다고 판단되는 경우 ( ) · /를 이용하여 중복 표기하였다.
3) 전문용어의 외래어 음가 중 한글로 표시할 수 없는 경우 발음을 기준하여 표기하였다.
4) 표제어의 외래어는 외래어 표기법과 로마자 표기법에 따랐으며, 본 표제어의 용어 뜻은 가장 흔히 쓰이는 것으로 하였다.
5) 표제어의 정의는 품사에 따라 명사형으로 마치거나 설명문의 형식을 기본으로 하였다.
6) 전문용어의 풀이 중 필요에 따라 주요 공식 · 수식, 수치 값 등을 추가적으로 작성하였다.
7) 그 내용에서 주요 단어의 설명의 중복을 피하기 위하여 영문, 한자를 ( )에 병행 표기하였다.

목 차

ㄱ

가능 최대 강수량 [probable maximum precipitation(PMP)]

특수한 수공구조물 또는 대규모 수공구조물의 설계에서는 어떠한 경우의 홍수라도 설계홍수량을 초과해서는 안 되도록 설계홍수량을 결정해야 한다. 이러한 홍수량을 결정하기 위한 방법으로서 그 유역에 내릴 수 있는 가상의 최대 강수량을 사용하는 경우가 있다. 이 가상의 최대 강우량을 가능 최대 강수량이라고 하며, 이는 최악의 기상조건이 동시에 작용하여 발생하는 강우로서 과거의 최대 강우량뿐만 아니라 앞으로도 이보다 더 큰 강우는 발생하지 않을 것이라는 가정 하의 강우량을 말한다.

가능 최대 홍수량 [probable maximum flood(PMF)]

가능 최대 강수량으로부터 계산되는 홍수량을 가능 최대 홍수량이라고 하며, 이는 구조물의 파괴로 인한 피해가 경제 단위로 표시할 수 없을 만큼 피해가 큰 구조물을 설계하는 데 주로 사용된다.

가동보 [movable weir]

보는 농업, 생활용수 등을 취수할 목적으로 하도를 막아 상류에 일정한 수위를 유지시켜 취수로를 따라 일정 유량이 유입되도록 설치된 구조물이다. 가동보는 수문을 설치하여 수위를 조절할 수 있다.

가뭄 [drought]

심한 강수량 부족으로 인한 피해를 겪는 기상재해(재난)의 하나. 우리나라 재난의 분류로는 자연재난에 속한다.

가뭄 관리 [drought management]

가뭄의 저감을 위한 예방, 대비 및 대처 방안 수립 등의 관리 활동.

가뭄 기간(갈수기) [drought period]

건조한 계절에 발생하며 하천의 유량이 감소하는 시기를 말한다. 1년 동안 하천의 유량에 대하여 유량이 적은 순으로 355번째에 해당하는 유량을 갈수량이라 한다.

가뭄 위험(요인, 요소) [drought risk]

가뭄 위험요소(인자), 가뭄에 위한 잠재적인 손실.

가뭄 지속 기간 곡선 [drought duration curve]

토양수분 부족으로 증발산이 감소되기 시작한 이후 충분한 강우가 있을 때까지 기간을 나타내는 것으로 물 관리를 위한 유출량 정보를 보여주는 곡선이다.

가뭄 피해 [drought damage]

오랜 기간에 걸친 물 부족 현상으로 인한 산업과 생활의 재해를 말한다. 가뭄피해는 강수량의 부족으로 이해하기보다는 물 부족 개념으로 정의해야 한다. 농업 분야에서는 토양수분이 부족하여 농작물에 큰 피해를 입히며 세계적으로 가장 큰 농업 기상재해를 부른다.

가뭄 해(연도) [drought year]

가뭄 기간(연도), 가뭄 피해를 입은 연도 또는 기간(연 단위).

가뭄/물 기근 [drought/water famine]

일시적인 특이현상으로 강수량이 적어 기후의 영구적인 특성이 되는 건조지역의 기후특성과는 다른 의미를 갖는다(특정기간 강수량이 부족에 기인함).

가뭄관리 자문위원회 [council for drought management]

가뭄의 대비와 관리를 위한 조직 또는 기관장의 자문에 응하기 위한 목적으로 설치되는 합의체. 이 조직의 의사결정은 대부분 법적 구속력이 없으며, 다만 전문적인 지식과 각종의 이해관계를 정책결정에 반영하는 데 그친다.

가뭄대비대책 [comprehensive countermeasures against drought]

오랜 기간 비가 오지 않거나 적게 오는 현상이 지속되는 것을 가뭄이라 하는데, 이에 대한 종합적인 대책을 마련한 것을 가뭄종합대책이라 한다.

가뭄재현주기 [return period of droughts]

가뭄의 규모를 평가하기 위해 몇 년에 1회의 확률이라는 발생빈도를 이용하는 경우가 많으며 이 연수를 재현기간이라고 한다. 20년에 2회의 가뭄이 발생했다면 가뭄재현기간은 10년이 된다.

가배수로(분수로) [diversion channel]

댐을 건설할 경우 댐 기초를 굴착하는 곳의 하천의 흐름을 다른 수로를 통해 흐르게 하는 것. 공사 중에만 사용되며 댐 축조 후 폐쇄된다. 각종 공사를 하기 위하여 공사 중 임시로 하천 유로 및 배수시설을 설치하거나 변경한 수로로 수로터널과 개거의 형태로 구분한다.

가상 열원 [virtual point heat source/a virtual origin of fire]

화염 상부 플룸의 발원지처럼 보이는 가상의 지점, 즉 플룸이 어떤 반경과 높이를 갖기 위해 존재해야 하는 가상의 열원 위치를 의미한다.

가새 [diagonal bracing]

두 기둥의 상부와 하부를 대각선으로 지지하는 경사재를 말한다. 구조물의 외력에 대한 지지력과 변형에 대한 저항을 증가시키는 목적을 가진다.

가설 건축물 [temporary building]

임시로 사용할 목적으로 짓는 건축물로 철근콘크리트조 또는 철골철근콘크리트조가 아니고 존치기간은 3년 이내이며, 전기·수도·가스 등 새로운 간선 공급설비의 설치를 필요로 하지 않고, 공동주택·판매시설·운수시설 등으로서 분양을 목적으로 건축하는 건축물이 아닌 것을 말한다. 도시계획시설 또는 도시계획시설 예정지에서 임시 건축물을 건축할 때는 특별자치도지사 또는 시장, 군수, 구청장의 허가를 받아야 하지만 재해복구, 흥행, 전람회, 공사용 임시 건축물 등은 존치기간, 설치기준 등에 따라 신고한 후 착공할 수 있다. 관련법은 건축법이다.

가설 공장 [temporary factories]

재해피해를 입은 중소 제조업체에 대해 스스로 제조 공장을 확보하기까지의 기간 동안 잠정적으로 저렴한 임대료로 빌려줌으로써 재해 기업의 경제 부흥에의 첫 시작을 지원하는 동시에 고용 확보를 도모하는 것을 목적으로 설치된 공장. 일본의 고베시가 재해 기업용 가설 임대 공장 제도를 창설했다.

가설 점포 [temporary shops and store-houses]

재해에 의해 파괴·반파·파손의 피해를 입은 소매점, 음식점, 서비스업의 사업소가 그 본격적으로 부흥에 이르기까지 사용하는 응급적인 시설이다.

가소성 [plasticity]

외력에 의해 변형된 물체에 대하여 외력을 제거한 후에도 원래 상태로 돌아가는 성질을 말한다. 반대로 외력을 제거하여도 원래 상태로 돌아가지 않고 변형된 상태를 유지하는 성질을 소성이라고 한다. 고체의 탄성이라고도 하며, 대부분의 고체는 탄성한계를 넘지 않는 크기의 힘을 가하면 모형이 변형되지 않는다.

가스 선반 [LNG terminal]

가스(LNG) 선반 설비는 언 로딩 암, LNG 저장 탱크, LNG 펌프, LNG 기화기 및 열량 조절 설비 등으로 구성되어 있다. LNG는 LNG 선에서 언로딩 암 및 유조선의 LNG 펌프를 이용하여 하역이 이루어진다. 하역 동안 외부로부터의 입열 등에 의해 LNG가 기화하여, 보일 오프 가스(BOG)가 발생한다. 탱커 저장조의 압력을 균형시키기 위해 발생하는 BOG의 일부는 반환 가스 송풍기로 LNG 선에 반송된다. 하역된 LNG는 LNG 저장 탱크에 저장되어 LNG 펌프에 의해 승압한 후 LNG 기화기에서 해수 등과 열교환을 하여 기화된다. 기화된 가스는 LPG 등으로 열량과 연소성을 조정해 부취한 후 송출된다. 또한 LNG 저장 탱크에서 발생하는 BOG 압축기로 압력을 높여 생산 가스로 이용된다.

가시성 [visibility]

대기나 수괴의 혼탁도를 나타내는 기상요소로 시정과 같은 의미를 일컫는다. 어느 방향의 시정이란 정상적인 시각을 가진 사람이 낮에는 수평 방향으로 먼 거리의 물체를 육안으로 식별할 수 있는 최대 거리이고, 야간에는 주간과 같은 밝은 상태를 가정했을 때에 목표물을 식별할 수 있는 최대 거리가 그 방향의 시정이 된다. 시정은 대기 중의 습도와 대기오염 물질의 양에 따라 변한다.

가압방연 [pressurization smoke control]

건물화재 시에 연기에 의한 피난자의 위험을 감소시키고 소방대의 구조 활동을 원활히 하기 위하여 건물 외부의 공기를 이용 건물 내부의 일부를 가압하는 가압방연 시스템이 이용되고 있다. 건물의 가압방연 시스템을 설계하기 위하여 건물의 각 요소, 방, 로비, 계단실, 급기 밸브 등을 연결하는 유로를 구성하여 각 요소에서의 압력손실과 유량을 계산할 수 있는 컴퓨터 프로그램이 개발되었으며, 이러한 프로그램을 이용하여 가압용 송풍기의 적절한 용량 선정과 송풍기의 용량 최적화를 실현할 수 있다.

가연성 액체 [liquid combustible]

가연성 액체는 일반적으로 불에 의하여 연소하는 액체의 위험물을 말하며, 공기 중에서 개방상태에 있는 경우에는 인화점 이상의 온도에서 착화에 의해 화재를 일으킨다. 또 밀폐상태에 있는 경우에는 인화점 이상의 어떤 온도 범위에서 액면 위의 증기-공기 혼합물이 착화되어 가스폭발을 일으킨다. 일반적으로 불에 의하여 연소하는 액체의 위험물을 말하며 NFPA에서는 인화점 38°C(증기압 275kPa 이하)을 기준으로 6종류로 구분한다.

(1) IA급 : 인화점 23°C 미만, 비점 38°C 미만의 가연성 액체
(2) IB급 : 인화점 23°C 미만, 비점 38°C 이상인 가연성 액체
(3) IC급 : 인화점 23°C 이상, 38°C 미만의 가연성 액체
(4) II급 : 인화점 38°C 이상, 60°C 미만의 가연성 액체
(5) IIIA급 : 인화점 60°C 이상, 93°C 미만의 가연성 액체
(6) IIIB급 : 인화점 93°C 이상의 가연성 액체

가연성/가연성 고체 [solid combustible]

고체에 불을 붙였을 때 그 중심축을 따라서 254mm/s 이상의 속도로 불꽃이 지속되면서 연소할 수 있는 고체를 말한다. 종이, 천, 목재, 석탄, 고무, 수지, 황 및 연료류, 금속류의 일부가 여기에 속한다.

가연혼합기 [combustible mixture]

공기와 연료의 혼합기가 너무 희박하게 되면 불확실한 점화가 되며, 지나치게 농후하면 불완전 연소를 하게 되어 여러 가지 장해를 가져온다. 보통 혼합비의 사용한도는 공기/연료비로서 8~18 정도이다.

가옥피해개황조사 [quick survey of building damages]

피해가옥의 긴급복구를 위하여 가옥피해의 개황을 조사할 필요가 있다. 피해 직후에는 인명 구조활동이 중심이 되며 구체적인 피해파악이 곤란하므로 재해대책본부에 들어온 자료(지진계, 지진예측 시스템, 항공기 등을 통한 자료)에 근거하여 가옥피해의 개황을 파악한다.

가정재난교육 [disaster education at home]

교육과정 속의 재난교육과 달리 전문적인 교육과정이 아닌 가정(부모, 형제 등)에서 각종 재난에 대해 이야기해주는 것으로, 생활 속에서 재난에 대한 마음가짐, 대처방안을 숙지할 수 있도록 지속적으로 인지시켜주는 과정(교육프로그램)을 말한다. 가정 내 상황별(화재, 질병, 지진, 홍수 등) 재난 대응(대피, 신고 등) 교육이다.

간극비 [void ratio]

혼합물에서 고체의 부피에 대하여 입자와 입자 사이 간극의 부피비를 말한다. 즉, 토립자에서는 토립자의 부피에 대한 간극에 존재하는 물과 공기의 부피비로 정의된다.

간극수압 [pore water pressure]

흙의 간극 속에 존재하는 물의 압력으로 자연상태에서 형성된 지반층의 간극수압은 보통

정수압(靜水壓)을 가리키는데, 하중이 가해지면 정수압보다 큰 수압(과잉수압)이 생기고 간극수가 유동함으로써 지층에 압밀(壓密)이 생긴다. 이 과잉수압을 가리키기도 한다.

간이침투시험 [simplified penetration test]

무게 63.5kg의 무게 송곳을 가진 표준관입시험과는 달리, 더 가벼운 무게 추를 사용하는 시험의 일종이다. 표준관입시험의 보조로 사용되는 철연식(무게 송곳 30kg 낙하 높이 35cm) 이외에 토연식으로 불리는 것이 많이 이용되고 있다. 이 토연간이 침투 시험은 급경사인 산중턱 경사면의 표토층의 깊이를 측정하는 것을 주된 목적으로 개발된 것이다. 5kg의 무게 추를 50cm 자유낙하시킴으로써 얻어지는 에너지로, 직경 16mm의 로드의 선단에 부착 된 직경 25mm, 끝 각도 60°의 콘을 낙하시킨다. 측정 결과는 10cm 관입시키는 데 걸리는 무게 추의 낙하 횟수이다. 표층 붕괴를 일으키는 표토층이 시험법에서는 거의 N_{10}=7~15 정도의 값이 되도록 한다.

간접심리영향 [indirect psychological impact]

재해로 사망하거나 피해를 입은 사람이나 주변 가족들이 간접적 심리영향을 받아 사회·심리적 피해가 발생하는 현상을 의미한다.

간접피해 [indirect damage]

재난으로 인한 직접피해 결과가 발생한 후 유발되는 이차적인 피해의 총칭이다. 직접피해가 재난피해자의 사망 또는 부상, 시설물의 피해로 발생한다면, 간접피해는 재난을 원인으로 하는 전기, 통신, 가스, 상하수도 등의 두절로 인해 공장이 가동을 멈추고, 정상적인 경제활동이 이루어지지 못함으로써 생기는 피해이다. 재해로 인한 사업의 중단, 수익의 감소, 실업 등 포함되는 범위가 넓어 금액을 결정하는 일반적인 모델 구축은 미해결 과제로 되어 있다. 예를 들어, 1994년 동대문 지하통신구 화재로 인해 통신업무가 마비됨으로써 발생한 피해가 간접피해의 전형이 되는 좋은 사례이다. 이러한 간접피해는 그 범위가 넓고, 이를 객관적으로 결정할 수 있는 방법이 없어 정확한 피해액의 산정이 어렵다. 일반적으로 직접피해액에 대한 일정 비율로서 대략적인 간접피해액을 산출한다. 홍수피해지역에 대한 간접피해의 예는 다음과 같다.

- 공장이나 플랜트의 가동 중지로 인해 파생되는 피해
- 사업장의 영업정지로 인해 파생되는 피해
- 침수 발생 후 복구과정에서 추가적으로 발생하는 피해
- 홍수 피해 기간 중 발생하는 계약 위반으로 파생되는 피해
- 도로 파손으로 인한 물류의 지연 및 대체 운송수단 사용에 따른 피해

감압급수 [reduced pressure supply/water supply in reduced pressure]

공급수압을 줄여 급수하는 것. 수도의 공급방식에는 펌프를 사용하여 가압급수하는 것과 자연유하에 의한 급수가 있으며, 가압급수의 경우 펌프의 토출압을 낮추어서 감압할 수 있다. 자연유하의 경우 각 가정의 수도미터기 직전에서 지수전을 조절해서 감압할 수 있다.

감조구역 [tidal area]

하천의 하류부에서 조석의 영향을 받아 수위 및 유속이 변화하는 구간을 말한다. 일반적으로 이 구간은 하상구배가 클수록, 하천의 유량이 클수록 짧은 조위차이가 클수록 길다. 수위 상승에 따라 바닷물이 수도에 진입하지만, 민물과 바닷물의 혼합이 약한 경우에는 염수가 생긴다. 담수와 해수의 비중 차이 때문에 염수계 및 밀도류 현상이 발생한다.

강구조 [rigid structure]

구조 부재를 형강, 강판, 강관 등 강재를 리벳, 볼트, 고장력 볼트, 용접 등으로 접합 조립한 구조로 강도가 커서 고층건축이나 스팬이 긴 건축에 적합하다.

강구조물 [steel structure]

주로 형강, 강판, 평강 등의 강재를 이용하여 리벳(rivet), 볼트(bolt), 용접에 의해 만들어진 구조물로 토목공학 분야에서 교량, 수문, 해양구조물 등에 널리 이용되고 있다.

강도 [strength]

부재에 하중이 작용하는 경우 하중에 저항하는 능력을 의미한다. 일반적으로 부재에 하중으로 인한 파괴상태에 도달했을 때의 응력을 강도(strength)라 한다. 하중 재하속도에 따라 정적강도, 피로강도, 충격강도, 크리프강도 등으로 구별한다.

강설 검지기 [snowfall detector]

강설의 유무나 강설량을 자동적으로 검지하는 장치를 말한다. 알갱이의 크기 및 낙하 속도로서 비와 눈을 판별하는데, 강설 초기 비와 눈을 판별하는 어려움이 있다.

강설, 강설량 [snowfall]

강설은 눈이나 싸라기와 같은 얼음의 결정 또는 입자가 지상에 떨어지는 현상을 말한다. 강설량은 쌓인 눈의 깊이로 측정하여 내린 눈을 녹여 강수량으로 나타낸 값이다. 보통 적설판을 사용하며 센티미터(cm) 단위로 표시한다.

강설깊이 [new snow depth/depth of newly fallen snow/depth of fresh snow]

일정한 시간에 지표면에 내려 쌓인 눈의 연직방향의 길이를 말하는데, 단위는 cm. 강설깊이와 강수량의 관계는 눈의 비중을 0.1로 보고 계산하지만 눈의 성상에 따라 차이가 크며, 눈 10cm는 강수량 10mm로 본다.

강성률 [story stiffness ratio]

전단응력이 일정한 값을 가지는 경우 전단응력(τ)과 전단변형률(γ)의 비는 일정한 값을 가지는 것을 말한다. 강성률 또는 전단탄성계수, 횡탄성계수라고도 한다.

강수레이더 [precipitation radar/rain radar]

안테나로부터 펄스상의 전파를 송신하여 대기 중의 강수입자(우적이나 강설입자)에 의해서 산란되는 전파를 안테나에서 수신함으로써 강수의 강도와 그 위치를 계측하는 장치이다. 거리의 측정에는 펄스파의 이용과 연속파의 주파수변화(FM-CW)를 이용하는 방법이 있다. 안테나를 회전시킴으로써 2~3차원의 데이터 취득이 가능하며, 강수입자의 이동속도를 계측하는 도플러 레이더나 전파의 면을 새로 바꾸면서 관측하는 편파 레이더도 개발되어 있다.

강수확률 [probabilistic of precipitation]

대상지역 내의 임의의 지점에서 특정시간 내에 측정 가능한 강수가 있을 확률로서 정의되며, %로 표시된다. 기상청이 발표하는 '서울지방의 오전 6시부터 정오까지의 강수확률은 30%'라는 강수확률예보는 서울지방의 어떤 지점에서도 오전 6시부터 정오까지의 시간 내에 0.1mm 이상의 강수량이 있을 확률이 30%임을 의미한다.

강우강도 [rainfall intensity]

단위시간 동안 내리는 강우량(mm/hr)을 말한다. 일반적으로 계속된 호우에 대하여 강우지속기간이 짧은 경우 최대강우강도는 크다. 이는 강우강도가 강우 지속시간 동안 내린 총 강우량을 지속기간으로 나눈 평균강도로 정의한다. 보통 Talbot형, Sherman형, Japanese형, General형, 전대수다항식 등으로 표시한다.

강우대 [rain band]

레이더 관측화면상에 선상으로 나열한 우역을 말한다. 기상위성에서 관측화상에서 선상으로 나타난 구름은 클라우드밴드라고 한다. 직선인 것도 있고, 태풍의 경우 나선형이다. 대부분 선상으로 나타난 적란운에 의해 비가 내린다.

강우셀 [rain cell]

레이더 관측 화면에 나타나는 세포상의 우역. 적란운에 의한 강우는 레이더 관측 화면에 셀 형태로 나타나며, 호우의 경우는 몇 개의 셀이 결합되어 하나의 구조를 하고 있다. 레이더를 이용한 운동학적 방법에 의한 단시간강우예측에서는 셀 또는 셀의 집단의 움직임을 추적하여 예측한다.

강우측정의 오류 [errors in rainfall measurement]

우량계에 집수되어 측정된 대기로부터 모든 강수 또는 응결현상에 따른 물의 집합 값 측정에 오류가 발생한 것을 말한다.

강접합골조 [rigid frame]

가구식구조의 각 절점에서 부재가 강접합되어 있는 골조의 총칭이다. 강접합으로 구성된 부재의 재단회전각은 같아지고 절점에 작용되는 모멘트는 부재의 강성에 비례해서 분배된다. 또 직접적으로 모멘트가 가해지지 않은 절점에 모이는 부재의 재단모멘트 총합은 0이 된다.

강진 관측 [strong motion observation]

강진의 지진동을 관측하기 위해 지반, 구조물에 대해 배율이 작은 지진계를 설치하여, 지진파를 측정하여 지진 관측을 하는 방법이다.

강진 관측 기록 [earthquake strong motion records]

지진계의 출력을 기록한 것을 말한다. 지진계의 종류에 따라 변위기록, 속도기록, 가속도기록에 의해 강진 약진으로 구분한다.

강진동 예측 [prediction of strong ground motion]

지진방재대책과 내진설계를 합리적으로 수행하기 위해서는 발생 가능한 대규모 지진에 의한 강진동을 정확히 예측할 필요가 있다. 강진동 예측 방법으로는 경험적 방법, 이론적 방법, 반경험적 방법 3가지로 대별된다. 경험적 방법은 기존의 관측결과, 지진 규모와 진원거리 등의 함수에 의해 구해진 거리감쇠식에 의해 지진동의 강도를 추정한다. 이론적 방법은 진원의 물리적 특성과 지각 및 표층지질 내에서의 파동의 전파특성에 기초하여 이론적으로 지진동을 평가한다. 반경험적 방법은 관측된 소규모의 지진 기록을 기초로 하여 예상지진의 지진동을 추정한다. 강진동 예측의 실용화를 위해서는 장래의 지진의 진원 파라메타를 어떻게 추정할 것인가와 지진의 재현성이 어떻게 될 것인가 등의 문제가 남아 있다.

강한 하강 기류 [downburst]

뇌우를 동반한 강한하강기류, 강풍경보.

개구기류 [opening jet]

화재·폭발 시 창이나 문등의 개구부를 통과하는 기체는 통로 양측에서의 압력 차이가 커져 상류 측의 공기가 하류 측의 공간에 불어 붐비는 형상이 발생하며, 이러한 기류를 개구기류라고 한다. 통로의 양측의 온도가 동일한 경우는 개구기류는 한 방향만 되며, 다른 경우에는 통로의 상하로 역방향의 기류가 동시에 생긴다.

개구분출열기류 [opening jet plume]

화재 · 폭발 시 화재구역의 개구부로부터 분출하는 개구기류는 고온이기 때문에 분출 후 상승열기류가 된다. 이 열기류는 화염을 포함하는 경우가 있으며, 위층의 유리창 등을 고온에 노출시켜 위층 연소의 주요인이 되며 이러한 화염을 개구분출열기류라 한다.

개구유량 [opening flow rate]

화재 · 폭발 시 건물의 창통로나 문통로 등의 개구부를 통과하는 공기, 물, 고온 가스 등의 유량을 말하며, 단위시간당 질량(kg/s) 또는 체적(m^3/s)으로 나타낸다.

개발도상국 [Least Developed Countries(LDC)]

개발도상국의 분류에 종사하는 국제기관에 따라 차이가 있으며, 세계은행, 개발원조위원회(DAC), 유엔 및 유엔개발계획이 독자적인 기준을 가지고 있다. 국제연합총회에서 정한 후발 개발도상국의 경우는 대부분의 국가가 다음과 같은 문제를 1개 이상 가지고 있다. 즉, ① 1인당의 GNP가 300달러 전후 또는 그 이하, ② 내륙국, ③ 섬, ④ 사막화 및 자연재해이다. 또는 ① 1인당 GDP가 699달러 이하, ② 제조업의 GDP에 차지하는 비율이 10% 이하, ③ 성인의 문맹률이 20% 이하의 조건에 해당하는 국가이다. 게다가 1인당 GDP가 356달러를 넘어도 427달러 이하의 나라, 또는 문맹률이 20%를 넘는 국가도 다른 두 조건에 해당하면 LDC로 지정된다. LCD가 재해를 입을 경우, 복구 능력은 없고, 긴급 구호에서 복구에 이르기까지 외국의 원조에 기대하지 않을 수 없다.

개발원조위원회 [Development Assistance Committee(DAC)]

경제협력개발기구(OECD) 산하 25개 위원회 중 하나로, 선진국의 개발도상국에 대한 원조를 통괄하는 기구.

개선복구사업 [improving restoration work]

피해발생의 원인을 근원적으로 해소하거나 피해시설의 기능을 개선하기 위하여 복구하는 사업을 말한다.

개선순위 [improvement order]

피해발생의 원인을 근원적으로 해소하거나 피해시설의 기능을 개선하기 위해 피해 발생 지역의 순위를 정한다.

객실 화재 [compartment fire]

기차 등 객실 내에서 발생하는 화재.

갯녹음현상 [isoyake]

연안 암반 지역에서 해조류가 사라지고 흰색의 무절석회조류가 달라붙어 암반지역이 흰색으로 변하는 것으로, 탄산칼슘이 주성분인 무절석회조류는 수산생물에게는 먹이가치가 별로 없기 때문에 갯녹음이 생기면 해조류를 먹는 어패류도 사라져 버려 어장이 황폐화된다. 갯녹음의 원인은 이상기온에 따른 수온상승과 육지의 오염물질 유입 등으로 추정되고 있다. 한국 연근해에서 1970년대 말 처음 발견됐으며, 90년대 들어 동해안까지 확산되고 있다. 갯녹음이란 바다물이 흐르는 곳을 의미하는 '갯'자와 '녹다'의 명사형인 '녹음'의 합성어로 이루어진 순우리말이다. 국제적으로는 'Whitening' 또는 'Whiting event'로 통용되며 이를 직역하여, '백화현상'이라 부르기도 한다. 또 일본에서는 기소현상(이소야케, 磯焼現象)이라고 한다.

갯벌 [tidal flat]

만조 시에 수몰하고 간조 때에는 진흙의 평탄한 장소. 하구 주변부나 만의 안쪽에 발달하기 쉽다. 갯가에서는 태양광과 풍부한 영양염이 있고, 생물 생산성이 매우 높다. 식물 플랑크톤, 동물 플랑크톤, 어패류, 갯지렁이류 등 다양한 생물이 보이는 곳으로, 이들을 먹이로 하는 물새의 도래지로 인식되고 있으며, 이들의 먹이 사슬을 통해 영양염을 외부에 배출하고 수질을 정화하는 데도 소중한 곳이다. 매립 등에 의해 갯벌은 줄어들지만, 최근에는 갯벌의 소질을 인공적으로 만들어진 갯벌에 의해서 대체하기도 시도되고 있다.

건강한 물순환체계 [sound water cycle system]

개발로 인한 우수의 불투수 지역 확대, 하천부지의 축소 등 왜곡된 물순환 체계를 정상화시키는 것을 말한다.

건물 [building]

사람이 들어 살거나, 일을 하거나, 물건을 넣어 두기 위하여 지은 집을 통틀어 이르는 말.

건물 내 연기의 유동 [smoke movement in building]

화재 시 발생한 연기가 건물 내를 유동하는 현상을 총칭하여 말한다. 전형적인 유동성 모양으로는 화재 공간에서 초기에 볼 수 있는 연기 층의 강하 건물의 여러 구멍을 통해 연기의 유출 또는 유입 세로 구멍 공간을 통해 위층에 연기 확대 등을 들 수 있다. 화재 초기 연기층 하강에 불 원에 형성되는 화재 물기둥의 성상이 중요한 관여를 하고 수혈 공간을 통해 연기 확대는 굴뚝 효과가 큰 영향을 미친다. 또한 개구를 통과하는 연기의 유입한 유출에는 건물 내의 각 공간의 압력 배치가 관계한다. 또한 연기 제어 수단으로서의 자연 배연 및 기계 배연도 연기 유동 성질에 큰 영향을 미친다. 건물 내 연기 유동의 제어는 피난 안전과 소방 활동의 확보에 매우 중요하며, 건축물의 화재 안전 대책의 주요 과제의 하나가 되고 있다.

건물 화재 [building fire]

주로 건축물이 소손하는 화재.

건물법규 [building code]

붕괴와 피해에 대한 저항력뿐만 아니라 인간의 안전과 행복을 담보할 수 있도록 구조물의 디자인, 구조, 재질, 변경, 용적을 규정한 법령, 규정 및 관련표준.

건조한(마른) 눈사태 [dry snow avalanche]

눈사태(비와 섞이지 않은 마른눈).

건축 [architecture]

건물을 그 목적에 맞게 설계하고 구성하며, 더욱이 거기에 예술성을 갖게 하기 위한 예술과 과학을 말한다. 또 그에 의해서 만들어진 것으로, 즉 행위와 그 소산의 양자를 의미한다. 후자는 건물 중 예술성을 가진 것이라는 정의도 있고, 건축가가 설계한 건물이라는 정의의 방법도 있을 수 있다.

건축 구조물 [building structure]

사람이 그 안에서 생활하거나 업무 또는 상업적 목적으로 사용하는 구조물을 뜻하는 것으로서, 주택, 아파트, 업무용 빌딩, 상업용 건축물 등을 모두 포함한 것을 말한다.

건축 제한 [building restriction]

국토를 효율적으로 이용하도록 하고 일상생활과 각종 산업의 기능이 조화를 이루게 하며 건축물의 안전·기능 및 미관을 향상시킴으로써 공공복리를 증진시키는 데에 그 뜻이 있다. 일정지역에 대한 건축제한은 보전(保全)과 개발(開發) 및 그 용도를 적절하게 하기 위한 국토이용관리법, 도시계획법 등에 의한 지역(地域), 지구(地區) 등의 지정과 같은 방법으로 이루어진다. 개별건축물에 대한 건축제한은 건축선(建築線), 건폐율(建蔽率), 용적률(容積率) 등의 규제와 같은 방법으로 이루어진다.

건축 확인 [legal confirmation of building design code]

건축에서 안전기능은 중요한 요소 중 하나로, 건축안전은 크게 건축물의 구조적 안전, 대지의 안전, 환경적 안전 및 이용자들의 대피성 안전으로 구분된다. 이 중 구조적 안전 및 대지의 안전의 경우는 규모에 따라 별도의 관계 전문 기술자의 조력을 받아 설계하도록 건축법 제2조 제1항 제17호, 법 제67조 제1항 및 영 제91조의 3에 규정되어 있다.

건축물 피해의 자세한 조사 [detailed survey of building damages]

건물 피해 세부 측량/건축물 손해(배상)액 세부 조사. 각종 재난(대기오염, 진동, 소음, 집중 호우 등)에 의한 건축물 (재산)피해 세부 측량(조사)을 하는 것으로, 재난별 건축물에 영향을 미치는 요소에 대해서 영향 가능요인을 구분하여 분석한다. 건축물의 사용재료, 노후화 정도, 구성형태 등 다양한 요인에 의하여 그 피해 정도가 크게 달라진다.

건축법 [building standard law]

건축물의 대지, 구조, 설비의 기준 및 용도 등을 정하여 건축물의 안전, 기능 및 미관을 향상시킴으로써 공공복리의 증진에 이바지함을 목적으로 하는 법률이다.

건축허가동의 [consent to building permit]

건축과 관련된 제반 법규의 제약을 충족시킴으로써 내 땅에 대한 권리를 얻는 행위이다.

건폐율 [building coverage ratio]

1층의 건축 바닥면적을 대지면적으로 나눈 비율로, 알기 쉽게 표현하면 건폐율(%)=건축면적/대지면적×100이다.

겨울 가뭄 [drought in winter]

겨울에 나타나는 가뭄 현상, 건조하여 산불 피해 및 기관지 악화 등의 피해가 발생한다.

견인력 [drag force]

항력, 물체가 유체 내에서 운동할 때 받는 저항력.

결빙 [freezing]

지면에 괸 물이나 밖에 놓아둔 물그릇 등은 기온이 영하로 내려가면 쉽게 결빙이 되지만, 흐르는 큰 강이나 바다 표면에서는 대기와 접촉하고 있는 물 표면의 온도가 내려가도 밀도차로 인해 대류현상이 일어나서 쉽게 결빙되지 않는다. 또한 염분이나 다른 물질이 물속에 많이 포함되어도 결빙이 억제된다.

결정론 [determinism]

정상적으로 발생하는 모든 것에는 조건이 있다는 논제이고, 주어진 조건에 따라서만 일이 발생한다는 것.

결정적 분석 [deterministic analysis]

확률의 개념이 들어가지 않는 분석방법으로, (화재영향평가) 화재의 성상과 피난시간 등의 분석을 비교하여 그 결과로서 피해 정도를 예상하고 평가하는 방법이다.

경간 [span]

서로 마주하고 있는 두 지지물 지주 사이의 거리를 말한다. 교량 설계에 주로 사용되며, 교량의 구조형식을 결정하는 주요 원인이다. 또한 교각과 교각, 보와 보, 기둥과 기둥 사이의 마주보는 면 사이의 거리를 의미하기도 한다.

경감 [mitigation]

관련 재해와 위험의 부작용 경감 및 제한을 말한다. 위험의 부작용을 완전히 막을 수 없는 경우가 종종 있지만, 그들의 규모나 심각성은 다양한 전략과 행동에 의해 실질적으로 줄일 수 있다. 경감대책은 포괄적으로 공학기술, 그리고 건설뿐만 아니라 환경 정책과 대중의 인식 등을 포함한다. 기후변화정책에서의 '경감'은 이와 다르게 기후변화의 원인인 온실가스 방출 줄임을 위해 사용되는 말로 사용된다.

경감 [prevention/mitigation]

재난관리의 각 분야별 취약점 분석을 통하여 재해요인을 사전에 제거하거나 감소시킴으로써 재난발생 자체를 억제하거나 방지하기 위한 일련의 활동을 말한다. 재난의 예방 및 경감은 재난으로부터 발생할 수 있는 국민의 생명, 재산, 사회 경제적 활동, 그리고 자연 및 인위 자원을 파괴하는 위협을 완전히 제거하거나 줄이기 위한 행위들을 의미한다.

경계층 풍동 [boundary layer wind tunnel]

풍동 내의 기류가 자연의 대기 경계층과 비슷한 것으로 되도록 설계한 풍동.

경고수준 [alert level]

위험수준을 알려주는 예비신호로, 즉시 조치는 필요하지 않지만 반복적으로 나타난다면 이를 조치수준으로 해석해야 한다.

경보 [advisory]

① 화재 또는 긴급사태의 발생을 알리는 음향 또는 시각 신호. 소방대의 즉각적인 출동을 필요로 한다. 의례적인 발신, 연습용 발신, 기타 긴급한 발신이 아닌 것은 경보라 할 수 없다. ② 소방대의 출동을 필요로 하는 상황이 발생했거나 발생할 수 있다는 통보.

경보 [warning]

일반적으로는 홍수 · 폭풍우 · 화재 · 지진 · 공습 등의 위험에 대하여 경계하도록 미리 알리는 일이나 그 신호를 말한다. 군사용어에서는 특히 적기나 소속불명의 항공기 등이 접근해 왔을 때에 이에 대하여 방호태세를 취하도록 알리는 행위·신호를 가리키며, 이는 상황에 따라 다음의 세 가지로 분류된다. ① 경계경보 : 적기의 내습으로 다가오는 위험을 경계하라고 미리 알리는 행위(신호), ② 공습경보 : 실제로 적기가 공습해왔을 때에 이를 알리는 행위(신호), ③ 경보해제 : 경계경보·공습경보가 해제되었다고 알리는 행위(신호) 등이다. 이에 대한 신호수단으로는 사이렌·버저·종·기 등이 사용되고 있다.

경보 선행시간 [warning lead-time]

경보가 발령되는 시점과 경보의 대상 시점 사이의 시간을 말한다. 경보는 다가올 장래의 위험성을 미리 알려야 하므로 시점의 차이가 생긴다.

경보수준 [alert level]

안전상이나 설비, 환경면에서 미리 규정한 기준이상으로 되어 위험상태가 되었을 때 알리기 위해 발령하는 신호의 단계별 기준을 말한다.

경보(고) 성명 [warning statement]

재난이 발생하기 전 미리 주의를 주어 대비하게 하는 자기의 입장이나 견해 또는 방침을 공개적으로 발표하는 것을 말한다.

경보시설 [warning facility]

민방공사태 발생 및 각종 재난에 대비하여 인명과 재산의 피해를 최소화하기 위한 사전적인 신호수단으로 인위적 재난경보와 자연적 재해경보로 구분하며, 경보시설은 위와 같은 사안이 발생 시 상위기로부터 경보발령 데이터가 유선 또는 무선수신 장치에 접수, 사이렌 컨트롤러를 작동시켜 경보를 발령하고 수동취명과 안내방송 등을 할 수 있는 시스템을 말한다.

경보의 신뢰성 [reliability of warning]

경보에서 요구되는 것은 신속, 명확, 정확 3가지 요소다. 안전한 대피를 위해서는 신속한 경보전달이 필요하다. 경보가 무엇을 의미하는지 명확하지 않으면 안 된다. 또한 경보로 예상되는 사태가 실제로 일어나지 않으면 그 다음부터 사람들은 경보를 정확하게 평가하지 않게 된다. 따라서 경보의 신뢰성을 유지하기 위해 효과적인 경보방법에 대해 지속적으로 검토할 필요가 있다.

경보지역 [warning area]

주의를 요하는 특정 지역.

경사계 [inclinometer]

지포면의 경사 및 지중부의 변형, 암반의 경사를 측정하는 장치이다. 크게 경사를 정적 측정과 변화의 운동을 측정하는 지반의 경사계(tiltmeter)와 지층의 주향(走向)과 경사각을 측정하는 지층 경사계(clinometer)로 구성되어 있다. 경사계는 기구의 차이에 따라 크게 기포관식과 진자식으로 나뉜다. 기포관식은 3각(脚)과 기포관으로 구성되며 3각의 높이를 변화시켜 기포를 수평위치로 기동시킬 때 각의 고저차를 눈금에 따라 각도를 읽는다. 진자식은 프로우브, 전기변환기로 구성되며 경사에 의한 진자의 변위를 각종 전기변환기로 측정하여 각도와 곡선으로 기록한다.

경사면 눈사태 [snow avalanche from the cutting slope]

철도나 도로 등에서 각도를 일정하게 잘라낸 인공 사면에서 발생하는 눈사태를 말한다. 일본 설수학회의 눈사태 분류(1998년 개정)에서는 기타 눈사태 현상에 포함하고 있다. 경사면은 인공적으로 잘라낸 비탈면이며, 강설 중이나 해설기에 눈사태가 발생할 수도 있고, 도로와 철길의 통행 장애를 준다.

경사변환점 [knick point]

하곡의 종단면 또는 산지의 사면에 있어서 경사가 급히 변화하는 지점을 말한다. 하상면의 경우에는 하천의 하방침식이 부활되면 상류로 하방침식해가는 도중이나 유로를 횡단하여 단층운동을 받은 지점에도 나타난다. 또는 위의 경우와는 관계없이 기반암의 경·연의 차에 의한 차별침식의 결과로 발달하기도 한다. 산지의 경우도 사면을 횡단하는 단층운동의 결과 또는 사면상의 국지적인 기반암의 경·연차, 산지 사면의 평행후퇴 등의 작용으로 형성된다.

경사지 파괴 [devastation slope land]

경사지역 황폐화(초토화, 대대적인 파괴). 경사면(지역)은 여름 집중호우 기간에 지표수가 과도하게 집중되거나 지하수가 용출되는 구간 등으로 표층의 토사가 지속적으로 유실된다. 지표면의 토사가 계속적으로 흘러내리면 관목이나 교목의 뿌리가 들어나고, 초화류 등의 지표식물의 건전한 생장이 방해 받게 되고, 경사면에서 식물의 생장이 방해 받으면 토사 유실은 가속 되는 등, 이러한 악순환 반복으로 황폐화되어 대형 재난(산사태 등) 초래하게 된다.

경사철근(빗철근) [diagonal reinforcement]

철근 콘크리트의 벽, 바닥 슬래브, 기초 슬래브 등에 경사지게 배치하여 보강한 철근.

경석류 [pumice flow]

협의의 의미로 부석 덩어리가 많이 포함되어 있는 것을 의미한다. 석영안산암·유문암질이 많으며, 중·대규모 화산 쇄설류인 경우가 많다.

경석분화 [pumice eruption]

화산의 분출물이 쌓이거나 용암이 갑자기 식어서 굳어진 돌을 경석이라 하며, 작은 구멍이 많이 있어 단단하지 못하고 물에 뜰 정도로 무게가 가볍다. 화산폭발 시 이러한 경석들이 흘러나오는 것을 경석분화라 한다.

경제적 취약성 [economic vulnerability]

국가가 경제적인 피해를 입기 쉬운 곳(취약한 곳)을 말한다.

경제적 피해 [economic damages]

어떠한 사고나 사건 또는 재해에 의해 물질적 피해를 입어 국가가 경제적인 피해를 입는 것을 말한다.

계곡밀도 [valley density]

하천수의 침식에 의한 지형의 개석 정도를 나타내는 지표로서 그 대소는 기복량이나 지형의 경사와 관계가 깊다. 하계밀도라고도 한다. 곡밀도의 계측은 단위면적 내의 곡의 개수(하계빈도), 단위면적당 본·지류의 총연장(하계밀도), 단위면적 내의 수원총수(水源總數), 또는 유역 내의 모든 합류점수에 대한 본·지류의 총연장 등 각종 방법이 있다. 하계빈도의 대소가 반드시 곡밀도의 대소와 상응하지는 않지만, 지형적으로 험준하거나 식생이 조밀한 지역은 그렇지 않은 지역보다 곡밀도가 크다.

계단가압 [pressurized smoke control of stairwell]

미국과 캐나다에서 처음으로 시작하였으며, 화재 시에 가장 중요한 피난로가 되는 계단에 연기가 들어오지 못하도록 하기 위해 계단실 안에 다량의 외기를 도입하여 연기의 유입을 방지하는 방법이다.

계단댐 [stepped dams/terracing]

사방댐을 계단형태로 연속적으로 시공하는 공법을 의미한다. 하천설계부분에서 계단댐은 큰 저수용량을 얻을 수 있어 홍수조절, 발전, 관개 등 용수조정효과가 크다.

계절 계수 [seasonal parameter]

1개의 지진, 예를 들어 9월에 발생한 관동 대지진 시 화재 사례를 이용하여 화기 사용량이 다른 계절의 지진 시 화재를 추정하려고하는 경우의 보정 계수이다. 각 식에서는 9월

1일 평균 화재 건수를 1로 했을 때의 비율을 이용하고 있다. 한편, 복수의 지진 시 화재를 사용하는 미즈노 식으로 1년으로 봄(4월 1일~5월 31일), 여름(6월 1일~10월 31일), 가을(11월 1일~12월 15일), 겨울(12월 16일~3월 31일)로 나누어 연평균과 월별 평균 화재 건수의 비율을 이용하고 있다. 최근에는 월별 도시가스 송출량이나 화기기구의 실태 조사 결과 등이 사용된다.

계절 동토 [seasonal frozen ground]

겨울에 지표면을 눈이 덮는 것이 아닌 한랭한 조건에 노출되면 지반은 동결한다. 봄 이후에는 표면에서 융해한다. 이를 계절 동토라고 부른다. 동결 과정에서 땅속의 수분이 동결면으로 이동하여 물을 얼게 되는 동상현상이 발생할 수 있다. 이 때문에 지반이 융기하거나 지상 구조물을 밀어올리기도 하고 동상재해가 발생할 수 있다. 일평균 기온이 0°C 이하의 일수가 1개월 이상 지속되면 계절 냉동 토양은 10cm 이상의 두께가 될 수 있다.

계절예보 [seasonal weather forecasting]

1개월 이상의 장기 기상예보를 말한다. 계절예보에는 1개월 및 3개월의 계절예보가 있다. 원래 계절예보의 목적은 농업상 가장 필요한 기온, 강수량을 예측하기 위한 것이다. 계절예보에서는 개략적인 기상전망만 가능하며 그 방법에는 유사년을 이용한 유사법(類似法), 일기변화의 전조(前兆)를 수량화하여 예보하는 상관법(相關法), 기상요소의 주기성을 통해 예측하는 주기법(週期法)이 있다. 보통 수치예보는 단기예보에 이용된다.

계획 우수량 [design rainfall]

하수도의 계획에서 관거 · 펌프장 등의 용량을 결정하기 위한 우수유출량의 예측치.

계획 해수면(설계조위) [design sea level]

항만 또는 해안구조물의 설계에 사용하는 구조물에 가장 위험하게 작용되는 해수면의 높이.

계획 홍수량 [design flood discharge]

댐의 설계에 이용되는 홍수량. 콘크리트 댐에서는 100년에 1회 생기는 홍수량을, 필 댐에서는 200년에 1회 생기는 홍수량을 계획 홍수량으로 하고 있다. 이 양이 댐의 여수토(餘水吐)나 홍수토에 의해 안전하게 흘러가도록 설계한다.

계획(설계) 수위 [design water stage]

계획 홍수량에 해당하는 수위로 하천시설의 설치계획을 수립하는 데 기준이 되는 홍수량만큼의 물이 소통하는 경우를 말한다.

고가/구름다리 [elevated viaduct]

높은 곳에 설치되어 있는 구름다리 또는 다리를 말한다.

고등재난교육 [disaster education at senior high schools]

초등재난교육과 중등재난교육을 거쳐 가장 전문적인 재난교육으로, 전문적인 지식과 경험, 체험 등을 통해 재난에 대비하는 자세를 배양하는 데 목적이 있다. 일반적으로 성인(만 18세 이상 남녀)을 대상으로 하는 교육으로 재난에 대한 전문적인 교육을 제공하여 사회적으로 인정받게 된다.

고령 독신자 [single household elderly]

단신으로 사는 이른바 '독거노인'은 1980년 91만 명, 2000년 272.4만 명, 또한 2010년에는 306만 명이라고 국립사회보장 · 인구문제 연구소는 추산하고 있다. 남성 대 여성의 비율은 2 대 8의 비율로 여성이 압도적으로 많다. '독거노인'의 문제는 여성의 문제라고도 할 수 있으며, 핵가족화와 도시화의 영향으로 향후 더욱 증가할 것으로 예측된다.

고속도로 피해추정 [damage estimation of highways]

대도시 · 산업도시 · 항만 · 공항 등 정치 · 경제 · 문화상으로 특히 중요한 지역을 연결하는 간선도로 중에서, 자동차가 고속으로 안전하고 쾌적하게 주행할 수 있게 법률적 · 구조적으로 마련된 도로가 지진, 태풍, 홍수, 가뭄, 해일, 화재 등이나 뜻밖에 일어난 재앙과 고난에 의해 직 · 간접적인 피해수준을 평가하는 일련의 작업을 말한다.

고온 강도 [strength at elevated temperature]

온도상승에 따른 재료의 강도가 변하는 특성을 가지는데, 고온이 될수록 크리프의 경향이 두드러지게 나타나며 강도 저하를 만든다.

고온상 구조물 안전성 [structural stability at elevated temperature]

구조물 안전성에 있어 콘크리트 온도에 따라 팽창 및 수축을 반복으로 인하여 구조물 변형을 초래한다. 안전성을 확보하기 위하여 정밀 안전진단이 필요하다.

고용조사 [employment survey]

조사원을 고용하여 특정한 목적에 대한 정보를 수집하는 활동을 말한다. 재난안전 분야에서는 평상시 재난안전 정책이행도, 각종 재난안전 대책의 실효성, 대국민 안전의식 등이 있으며 재난상황에서는 피해의 규모, 응급복구 범위, 안전진단 등이 대표적인 예로 들 수 있다.

고유주파수 [natural frequency]

시스템 또는 회로가 자유 진동할 때 발생하는 진동 주파수를 고유주파수라 말한다. 각 물질은 각각의 고유주파수를 가지고 있어 주파수마다 다른 소리가 난다. 외부에서 작용하는 주파수가 고유주파수와 일치하는 경우 공진현상이 발생한다.

고지자기 [paleomagnetism]

암석이 생성될 당시에 지닌 자성은 그 이후에도 계속 유지되므로 이를 자연 잔류자기라고 한다. 그러므로 생성 이후에 지각변동으로 그 위치가 변하지 않은 암석을 채취하여 정밀한 자력계로 그 암석이 생성될 당시에 지닌 자연 잔류자기를 측정하면 그 당시의 지구자기의 값을 알아낼 수 있다. 이와 같이 지질 시대에 걸쳐서 암석 중에 고정된 자연 잔류자기를 고지자기라고 한다. 결국 지질시대에 생성된 암석에 분포하고 있는 잔류자기를 말하며, 고지자기를 연구하여 대륙이 이동한 경로를 추적할 수 있다.

곡저 평야 [valley plain]

침식 분지 내에 신생대 제4기 해수면 변동으로 형성된 하안 단구와 범람원을 곡저 평야라고 말한다. 주로 화강암 지역에 발달하며, 화강암 지역의 심층 풍화토 위를 흐르는 하천은 측방 침식에 의하여 골짜기를 넓혀 가면서 양 산지 사이의 곡저 평야를 발달시킨다. 대개 농업 지역으로 이용되고 있으며, 분포 면적은 큰 하천 하류의 충적 평야에 비하여 좁은 편이다. 우리나라에서는 조치원에서 청주·음성으로 이어지는 미호천 부근의 미호 평야, 여주·이천 일대의 평야, 홍천강 일대의 평야 등지에서 곡저 평야성 지형이 발견된다.

골조 [frame]

부재를 결합시켜 구성한 구조물. 프레임이라고도 한다.

골조구조 [frame structure]

하중에 저항하는 구조형식 중에서 기둥, 보, 트러스 등의 선재로 구성되는 구조. 골조구조에 대비되는 구조로 셸, 절판, 보, 서스펜션구조, 막구조 같은 형식은 공간구조라 한다.

공간그리드 댐 [spatial grid dam]

공간트러스와 같이 힘의 전달경로를 3차원으로 확장시킨 댐을 말한다. 댐의 내·외부를 통해 구조형태를 드러내고자 하는 의도로 계획되는 경우가 다수이다.

공공하천소위원회 [social capital council river subcommittee]

하천을 환경적 기능 훼손으로부터 보호하고, 하천생물 다양성과 하천경관을 보전하는 등 하천 생태계를 체계적으로 보전·관리함으로써 하천환경의 지속 가능한 이용을 도모하고, 시민의 삶의 질을 높이며 생태하천의 자산을 보호하기 위해 하천 관련 사업의 기본방향 및 공사에 대한 설계의 타당성 등을 자문하기 위한 위원회를 말한다.

공기력 [aerodynamic force]

공기가 구조물에 작용하는 힘. 건축물의 경우는 풍압력을 가리키나 바람 이외의 기류에 의한 힘, 정지 공기 중의 이동 물체에 작용하는 힘을 총칭해서 말한다.

공기오염 [air pollution]

공기 중에 과잉의 비정상 물질이 존재함으로써 개인의 건강에 대해 불이익의 영향을 받고, 또는 재산에 대해 물질적인 손해를 받는 공기 상태를 말한다. 오염물로서는 연료의 불완전 연소에 기초한 매연, 분진, 재 및 가스, 또 각종 화학 반응에서 생산물 또는 중간 생산물에 의한 가스, 증기, 분진 등을 들 수 있다.

공기유입 [air entrainment]

지구를 둘러싼 대기 하층을 구성하는 무색투명한 기체가 내부로 들어오는 현상.

공동 가설 공장 [temporary complex factories]

재해를 입은 중소 제조 시업자에 대해 설치하는 응급적인 공장, 작업장에서, 공동 건축 형식의 것을 말한다. 자력에 의한 것으로 재해 지원 사업으로서 만의 것이 있지만, 전자에서는 재해 앞에 두고 고도화 사업에 의한 공동 이용 건물과 환경 사업단의 공장 아파트 같은 형태에서 조업한 경우에는 원래 연합 동 또는 공동 형식을 위해 공동 대응 조치를 취하는 게 상책이다. 하지만 일반적으로 가설은 공동 건축을 선택하려면 어려움이 예상된다. 동업자의 협동조합 등의 조직이 존재하고 있는 경우에는 재해 복구 고도화 자금 세도의 활용의 길을 생각한다. 후자는 지방 공공 단체가 임대형 공동 가설 공장을 설치하여 지원하는 것이다.

공동 가설 상점 [temporary complex stores]

재해에 점포를 피해를 입은 중소기업들이 본격적 부흥을 목표로 고도화 대출제도의 활용을 예정하고 있는 경우에 그 전 단계에서 응급 사업용 시설로 설치하는 공동 점포를 말한다.

공동 재건축(공동화) [joint rebuilding/joint housing project]

좁은 듯한 부지가 밀집한 지역에서는 개별적으로 건물을 건축하는 것이 아니라 부지를 공동 이용함으로써 건축 조건이 완화되어 양호한 상린(相隣) 환경의 실현과 효율적인 토지 이용이 가능해진다. 이러한 부지와 건물의 공동화는 넓은 의미로는 시가지 재개발 사업 등의 법정 사업도 있지만, 일반적으로 여러 개의 부지를 하나의 부지에 통합해 공유하고 연립 주택이나 점포 등을 구분 소유하는 집합 건물을 건설하는 것으로, 공동화를 촉진하기 위해 요강(근본이 되는 중요한 강령) 등을 기반으로 다양한 지원·보조를 하는 임의 사업으로 제도화되어 있다. 복원형 마을조성으로 밀집 시가지 정비는 중요한 사업 기법으로 활용되고 있는 다른 도시 방재 불연 촉진 사업 등에서도 공동화에 대한 할증 조성 등의 지원 조치를 강구하고 있다.

공동구 [utility tunnel]

도시계획시설 중 하나로 일반적으로는 여러 가지 지하매설물을 공동으로 매설하기 위하여 도로의 지하에 설치하는 시설물을 말한다. 하나의 관에 지하매설물을 공동으로 두는 방식인데, 이들 매설대상에는 전화시설·전기시설·가스시설·수도시설 등이 있다. 이로써 도시의 미관, 도로구조의 보전, 원활한 교통소통 등의 효과가 있다.

공동체 결속 [community solidarity]

공동체는 일반적으로 공통의 생활공간에서 상호작용하며, 유대감을 공유하는 집단을 의미한다. 많은 사회과학자들은 공간, 상호작용, 연대를 공동체의 핵심 요소로 보는데, 현대사회에서는 공간의 중요성이 약화되었다. 오늘날에도 상호작용과 연대를 중심으로 다양한 형태의 공동체적 집단들이 존재한다.

공동체 합의 [community agreement]

특정한 사회적 공간에서 공통의 가치와 유사한 정체성을 가진 사람들의 집단으로서, 공동체는 일반적으로 공통의 생활관계에서 상호작용하며, 유대감을 공유한다. 이러한 공동체에서 서로의 행동을 규제하는 일반적 원칙에 관해 공동체가 동의를 표함으로써 사회질서의 조건이 된다.

공력 감쇠 [aerodynamic damping]

구조물의 속도에 비례하는 성분을 갖는 공기력을 구조물의 진동 방정식으로서는 감쇠항으로 간주할 수 있으며, 이를 공력 감쇠라 한다.

공력 어드미턴스 [aerodynamic admittance]

파워 스펙트럼 표시된 출력인 변동 풍압력을 입력인 풍속의 파워 스펙트럼으로 나눈 값.

공력탄성학적 불안정성 [aeroelastic instability]

외력가진력(外力加振力)으로서의 공기력(空氣力)과 이로 말미암아 생기는 구조의 변형 진동의 상호관계를 공기역학과 탄성학이 안전하지 못한 성질.

공습화재 [air-raid fire]

공군이 비행기를 이용하여 총격이나 폭격하여 발생한 화재.

공식구호요청 [international appeal]

재해가 발생한 피해국이 자구 노력으로 긴급 구호 및 복구를 할 수 없다고 판단되어 유엔개발계획(UNDP) 상주 대표에게 공식구호요청을 할 수 있다. UNDP 상주 대표는 공식구호요청을 유엔 인도주의 지원국(OCHA)장에게 전달하고, 이에 따라 OCHA는 국제사회에 대해 구원 요청에 응하도록 촉구한다. 공식구호요청에는 재해의 종별, 발생위치, 발생시간, 재해규모, 필요한 지원 내역의 개요가 포함된다.

공업단지 [industrial complex]

최근에는 공업단지라는 개념 대신에 산업단지라는 말을 쓰는 것은 공업단지 내에 순수한 공업으로 분류하기 힘든 벤처산업도 같이 공존해야 하기 때문이다. 따라서 공업단지 대신에 산업단지라 쓰는 것이 맞는 개념이다. 공업단지라는 용어는 주로 학문적으로 많이 쓰고 있으나 최근 정책적 용어로 산업단지라는 말을 쓰고 있다. 공업단지 조성은 공장을 집단으로 설치하기 위하여 대통령령이 정하는 규모 이상의 구역에서 실시하는 도시계획사업이며, 그 규모는 3만m^2 이상이어야 한다. 공업단지는 국토교통부장관이 지정하나 그 조성 사업의 실시 계획을 인가 또는 승인할 때는 이를 산업통상자원부장관에게 통보하도록 규정하고 있다. 공업단지의 조성 목적은 국민 경제적 차원과 지역 개발적 차원으로 나눌 수 있다. 국민 경제적 차원은 공업의 생산을 제고시키기 위하여 공장의 건설과 유지비용을 절감하고, 수익이 최대로 보장되는 입지(立地)를 선정하는 데 목적을 두는 것이다.

공업용수 [industrial water]

공업 생산에 필요한 물로서 담수와 해수가 이용되고 있는데 담수에 의한 공급을 일반적으로 공업용수라고 부른다. 공업용수는 회수율이 높이 때문에 생산에 필요한 사용수량과 사용수량으로부터 회수수를 뺀 보급수량으로 나뉘어 표기된다. 공업용수의 수원은 일반적으로 공업용수도, 상수도, 자체수(주로 지하수, 하천수 등)이다.

공용무선통신 시스템 [multicasting radio communication system]

서비스에 할당된 주파수 대역을 일정한 채널로 분할하여 여러 명의 사용자가 채널별로 접속하여 통신하는 시스템이다.

공적 개발원조 [Office Development Assistance(ODA)]

공공개발원조·정부개발원조라고도 하며, 증여·차관·배상·기술원조 등의 형태를 갖는다. 개발도상국에 대한 공적자금 중 첫째, 정부 또는 정부의 원조기관에 의해 공여된다. 둘째, 개발도상국의 경제발전과 복지향상에 기여한다. 셋째, 자금 공여조건이 개발도상국에게 부담되지 않도록 무상 부분을 일정 비율 이상으로 한다는 조건을 갖춘 것을 말한다.

공진 [resonance]

어느 진동체가 다른 진동체의 진동에 유도되어서 다른 진동과 같은 진동수로 진동하는 현상. 즉, 진동계의 강제 진동으로, 외력의 크기를 일정하게 해두고 주파수를 변화시켰을 때 계(系)의 고유 진동수 부근에서 변위, 속도, 압력 등이 극댓값을 취하는 현상. 또는 그러한 극댓값을 취한 상태. 구조물, 소리, 전기 진동 등에서 이 현상이 일어난다.

공황장애 [panic behavior]

장애에는 개인차원에서의 심리장애(psychological panic)과 집단차원에서의 집단장애(collective panic)가 있다. 심리장애은 천식발작이 발생한 경우와 같이 개인에게 위험과 불이익의 발생이 인식되면서 이에 대해 자신에게는 어찌할 도리가 없다고 느끼는 경우에 생긴다. 반면 집단장애은 위험이나 불이익을 인식한 개인이 같은 대응행위를 동시에 취함으로써 주변 환경의 가용능력을 넘는 집단행동이 발생한 경우이다. 화재 등이 발생했을 때 피난로로 몰려들거나 은행의 예금 인출사태나 사재기와 같은 집단장애가 발생한 사례는 많다. 가용능력을 넘는 집단행동이라는 의미에서 재해 직후 전화회선의 폭주사례는 거의 모든 재해 시에 발생하였다.

과설 [less snow]

다설에 대비되어 사용되는 용어로 기후학적인 의미로 사용되는 경우가 많다. 과설 대신에 소설로 사용되기도 한다. 과설년 동안은 겨울철 평균 기온이 높고, 만일 강수량이 같더라도 강설은 적설되지 않는다. 겨울철의 평균 기온이 높은 지역에서의 적설량은 겨울철 평균 기온에 민감하고 온도상승에 따라 적설량은 감소한다.

과압밀 [over consolidation/over consolidated]

과거에 현재 받고 있는 이상의 압밀 응력으로 압밀을 받은 일이 있는 흙의 상태를 말하며, 현재의 연직유효응력보다 더 큰 연직 유효응력을 받은 적이 있는 경우를 말한다. 흙이 과압밀상태에 있는 원인으로는 과거 현재에 받고 있는 유효응력보다도 큰 선행압밀응력으로 압밀되었거나 고결작용 등의 효과가 발생하였을 경우가 있다.

과잉 경보 [warning overkill]

재난에 대하여 경고를 지나치게 하여 그 효과가 감소하는 것을 말한다.

관개용수 [irrigation water]

① 관개에 공여되는 물. 용수원으로서 하천, 호수, 저수지, 지하수 등이 있다. ② 관개(灌漑)에 의하여 토양에 인공적으로 공급되는 물. 강수(降水)는 포함되지 않는다. 관개수.

관성력 [inertia force]

관성에 의해 관찰되는 가상의 힘. 외부 힘을 받아 가속되는 관찰자가 외부 힘을 받지 않은 대상을 보면 마치 힘을 받아 움직이는 것처럼 보인다. 관성력을 다르게 관성저항이라고도 한다. 버스가 출발하는 순간 승객의 몸은 뒤로 쏠린다. 이것을 바깥에 고정되어 있는 카메라로 관찰하면, 버스는 가속되어 앞으로 가고 승객은 멈춰 있다. 실제로 버스는 힘을 받고 승객은 힘을 받지 않기 때문에 운동법칙에 의해 설명할 수 있다. 하지만 버스에 고정되어 있는 카메라로 관찰하면, 버스는 가만히 있는데 승객이 갑자기 뒤로 움직인다. 이때 승객을 뒤로 잡아당기는 힘을 관성력이라고 한다. 하지만 이 힘은 실제로 존재하지는 않는 가상적 힘이다. 즉, 가속도 운동을 하는 관찰자는 겉보기 힘인 관성력을 느낀다. 가속도 a로 운동하는 관찰자가 질량 m인 물체를 보면, 물체는 관찰자의 가속도 a와 반대 방향으로 $m(-a) =- F$만큼의 관성력을 받아 가속되는 것으로 보인다. 이때 $-F$는 가속하는 계에서도 운동법칙이 성립하기 위한 가상의 겉보기 힘이 된다.

관입시험 [penetration testing]

원위치에서의 지반 조사의 보편적인 방법으로 로드 끝에 외경 5.1cm, 내경 3.5cm, 길이 81cm의 스플릿 스푼 샘플러를 부착하고, 보링 구멍 내에서 무게 63.5kg의 해머를 높이 75cm에서 낙하시켜 30cm 관입시키는 데 요하는 타격 횟수(N값)를 측정하는 시험이다. 사질토의 경우에는 N값에서 전단 강도나 모래의 압축성 등을 판정할 수 있으며, 지반 지지력의 추정에 쓰인다. 점성토의 경우에도 일단 가늠을 할 수 있으나 오히려 토질 자료의 채취를 목적으로 한다. N값의 분포에서 그 지반에 대한 기초 구조나 공법의 판단 자료가 얻어진다.

광범위한 위험도 [extensive risk]

누적 재해의 영향으로 쇠약해질 수도 있는 강도가 낮거나 약하지만 종종 고밀도인 반복적 노출 또는 영구적인 위험조건에 분산된 인구의 노출과 같은 광범위한 위험을 말한다.

광역 공제 계약 [wide area mutual aid agreement for disaster prevention]

재해 예방을 위해 조합과 공제 계약을 체결한 조합원이 공제 기간 내에 미리 약정한 사고가 발생하여 손해를 입은 경우 그 손해를 공제 약관에 따라 보상하는 행위를 말한다.

광역 피난 [wide area evacuation]

지진, 해일 등의 재해가 발생하여 피난이 필요하다고 판단되었을 때 피난 권고 또는 지시를 발령하는데, 일시 피난소, 수용 피난소, 광역 피난소 등으로 구분하여 피난을 하게 된다. 여기서 광역 피난이란 대화재 등의 발생으로 대규모적으로 안전이 확보되어야 하는 상황을 의미한다.

광역 피난 계획 [wide area evacuation plan]

지진, 해일, 화재 등의 위급 상황 시 인명의 원활하고 안전한 피난을 위하여 행하는 일련의 조치들과 행동을 의미한다.

광역도수 [regional water conveyance]

이전에는 해당 하천의 취수나 댐, 하구언 등에서 도수로를 통해 물을 이용해왔다. 그러나 하천의 이용률이 증가하면서 필요한 수량을 확보하기 어렵게 되어 복수의 하천을 접속해서 서로의 상황을 조절해 광범위한 수자원이용을 하게 되었다. 수질보전, 수질정화, 유지용수확보, 탁수대책 등의 이수목적뿐만 아니라 홍수방어, 내수배제 등 치수목적에도 제공되고 있다.

광케이블망 [optical fiber network]

광케이블은 광파이프를 사용하고 있기 때문에 손실이 작고 광대역적인 전송 매체이며 메탈케이블에 비교하여 대용량으로 경제적으로 다양한 서비스가 가능하다. 또 외부로부터의 전자기 유도가 없기 때문에 고품질 통신이 가능하다. 또한 광파이프의 주요 성분인 석영은 지구상에 많아 자원 절약도 가능하다. 이와 같이 광파이프의 정보통신 케이블 적용은 일반적으로 시외계통과 시내계통으로 구분된다. 광케이블 선은 시외계통으로부터 도입되고 순차로 시내(액세스)계통으로 확대된다. 시내계통의 광케이블화는 일반 가정 내의 통신센터로부터 배선점(기선점)까지는 광케이블을 설치하고 인입선은 원래의 메탈케이블을 사용한다. 광케이블은 통신사업자(국제사업자도 포함)뿐만 아니라 전력회사나 자치단체에도 부설되어 있어 정보화 사회에 큰 역할을 차지하고 있다.

광풍 [wind-borne missile]

허리케인. 태풍 등이 올 때 발생하여 만들어지는 강력한 바람.

광화학 산화체 [photochemical oxidants]

오존, PAN(peroxy-acetyl nitrate), 기타 과산화물 등 대기 중 산화성 물질의 총칭이다. 옥화칼륨수용액과 접촉시키면 요오드성분을 분리하는 물질 전부를 가리키지만 오존이 주요 성분이다. 대기 중으로 배출된 질소산화물과 탄화수소가 태양자외선에 의해 광화학반응을 하여 생성된다. 광화학 대기오염의 원인물질로서 눈, 인후부의 자극, 호흡장애 발작 등의 인체영향, 농작물의 감수, 삼림감퇴 등의 환경영향을 가져온다.

광화학연무 [photochemical smog]

광화학 스모그라고도 한다. 석유계통의 연료사용에 의하여 생기는 질소산화물과 탄화수소가 태양의 자외선 하에서 광화학 반응을 일으켜, 공기 중의 산화제 등의 농도가 높아져서 발생하는 연무(smog)를 말한다. 눈이나 목의 점막을 자극하여 호흡곤란을 동반하는 경우도 있다. 또 식물의 잎을 말라 죽게 한다. 이 현상은 보통 자외선이 강한 맑은 날에 발생하지만, 지역에 따라서는 흐린 날이나 야간에도 발생하는 일이 있다. 그 원인 물질은 옥시던트·아크롤레인·질산메틸 등으로 알려져 있다. 여름철 고온에다 일사가 강하고 바람이 약할 때 발생하기 쉽다.

교량 [bridge]

하천·호소·해협·만·운하·저지 또는 다른 교통로나 구축물 위를 건너갈 수 있도록 만든 고가 구조물.

교육기관에서 재난교육 교육과정 개발 [curriculum development for disaster education at educational institutions]

이상적인 자연현상 또는 인위적인 사고가 원인이 되어 발생하는 사회적·경제적 피해를 대비하기 위해 교육기관에서의 적절한 교육과정을 개발하는 것을 말한다.

교통 체계 사용자 [users in transportation system]

교통 이용자 수는 차량 내에 있는 승객 수와 역의 승강 인원(개찰구를 출입하는 사람)이 있다. 승강 인원은 1일 총인원으로 집계되는 경우가 많지만, 전철 회사와 도시 교통국 등의 교통 기관이 실시하는 유동인원 조사에서는 1시간마다 역의 승강 인원을 조사하고 있다.

교통 하중 [traffic load]

차량의 바퀴 한 개를 통하여 도로에 가하여지는 연직 하중.

교통설해 [snow damage to traffic]

석해로 인해 교통기관이 교통의 장해를 받는 것이다. 단시간 내에 많은 눈이 내림으로써 발생하는 경우가 많으며, 육상교통은 적설이 30cm 이상이면 자동차의 소통이 마비되는데, 도시에서는 5~10cm의 적설에도 교통체증이 일어난다.

교통시설 [traffic facility/transportation facility]

교통을 구성하는 3요소는 이동의 주체, 교통수단(교통기구), 교통로이며 교통시설과 교통장비를 제외한 교통로의 것이다. 교통도로 교통장비를 이동시키기 위한 선형 공간 또는 시설이며, 이동 공간과 종점 시설로 구성된다. 전자는 도로, 철도, 운하, 항로, 항공로 등이며, 후자는 주차장, 버스·트럭 터미널, 기차역, 항만, 공항 등이다. 방재상의 관점에서 이러한 구성 요소인 교량, 육교, 터널, 성토, 역 청사 궤도 시설, 항만 시설, 공항 시설 등을 들 수 있다. 이 중 도로의 기능은 교통 기능, 토지 이용 유도 기능, 공간 기능의 3가지이다.

교통체증 추정 [estimation of traffic congestion]

교통체증은 자동차가 많아 길이 막히는 것을 말하는 것으로, 교통체증이 언제, 어디서, 얼마만큼 생기는지 추정하는 활동 등을 말한다. 주로 휴일이나 명절 같은 공휴일 또는 휴가 기간이나 연말연시와 같은 성수기에 가장 심하다.

구조 [relief]

사람을 구하고 보호하는 것.

구조 부재 [structural member]

구조물에 가해지는 하중, 내력에 대해 지지하는 구조물의 가장 기본 구성 요소. 기둥, 보, 브레이스 등을 말한다.

구조 응답 제어 [structural response control]

구조물에 작용하는 하중에 있어 안전성을 확보하기 위해 응답을 저감시키기 위한 방법을 말한다.

구조견 [rescue dog]

유사 시 인명을 위험에서 구해내는 역할을 수행하도록 특별히 사육·훈련된 개. 사람에 비해 2만 배 정도 발달한 후각과 2천 배 정도 발달한 청각으로 사람의 능력과 첨단기기로도 구조가 불가능한 피구조자 및 실종자의 위치를 신속·정확하게 탐색·추적하여 인명을 구조하는 역할을 수행한다.

구조공학 [structural engineering]

뉴턴(Newton) 법칙을 기초로 하여 부재에 작용하는 하중에 대한 응답을 다루는 학문이다. 물리학과 공업수학을 바탕으로 구조물의 안정성에 대해 설계와 해석을 하는 공학이다.

구조물 [structure]

하중을 지지하기 위해 사용되는 많은 요소들의 집합체라 할 수 있으며, 대표적인 토목 구조물로 건물, 교량, 탑 등이 있다.

구조물 내진설계 [structure of the earth's interior]

구조물이 지진에 견딜 수 있도록 설계하는 것으로 내진설계는 보통 구조물에 가해지는 지진력을 구하고 이로 인한 구조물의 응력과 자중, 열, 기타 응력을 통해 허용응력보다 작아지도록 단면 크기를 결정하는 방식으로 한다.

구조물 손상도 평가 [estimation of building damage]

구조물의 안전성 또는 보수보강 여부의 결정 등을 적절하게 판단하기 위한 구조구체의 손상도를 평가하는 것을 말한다.

구조상 구조물의 손상 [structural damage of buildings]

하중에 의한 구조물의 피해를 나타낸다.

구조적 비구조적 대책 [structural and non-structural measures]

구조적 대책 - 가능성 있는 위험의 영향을 감소 또는 회피하기 위한 물리적 구조물 또는 구조물이나 시스템에 위험 저항력과 회복력을 위한 공학적 기술의 적용이다. 비구조적 대책 -위험도와 영향 감소를 위한 지식, 연습, 또는 동의가 요구되는, 특히 정책과 법률, 대중의식 고취, 교육과 훈련이 요구되는 물리적인 구조물이 포함되지 않는 대책을 말한다.

구조지형 [structural landform/tectonic landform]

열순환에 의한 조륙운동이나 조산운동으로 지표면에 형성된 지질구조 또는 오랜 세월 동안 다양한 외적 영력으로 형성된 지형이다.

구출 활동 [search and rescue activities]

지진 발생 시에 가옥 · 건물의 쓰러짐에 의해 생매장이 된 사람의 생명을 구하기 위해 소방 · 경찰 · 자위대 등의 조직 및 인근 주민이나 가족이 사람의 행방을 찾고 잔해 속에서 구출하고 부상자를 의료기관에 이송하는 활동을 말한다.

국경 없는 의사회 [Médecins sans frontièrer]

정치 종교 인종 이념을 초월한 국제 민간의료 구호단체이다. 1968년 나이지리아 비아프라 내전에 파견된 프랑스 적십자사 소속 베르나르 쿠시네(Bernard Kouchner)를 비롯한 의사와 언론인 12명이 1971년 파리에서 설립했다. '중립 · 공평 · 자원'의 3대 원칙과 '정치 · 종교 · 경제적 권력으로부터의 자유'라는 기치 아래 만들었다.

국발지진 [local earthquake]

민감하거나 조용한 곳에 있는 사람들만이 겨우 감지할 수 있는 정도의 지진이다. 국제진도계 II 이상의 지진이 이에 속한다. 지진은 대지진이 갑자기 일어나는 경우가 거의 없이 작은 지진을 시작으로 대지진이 일어난 후 여진이 계속된다. 유감지진 중에서 진앙으로부터 지진을 느낀 지역까지의 최대의 거리(최대 유감 반지름)는 100km를 소구역, 200~300km를 약간 현저, 300km 이상을 현저지진이라 하는데, 이 분류는 국제적인 것이 아니다.

국부풍압 [local wind pressure]

건축물의 각이나 돌기물에서 박리한 흐름이 만드는 강한 와에 의해 벽면이나 지붕에 국소적으로 발생하는 강한 부압을 말하며 국부부압이라고도 부른다. 그렇게 발생한 부분을 국부풍압이라고 부르며 지붕의 풍상 처마끝 부분, 측면의 풍상 우각부, 용마루 부분, 굴뚝 주변부 등을 들 수 있다. 풍향 45°의 경우 지붕면상에 한 쌍의 역방향 원추와가 발생하고 강한 국부풍압영역을 만든다는 것은 특히 잘 알려져 있다. 국부풍압 영역에서는 외장재의 내풍설계나 시공에 특단의 주의가 필요하다.

국제 긴급 원조 [international emergency aid]

1919년에 적십자 연맹(후에 국제 적십자·적신월사 연맹이라고 개칭)이 설립되기 전까지 일부국가 및 민간(종교 및 인도적) 단체가 개별적으로 구호나 원조를 실시했는데, 1946년에 설립된 유엔아동기금(UNICEF)과 1963년에 설립된 유엔식량농업기구(FAO)의 세계 식량 계획이 국제 사회의 일원으로서 재해 후의 구호 사업을 시작했다. 1970년 약 10만 명의 사망자를 낸 방글라데시 사이클론으로 인한 재해에서 여러 가지 구호 및 원조에 대한 문제점이 제기되었다. 또한 재해예방 및 사후 피해조사 등에 대한 제도, 조직, 기술의 개선의 필요성이 인식되면서 유엔은 1972년 유럽 본부 유엔재해구호조정관사무소(UNDRO)를 설립해 재해 전후 체제 정비와 산재해 구호 실무 조정을 하게 됐다. UNDRO는 1992년 유엔기구 개혁으로 폐지되어 그 업무는 유엔 뉴욕 본부의 인도주의업무부(DHA)로 옮기고, 1998년에 다시 인도주의업무조정국(OCHA)이 실시하게 되었다.

국제 적십자·적신월사 연맹 [international Federation of Red Cross and Red Crescent Societies(IFRC)]

제1차 세계대전 중 솔페리노전쟁의 참상에 충격을 받은 앙리·뒤낭의 제안을 바탕으로, 1919년에 적십자 연맹(League of Red Cross Societies)이 설립되었다. 1983년에 이슬람 각국을 더해서 적십자·적신월사 연맹(The League of Red Cross and Red Crescent societies)이 되었다. '적십자'가 기독교의 교의를 의미한다며 반발하는 이슬람권의 뜻을 받아들여 이슬람교가 상징하는 붉은 초승달의 공통 원칙에 입각하여 '적신월사' 문자를 제정하였다. 그 후 1991년에 International를 추가하고 League를

Federation으로 바꿔 표기하여 현재에 이르고 있다. IFRC는 각국의 적십자사 및 적신월사로 구성되어 있고, 본부를 스위스 제네바에 두고 있다. 7가지 기본 원칙(인도, 형평, 중립, 독립, 봉사, 단일, 세계성)에 따라 활동하고 있으며, 그 목적은 인류의 재해를 예방하기 위해 각국 적십자·적신월사의 인도적 활동을 모든 형태에서 장려하고 촉진함으로써 세계평화유지에 기여하는 것이다.

국제구조대 [International rescue team of Korea fire-service]

「소방기본법」 제34조 및 「동법시행령」 제10조와 「재난 및 안전관리 기본법」 제58조, 「동법시행령」 제67조 규정에 의하여 국제구조대의 편성·운영에 관하여 필요한 사항을 정하며 '국외에서 대형재난 등이 발생한 경우 재외국인의 보호 또는 재난발생국의 국민에 대한 인도주의적 구조활동'을 펴는 국가직 또는 지방직 소방공무원 등으로 구성된 국제도시탐색 구조대를 의미한다.

국제긴급구호체제 [International emer-gency relief system]

외국, 특히 개도국지역에서의 대규모의 재해에 대하여 피해국이나 국제기구로부터의 요청에 부응하는 종합적이고 신속한 원조체제를 뜻한다.

국제방재협력 [International cooperation for disaster prevention]

국가 간 방재분야 기술 및 인력을 제공함으로서 국제 재난을 예방하는 것을 말한다. 우리나라의 경우 국제방재교육을 통하여 개도국 방재관련 기술 및 시스템을 전파하고, 국외에서 대형재난 등이 발생할 경우 재외국민의 보호 및 재난발생국의 국민에 대한 인도주의적 구조 활동을 위하여 국제구조대를 파견할 수 있다.

국제자연재해경감국제사업 [International Decade for Natural Disaster Reduction(IDNDR)]

UN은 1987년 12월 제42차 총회에서 1990년대를 자연재해경감국제사업으로 정하고 국제적 협력 사업을 추진할 것을 결의하였다. 이 사업의 목적은 국제협력을 통하여 자연재해로 인한 인명 및 재산의 손실과 사회적·경제적 혼란을 감소시키는 데 있다. 이 목적을 달성하기 위하여 조기경보체제 구축 등 개발도상국가들의 방재능력 향상을 지원하고, 자연재해의 평가와 예보, 그리고 예방 및 경감을 위한 기술의 개발과 협력을 위한 교육 및 홍보사업을 추진하는 것을 당면목표로 하고 있다. UN은 이 사업의 추진을 위하여 UN사무총장 책임 하에 IDNDR 활동계획안을 수립하고, 모든 국가는 정부와 연구소 및 민간단체가 참여하는 국가위원회를 설립하며, 방재를 위한 국제협력활동에 적극 참여하고 지원할 것을 요청하고 있다. 또한 21세기 들어 '자연재난경감을 위한 국제전략'을 새롭게 추진, 급변하는 자연재난 양상에 대처하고 있다.

국제적십자 [Red Crescent Societies]

국제적십자위원회, 국제적십자사연맹, 각국의 적십자사로 구성된 국제연합의 민간기구. 전시에 구호활동과 적십자 기본원칙을 수호, 신생 적십자사의 승인 등을 임무로 한다. 평시에 재해구호활동과 적십자사 발전계획 지원 등을 임무로 한다.

국지기상 [local weather]

지형적 특성에 따라 좁은 지역에서만 발생하는 기상현상을 말한다. 지형, 해륙분포, 토지이용 형태, 구조물, 식생 등의 다양한 원인이 있으며 바람, 기온 등 역학적인 요소가 변하게 된다. 주로 해안지방과 산악지역에서 발생하는 국지성 바람이며 국지전선, 열섬현상, 안개등이 이에 해당한다.

국지바람 [local wind]

한정된 특정 지역에 고유의 풍향·풍속·빈도를 가지고 부는 바람을 말하며, 계절도 한정되어 있는 경우가 많다. 바람이 강하고 바람의 숨도 강하며, 강수나 모래 먼지를 동반하거나 급격한 기온과 습도의 변화를 초래하는 특징 있는 바람인 경우가 많고, 식물이나 인간 활동에 미치는 영향도 크다. 특정한 기압배치에 크게 지배되어 중규모의 범위를 가진 지방바람, 기압배치와 국지적인 지형이나 열적 요인이 관련되어 생기는 국지바람, 일반풍이 약할 때 열적·지형적 영향을 강하게 받아서 부는 국지바람 등으로 나뉜다. 우리나라에도 각지의 국지적인 강풍이 있으며, 특히 유명하고 현저한 것으로는 양간지풍이 있다. 봄철이나 가을철에 양양·간성 지방에서 강하게 부는 서풍을 말하며, 태백산맥을 사이에 두고 기온차가 커진다.

국지성집중호우 [local heavy rainfall]

비가 내리는 시간과 관계없이 총강수량이 많은 것을 호우라고 하며, 단시간에 비가 많이 오는 현상을 폭우 또는 집중호우라고 한다. 국지성 집중호우는 지형적인 특성과 강우전선상의 문제 등으로 인하여 특정 지역에만 국한되어 집중적으로 시간당 최고 80mm 이상의 비가 순식간에 직경 5km의 좁은 지역에 쏟아지는 폭우를 말한다. 일반적인 장마처럼 광범위한 지역에 걸쳐 많은 비가 내리는 것이 아니라 좁고 짙은 비구름이 특정 지역에 양동이로 퍼붓듯이 많은 비를 불러오는 것을 말한다. 또한 홍수나 산사태 등의 재해를 수반하므로 커다란 사회 문제가 되고 있다.

군중 운동 [crowd movement]

사람들이 건물이나 사이트에 대한 이동하는 방법을 이해하는 것은 화재 대피 및 학교와 이벤트 장소로 건물 주변에 보행자를 위한 중요한 특수성이다.

굴뚝효과 [stack effect/chimney effect]

건물 외부와 내부의 온도 차에 의한 압력 차이로 인한 공기의 상승, 하강현상이다. 굴뚝이나 가스관같이 폭에 비해 높이가 큰 곳에서 많이 발생한다.

굴절파 [refracted wave]

지진파속도의 불연속면에서 속도가 작은 쪽에서 큰 쪽으로 지진파가 부딪히면 입사각이 임계각보다 크면 사출각이 90도가 되며, 불연속면을 따라서 전달되는 파가 된다. 이것을 굴절파라고 한다.

권한부여/지역사회 권한분산, 지역사회 역량강화 [empowerment/community empowerment]

어떤 기관이나 사람에게 특정한 일 또는 업무에 대하여 권리 또는 권한을 행사할 수 있도록 하는 것.

궤도 장비 [track facility]

철도 선로 중, 레일, 체결 장치, 침목, 도상 등의 구성 설비를 말한다. 고가교와 터널 내에서는 콘크리트 슬래브와 레일을 직결한 슬래브 궤도가 많다. 고속화나 승차감 향상을 위해 이음 부를 용접하거나, 쐐기형 접합면을 채용하고 있다. 궤도 틀림을 보수 관리하는 것은 주행 안전성뿐만 아니라 승차감에 있어서도 중요하다.

규모 [magnitude]

지진의 절대적인 크기를 나타낸다. 지진에 의하여 발생한 에너지를 등급화하여 나타낸 것으로 규모에는 리히터 규모, 실체파규모, 표면파규모, 모멘트규모 등이 있다.

균등계수 [uniformity coefficient]

토사를 구성하는 굵은 입자, 가는 입자, 미립자의 입도 배분의 간단한 표시법이다. 체로 분류하여 60% 통과율을 나타내는 모래 입자 크기의 비로 나타낸다. 모래 입자의 크기가 고르면 1.0에 가깝고, 입경의 큰 값을 나타낸다. 10% 통과 입경은 유효 지름이라고 하며, 여과 모래의 크기의 정도를 나타낸다. 균등계수의 표시는 입도 시험으로 입경 가적곡선의 중량 통과율 10%의 입경을 d10으로 표시하고 이것에 대한 통과율 60%의 입경을 d60으로 하면 균등계수= D_{60}/D_{10}으로 표시한다. 일본 수도협회에서는 완속여과일 경우에는 유효지름 0.3~0.4mm, 균등계수는 2.0 이하, 급속여과일 경우에는 유효지름 0.45~0.7 mm, 균등계수 1.7 이하로 정하고 있다.

균열 [crack]

열적 또는 외력에 의해 생성되는 국부적인 파단 현상을 말한다. 주로 건축물, 도자기, 보일러, 관 등이 발생하며, 그 형태와 발생시기에 따라 균열 명칭을 달리하고 있다. 균열폭에 따라 핑거 크랙, 핸드크랙, 피스트크랙, 오프 위드 크랙 등으로 구분된다.

극단적(심각한) 재난 [disaster of extreme severity]

극단적인 재난(지진, 쓰나미, 화산, 방사능 등)으로 재난의 종류와 강도에서 지역적·사회적 파급효과 등을 고려하여 설정이 가능하며, 2차·3차 피해 가능성이 높은 재난을 말하기도 한다.

극문 [sluiceway]

제내지의 배수 취수를 위해 제방을 횡단해 만들어지는 관거 중 절단면의 큰 것을 통문, 작은 것을 홈통관이라고 부르는데, 양자에 뚜렷한 구별은 없다. 제방 안에 철근 콘크리트 구조물을 만들기 위해 물 길의 형성 등 제방의 약점이 되지 않도록 시공, 관리에 세심한 주의가 필요하다.

극치 [extreme value]

랜덤하게 발생하는 사상 중 임의 기간의 최댓값(또는 최솟값)을 말한다. 극치의 매년치 계열·비매년치 계열을 이용해서 화재사상의 빈도분석이 이루어진다. 이 경우 극치 데이터(자료)의 독립성, 랜덤성, 균일성 등에 유의할 필요가 있다. 극치의 매년치 계열에 대한 확률분포로서는 Gumbel 분포, Weibull 분포, 일반화 극치분포 등이 이론적으로 체계화 및 실용화되고 있다.

극치통계 [extreme statistics]

어느 모집단의 표본집단에서 극댓값군 또는 극솟값군의 데이터를 추출하여 통계자료로서 해석하는 방법으로, 자연재해의 원인이 되는 강풍, 홍수 등의 이상현상 출현확률추정에 이용된다. 극치통계에서는 데이터로 이용되는 기간 최댓(솟)값 자료 또는 최댓(솟)값 자료에 대해 독립성(개개의 데이터 간의 상관이 0일 것)과 균등성(개개의 데이터가 동일 모집단에 속해 있을 것)이 요구되며 이 2가지 조건을 만족한다고 생각되는 표본집합에 대해 특정확률분포를 적용하여 그 분포함수를 이용한 어떤 현상(홍수유량이나 파고 등)의 재현기간, 재현확률 통계량의 크기, 그 신뢰구간 등을 추정한다.

근거리장 지진 [near field earthquake]

진앙거리 600km 이내에서 발생하는 지진으로 대비하기에 도달시간이 짧아 피해규모가 큰 지진을 말한다.

근육 공 [simple terracing work]

폐산지 및 붕괴 자료 복구 녹화로 재배가 실시되는 매우 집약적인 공법으로, 현재는 거의 실시되지 않는다.

급경사 [steep slopes]

경사가 급한 장소로 토사의 침식을 방지하기 위하여 식물이 필요하고, 파쇄대 또는 연약층이 존재하는 급경사 지역은 파괴에 대한 안전을 확보해야 한다.

급경사 지역의 붕괴 리스크 [fall risk area of steep slopes]

'급경사지 재해예방에 관한 법률'에 의한 급경사지는 택지·도로·철도 및 공원시설 등에 부속된 자연 비탈면, 인공 비탈면(옹벽 및 축대 등 포함) 또는 이와 접한 산지로서 다음에 해당하는 것을 말하며, 이와 같은 지역의 붕괴 리스크는 적절히 관리되어야 한다. ① 지면으로부터 높이가 5m 이상이고, 경사도가 34도 이상이며, 길이가 20m 이상인 인공 비탈면, ② 지면으로부터 높이가 50m 이상이고, 경사도가 34도 이상인 자연 비탈면, ③ 그 밖에 관리기관이나 「재난 및 안전관리 기본법」에 따라 설치한 특별자치도·시·군·구 재난안전대책본부의 본부장이 재해예방을 위하여 관리가 필요하다고 인정하는 인공 비탈면, 자연 비탈면 또는 산지.

급경사지 붕괴대책 [fall countermeasures of steep slopes]

급경사지에 대한 붕괴대책으로는 안전점검, 붕괴위험지역의 지정·관리, 붕괴위험지역 정비, 중기계획 등의 수립, 시행, 급경사지에 관한 정보체제의 구축 등의 대책이 있다.

급기 샤프트 [air supply shaft]

기관에 새 혼합기를 공급하기 위한 샤프트 설비. 외기 또는 조정공기를 목적으로 하는 장소에 공급하는 것.

급수 시스템 내진설계기준 [earthquake-resistant standards for water supply system]

지진 내구성이 높은 급수 시스템 설계기준.

급수 제한 [supply control]

갈수 시에 하천에서 취수가 제한된 경우, 공급할 수 있는 수량이 한정되기 때문에 공장, 가정 등에 대한 급수를 제한한다. 급수 제한 방법으로는 펌프와 밸브를 조절해 수압을 낮춰 공급한다. '진공 급수'와 각 지역마다 급수 시간을 정해 공급하는 '시간 급수' 등이 있다. 시민 생활에 영향을 고려해 처음에는 대규모 사용자에 대해 제한 급수가 실시하고, 더 상황이 어려워지면 일반 사용자에 대해서도 급수 제한이 실시되는 경우가 많다.

급수 제한 속도 [supply control rate]

평상시의 급수량에 대한 당해 연도 갈수 시 급수량의 감소 비율을 말한다. 갈수 시에 하천에서 취수가 제한된 경우 공급할 수 있는 수량이 한정되기 때문에 수요자 측 사용을 제한할 필요가 있다. 절수 호소 등의 홍보만으로는 충분한 절수 효과를 얻을 수 없는 경우에는 감압 급수 및 시간 급수 등의 방법으로 급수가 제한된다.

기계식 이음 [mechanical joint]

주철관의 접합에 사용되는 이음으로서, 이음 부분에 고무링을 끼우고, 압력 링으로 눌러 고정시킨 것인데, 적합 작용이 용이하고 가요성과 신축성이 있어서 많이 사용되고 있다. 고무링을 사용하기 때문에 내진성, 가요성, 신축성이 있지만, 굴곡부에서는 수압에 의해 탈출하는 수가 있기 때문에 주의한다.

기계적 배연 [mechanical smoke venting]

화재 등이 발생했을 때 배풍기 등의 기계력을 이용하여 연기를 밖으로 배출하는 것. 비중이 가벼워진 연기를 건물의 개구부에서부터 자연적으로 실외로 배출하는 것은 자연 배출이라고 한다.

기계적 연대 [mechanical solidarity]

유사성에 의한 연대라고도 하며, 유기적(有機的) 연대와 대응된다. 이는 사회의 모든 성원이 유사성 또는 공통된 관념의 형식에 따라 행동하고, 전체의 공통의식이 개인의 의식을 압도하여 지배하는 것과 같은 사회적 결합형태 또는 사회적 관계를 가리킨다.

기근 [famine/hunger]

주어진 인구 내에서 광범위한 영역의 식량부족은 굶주림과 높은 사망률을 초래한다. 기근에 처한 사람들은 단지 굶주림뿐만 아니라 각종 질병으로 인해 사망한다. 센(Sen, 1981)은 기아는 사람들이 먹을 것을 충분히 '갖지' 않은 조건에서 발생하는 것이 아니라, 충분한 식량이 '없는' 결과로서 발생한다고 주장하였다. 기근은 일반적으로 장기간의 감소의 결과라기보다는 식량소비 수준의 갑작스러운 붕괴가 있을 때 발생하며, 사람들은 낮은 소비에 적응하기에 필요한 시간이 부족하기 때문에 사망한다. 센은 그것은 주민이 식량 없이 살 때에는 거의 발생하지 않으며(제2차 세계대전 기간 중 독일 점령하의 네덜란드), 오히려 대체되는 식량에 대한 사람들의 권리가 변화할 때에 발생한다고 주장한다. 따라서 기근은 식량의 생산뿐만 아니라 분배와도 관련된다. 그리고 어떤 집단의 취약성과 관련된다. 역사적으로 기근은 심각한 홍수나 흑사병과 같은 사건에 의해서 촉진되었지만, 20세기의 주요한 기근은 1970년대와 1980년대의 에티오피아와 모잠비크와 같이 전쟁과 밀접하게 관련되거나, 1930년대 소련에서 스탈린주의의 강화나 1950년대 후반의 중국의 마오쩌둥주의와 같은 근본적인 정치적 격변과도 밀접히 연관된다. 그러나 이 모든 경우에서, 단지 어떤 사회집단만이 식량에 대한 권리를 상실하는 한편, 다른 집단은 그러한 권리를 유지하거나 새로운 권리를 획득한다.

기근조기경보 [famine early warning]

기근조기경보 시스템 네트워크는 식량 불안에 대한 정보 및 분석의 선두 기업이다. 1985년에 미국 국제개발기구(USAID)와 미국무부에 의해 설립되었으며, 동부 및 서부 아프리카에서의 대기근 후에, 오늘날 기근조기경보 시스템 네트워크는 인도주의적 위기에 대한 보고와 계획 및 대응에 관련된, 정부, 국제 구호단체, NGO, 저널리스트 및 연구자들의 광대한 커뮤니티에서 가치 있는 자원이다.

기반암 [bedrock]

지역의 가장 오랜 기간 퇴적된 퇴적층 밑의 화성암이나 변성암 복합체. 지역에 따라 선캄브리아대부터 신생대 암석이 기반암을 형성한다.

기본 고수 [(unimpaired) design flood hydrograph]

기준점의 홍수 빙이 시설 계획 책정의 대상이 되는 하이드로 그래프의 기본 홍수는 지난 홍수나 이용할 수 있는 관측 데이터 기간, 유역의 중요도 등을 종합석으로 고려해 결정된다. 또한 높은 물은 강수 등의 동음이의어와 구별하기 위해 '타카 물'이라고 읽는 샘이 많다.

기상 개조 [weather modification, weather control]

기상 개조(氣象改造)는 인공적으로 대기의 물리적 변화를 일으키는 것을 말한다. 방풍림으로 바람을 막거나, 야간에 연기를 피워 새벽의 서리를 막는 일 등은 옛날부터 진헤저오는 소규모의 기상개조이다. 중·대규모의 기상개조로는 비행기 활주로의 안개를 제거하는 법, 우박을 막는 법, 관개용수나 음료수 등을 늘리기 위한 인공강우·인공강설, 태풍의 진로를 바꾸어 그 세력을 약화시키는 것과 같은 것이 있다. 이러한 방법은 드라이아이스나 옥화은(沃化銀) 등을 이용한 구름 씨뿌리기(cloud seeding)가 본격적으로 이용되면서 가능해졌다. 공항 활주로의 안개를 제거하기 위하여 다량의 연료를 태워 공기를 데움으로써 안개를 걷게 하는 방법도 있지만, 현재 실용화되어 있는 것으로는 옥화은의 씨뿌리기이며, 미국이나 유럽의 고위도지방에 있는 공항에서 주로 사용한다. 우박을 막는 방법으로는 로켓탄 속에 옥화은 등의 씨를 채워서 발사하여 겨냥한 구름 속에서 폭발시킴으로써 씨를 뿌리는 방법이 특히 독립국가연합의 남부지방에서 사용되고 있다. 태풍에 관한 것으로는 미국의 허리케인을 대상으로 연구가 진행 중에 있다. 기상제어(氣象制御)라고도 한다.

기상 경보 [weather warning]

폭풍, 대설, 호우와 같은 기상현상 때문에 생길 재해에 대비하여 기상청이 관계기관과 일반 주민에게 경고하는 것이다. 관계기관과 일반 주민에게 알려, 주의를 환기시키기 위한 것이다. 기상업무의 기본을 정해 놓은 기상업무법 중 업무규정 제3편 예보업무편 제20장에 의하면 경보의 발표기준, 경보문의 내용, 경보의 해제 등이 규정되어 있다. 경보에는 폭풍·대설·호우·건조·해일·파랑·한파·태풍과 관련된 육상 및 해상경보와 공항·악(惡)기상·특이기상 등에 관련된 항공경보로 구분되어 있다. 보통의 일기예보와는 달리 발표시간이 일정하게 정해져 있지 않으며, 필요한 경우에 발표한다.

기상 주의보 [weather advisory]

기상현상에 의하여 재해가 발생될 우려가 있다고 예상되었을 때 주의를 환기시키기 위하여 기상청이 발표하는 일종의 예보행위로, 폭풍, 폭풍우, 폭풍설, 대설, 호우, 안개, 서리, 건조, 해일, 파랑, 한파, 태풍 등이 있다.

기상레이더 [weather radar]

기상레이더는 보통 3~10cm 정도의 파장인 전파를 발사하여 목표 물체로부터 반사(또는 산란)된 전파를 수신함으로써 목표의 방위와 거리를 측정하여 태풍탐지, 집중호우, 천둥번개, 국지 강우량 측정 등에 이용되는 레이더(radar, radio detection and ranging)이다. 강수현상의 구조, 대기의 대류활동 등을 관측하고, 구름 물리학, 중간 기상학을 연구하는 자료를 제공한다. 목적하는 대상에 따라 '기상 감시 레이더', '구름 탐지 레이더', 도플러 레이더' 등을 사용한다. 우리나라에서는 기상청 소속의 서울(관악산), 동해, 군산, 부산, 고산(제주도), 백령도, 인천공항, 광덕산, 진도, 면봉산에 10개소의 레이더 관측소가 운용되고 있다.

기상위성 [meteorological satellite]

일반적으로 모든 인공위성은 대기현상을 측정하므로 기상위성이라고 할 수 있으나, 명확히 구별하면 기상관측만을 주목적으로 설계하여 발사된 위성만을 말한다. 기상위성은 저기압 또는 전선 등의 정확한 위치와 크기, 태양광선의 반사량 등을 관측한다.

기상자료 [meteorological data]

대기에 관한 실측자료로, 특히 바람, 온도, 공기 밀도에 관한 자료로 이루어져 있다.

기상정보 [meteorological information]

기상에 관한 지식이나 보도내용을 말하며, 일기예보, 기상통보, 기상주의보, 경보 등 전체를 의미한다. 우리나라에서 기상통보라고 하여 큰 비, 큰 눈, 폭풍, 태풍, 뇌우, 고온, 저온 등의 정보를 말한다.

기상조석 [meteorological tide]

태풍, 저기압, 고기압 등이 통과할 때 수반되는 기압, 바람, 강수 등 기상현상의 변화가 원인이 되어 해면이 상승·하강하는 현상을 말한다. 태풍이 내습하여 생기는 폭풍해일이 기상조석의 대표적인 예이다.

기상청 [meteorological office]

기상재해로부터 국민의 생명과 재산을 보호하고 산업의 진흥 등 공공의 복리 증진을 위하여 기상과 지진에 대한 각종 정보를 발표하고, 이에 필요한 연구 개발과 기상에 관련된 국제적 협력을 수행하는 중앙행정기관이다.

기상통계 [meteorological statistics]

기상요소를 대상으로 한 통계를 의미한다. 어느 기간 전체의 기상 상태를 알기 위해서는 그 기간의 기상요소 관측값(또는 통계값) 전체에 대하여 합계·평균, 누적값, 극값 등의 통계를 한 값(기상통계값)이 사용된다.

기술적 위험 [technological hazard]

사상, 부상, 질병 또는 기타 보건영향, 재산피해, 생계수단과 서비스의 손실, 사회적, 경제적 붕괴, 환경적 피해의 원인이 되기도 하는 사고, 위험, 절차, 기반시설 붕괴 또는 특정 인간활동을 포함하는 기술적 또는 산업적 조건으로부터 기인하는 위험을 말한다. 기술적 위험의 예로서 산업오염, 핵 방사능, 유독성 폐기물, 댐 붕괴, 교통사고, 공장폭발, 화재, 화학물질 유출 등을 포함한다. 기술적 위험은 자연위험사상에 대한 영향의 결과로서 직접적으로 발생할 수 있다.

기압경도 [pressure gradient]

기압의 거리에 대한 변화비율을 말한다. 즉, 기압의 기울기이다. 벡터이므로 방향과 크기를 가진다. 기압경도는 편의상 경도선 1도의 길이에 대하여 몇 hPa로 나타낸다(1도의 길이는 약 111km). 그러나 이론적 연구에는 100km에 대하여 몇 hPa로 나타내는 것이 보통이다. 수학에서는 경도의 방향은 양이 작은 쪽부터 큰 쪽으로 향하는 방향을 정으로 하는 것이 보통이나, 기압경도의 경우에는 고기압으로부터 저기압 쪽으로 향하는 방향을 정으로 생각하는 일이 많다. 바람은 대체로 기압경도에 직각에 가까운 각도로 불고, 그 속도는 기압경도의 크기에 비례된다고 생각해도 무방하다. 따라서 일기도 상에서 등압선 또는 등고선이 밀집되어 있는 곳은 기압경도가 큰 곳으로서 바람이 강하다.

기압골 [pressure trough]

지상일기도 상에서 고기압과 고기압 사이의 기압이 낮은 골짜기를 말한다. 상층일기도 상에서는 등압면에서 등고선은 위도권에 나란하지 않고 남북으로 커다란 진폭을 갖는 파동을 하고 있다. 이 파동에서 저위도지방으로 등고선이 내려온 부분은 주위보다 기압이 낮다. 그러므로 이 부분을 '기압골'이라 한다. 일반적으로 기압골은 서쪽으로부터 다가오며 날씨가 나빠진다.

기압마루 [pressure ridge]

지상일기도 상에서 저기압과 저기압 사이의 기압이 높은 능선을 말한다. 상층일기도 상에서는 등압면에서 등고선의 파동이 나타나는데, 고위도 지방으로 올라온 부분은 주위보다 기압이 높기 때문에 기압마루라 한다. 그중에서 기압이 가장 높은 곳을 연결한 선을 기압마루선 또는 기압능이라고 한다. 이 부분에서는 날씨가 맑다.

기온 감률 [temperature lapse rate]

대기층에서 공기덩이가 상공으로 올라가면서 내려가는 기온 변화율을 말한다. 그 값은 공기덩이가 건조공기인가, 습윤공기인가에 따라 다르지만 보통 100m 올라갈 때마다 0.65°C 내려간다. 건조공기인 경우에는 건조 단열 변화를 하며, 기온은 100m 올라갈 때마다 약 1°C 내려간다. 습윤공기인 경우에는 습윤 단열 변화를 하며, 기온은 100m 올라갈 때마다 약 0.5°C 내려간다.

기존 부적격 건축물 [existing buildings of non-conformity]

건축법의 각 규정을 기존의 건축물에 적용하다 보면 기존의 적법한 건축물이 법령의 개정 또는 도시계획의 결정·변경 등에 의해 건축물이 되는 경우가 발생한다. 이러한 건축물들을 기존 부적격 건축물이라고 한다.

기존부적격건축물재건지원사업 [rebuilding support systems for non-conforming buildings]

관련법의 개정에 의해 구기준에 따라 건축된 건물이 새로운 기준을 만족시키지 못하는 경우가 있다. 이런 건물을 기존부적격건축물이라고 한다. 이런 건물의 재건축에는 새로운 규정이 적용되어야 하지만, 대지진 발생으로 기존부적격건축물이 파손된 경우 현재 기준을 적용하면 이전 건물의 재건축이 불가능한 경우가 발생한다. 특히 공동주택의 경우 주택규모를 축소시켜야 하는 경우도 있어, 구제차원에서 종래의 용적률을 상한으로서 피해공동주택을 재건축하기로 하였다. 이 특례는 지진피해복구에 대해서만 적용되며, 이후의 재건축에는 적용될 수 없다.

기초 [foundation]

구조물의 하중을 지반 또는 지정에 전달하는 건축물 최하부의 구조를 말한다. 구조체의 응력을 지반에 전하는 기초슬래브와 그 밑에 있는 자갈과 말뚝 등의 지정을 총칭하여 기초라고 한다. 상부구조에 대비한 용어로서 기초구조라고도 한다. 독립기초, 연속기초, 복합기초, 온통기초 등이 있다.

기후변화 [climate change]

지질시대, 역사시대 등을 포함하는 오랜 기간 동안의 기후의 변화를 말한다. 태양의 활동, 지구 공전궤도의 변화 세차운동과 같은 지구 외적인 원인과 화산폭발, 지구대기의 조성 변화, 지각변동 등 지구내적인 원인에 의해서 나타난다. 일반적으로 지질 및 고 기후 시대를 포함하는 보다 장기간의 기후변화 현상을 기후변화라 하며, 단기간에 발생하는 기후변화 현상을 기후변동이라 한다. 유엔기후변화협약(UNFCCC)은 기후변화를 "전 지구적 대기구성을 변화시키는 직접적 또는 간접적인 인간의 활동에 기인한 기후변화와 더불어 비교 가능한 기간에 걸쳐 관측된 자연적인 기후 변동성이 추가된 것"으로 정의하였다.

긴급 재난 [sudden disasters]

인명피해 및 재난피해를 줄 수 있는 홍수, 폭우, 태풍, 폭설 등 자연현상으로부터 발생하는 재해에 대해 아무런 대비 없이 사고를 맞이해야 하는 것을 말한다.

긴급대응기관 [emergency response organization]

재해대응에 관련된 다양한 기관들 중에 주로 긴급대응 시 인명구조에 직접 관여하는 활동을 담당하는 기관을 말한다. 구체적으로는 소방, 경찰, 군과 같은 기관 외에 재해의료에 관련된 기관 등이 해당된다. 넓게는 지자체나 매스컴, 라이프라인 관련 기업, 중앙정부의 일부 기관 등이 포함되기도 한다. 이들 기관들은 초동활동의 중요성을 감안하여 24시간 대비태세를 유지해야 한다.

긴급대응기능평가 [estimation of emergency responses]

재난, 특히 지진발생에 따른 화재진압, 구출, 의료, 급수 등의 긴급대응 수요에 개별 방재조직 및 방재조직 네트워크가 어느 정도 대응할 수 있는지를 평가하는 것이다. 단순히 방재조직 기능의 질적이나 양적 능력을 파악하는 데 그치지 않고, 발생할 긴급 대응 수요에 어느 정도 대응할 수 있는지를 평가함으로써 방재조직의 기능적 한계를 예측하고 수요에 대응할 수 없는 경우 보완대책 수립에 기여할 수 있다. 실제로는 여러 형태의 상황을 가정한 훈련을 통해 평가할 수 있다.

긴급복구(부흥)방침 [principal policy of recovery and reconstruction]

재해를 입은 시가지 복구추진 지역에 대해 도시계획측면에서 결정하는 것으로서, 신속하고 건전한 복구를 위한 시가지 정비 개선방침이다. 지역 전체 및 재해지구마다의 정비개선목표, 토지이용방침, 공공시설의 정비방침 등을 기술하며, 각 지자체에서는 이 정비방침에 따라서 구체적인 토지구획정리사업 등을 신속히 실행하게 된다.

긴급소방 지원기관 [emergency fire fighting aid units]

대규모 화재가 발생하여 현장에 출동한 소방력만으로는 화재대응이 어려울 경우 또는 화재 발생 초기에 초동진화를 할 수 있도록 화재현장에 출동하여 소방대응 활동을 지원하는 기관을 말한다. 지원기관은 민간단체 또는 기업, 공공기관 등이 대상이 될 수 있다.

긴급수송 [emergency transportation]

사고 또는 재난이 발생한 경우 피해를 최소화하고 응급복구, 이재민 대피구호 등 현장대응 활동에 필요한 재난대응자원(인력과 물자 등)이 신속하게 재난현장에 투입되어야 한다. 이러한 재난현장에 차량, 항공기, 선박 등 각종 운반수단을 통하여 필요한 재난대응자원(인력과 물자 등)을 신속히 투입하기 위한 활동을 말한다.

긴급수송로 [emergency transport road]

재난대응자원(인력과 물자 등)이 재난현장에 신속히 투입되도록 각종 운반수단인 차량, 항공기, 선박 등이 이동하기 위한 이동경로를 말한다. 긴급수송로는 단일 이동경로보다는 도로정체 등과 같은 돌발 상황을 위해서 우회경로 및 복수의 이동경로를 사전에 피악하여 계획을 세워두는 것이 좋다.

긴급위성통신 시스템 [emergency telecommunication satellite system]

긴급위성통신 시스템은 재해에 특히 강한 성질을 가지고 있고 재난 발생 시 원활한 복구나 재해지와의 정보 유통에 기능을 발휘한다. 이것은 위성국과 휴대용 위성통신 시스템을 조합하여 피해지에서 특설 공용전화의 설치가 가능해야 한다. 또 고립 방지를 위하여 통신위성의 통신 밴드 특성을 살려 지자체 재해대책본부 담당자의 피해 조사나 지원활동에 기여하는 데 위성휴대전화가 사용되는 경우도 있다. 그리고 주요 통신국 사이의 회선 제어 백업이나 유인국(有人局)과의 긴급 연락 회선의 확보에 사용된다.

긴급재해 예방개발계획 [emergency disaster prevention base development program]

태풍, 호우 및 지진 재해 등이 발생하여 지속하는 기간 중에 2차적 피해를 최소화하기 위하여 마련하는 예방활동계획을 말한다. 예방개발계획에는 피해조사, 시설물 안전점검 및 정밀진단, 응급복구, 타 기관과의 협력계획 등의 내용이 포함될 수 있다.

긴급차단 밸브 [emergency shutoff valve]

긴급차단 밸브의 구동방법에는 여러 가지가 있지만 일반적으로 사용되고 있는 것은 탄산가스식과 스프링식이 있다. 탄산가스식은 조작기부터의 작동신호에 의하여 탄산가스 봄베로부터 기체압을 사용하여 밸브를 회전시켜 가스 차단을 진행하는 것이다. 스프링식은 조작기부터의 작동 신호에 의하여 자석 마그넷 어셈블리(magnet assembly) 내 영구자석의 자기장이 순식간으로 역 자기장을 형성하여 흡착력을 감소시킨 밸브 본체를 스프링으로 눌러 가스의 차단을 진행하는 것이다. 최근에는 작동신호를 감진기와 연동시키는 사례도 나오고 있다. 지진 시의 셧 오프(shut off) 시스템으로는 무선 또는 원격조작에 기초한 감진기와 연동된 감진자동차단식이 사용되고 있다.

긴급피해평가 [emergency damage assessment]

사고 또는 재난이 발생하면 1차적으로 발생한 피해의 손실을 파악하여 2차적 피해를 최소화할 수 있는 대책을 수립해야 한다. 그와 같은 상황에서 사고 또는 재난이 발생하였을 때 발생한 인적, 물적 피해 규모를 파악하는 평가로 응급복구 범위, 자원동원의 기준이 된다.

깊은 우물 [deep well]

지표로부터 체수층을 관통하여 샘 바닥이 불 침투층에 도달해 있는 샘이다.

ㄴ

나무 잔해 [woody debris]

나무가 자연적으로 수명이 다하였거나 또는 인위적인 활동에 의해 부러져 형성된 조각, 파편을 말한다.

나무 잔해 구덩이 [woody debris trap]

홍수, 태풍 등으로 인해 하천/강 등으로 떨어지는 나무의 파편/잔해들이 모여 있는 곳.

나무줄기 화재 [trunk fire]

나무줄기가 불타는 화재. 노령(나이가 오래된)의 침엽수나 껍질이 거친 나무, 가분비 나무처럼 수지의 배어 나오는 나무와 풍도 나무, 공동 나무가 나무줄기의 불길이 되기 쉽다. 나무줄기 화재는 지표 불에 의해 연소를 확대한다. 나무줄기 화재는 연소 범위가 작아도 장시간에 걸쳐 불타는 화재 현장에서 진화용 물이 화재를 제압할 수 없는 경우에는 흙을 덮는 것에 의해 소화한다. 그러나 한번 소화한 것처럼 보여도 다시 불타기 시작하는 경우가 많다.

나선근 [spiral hoop]

철근콘크리트 기둥에서 원기둥의 주근 주위에 나선 형태로 감는 띠근을 말한다. 띠근과 같이 전단력에 저항하고 주근이 팽창하는 것을 방지하는 것이 목적이다. 주로 비틀림을 받는 기둥에서 사용한다.

나카야 도표 [Nakaya diagram]

나카야 도표는 서로 다른 온도와 습도에서 자라나는 눈 결정의 다양한 형태를 보여주는 도표로서, 기온은 주로 눈 결정이 평판모양으로 성장할지 기둥 모양으로 성장할지를 결정하고, 높은 습도는 한층 복잡한 구조를 만들어낸다.

낙뢰 [thunderstroke]

천둥과 번개가 한꺼번에 동반하는 현상으로 소나기와 우박이 같이 발생한다. 낙뢰는 적란운에서 발생하는데 약 -20°C에 도달했을 때 일어나며, 지형으로 인해 만들어진 상승기류 때문에 산악 지대에 많이 발생한다.

낙석방지공 [rockfall countermeasure works/rockfall protection works]

낙석에 의한 피해를 방지하기 위한 공사 또는 공법. 부석(浮石)의 정리 및 제거, 고정, 숏크리트공, 록앵커공 등의 낙석의 발생원에 대한 대책으로서의 낙석예방공과 낙석방지망, 방지철책, 방지벽, 복공 등의 발생한 낙석에 대한 대책으로서의 낙석방호공 등이 있다.

낙설 [snow avalanche from roof]

지붕 등에 쌓인 눈이 자연 낙하하는 현상이다. 지붕의 설하로 작업 중에 눈과 함께 추락한 경우나, 처마 밑에서 눈을 처리하는 사람과 행인이 눈사태에 묻혀 발견이 늦어지고 사망하는 것도 많다. 이러한 사고를 예방하기 위해 최근에는 지붕의 경사를 급하게 하고, 대량의 눈이 쌓이기 전에 저절로 눈이 떨어지게 자연 눈사태 지붕, 지붕 위에서 눈을 녹인다. 해설 지붕, 폭설에서도 지붕을 하지 않아도 좋도록 튼튼하게 설계된 내설 주택 등이 건축되고 있다.

낙차공 [drop works]

수로 중간에 설치하는 구조물로서 경사가 급해지는 부분이 수로에 존재할 경우 또는 침식이나 세굴이 생기기 쉬운 경우 또는 물을 막아야 할 필요가 있을 경우 수온상승을 목적으로 설치한다.

낙하물 방지책 [preventive measures for falling objects]

자연재해에 의해 낙하물이나 붕괴물이 발생하여 떨어져 내려오는 물건에 의해 인명피해가 발생할 수 있다. 낙하물이나 붕괴물은 피난 때 걸림돌도 되기 때문에 이에 대한 방지책을 세워두는 것은 학교의 지진 대책 가운데 가장 중요한 것이다. 낙하, 전도될 수 있는 것에는 L형 쇠장식 등을 설치하고, 유리나 창문에는 비산 방지물을 발라 유리조각의 발생을 줄이며 피아노나 무게가 있는 집기들에는 이동하지 못하도록 스톱퍼를 설치하는 등의 대책들이 있다.

난기류 [air turbulence]

대기 중의 기류가 복잡하게 얽혀 있는 상태를 난기류라고 한다. 역학적 원인으로서 고산지대의 지표면에 대한 가열의 불균형에 의해 나타나는 것이 있고, 강한 일사(日射)에 의한 국지적인 상층 기류의 발생과 같은 열적 원인 등이 있다. 난기류의 발생은 기상학적으로 매우 중요시되고 있으며, 특히 항공교통의 경우 많은 영향을 받고 있다.

난류 [turbulent flow]

유체분자들이 불규칙적이고 곡선적으로 이동하는 흐름을 말한다. 난류는 시·공간적인 평균값 부근에서 나타나는 속도, 온도, 그리고 스칼라 농도의 불규칙하거나 거의 무작위한 변동의 형태로 분명하게 나타난다. 대기경계층 내의 운동들은 거의 난류이다. 지표층 내에서의 난류는 대체로 연속적으로 나타난다. 반면 대기경계층의 상층부에서는 단속적이고 뒤죽박죽으로 되기도 하고 때때로 내부 중력파(internal gravity wave)와 혼합된다. 지표면 근처에서의 대기난류 자체는 나뭇잎과 풀잎들의 살랑거림, 나뭇가지들의 흔들림, 연기와 먼지 입자들의 불규칙한 움직임, 수면 위의 물결과 파동의 생성, 그리고 다양한 시각적인 현상들을 통하여 분명하게 보여준다. 대기경계층의 상층부 내에서의 난류는 연과 풍선의 불규칙한 운동, 높은 굴뚝 또는 연통으로부터 배출되는 연기와 여러 가지의 다른 가시현상의 퍼짐, 소리, 빛, 그리고 전파의 전이에서 당면하는 온도와 굴절지수의 변동으로 나타난다.

난류 경계층 [turbulent boundary layer]

층류 경계층의 대응어. 경계층의 흐름이 난류인 경우 그 경계층을 난류 경계층이라 한다. 난류 경계층은 보통 다음 세 가지 영역으로 구분된다. 고체벽의 바로 근방에서 점성 지배의 층(경막), 고체벽에서 충분하게 떨어진 완전 난류 영역, 그 전이상태에 상당하는 과도층이다.

난류 모델 [turbulence model]

기상재해의 요인으로 강풍을 대상으로 하는 수치에서는 흐름의 지배 방정식으로 비압축성 나비에·스토크스 방정식이 이용된다. 구조물의 공력 특성이 바람에 따라 크게 다르게 변화하므로, 바람의 수치에서도 난류의 재현이 중요한 과제이다. 그러나 난류의 계산은 세세한 분해능이 요구되고 그 부하는 심대가 된다. 난류 모델이란 이러한 난류의 효과를 다른 형태로 바꾸어 방정식에 편입, 계산을 실현하는 것이다. 모델을 이끌려면 우선 지배 방정식의 변수를 평균치와 변동분에 분리하여 방정식을 평균 조작한다. 이렇게 이끌린 레이놀즈 방정식에는 새로운 레이놀즈 응력이 포함되지만 변수가 늘어나서 이대로는 풀리지 않는다. 이를 해결하는 것이 모델화로 레이놀즈 응력을 유속 기울기와 계수의 곱과 같은 분자, 점성과 같은 형태로 나타내는 점성 모델이 일반적이다. 점성 계수를 어떻게 나타낼지에 대해서 다양한 난류 모델이 존재한다.

난류 화염 [turbulent flame]

연료가스와 공기가 제각기 따로 연소실로 들어가서 그것이 합류하는 계면에 반응층을 형성하고 있는 불꽃을 확산염이라 한다. 그중에서도 특히 가스 유속이 빠르고 흐름이 흐트러져 반응층으로의 분자 이동이 난류를 이루며 확산함으로써 생기는 연소염을 난류(확산)염이라 하며, 일반적으로는 휘도가 낮고 소용돌이의 집합과 같은 불꽃이 된다. 보통의 공업로의 불꽃이 이것이다.

난민 추정 [estimation of refugees]

난민이란 자연재해, 전쟁, 테러, 빈곤, 기근 등을 피해 다른 나라로 망명한 사람들 말한다. 난민의 개념은 1967년 난민의 지위에 관한 의정서(Protocol Relating to the Status of Refugees)와 아프리카와 라틴아메리카의 지역 협약들에서 확대되어, 자연재해나 전쟁에 의해 원래 살던 땅을 떠나게 된 사람들을 지칭하게 되었다. 난민의 지위에 관한 협약 제1조 난민의 정의 규정에 따르면, "인종, 종교, 국적 또는 특정 사회 집단의 구성원 신분 또는 정치적 의견을 이유로 박해를 받을 우려가 있다는 충분한 이유가 있는 공포로 인하여 국적국 밖에 있는 자로서 그 국적국의 보호를 받을 수 없거나 또는 그러한 공포로 인하여 그 국적국의 보호를 받는 것을 원하지 아니하는 자"를 난민이라고 한다. 실례로 대한민국정부는 2007년 8월 미얀마 군사정권에 반대하는 반체제 인사를 난민으로 인정하였고, 2011년과 2013년 기준으로 자연재해로 난민이 발생하는 국가로는 일본, 필리핀이 있다.

난연화 [progress of fire resistance structure]

비교적 방내화성능이 높은 건축구조·부재에 의한 건축물의 신축·증축이나 빈터·도로의 정비, 밀도규제 등에 의해서 목조건축물의 입지를 허용하면서 화재 발생 시에 대형화재가 되는 위험성을 저감해 나가는 과정을 가리킨다. 일반시가지의 경우 방재정비개선의 과제는 일정의 구간을 외부로부터의 화재를 외부에서 차단하며, 내부에서 발생한 화재는 연소확대를 어느 정도의 범위에 전달하지 않는 시가지의 형성이 중요하다. 전자는 연소차단대에 의해서 실현하는 것이 좋고, 후자는 난연화에 의해 달성하는 계획이 바람직하다.

날린 눈 예보 [blowing snow forecast]

강한 바람으로 쌓였던 눈이 날리는 현상을 미리 알리는 것. 눈보라침을 미리 알리는 것.

날린 눈에 의한 가시성 [visibility of blowing snow]

지표면에 쌓인 눈이 바람 등의 기상현상에 의해 날려 올라가 보는 사람의 눈높이에서의 수평시정을 악화시키는 현상을 말한다. 때로는 강한 바람에 의해 온 하늘을 덮고, 해를 가리는 경우도 있다.

날린눈, 높날림눈 [snow throwing/snow blowing]

지표면에 쌓여 있던 눈이 바람에 의해 날리는 현상을 말한다. 날리는 높이와 강도에 따라서 있는 사람을 식별할 수 없을 정도가 되거나 때로는 온 하늘을 덮고, 해를 가려버리는 경우도 있다.

남방진동현상 [El Niño-Southern oscillation phenomenon]

세계의 많은 지역에서 부정기적으로 바다와 기상 패턴을 변화시키는 결과를 가져오며, 종종 여러 달 동안 상당한 영향을 가지고 해양 서식지, 강수량, 홍수, 가뭄, 폭풍 패턴 등을 변화시키기도 하는 열대성 태평양과 지구 대기의 복잡한 상호 작용이다.

내부 경계층 [internal boundary layer]

지표면 거칠기가 단계적으로 변화하게 되면 마찰속도가 변하게 되어, 지표면의 불연속선으로부터의 거리에 따라 층의 두께가 증가하는 층을 말한다. 내부 경계층은 다른 경계층과 접근하는 흐름과의 결합으로 성장하게 된다. IBL 위의 흐름 특징은 지표면 위의 같은 고도에서 접근하는 흐름의 특징과 같다. 이는 기본적으로 상층풍의 표면 특징에 의해 측정된다. 상층풍 표면의 영향은 거칠기 불연속선에서부터 상당히 먼 거리에서 소멸하는 것으로 예상할 수 있으며, 여기서 IBL은 새로운 표면에서의 평형 행성경계층(PBL) 깊이까지 성장하거나 강한 하층 역전에 의해 다른 제한을 받는다.

내부 마찰각 [internal friction angle]

흙의 전단강도를 지배하는 성분의 하나이며 흙의 역학적 성질을 나타내는 지표가 되는 것이다. 즉, 흙에 전단응력이 존재하면 흙 입자 사이의 서로 얽히는 작용으로 입자 사이에 마찰저항이 발생한다. 이 마찰저항은 전단면에 작용하는 수직 응력에 비례하지만, 그 비례상수는 tanϕ로 표시되며 그 각도 ϕ를 내부 마찰각이라 한다. 일반적으로 전단시험(1면 전단시험, 3축 압축시험 등)에 의해서 그 값을 구할 수 있다. 내부 마찰각은 흙의 종류, 흙의 차짐 정도, 함수량 등에 의해서 다르다. 이 값은 토압, 경사면 안정의 계산이 불가결한 것이다. 통상 흙의 전단 강도는 사질토에서는 점착력이라 부르는 흙 입자 사이의 부착력에 의존한다.

내용연수 [lifetime]

구조물이 그 기능, 성능을 지장 없이 발휘해야 할 기간으로서 설계 시 규정되는 공용 연수를 말한다. 일반적으로 구조체가 열화해 위험하게 되는 물리적인 내용연수, 구조물의 사용상 그 기능이 노화하는 기능적인 내용연수이다. 구조물의 설계에서는 그 사용 목적, 사용 재료, 관리 계획 등으로 내용연수를 상정해야 그 내용연수를 고려하여 내진설계에 대한 지진력, 내풍설계에 대한 풍압력을 결정할 수 있다.

내용연수(내용기간) [durable period/working lifetime]

내구성 시간(건축 등 고정자산을 경제적으로 사용할 수 있는 연한), 내용기간 또는 내구연수.

내재해성(재난 저항) [disaster resistance]

재난에 강한 정도, 재난에 대한 저항성.

내진 공법 [earthquake-resistant joint]

안전한 건물들이 지진 진동으로 흔들릴 때 서로 충돌하지 않게(파손 방지) 하는 공법.

내진보강 [reinforcement]

내진설계기준을 만족하도록 구조물의 내진 성능 개선 및 향상을 위해 실시되는 보수, 보강, 복구의 총칭이다. 내진성 진단 등에 의해 구조물이 충분한 내진성을 가지고 있지 않다고 판단된 경우나 내진설계 기준의 변경 등에 따라 구조물의 내진성을 강화해야 할 때 기존의 구조물에 내진보강공법을 통하여 내진성능을 향상시키도록 한다. 전단벽증설공법, 기둥보강공법, 철골가새공법, 탄소섬유보강공법 등이 있다. 반면 상부구조의 강성을 높이는 것은 기초 등의 부담 증가를 수반하므로 기존 기초의 내진 성능에 여유가 없는 경우에는 구조물의 손상을 인정하면서도 구조물의 붕괴 방지라는, 인성을 확보하는 구조를 실현하기 위한 보강도 중요하다.

내진설계 [earthquake resistant design]

발생 가능한 지진에 대하여 구조물의 동적 특성·지진 및 지반의 특성을 고려하여 구조물이 안전할 수 있도록 설계하는 것을 의미한다. 구조물의 예상수명기간 내에 발생 가능한 중지진을 설계지진으로 채택하고, 기능수행수준을 고려하여 심각한 구조적인 피해를 입지 않도록 방지하여야 하며, 경미한 구조적 피해는 쉽게 복구할 수 있어야 한다. 구조물의 예상수명기간 내에 발생 가능성이 없는 대지진은 붕괴방지수준을 고려하여 심각한 구조적인 피해를 입더라도 붕괴되지 않아 인명피해를 극소화하여야 한다.

내풍설계 [wind resistant design]

건축물에 미치는 바람의 작용에 대하여 안전상 또는 사용상 지장을 초래하지 않도록 구조 뼈대나 각부 구조를 설계하는 작업.

내풍진동/바람 유발 진동 [wind induced vibration]

바람에 견딜 수 있는 진동 등.

내화 건축물 [fire resistance building]

화재 시에 주요구조부가 파괴되지 않고, 일부 수선에 의해서 재사용이 가능한 것을 목적으로 하는 건축물. 법규에서는 주요 구조 부분을 내화구조로 하고, 연소의 위험이 있는 부분의 개구부에 방화문 등을 설치한 건축물.

내화 구조 [fire resistance structure]

건물 주요 구조부에서 일정기간 동안 화재에 견딜 수 있는 성능을 가진 구조.

내화 시간 [fire resistance time]

내화구조성능의 기준이 되며, 화재 시의 가열에 견딜 수 있는 시간. 3시간, 1시간, 30분 등으로 나누어 있다.

내화 시험 [fire resistance test]

건축 재료 및 구조의 내화성에 관한 시험. 시험은 급별로 가열온도를 규정조건에 따라서 가하고, 이때의 이면온도, 착염(錯鹽)온도 또는 착염까지의 시간 등을 측정하여 시험체의 내화성을 판별한다. 내화성능 시험이라고도 한다.

냉수해 [cool water damage]

찬물에 의한 장해로, 작물 생육시기에 따라 냉수해 정도가 다르게 나타난다.

냉풍해 [cool wind damage]

가을이나 겨울에 부는 쌀쌀한 바람에 의해 생명이나 신체, 재산, 명예 따위에 손해를 입는 것을 말한다.

냉하 [cool summer]

날씨불순으로 저온이 두드러지게 나타나는 여름을 말하며, 이에는 다우과조형(多雨寡照型)과 청냉형(晴冷型)이 있고, 그 대부분은 작물에 냉해를 동반한다.

냉해 [cold damage]

5~9월의 여름철에 농작물의 성장 기간 중 작물의 생육에 지장을 초래할 정도의 저온이 오래 지속되어 농작물의 작황이 나빠지는 재해를 말하며, 냉하해는 보통 오호츠크 해 고기압의 세력이 예년보다 강해서 장기간 정체하거나 북태평양 고기압의 세력이 약하여 우리나라 쪽으로 확장되지 못할 때 발생한다.

냉해 저항성, 추위에 대한 저항력 [cool weather resistance variety]

냉해는 기온이 비정상적으로 하강하여 여름에 발생하는 기상재해로 재배식물, 사육동물 혹은 배양미생물 등에 피해를 입히는 것으로 이에 대한 저항성(력)을 가지는 것을 의미한다(1년생 작물에서 고온을 필요로 하는 여름철의 서늘한 냉온이 비교적 장시간 계속되거나 냉온에 민감한 생육시기에 냉온의 내습으로 냉해를 받게 되는데, 이에 대한 작물이 가지는 저항성을 말한다).

너울 [swell]

풍랑이 발생역(發生域)인 저기압이나 태풍의 중심 부근을 떠나서 잔잔한 해면이나 해안에 온 경우, 또는 바람이 갑자기 그친 후의 남은 파도 등이 이에 해당한다. 따라서 너울은 감쇠해 가는 파도이며, 일반적으로 그 장소와는 다른 방향을 가진다. 풍랑과는 달리 너울은 파도의 마루가 둥그스름하고 파도의 산의 폭이 꽤 넓으며 파고가 완만하게 변화하여 잇닿는 파고가 거의 같다. 그러므로 하나의 파도에 주목하면 오랫동안 이를 추적할 수가 있다. 너울은 쇠퇴해가는 파도이기 때문에 진행함에 따라 파고가 낮아진다. 또 진행하는 데 따라서 파장과 주기가 길어진다. 그 이유는 발생역에서는 파장과 주기에 대해서 넓은 스펙트럼을 지니고 있으나 진행함에 따라 장주기의 성분파가 차차 탁월해지기 때문이다. 즉, 발생역에서의 풍랑의 주기는 6~10초이지만, 2,000~3,000해리를 진행하면 너울의 주기가 15~20초로 길어진다. 양적 예보법(量的豫報法)이 개발되어 있으나 아직 해결되지 않은 점이 있어서 풍랑을 예보하는 것보다 어렵다.

노출 [exposure]

잠재적인 손실에 영향을 받는 위험 지역의 사람, 재산, 시스템, 또는 기타 요소들.

노후목재주택철거권고 [old wooden houses demolition counsel]

방재상 문제가 있다고 인정된 노후화된 목재주택의 철거를 지자체에 권고하는 행위를 말한다.

농도 [consistency]

액체나 혼합기체와 같은 용액을 구성하는 성분의 양(量)의 정도. 용액이 얼마나 진하고 묽은지를 수치적으로 나타내는 방법이다.

농업보험 [agricultural insurance]

재해로 말미암은 농작물의 손실이나 가축의 사망, 질병, 상해, 도난 따위를 보상하는 보험(=농업재해보험).

농업용수 [agricultural water]

농작물과 농업경영을 위하여 농경지에 물을 공급하는 것으로 농업용수에는 카드뮴이 포함되지 않아야 하고, 수은 또는 기타 유해 물질에도 신경써야 한다.

농업재해보상제도 [agricultural disaster compensation system]

한발·태풍·우박·병충해 등으로 농작물 생산이나 가축 사육에 일정 수준 이상의 재해가 발생할 경우 피해액의 일부를 보전해줌으로써 농어민의 생계유지와 재생산 활동을 보장해 주고자 하는 제도.

높날림눈 [blowing/drifting snow]

강한 바람으로 쌓였던 눈이 사람의 키보다 높게 날리는 현상을 말하며, 눈 위에 서 있는 사람을 식별할 수 없을 정도로 되거나 때로는 날리는 눈으로 태양도 볼 수 없을 정도가 되는데, 지상에 쌓여 있는 눈이 휘날린 것과 구름에서 내리는 눈을 구별할 수 없을 정도일 때에는 눈보라라고 한다.

뇌우 [thunderstorm]

천둥과 번개를 동반하는 폭풍우를 뜻하며 갑작스런 강한 바람과 급격한 기온 감소와 우박 등을 발생시킨다. 뇌우는 주로 하층에 온난하고 습한 공기가 없으면 생성되지 않으며, 여름철 내륙지방에서 많이 발생한다.

누설 가스에 의한 지진화재 평가 [estimation of earthquake fires due to leaked gas]

가스가 누설되면 화재 또는 폭발이 발생 가능하다. 폭풍압의 영향이 문제가 될 수 있는 폭발이나 Fire ball의 가능성도 고려할 필요가 있다. 누설 가스에 의한 지진화재 출화건수는, 누설 가스에 의한 출화율 식과 지진의 진도별 가스배관의 피해율을 이용하여 구할 수 있다.

누적 결빙 온도 [accumulated freezing temperature]

물의 온도가 영하로 내려가서 어는 온도로 누적되는 현상을 말한다.

누적 기온 [accumulated air temperature]

축적된 대기의 온도를 말하며 태양의 방사열에 의해 생기고, 기상대에서는 백엽상 속의 온도계의 구부(球部)가 지상 1.2~1.5m 정도의 높이가 되도록 해서 측정된다. 해가 나오기 전이 최적이고, 오후 2시경이 최고 온도가 된다.

눈 [snow]

물 분자가 대기 중에서 부유 하고 있는 핵에 결정화 한 것이다. 보통 눈이라고 하면, 강은 오는 눈이나 쌓인 눈 중 하나를 가리킨다. 또한 그 때의 상황에서 근소한도 광의로도 구분한다. 결정학적으로는 눈 입자는 물 결정이다. 눈의 결정은 국제 분류에서는 각판, 별 모양 크리스털, 기둥 침상 입체 나무 가지, 드럼 형, 비 규칙, 눈 우박 8종으로 나눈다. 적설의 기초적인 분류는 새로운 눈, 엉성한 눈, 굵은 눈, 종 굵은 눈이다.

눈 유전율 [dielectric constant of snow]

외부 전기장을 유전체에 가하면 유전분극 현상이 일어나 가해진 외부 전기장에 반대방향으로 분극에 의한 전기장이 생긴다. 결과 유전체내 전기장 세기가 작아진다. 이때 작아진 비율이 유전율이다. 눈의 유전율은 공기, 얼음, 물의 성분으로 구분하여 성분 특성에 따라 유전율이 달리 나타난다.

눈 입자의 도약 [saltation of snow particles]

눈보라에 눈 입자가 공중에서 바람에 의한 카로단과 설면에 대한 충돌, 반동의 반복 운동 형태. 도약 운동, 도약의 높이, 풍속, 온도, 설질 등의 조건에 따라 다르지만, 수십 cm 이하이다. 눈보라에 따르면 질량 수송의 높은 비율은 도약 프로그램에 의한다. 눈보라의 눈 입자의 운동 형태는 다른 부유(suspension)와 전동(creep)이 있다.

눈결정, 눈송이 [snow crystal/snowflake]

굵게 엉기어 꽃송이처럼 내리는 눈을 말한다. 눈의 결정이 대기에서 낙하하는 동안 다른 결정들이 붙어서 생기는 것을 말한다. 눈송이는 다양한 크기와 형태를 가진다. 다른 온도와 습도의 지역을 낙하하면서 복잡한 형태의 눈송이를 가진다. 눈송이가 수천 개에 이르는 경우를 함박눈이라고도 한다.

눈구름 [snow cloud]

눈을 내리거나 머금은 구름을 말한다. 눈과 구름을 아울러 이르는 것을 말하기도 한다.

눈깊이/적설심 [snow depth/depth of snow cover]

눈이 내린 깊이 또는 실제 지면에 쌓여 있는 눈이나 싸라기눈의 깊이를 말한다. 측정에는 설척이 주로 사용된다.

눈덩이, 눈뭉치 [snow ball]

눈으로 만들어진 덩이(구형체)를 말한다. 대체로 손으로 눈을 뭉치고 그것을 다져서 만든다. 눈덩이의 형성에는 온도와 습도가 중요하다. 0° 아래에서는 눈에 자유수가 적게 포함되어 있어 잘 바스러지는 눈덩이가 된다. 0° 위의 온도에서는 눈에 녹은 물이 더 나은 결합을 만들어낸다. 가루상태의 눈은 눈덩이 형성이 어렵다. 작은 눈덩이가 눈으로 덮인 표면을 구르면 큰 눈덩이가 형성되는데, 이것을 눈덩이 효과라고 한다.

눈밀도 [snow density]

단위체적당 눈의 질량을 말한다. 단위는 g/cm_3 또는 kg/m^3를 사용하며 적설의 성질을 나타내는 기본요소 중 하나이다.

눈보라(눈사태) [drifting snow/blowing snow]

땅날림눈. 지표에 쌓인 눈이 낮은 고도로 날아 오른 것(강한바람에 의해 쌓였던 눈이 낮게 날리는 현상)으로 지면을 쓸어가듯이 움직인다.

눈사태 [snow avalanche]

사면에 쌓인 눈이 중력의 작용에 의해 밑면의 마찰저항보다 커질 경우, 육안으로 식별할 수 있는 정도의 속도로 이동하는 현상을 말한다. 적설기 발생할 수 있는 자연재해 중 하나로 사면의 경사강도, 눈의 질에 힘의 균형이 좌우 된다. 눈사태의 속도는 전층 눈사태에서는 10~30m/s, 표층 눈사태의 눈의 경우에는 5~30m/s, 마른 눈의 연기형은 30~80m/s, 흐름형은 30~50 m/s의 범위에 있다고 한다. 눈사태에 관한 분류는 눈사태의 흔적을 관측함으로써 판단되지만, 파괴적인 눈사태 재해는 연기형의 대규모 면에 발생하는 마른눈 표층 눈사태로 발생한다.

눈사태 규모 [magnitude of snow avalanche]

눈사태는 사면에 쌓인 눈이 받는 중력이 밑면의 마찰저항보다 커질 경우, 갑자기 대량으로 미끄러져 내리는 현상이다. 눈사태는 빠른 것은 100m/sec을 넘는 것도 있고 느린 것은 20m/sec 정도이다. 종류로는 이미 쌓인 적설면에 내려 쌓인 새로운 눈의 무게가 두 적설층 사이의 마찰력을 이겨서 일어나는 표층 눈사태, 봄이 되어 적설 전체가 미끄러져 내려가는 전층 눈사태가 있다.

눈사태 바람 [snow avalanche wind]

눈사태의 전면에 발생하는 강풍. 눈사태 퇴적물보다 전방에 있던 숲과 건물이 파괴된 사례를 바탕으로 그 존재가 지적되었다. 수치 계산과 밀도류의 실내 실험에 의한 연구 외에도 초음파 풍향 풍속계로 눈 붕괴 본체보다 약 20m 선행되는 최대 풍속이 눈사태 선단부의 속도에 필적하는 바람이 실측된다. 눈사태 속도에 필적하는 강도는 설면에서 많은 눈입자가 흩날리는 것으로부터, 파편을 남기지 않는 눈사태 눈보라이기 때문에 양우 발생기구나 내부 구조의 검토가 필요하다.

눈사태 보호 구조물 [direct-protection structure for snow avalanche]

눈사태 덮개개, 유도공 등과 같이 눈사태를 대비하기 위한 목적으로 눈사태의 흐름 방향을 변화시키거나 규모를 감소시키는 기능을 하는 구조물을 말한다.

눈사태 분류 [snow avalanche classification]

눈사태의 형태 관찰을 통한 분류. 예를 들면 산사태 운동 형태에는 흐르는 형태, 연기형, 혼합형 3가지가 있고 발생의 원인에 의한 분류는 자연 발생 눈사태, 우발적 유발 눈사태, 눈사태 제어를 위한 의도적 인공 눈사태가 있다.

눈사태 예보 [snow avalanche forecast]

눈사태의 발생 시기와 도달 범위를 예측하는 것을 말한다. 재해 방지에는 눈사태 예방, 눈사태 방호. 눈사태 예측 소프트웨어 대책이 있다. 사태의 발생시기와 도달 범위는 눈사태의 종류에 따라 다르다. 마른 눈 표층 눈사태는 혹한기에 대량으로 강설이 있는 눈 내부에 취약 계층에서 어떤 경우에도 발생할 수 있고, 습설 전층 눈사태는 해설기에 발생하기 쉽다. 산사태 도달 범위는 눈사태의 말단에서 발생 지역을 운동 시뮬레이션 등에서 추정된다. 서구에서는 실용적인 눈사태 예보와 눈사태 위험도 맵이 제시되어 있고, 일본에서는 기상청에서 눈사태 예보가 나오고 있다. 각 기관에서 눈사태에 대해 연구되어 있지만, 발생 시기와 장소를 정확히 예측하려면 적설 내부의 취약 계층 형성 과정을 추정해야 하는 등 향후의 과제도 많다.

눈사태 잔해물 [snow avalanche debris]

흘러내리는 눈사태에 의해 운반되어 퇴적 구에 쌓인 눈이나 토사를 말한다. 보통 눈사태 파편은 눈이 주위의 자연 적설 높이 쌓여 딱딱하기 때문에 그 범위가 특정되어 있다. 특히 해설기의 전층 눈사태 파편은 토사를 많이 포함하므로 자연 적설과의 구별이 쉽다. 한편, 엄동설한의 표층 눈사태 파편은 그 특징이 적고, 이후 강설 즉시 덮여버리므로, 적설 단면 조사를 하지 않으면 범위의 측정이 어렵다.

눈사태 제어 [snow avalanche control]

눈사태가 발생하기 전에 미리 인공적으로 눈사태를 발생시키거나 인위적으로 적설을 안정시키고 눈사태 재해를 방지하는 방법을 말한다. 서양에서는 예부터 눈사태 포와 폭약을 사용하는 등의 방법을 이용해 눈사태를 막고, 도로, 스키장 등으로 눈사태의 피해를 막아왔다. 우리나라에서는, 스키장 등에서 설상 압설 차 등에서 미리 눈사태 사면을 압설하여 안정시키는 방법이나, 인력 또는 기계력을 이용하여 사태를 제어해 왔다. 최근에는 가스 폭발을 이용한 새로운 인공 눈사태 발생 장치도 일부 스키장 등에서 사용되기 시작했다.

눈사태 지지물 [supporting structure for snow avalanche]

눈사태 발생 지역에 설치하여 눈 붕괴의 발생을 억제하는 구조물의 총칭. 눈사태 발생 예방은 눈사태 방지 숲, 계단 눈 붕괴 예방 말뚝, 눈사태 예방 가로방지책(도로 대상), 글라이드 방지책(취락 대상)이 있다. 이러한 대책 내용은 적설 깊이 눈사태 규모, 눈사태의 종류, 지형, 토질 · 지질 등의 조건과 경제성 · 시공성 등의 비교에서 가장 적합한 대책이 선택된다. 일본에서는 눈사태 예방 울타리시공 사례가 많다. 구조물의 설계에서는 적설 깊이 슬로프 눈의 압력, 글라이드 계수 곱 밀도 등이 고려된다.

눈사태 충격력 [impact force of snow avalanche]

눈사태가 충돌할 때 물체에 미치는 힘. 일반적으로는 압력으로 나타낸다. 눈사태의 밀도 ρ와 속도 v에서, $c \times \rho \times v^2$로 나타낸다. 단 c는 정수로 1~3의 범위이다. 눈사태에 포함되는 스노우볼 크기에 비해 작은 충돌 물체에서는 다수의 스파이크장의 충격 파형이 되고, 큰 충돌 물체는 완만한 충격 파형이 된다. 또 눈사태 속에 암석과 유목이 포함돼 있으면 더 큰 충격력이 발생한다.

눈사태막이 [snow shed]

눈사태를 막는 시설을 말한다. 적설이 많은 곳에 사용되며 선로상을 철근 콘크리트, 강현 콘크리트(prestressed concrete), 목조 등의 구조물로 만든 시설이다. 눈사태에 대해 안전도는 높지만 공사비도 높다.

눈웅덩이 [snow dimple]

적설표면에 작은 언덕과 같이 움푹 들어가 있는 것들을 말한다. 불규칙한 그림자에 의해 적설표면 온도 차가 발생하고 녹는 속도가 달라져 작은 언덕들이 형성된다. 적설표면의 파의 형태를 띠는 것처럼 보이기도 한다.

눈의 변성작용 [metamorphism of snow]

열 흐름 및 압력으로 인하여 눈의 결정 형태가 변화하는 작용을 말한다.

눈의 압축성 [compressibility of snow]

압축성이란 물체에 압력이 가해질 때 물체의 부피가 줄어들 수 있는 속성으로, 압력의 변화에 대한 밀도의 상대적인 변화로 정의하며 이는 용적계수(bulk modulus)의 역수이다.

눈측정, 적설조사 [snow survey]

어떤 유역 내의 적설의 물량을 알기 위하여 적설의 깊이나 눈의 밀도 등 물량분포를 측정하는 것을 말한다. 적설의 양을 조사하는 것은 수자원으로 이용하거나, 하천의 홍수조절을 위해서 필요하다.

눈표면온도 [snow surface temperature]

적설 표면의 온도를 말한다. 눈표면이나 눈표면에 가까운 층에서 눈 구조물의 개발을 평가하는 매우 중요한 인자이다.

느린 지진 [slow earthquake]

단층 운동에 의하여 천천히 일어나는 지진(1896년 일본 '三陸沖 지진'이 이것이다. 사람이 느끼는 짧은 주기의 지진동은 작았으나 단층 운동 그 자체는 크며, 해저 얕은 곳에서 일어났으므로 큰 해일이 생겼다).

늑대소년증후군 [inattention due to false alarms]

재난보도 시 잘못된 정보나 메시지를 한번 두 번 매체의 수용자에게 전달하게 되면 양치기 소년과 늑대의 상황처럼 매체의 수용자들이 정보에 대한 신뢰성을 잃게 되는 상황이 발생하는 것을 말한다.

ㄷ

다결정얼음 [polycrystalline ice]

얼음은 육방정계에 속하므로 1개의 결정인 단결정얼음(monocrystalline ice)에는 3개의 서로 교차하는 축이 존재하며, 하나의 축을 갖는 단결정들이 결합하여 만들어진 얼음을 다결정얼음(polycrystalline ice)이라고 한다. 다결정얼음은 이방성을 갖는 단결정얼음의 집합체이므로 일방적인 방향성을 갖지 않는다.

다목적댐 [multipurpose dam]

다목적댐은 하천의 흐름을 막아서 수력발전, 홍수방지, 용수공급 등 여러 가지 목적으로 활용하는 건설된 댐으로, 다목적댐으로 인해 안개가 증가하고 기상을 변화시키기도 하고 수질악화를 발생시킨다.

다방향 불규칙파 [multi-directional random waves]

파의 특성인 방향, 주기, 파고가 일정한 값을 가지는 것이 아니라 불규칙적한 파의 연속을 말한다.

다변량 통계분석 [multivariate statistical analysis]

다변량 자료란 통상 둘 이상의 서로 상관되어 있는 확률적 반응 변수들을 포함하고 있는 자료를 의미한다. 여러 개의 반응 변수가 있는 다변량 자료를 분석할 때에 개별적인 반응 변수별 일변량 분석을 잇달아 수행하여 그 얻어지는 결과들을 종합하는 형식의 분석방법을 사용할 수도 있다.

다변량 확률분포 [multivariate probability distribution]

확률변수 X의 치역 $X(\Omega)$의 값 또는 임의의 구간에 배정된 확률을 나타내는 식 또는 표로 확률변수 X에 대하여 $P(X \le x) = F(x)$라 할 때 $F(x)$를 확률변수 X의 분포함수라고 한다.

다수 기압마루 [multiple ridges]

상층일기도에서 주변보다 기압이 높은 부분을 길게 연결한 곳을 말한다. 기압골과 반대되는 것으로, 대기의 윗부분에서는 기압골과 교대로 나타난다.

다수 자치제 방재 무선통신 시스템 [municipal disaster prevention radio communications system]

다수의 자치제에서 재해를 미연에 방지할 목적으로 주파수 대역을 여러 사용자가 공용용으로 사용할 수 있도록 고안된 무선통신 시스템이다.

다수 자치제 방재계획 [multi municipal disaster prevention plan]

다수 자치제의 재해를 방지하고, 재해에 대처하며, 재해의 처리를 할 목적으로 세워지는 계획으로, 과거에 발생했던 재해를 교훈삼아 예상되는 재해 시의 피해를 되도록 적게 하기 위한 대책을 기획하는 것이다.

다이레이턴시 [dilatancy]

비점착성의 흙이 전단 변형을 일으킬 때에 나타나는 체적의 증가 현상. 흙이 전단 파괴될 때는 흙 입자의 파괴가 아니라 흙 입자의 결합 상태가 교란되기 때문에 체적의 변화가 생긴다.

다이옥신 제어(관리) [dioxin control]

다이옥신은 무색, 무취의 맹독성 화학물질로, 주로 쓰레기 소각장에서 발생하는 환경호르몬으로 다이옥신과 다이옥신 유사물질들을 총칭해서 사용한다. 즉, 환경호르몬으로 인한 재난의 발생을 예방할 수 있도록 다이옥신 국가배출목록 등을 발표하여 대기, 수질, 토질 등에서 배출되는 양을 목록화하여 관리한다.

다중반사 [multiple reflection]

얇은 막을 통과하는 빛에 의한 간섭 등을 관찰하는 실험에서 볼 수 있는 것으로, 어떤 면에 의한 반사광이 다시 그 반대쪽 면에서 반사되는 일이 반복되는 현상을 말한다. 탄성파 반사파 탐사에서 탄성파가 지표면과 지층의 경계면 사이를 여러 차례 반복해서 반사하는 것이다.

다층하천구역 [multi-story river zone]

하천이 흐르는 수로와 해마다 적어도 1회 이상 흐른 흔적이 있는 토지가 여러 층으로 구성되어 있는 것을 의미한다.

단결정수 [single crystal of ice]

물 몸 전체가 한 정액의 결정립으로 되어 있는 물을 단결정 물이라고 한다. 물 입자의 크기는 상관없다. 조각을 2개의 편광 물질 사이에 끼워 관찰하면 단결정 물은 단색이 될 수 있다. 수정 같은 작은 단결정 물에서 빙하 말단의 물속에 있는 거대한 단결정 물이 발견되고 있다. 단결정 물은 결정면에 의해 경도 및 소성 마찰이 다른 등 역학적 이방성이 강하다.

단계도해 [step diagram]

단계 또는 프로세스의 다이어그램을 특정 프로세스 또는 절차를 완료하는 데 필요한 단계의 순서를 설명하는 방법으로 기하학적 모양을 사용하여 구성된다.

단구 [terrace]

하안, 해안 또는 호안을 따라서 형성된 계단상의 구릉 또는 대지를 말한다. 단구의 윗면을 단구면이라 하는데, 주로 육지의 융기나 해수면의 하강 등으로 인하여 하방침식이 발생하면 과거의 하상, 해저, 호저였던 것의 일부가 각각 하안, 해안, 호안에 계단상으로 남아 있게 된다. 이러한 지형이 하천 양안을 따라 발달하면 하안단구, 해안지역에 발달하면 해안단구, 호안에 발달하면 호안단구라고 한다. 단구는 제4기의 기후 · 해면변화 · 지각운동 · 지형 발달사 등의 연구에 중요한 자료를 제공한다.

단기 강우예측 [short-term rainfall prediction/short-term forecast]

단시간 강우 예측(강수 단시간 예보)은 몇 시간 대상 강우 분포를 몇 km는 수평 공간 분해능으로 예측하는 것을 목적으로 한 것으로, 그 예측 정보는 호우 재해의 경감을 목적으로 한 실시간 홍수 예측, 산사태 및 토석류 발생 예측, 나아가 생명 유지 대피 경보 등의 발령 등의 자료를 제공하고 중요한 역할이다. 일반적으로 장시간 시설을 대상으로 하는 예측이 더 어렵다고 생각하기 쉽지만, 단시간 강우 예측은 각종 예측 중 가장 시간 · 공간적으로 치밀한 예측이 요구되고 이해되지 않는 부분 많은 메소가스케르는 200km 이하의 스케일의 기상 현상을 직접적으로 취급할 필요가 있다. 현재 실용화 또는 열심히 개발이 진행되고 있다. 단시간 강우 예측 기술은 운동학적 방법, 강우의 개념 모델을 이용한 방법, 메조 스케일 모델에 의한 방법으로 크게 분류된다. 어떤 방법도 기상레이더에 의해 시시각각 얻을 수 있는 강우 분포 정보를 이용한다.

단기 기상예보 [very-short-range forecast]

매우 짧은 범위의 기상예보를 말한다. 즉, 짧은 시간에 발생 · 소멸하는 위험 기상현상에 대해 신속히 대응하기 위한 것으로, 이를 통해 다가오는 여름철 국지 호우 등 기상 재해 경감에 기여를 기대할 수 있다. 북한을 포함한 한반도 전역에 대해 현재부터 6시간 이내의 기상상황을 1시간 간격으로 예보를 하고, 내용은 기온, 강수량, 강수형태, 상대습도,

풍향, 풍속, 하늘상태, 낙뢰 등 8개의 기상실황과 강수형태, 강수량, 하늘상태, 낙뢰 발생 확률 등 4개의 예측요소를 발표한다.

단성화산 [monogenetic volcano]

하나의 분화만으로 형성된 화산이다. 화성쇄설구, 용암 원정구의 대부분이 단성화산이며 측화산, 후칼데라구에도 단성화산이 많다.

단위도법 [unit hydrograph method]

1932년 미국의 L.K.Sherman의 유출 계산법. 유효 강우가 어떤 일정 시간, 일정 강도로 계속하는 것을 단위로 할 때 그 유효 강우를 단위 유효 강우라 한다. 또한 시간·수위 곡선, 시간·유량 곡선과 같은 수문 제량의 시간 도형을 하이드로그래프라 한다. 지금 어떤 유역에 일정하게 단위 유효 강우가 있는 경우 그 단위 유효 강우에 의한 유출 시간 유량 곡선을 단위 유량도 또는 단위도라 한다. 단위도를 이용하여 유출 계산을 하는 방법이 단위도법이며 단위도법은 독립, 비례, 중합의 3가지 기본 가정에 근거하고 있다.

단절면/불연속면 [discontinuity/discontinuous plane]

암석의 절리, 엽리 및 단층대를 포함한 일체의 결함을 말한다. (불연속부) 비파괴시험에서 지시가 결함·조직·모양 등의 영향에 의해 정상부(건전부)와 다르게 나타나는 부분으로, 재료나 기기의 물리적 구조나 형상이 의도적 또는 우연히 단절된 것을 말한다.

단층 [fault]

지각이 갈라지면서 생기는 틈으로 지반의 어긋남이 생기는 것으로, 단층 작용이 생기면서 발생한 단층면의 경우 수직인 경우는 적고 경사인 경우가 많다.

단층 변수 [fault parameter]

진원에 대한 단층 운동을 규정하는 매개 변수. 단층면의 크기, 방향, 상승 기간, 파괴 전파 속도, 엇갈림 량, 지진모멘트 등이 있다.

단층 절벽 [fault scarp]

단층으로 형성된 절벽이다. 1회 지진으로 몇 m 높이의 절벽이 형성되나 그것이 누적되어 1,000m를 넘는 절벽을 형성하게 된다.

단층 점토 [fault clay, gouge]

단층면을 따라 존재하는 점토상의 물질을 말한다. 단층운동을 수반하는 단층면 주변의 암석 분쇄에 의하여 형성된다고 알려지고 있다. 그러나 통상적으로 단층 점토라 불리고 있는 것 가운데는 분쇄된 광물이 지하수에 의해 변질되거나 단층면을 따라 형성된 열수

작용(熱水作用)에 의한 것도 있다. 단층 점토는 검은 색을 나타내는 것이 많으며, 큰 암편을 포함하기도 하지만 풍화작용을 받으면 전체가 점토로 변화하여 점토대(粘土帶)를 형성한다.

단파봉 [short-crested waves]

선상이나 항공사진 등으로 관찰하면 앞바다의 파도는 1파마다 모양이 다르고, 파고, 파장, 파향, 파도의 봉우리가 짧아 조각난이 되어 있는 것을 알 수 있다. 이런 파도는 '조각파' 또는 '짧은 정파'로 부르며, 다양한 방향의 물결이 서로 뒤엉켜 생기는 현상인 것으로 보인다. 이러한 다방향성을 가진 바다의 파도는, 다방향 불규칙파로 불린다.

달구어가의 사상 [thinking way of yakiya-zukuri]

잦은 내화에도 불구하고, 에도 시대를 통해 판자로 만든 허름한 주택은 없어지지 않았다. 런던 대화재(1666)의 부흥 계획으로 목조 건물을 전면적으로 금지하고 도로에 면한 건물도 벽돌 구조로 한 것과는 대조적이다. 허름한 목조 주택은 부흥 비용도 적고, 대화재 후의 재건도 빠르다. 그러나 토장 구조 같은 불연화 건물 개장은 막대한 비용이 필요하다. 집주인으로서는 몇 년 후에 다시 화재로 타버릴 것이라고 생각하면, 오히려 건축 비용으로 해 투자액을 최대한 낮추는 것이 비용이 높아진다고 볼 수 있다.

대 갈수년 [Largest drought year]

연간 평균 유량값이 과거 수 년 간의 유량값보다 적은 해에서 최댓값을 기록한 해를 말한다.

대구경 현장타설 말뚝 공 [Large diameter cast-in-place pile works]

산사태 방지 및 사면 안정 공의 억지 공의 하나로서 이용하는 경우 일반 말뚝 공에 대항할 수없는 대규모 산사태 등에 사용되는 공법 말뚝의 직경은 일반적으로 1.5~6.5m의 것으로, 현지에서 철강 지보공을 사용 인력 또는 소형 기계를 이용하여 수직 구멍을 드릴링하고 수직 공에서 철근을 잡고 콘크리트 기둥체를 산사태 지역에 조성하는 공법이다. 산사태 방지 기능은 말뚝 공과 마찬가지로 이동 토괴의 말뚝 주변 지반의 반력이 충분히 기대 있으면 말뚝의 전단 저항에 의해 미끄럼면에서의 전단 저항력을 증가시켜(쐐기 말뚝), 또한 산사태 이동 층을 직접 억제하기 위해 산사태 말단부 등에 시공할 수 있다(억제 말뚝). 중국에서는 직사각형 단면의 경계도 많이 이용되고 있다.

대규격 제방 [super levees/high-standard levees]

대규격 제방은 완만한 내부경사를 가지며 폭이 수백 m에 이르는 넓은 제방이다. 이는 안전성을 개선할 수 있으며 도시 계획에서 수해방제를 개선할 수 있다.

대규모 재난 [major disaster]

대규모 재난이란 국민의 생명·신체 및 재산과 국가에 피해를 주거나 줄 수 있는 것으로서 태풍·홍수·호우·폭풍·폭설·가뭄·지진·황사 등 자연현상으로 인하여 발생하는 재해, 화재·붕괴·폭발·교통사고·환경오염사고 등 대통령령이 정하는 규모 이상의 피해 등 국가기반체계의 마비와 전염병 확산 등으로 인한 피해를 말한다.

대규모 지진 대책 특별 조치법 [Large-Scale Earthquake Countermeasures Act]

지진에 따른 재해로부터 국민의 생명, 신체 및 재산을 보호하기 귀해, 지진방재대책의 실시에 관한 목표설정과 더불어 지진방재 긴급 사업 5개년 계획의 적성 및 그에 근거한 사업에 관한 국가의 재정적 특별조치에 관하여 정하는 것과 함께, 지진에 관한 조사연구의 추진을 위한 체제의 정비 등에 관해 정하는 것으로부터 지진방재대책의 강화를 꾀하고, 나아가 사회질서 유지와 공공복지의 확보에 기여하는 것을 목적으로 하는 일본법이다.

대기경계층 [atmospheric boundary layer/planetary boundary layer]

지면을 둘러싸고 있는 대기층에서 지면의 영향을 직접 받는 부분을 말한다.

대기대순환 [atmospheric general circulation]

태양으로부터 지구를 향한 열의 공급이 원인이 되어 발생하는 현상. 대기 대순환은 해양에서의 풍성 순환(風成循環) 및 열염 순환(熱鹽循環)과 함께 지구상의 대순환 가운데 하나이다. 한편 대기의 흐름은 끊임없이 변하여 달라지고 있는 것처럼 보이지만, 매우 큰 규모(지구 규모)에서 보면 대기의 흐름은 기본적으로는 일관되며, 대규모의 순환 구조를 이루고 있다. 그러나 대량의 열(태양 에너지)을 받기 때문에 열대(熱帶)에서의 순환은 불안정하여, 수십 일 단위로 흐름이 변화하므로 예측하기가 어렵다. 열대 저기압의 발생 예측이 어려운 것도 이 때문이다.

대기확산 [atmospheric diffusion]

공기 내의 밀도 차로 인하여 발생하는 분자확산이나 굴뚝에서 나오는 연기나 열로 인하여 대기의 평균류 또는 난류를 따라 수송되는 발생하는 난류확산과 같이 대기에서 볼 수 있는 현상을 의미한다.

대류 불안정 [convective instability]

기상학적으로 수직 운동에 저항하는 능력을 말한다. 안정적인 대기는 수직 이동을 어렵게 하고 미세한 수직교란을 없앤다. 불안정한 대기 속에서 수직적인 공기의 움직임은 난기류와 대류 활동에 의해 커지는 경향이 있다. 대류 불안정은 뇌우, 극심한 난류, 광범위한 수직 구름, 악천후로 이어질 수 있다.

대류의 유효위치에너지 [convective available potential energy]

닫힌 단열계가 가지고 있는 운동에너지가 변환될 수 있는 최대 위치에너지를 말한다.

대륙빙 [continental ice]

대륙을 넓게 덮고 있는 두꺼운 얼음의 큰 덩어리를 말한다. 남극 대륙과 그린란드에서 볼 수 있고, 눈이 몇 년 동안 계속 쌓여서 생긴다. 두께는 남극 대륙에서는 평균 1,500~2,000m, 그린란드에서는 2,000m 이상으로 추정되고 있다. 중앙부에서 해안을 향해 천천히 움직인다. 연안 지대에서는 빙하가 되고, 또 바다로 밀려나가 선반빙이 된다.

대비 [preparedness]

발생 가능한 위협, 급박한 또는 현재 위험 사상이나 조건에 대해 효과적으로 예측, 대응, 복구가 가능한 정부, 전문적인 대응 및 복구 조직, 자치 단체, 지역 사회, 그리고 개인에 의해 개발된 지식과 능력을 말한다. 재난관리계획을 수립하고, 교육 및 훈련을 실시하는 등의 일련의 절차를 포함하며, 대비활동은 재해위험도관리 환경 하에서 수행되며 모든 형태의 비상사태를 효과적으로 관리하기 위해 필요한 역량을 개발하고 대응으로부터 지속 가능한 복구까지 지휘통제하기 위한 것이다. 대비는 재해위험도의 정상적인 분석으로 조기경보 시스템과 좋은 연결고리를 형성하며, 대응전략, 장비와 물자의 비축, 조율을 위한 조정개선, 피난 및 공공정보, 관련 교육과 실전 훈련과 같은 활동들을 포함한다.

대수층 [aquifer]

대수층이란 물을 보유하고 있는 층으로 지하수로 포화된 투수성이 좋은 지층 또는 지층군(地層群)을 말하며, 샘이나 우물에 대량의 물을 공급할 수 있다. 대수층은 K(투수계수)$=1\times10^{-3}$cm/sec 이상의 투수성을 갖는 지층으로서 경제적으로 중요한 다량의 물을 저유해서 양수할 수 있는 능력을 가진 지표 아래의 지층이다.

대응 [response]

재해가 진행 중이거나 발생 직후 인명구호, 보건충격 완화, 공공안전 보장을 명령하고 재해로부터 고통 받는 사람들의 기본생존권요구를 충족하기 위한 비상업무 및 공공지원 규정을 말한다. 재난대응은 직각적이고 단기적인 요구사항들에 집중되며 종종 '재난경감'으로 불리기도 한다. 대응단계와 그에 수반하는 복구단계의 경계는 명확치 않다. 임시주택 보급과 수도공급과 같은 대응활동들은 복구단계에까지 확장될 수도 있다.

대응전략 [contingency planning]

사회 또는 환경에 위협이 될 수 있는 특정 잠재이벤트 또는 돌발 상황을 분석하고 위협에 대한 시의적절하며, 효과적인 대응방안을 마련하는 관리과정을 말한다. 대응전략은 필요시 적절한 대응이 가능하도록 명확히 규정된 기관의 역할, 자원, 정보처리, 그리고 작전 준비와 같은 조직화 및 조율된 활동방침을 제시한다. 대응전략은 가능한 긴급 상황이나 재해 이벤트의 시나리오를 바탕으로, 주요 수행자가 위기 동안 발생할 수 있는 문제를 구상하고 예측하고 해결할 수 있도록 한다. 대응전략은 전반적인 준비에서 중요한 부분이며, 정기적인 업그레이드와 실행연습이 필요하다.

대재난국가자원봉사기구 [National Voluntary Organizations Active in Disaster(NVOAD)]

미국의 봉사 단체의 연합체로 재난대응 및 복구에 자원봉사한다. 1970년 허리케인 카밀레의 미시시피 지역 강타 이후 설립되었다.

대중매체 [mass media]

신문·라디오·텔레비전·잡지·영화 등 최고도의 기계기술 수단을 구사, 정보를 대량 생산하여 불특정 다수의 사람들에게 대량 전달하는 기구 및 전달 시스템을 말한다. 매스커뮤니케이션의 과정에서 보내는 측과 받는 측 사이를 맺는 모체이다.

대중인식 [public awareness]

재난위험도, 재해요인, 위험에 대한 노출위험과 취약성 저감을 위한 개인적, 집단적인 행동에 관한 상식의 확장.

대처역량 [coping capacity]

불안한 조건과 응급 상황 또는 재해를 대처하고 관리할 수 있는 인간, 조직 및 시스템의 능력과 사용 가능한 기술 및 자원을 말한다. 대처역량은 위기 또는 불리한 시기뿐만 아니라 평상시에도 지속적인 경계, 대응 그리고 효율적 관리를 요구한다.

대처행동 [coping behavior]

각종 재난에 대처하기 위하여 사람들이 취하는 행위.

대파/소파 [major damage, minor damage]

대파는 지진 등에 의한 구조물의 피해 정도를 나타내는 지표이다. 중대한 파손을 말한다. 소파란 경미한 파손. 지진의 피해 정도를 나타낼 때 흔히 쓰인다. 피해 정도는 무피해, 소파, 중파, 중파, 대파, 도괴로 분류된다.

대피 [escape/evacuation/egress]

위험이나 피해를 입지 않도록 일시적으로 피하는 행위를 말한다. 위험성이 높은 장소를 떠나 안전한 장소에 머무르는 것이 피난이다. 실내 화재 시 옥외로의 피난, 연소화재의 광역피난지로의 피난, 홍수, 가뭄, 해일로부터의 피난, 토사재해의 위험지로부터의 피난 등이 여기에 해당된다.

대피공간 [escape space]

위험이나 피해를 입지 않도록 피할 수 있는 공간을 말하는 것으로 연기 및 화재의 침입을 방지하여 피난에 유효하게 이용할 수 있는 공간을 말한다. 출입구 이외의 개구부 설치가 어려워 옥외에 개구부를 마련하는 경우에는 주위의 창 등에서 일정한 거리를 떼어 놓아 연기의 영향을 받지 않게 한다. 또한 옥외 피난공간은 상시 외기에 개발되어 연기 등의 영향을 받지 않게 개구부는 제한된다.

대피권고 및 대피지시 [evacuation counsel for disaster and order of evacuation]

대피권고는 대피를 위한 퇴거를 권고하거나 촉진하는 행위이며, 대피지시는 피해의 위험이 눈앞에 닥쳤을 때 발령하는 것으로 재난이 발생하거나 발생할 우려가 있는 경우에 사람의 생명 또는 신체에 대한 위해를 방지하기 위하여 당해 지역 안의 주민이나 당해 지역 안에 있는 자에게 대피할 것을 명령함을 말한다. 시장·군수·구청장과 지역통제단장이 이러한 대피명령을 내릴 수 있으며 대피명령을 받은 자는 즉시 이에 응하여야 한다.

대피명령 [order of evacuation]

재난이 발생하거나 발생할 우려가 있는 경우에 사람의 생명 또는 신체에 대한 위해를 방지하기 위하여 당해 지역 안의 주민이나 당해 지역 한에 있는 자에게 대피할 것을 명령함을 말한다. 시장·군수·구청장과 지역통제단장이 이러한 대피명령을 내릴 수 있으며 대피명령을 받은 자는 즉시 이에 응하여야 한다.

대피인구 [estimation of evacuated population]

피난처 인구의 설정과 같은 순서로 건물 구조별 소개율, 건물 피해별 소개율을 정하고, 인구 데이터, 피해 데이터를 바탕으로 산정한다. 지역에 정착성이 높을수록, 고령자일수록, 지역 활동이 활발할수록 근린에서의 협력 체제에 기대하기 마련이므로 소개율은 내려간다. 이러한 요인에 관해서는 지역 계수를 정하여 보정해야 한다.

대피장소 [evacuation site for wide area]

재해 또는 대지진 등에 의한 침수, 붕괴 등 재난으로부터 주민의 안전을 확보하는 공원 등의 대피할 수 있는 넓은 열린 공간이다.

대피정보 [information for evacuation activities]

재해 관련 정보는 예지정보, 발생요인정보, 피해정보, 대피정보, 구원정보 등으로 분류된다. 대피정보로서는 대피권고, 대피지시 등이 있다. 대피권고는 대피를 위한 퇴거를 권고하거나 촉진하는 행위이며, 대피지시는 피해의 위험이 눈앞에 닥쳤을 때 발령하는 것이다. 대피정보의 전달에 있어서는 정확한 정보를 신속히 수집하여 전달하는 것이 중요하다. 이를 위해서는 대피정보를 발령하는 타이밍과 전달수단에 주의해야 한다. 대피정보의 발령 시에는 발령권자 단독의 판단기준을 가질 필요가 있다. 예를 들어 홍수의 경우 폭우·홍수경보가 발령되거나 홍수위가 경계수위를 넘은 경우 발령하는 것은 물론이지만, 상류지역에서 피해가 발생하거나 범람원 특성이나 하도의 특성으로 보아 피해가 발생할 위험이 있을 경우도 그 위험성을 판단하여 발령준비를 해야 한다. 재해의 발생에 관해서는 잘못 경보한 것이 허용되어도 경보를 하지 않는 것은 허용되지 않는다. 또한 대피정보의 전달수단으로는 행정기관 간의 전화, FAX가 있으며, 행정기관에서 주민에게는 광고차, 구두연락에 의해 이루어지는 경우도 많다. 과거의 재해에서 성공사계를 보면, 주민에의 전달수단으로는 방재행정무선(각 호 수신방식) 및 광고차를 조합한 방식이 유효하였다. 단, 재해의 긴급성이 촉박하다는 것을 납득할 수 있도록 정보를 전달하지 않으면 그 유효성이 반감된다. 재해 시에는 정보가 난잡하기 때문에 평소에도 대피를 위한 정보를 주민에게 전달해두는 것이 재해방지에 큰 도움이 된다.

대피통로 [escape route]

위험이나 피해를 입지 않도록 피할 수 있는 복도, 계단, 통행로를 말한다. 연기의 침입을 어느 정도 방지하여 피난에 유효하게 이용할 수 있는 거실로부터 최종 피난장소에 이르기까지의 복도나 계단 등으로 거실로부터 복도, 계단실의 부실, 계단실과 같이 피난 방향에 따라서 단계적으로 안전성이 높고 끝까지 연속하지 않으면 안 된다.

댐 [dam]

하천이나 계곡 등을 막아 저수, 취수 등의 목적으로 건설된 구조물로서 하나의 용도로 사용되는 댐을 전용댐, 두 가지 이상의 용도로 사용되는 댐을 다목적댐이라 한다.

댐 붕괴 [dam failure]

산간계곡이나 하천을 횡단하여 저수, 토사유출방지, 취수, 수위상승 또는 붕괴방지를 위하여 만들어진 구조물이 지진, 태풍, 홍수, 가뭄, 해일, 화재 등이나 뜻밖에 일어난 재앙과 고난에 의해 댐 일부에 소성변형이 생겨 응력의 재배분으로 인해 하중증가에 따라 변형이 진행하여 어느 고유의 최대 하중에 도달하면 그 이상 견딜 수 없는 상태가 된다. 이 상태를 댐의 붕괴라고 한다.

댐 운용 규정 [dam operation rules]

우리나라 경우, '댐건설및주변지역지원등에관한법률'에 의거 한국수자원공사에 댐의 관리를 위탁하여 전문화된 댐운영 업무 수행하고 있 홍수관리의 일반적인 절차는 크게 강우예보, 홍수분석, 댐 방류시기 결정 및 승인, 방류시행 등이 있다.

댐 저수지[dam reservoir]

하천의 흐름을 막아 그 저수를 생활 및 공업용수, 농업용수, 환경개선용수, 발전, 홍수조절, 주운, 그 밖의 용도로 이용하기 위하여 설치한 공작물로서 다음에 해당하는 저수지 및 댐을 말한다. 이 경우 여수로·보조댐, 그 밖에 해당 저수지 또는 댐과 일체가 되어 그 효용을 다하게 하는 시설 또는 공작물을 포함한다.

댐 저수지 개발[development of dam reservoirs]

자연재해를 극복하기 위한 댐 저수지 건설된다. 1960년대 이전 농업용수 확보를 위한 농업용 저수지 및 수력발전댐을 추진하였고, 1960년대에는 다목적댐(홍수조절, 용수공급, 수력발전 등)으로 다목적 기능을 수행한다. 1980년대까지 수자원 확보 및 홍수 피해 경감 등의 기능 강조되었으며, 1990년대 이후 환경적 요소를 고려하였고, 2000년대에는 생태복원을 중시한다.

댐 저수지의 가뭄 수용력[dam reservoir with drought capacity]

가뭄 규모에 대하여 수자원을 공급할 수 있는 척도로 댐의 저수기 능을 이용하여 가뭄과 같은 재해에 대비할 수 있는 능력을 말한다.

댐/보/둑[dam/barrage/weir]

댐, 보, 둑의 의미가 비슷하지만 그 용도나 의미에서 차이가 있다. 댐이란 산간계곡이나 하천을 횡단하여 저수, 토사유출방지, 취수, 수위상승 또는 붕괴방지를 위하여 만들어진 구조물을 말한다. 보란 하천에서 관개용수를 수로에 끌어들이려고 둑을 쌓아 만든 저수 시설을 말한다. 둑이란 하수를 막아 물을 붓게 하기 위해 하천을 횡단하여 만드는 공작물을 말한다.

댐통합운영[integrated reservoir operation]

동일 수계 내의 복수의 댐을 유기적으로 연계시킴으로써, 각각의 댐을 단독으로 조작한 경우보다도 높은 홍수·갈수 조절 기능을 발휘시킬 수 있게 함으로서 홍수로 인한 재해의 방지와 수자원의 효율적인 운영을 위해 필요하다. 우리나라에서는 한강수계 댐통합운영 규정(제2009-417호, 국토해양부, 2009.08.24.)에 의해 다목적댐과 수력발전댐의 연계 운영에 관한 사항을 규정하고 있다.

댐핑계수[damping factor]

공간의 좌표와 시간 등 함수로서 주어지는 양이 점차 감소해 가는 경우에 그 감소의 비율(속력)을 나타내는 값을 말한다.

데사이트(석영안산암) [dacite]

화성암으로 분류되며 철 함량이 높은 화산암. 성분은 안산암(andesite)과 유문암(rhyolite)의 중간이다. 안산암과 같이 대부분의 구성광물이 사장석이며, 흑운모, 각섬석, 휘석[보통휘석(augite)] 또는 엔스타타이트(enstatite)로 구성된다.

도로 피해추정 [damage estimation of streets]

두 지점 간에 사람과 물자를 경제적으로 이동시키기 위하여 합리적으로 설피한 지상의 시설이 지진, 태풍, 홍수, 가뭄, 해일, 화재 등이나 뜻밖에 일어난 재앙과 고난에 의해 직·간접적인 피해수준을 평가하는 일련의 작업을 말한다.

도로결빙 [freezing of road surface]

도로의 표면이 결빙되는 현상.

도로의 복구 [restoration of roads]

긴급차량의 통행과 구호물자의 운송루트로서 특히 간선도로에서는 통행장해물을 제거하고 신속히 긴급복구를 해야 한다.

도로재개 [opening road by removing debris caused by disaster]

대규모 재해 시에는 도로가 통행 불능이 되는 것이 적지 않다. 도로가 통행 불능이 되는 주된 원인은 노면함몰이나 법면붕괴와 같이 도로 자체의 손상에 의하는 것과 시가지에 있어 길가에 입지하는 건물 등의 도괴에 의한 폐쇄 등이 있다. 이러한 도로 피해로 인해서 원활한 구조활동 또는 긴급 물자수송에 큰 지장이 발생한다. 따라서 도로상의 장애물 등을 치우거나 응급적인 도로 보수에 의해 최소한의 도로 교통 기능을 회복시키는 것을 말한다.

도류공/논공학 도류제 [training dyke/training levee]

하천 합류점 등으로 토사 퇴적에 의한 하천의 폐색이나 국소 세굴을 방지하고 흐름을 이끄는 제방 구조물. 토석류, 진흙의 흐름이 흘러내리는 선정부 등에서는 흐름의 분산을 막고 흐름을 안전한 방향으로 변경하기 위해 마련된다. 일반적으로 성토, 석재, 콘크리트 블록, 콘크리트 등을 이용할 수 있다. 가파른 구간은 제방을 분할·분리시킨 하둑이 될 수 있다.

도수시설 [water transmission facilities]

도수시설(導水施設)은 수도용으로 취수한 물을 정수장으로 보내기 위한 개거(開渠), 암거(暗渠), 터널 등의 수로나 그에 부수하는 펌프장 등을 포함한 시설. 자연 유하식(自然流下式)과 펌프 압송식이 있다.

도시 공원녹지계획 [city planning green space]

도시 계획의 하나로 공원, 녹지 등에 관한 계획을 말한다. 도시경관뿐만 아니라 공기의 정화, 놀이공간, 대피장소등을 제공하는 역할을 한다.

도시 기반 정비 [improvement (development) of city infrastructure facilities]

도로 · 공원 · 시장 · 철도 등 도시주민의 생활이나 도시기능의 유지에 필요한 물리적인 요소로 『국토의 계획 및 이용에 관한 법률』에 의해 정해진 시설을 개선하는 것.

도시 눈 피해 [urban snow damage]

강설, 눈 등 설수 현상에 의해 도시에서 발생했고 교통 장애, 건물 파손, 제설 작업 중인 인적 피해 등의 직접 피해 및 파생해 생기는 물류 · 공공한 서비스의 영향 등 간접 피해의 총칭. 단기적 · 돌발적으로 생기는 다른 자연 재해와 달리, 장기적 · 광역적으로 발생하기 때문에 그 피해 내용은 다양하다. 그 역사는 짧고 전후 경제 발전과 교통망 정비에 따라 나타났다. 설한 도로 법년 제정 및 폭설 법년 제정에 따라 행정면에서의 대응이 본격화하고 교통 운수 관계의 대책은 크게 전진했지만, 최근에는 편리성, 쾌적성 저해가 새로운 문제다. 또 국토의 균등화에 따라 비 설국에 대한 영향도 커지고 있어 광역화, 다양화의 경향이 강해지고 있다. 제설 작업 중인 전락, 빈들빈들한 노면상에서 보행자의 전도 등에 의한 인적 피해도 매년 늘어나고 대책이 시급하다.

도시 방화대책 [urban fire prevention measures]

시가지가 광범위하게 발달하고 시설이 고밀도로 접근 · 복합화하는 도시가 있어서, 광역적인 연소를 막기 위해 화재 발생을 억제하는 연소 방지 대책 및 안전 피난의 확보를 도모하는 인명의 보전을 도모하는 피난 대책. 연소 방지 대책은 (1) 소방적 대책(소방력 운용 진압), (2) 도시 계획적 대책의 도시 방화 구획의 형성, 도시 불연화 달성에 의한 억제로 나뉜다. 도시 계획적 대책에는 ① 방화 지역이나 준 방화 지역 지정 등의 구조 규제, ② 건물의 높이나 용적 등의 형태 규제, ③ 안전간격의 확보나 석유 콤비나트 등에 대한 밀도 규제, ④ 소방 시설과 대피 시설, 공공시설 정비, ⑤ 방화적 시점에서의 토지 이용 규제 등이 있다. 피난 대책은 (1) 광역 피난지나 대피로 등의 대피 시설의 확충과, (2) 피난 유도 체제의 확립과 교육 훈련 실시에 따른 피난 행동의 원활화가 있다.

도시 재건 [urban reconstruction]

도시 재건은 피해를 입은 도시의 거리 등의 도시 기반 시설, 라이프 라인 등의 도시 기능 시설, 기타 도시 시설 및 건축 시설을 단순히 종전의 상태로 복구 · 재건하는 것이 아니라 피해를 입은 시가지에 내재되어 있던 취약점과 주거 환경 문제를 개선하여 새로운 도시

구조를 창고 주조하기 위한 노력을 말한다. 시민의 생활과 경제 활동 등의 분야가 아니라 그 무대가 되는 도시 공간 구조의 부흥이다.

도시 재건 계획 [urban reconstruction plan]

종합적인 재건 마스터플랜인 종합 재건계획에 대해 도시 재건의 개별 마스터플랜으로 길거리나 공원 등 도시 기반 시설, 도시 시설 등의 계획적 재건을 위해 책정되는 것이 도시 재건 계획이다.

도시 재건 계획 수립교범 [urban reconstruction planning manual]

재해에 의한 시가지에 막대한 피해가 생겼을 경우는 단순한 원상 복구가 아니라 재해의 교훈을 토대로 한 안전하고 쾌적한 시가지를 재건할 필요가 있다. 이재민이 피난소 등에 대피해야 하는 비상사태 속에서, 신속하게 재건 계획을 작성하고 원활하게 복구 사업을 추진하는 것이 요구되기 때문에, 미리 어떻게 재건 계획을 책정해 가야 할지를 검토하는 것이 효율적이라는 생각에서 도시 재건을 할 때의 조직·체제나 행동 순서, 계획 수립 지침, 참고가 되는 자료 등을 정리하여 사전 교육 훈련의 교과서 및 재해 시의 행동 지침이 되게 정리한 매뉴얼이다.

도시 홍수 [urban flooding]

도시화의 진전에 따른 강우 유출 특성의 변화와 도시 지역의 장소 특성이 결합되어 발생하는 수해이다. 도시를 포함한 인근 지역의 토지 이용 변화 때문에 유역의 보수·유수 기능이 저하되고 유출량이 증대, 유출 시간의 단축이 홍수의 발생을 조래하고 저지대 및 급경사지와 같은 홍수 위험 지역이 택지함으로써 도시 지역의 수해가 증가하여왔다. 저지대의 도시 지역에서 자연 배수와 펌프 배수가 불충분한 경우에 발생 내수 범람(양수를 배제 못해 생기는 범람)은 도시 수해의 전형이다. 또한 시내 하천이 흘러 생기는 대규모 범람의 경우에는 지하 공간을 포함한 복잡한 도시 구조에 범람이 증가되어 확산 라이프 라인 피해가 극심화된다.

도시 화재 [urban fire]

밀집한 집단의 건축물이 넓은 범위에 걸친 연소하는 화재를 말한다. 집단 화재, 도시 화재, 시가지 화재 등이라고도 한다. 엄밀한 양적 정의가 없지만, 일본의 소방 백서에서는 '건물의 손실 면적이 3만 3,000m^2 이상'의 화재를 '도시 화재'라고 하고 있다. 또 동수가 50 이상, 연면적 3,300m^2 이상을 소실한 화재를 "도시 화재"로 꼽히고 있다.

도시 화재위험 [urban fire risk]

일반적으로 도시 화재 위험도는 '화재 위험도', '화재 위험도×연소 위험도'의 형태로 나타난다. 일상적인 도시 화재 위험도 평가는 합리적인 화재 보험료율 산정이나 자치 단체의 소방 계획 등에 활용된다. 또 특정의 지진에 대한 도시 화재 위험도는 방재 계획에서 출화 건수나 소실 면적 등의 피해 산정으로서 실시되어 재해 예방 계획 및 재해 응급 대책 계획의 기초가 되고 있다. 한신 아와지 대지진 이후, 행정과 주민의 협동에 의한 방재 도시 만들기의 추진을 위해 주민을 전제로 한 재해 위험도 판정(도시 수준에서는 도시 전체의 불같은 편리성과 광역 피난의 곤란성을 평가 지표로서 설정)이 제안되고 있다.

도시(마을)계획 자문 파견제도 [dispatch system of town planning consultants]

도시계획 수립 시 (재난, 방재) 관련 전문가를 파견하여 협조하게 하는 제도로 컨설팅 및 기술지원을 통해 안전한 도시 또는 마을 만들기 위한 노력의 일환이다.

도시가스 공급체계 피해추정 [damage estimation of city gas supply systems]

지진, 태풍, 홍수, 가뭄, 해일, 화재 등이나 뜻밖에 일어난 재앙과 고난에 의해 직·간접적으로 도시가스를 제조하거나 공급하기 위한 시설의 피해수준을 평가하는 것을 말한다.

도시가스 조정기 [city gas governer]

도시가스를 공급하는 경우, 압력을 조정의 레벨로 조정하는 기계.

도시계획 기본방침 [basic policy (master plan) for city planning]

우리의 일상생활에 필요한 도로, 공원, 토지 사용법 등을 계획할 때 계획 목표가 되는 것으로, 이 기본 방침은 시정촌이 정하는 도시 계획 마스터플랜이라고도 한다. 도시 계획 기본 방침에는 목표로 하는 장래 도시 상이나 도시 조성 방침을 종합적으로 제시해 장래의 도시 구조(전체 구상)를 정하고, 지역 사회가 공유하는 지역 특성을 살린 지역별 도시 조성 방침(지역별 구상)을 정한다.

도시계획 기초조사 [basic survey for city planning]

도시계획 구역 내의 인구 규모, 산업 분류별 취업 인구의 규모, 시가지의 면적, 토지 이용, 교통량 등 현황 및 향후 전망에 대해 조사를 실시하는 것.

도시계획 지정 [designation of city planning]

도시의 개발, 정비, 관리, 보전 등을 위한 도시계획을 수립 및 집행에 관한 사항을 규정을 하는 것으로 도시발정종합대책을 5년마다 건설교통부장관이 수립하는 것을 말한다.

도시계획법 [City Planning Law]

도시의 건설, 정비, 개량 등을 위한 도시계획의 입안, 결정, 집행 절차에 관하여 필요한 사항을 규정함으로써 도시의 건전한 발전을 도모하고 공공의 안녕질서와 공공복리의 증진에 기여함을 목적으로 하여 제정된 법률이다.

도시계획위원회 [city planning council]

도시계획에 관한 중요사항을 심의, 조사, 연구하고 행정관청의 자문에 응하는 등 도시계획 결정을 위해 존재하는 비상근 행정위원회이다.

도시공원계획 [city planning park]

도시지역에서 도시자연경관을 보호하고 시민의 건강휴양 및 정서생활을 향상시키는 데 이바지하기 위하여 공원을 설치 또는 지정하는 계획이다.

도시도로계획 [city planning road]

도시계획시설로서 도로는 「국토의 계획 및 이용에 관한 법률」에 의한 기반시설 중 교통시설의 하나이며 「도시·군계획시설의 결정·구조 및 설치기준에 관한 규칙」에 의해 구분된다. 법률적으로 도로는 「건축법」, 「국토의 계획 및 이용에 관한 법률」, 「도시·군계획시설의 결정·구조 및 설치기준에 관한 규칙」, 「도로법」, 「도로의 구조 ·시설기준에 관한규칙」, 「유료도로법」, 「사도법」 등 다양한 법률에서 구분, 정의되며 이에 따라 도시도로계획을 설립한다.

도시방재추진사업 [promotion project for urban disaster prevention]

시가지의 방재 향상을 목적으로 국토 교통성이 관할하는 도시 방재 관련 사업제도의 하나이다. 주민 등 도시 정비활동의 활성화와 함께 다양한 도시정비사업과 연계를 실시하는 등 종합적인 대책을 강구함으로써 도시방재구조와 주민의 방재에 대한 의식 향상을 추진하는 사업이다.

도시불연화 [progress of urban fireproofing]

도시의 건물을 철골조 또는 철근콘크리트조 등 불에 타지 않는 구조로 짓는 일을 말하는데, 이를 위해 주민의 의식개조와 도시계획에 따른 방화지역·준방화지역의 지정이 필요하다.

도시시설의 복구 [restoration of urban facilities]

도시시설은 광범위하므로 구조와 기능 양쪽의 피해상황을 명확히 파악하는 것이 중요하다. 피해상황조사는 보통 각 사업주체가 하고 있으나 이것은 효율적이지 못하며 공통으로 이용할 수 있는 조사항목은 조사결과를 모아서 전체의 상황파악을 위해 효율적으로 이용하는 것이 중요하다. 이를 위해서는 평상시에 재해조사의 기초가 되는 시스템을 구축해두는 것이 좋다.

도시용수 [municipal water]

도시 생활, 업무, 활동 등을 하기 위해 필요한 물을 의미하며, 일반 생활에서 쓰이는 생활용수와 공업에 필요한 공업용수를 모두 포함한다.

도시위치 [plotting position]

확률 분포의 적합도를 시각적으로 파악하는 방법의 하나로서 확률지를 이용하는 방법이 있다. 이 경우에는, 확률 종이 위에 각 데이터의 크기와 그 비초과 확률(초과 확률의 경우도 있음)을 도시할 수 있으며, 이를 도시위치라고 한다. 일반적으로 도시한 각각의 점들이 직선형으로 보일 수 있는 확률지를 선택하고, 확률 분포형을 결정한다.

도시유역의 저류 [water storage in urban area]

강우량 증대와 도시화에 따른 유출총량과 첨두유량의 증대 및 도달시간의 단축은 도시유역의 능력을 만족시키지 못하여 도시홍수에 대처하는 기능을 한다. 유출저감효과를 위하여 저류시설을 통하여 홍수에 대비하는 역할을 한다.

도시재개발 종합계획 [urban redevelopment master plan]

도시의 개조, 수리, 보전에 관한 마스터플랜이다. 구미 각국과 일본의 도시재개발은 불량주택 지역의 처분 및 재건을 했지만 전후 지구 재개발 및 지구 수리, 지구 보전으로 확대되어 도시 기성 시가지 전체 회춘으로 종합적인 장기 또는 전략적인 기본 계획을 세우고 작업을 시작했다. 특히 아멜리력의 각 도시에서 책정 된 CRP(Community Renewal Program)은 재개발을 과제로 도시 마스터플랜의 하나의 모델이 되어 각국에 영향을 주었다. 일본에서는 도시 재개발 법에 의한 도시 재개발 정책을 도시 재개발 마스터한 계획이라고 부르는 경우가 있다.

도시재개발방침 [policies for urban redevelopment project]

1976년의 도시개발법으로 도입된 것으로 도시의 계획적인 재개발에 관하여 필요한 사항을 규정함으로써 재개발을 촉진하고 도시의 건전한 발전과 공공복리의 증진에 기여함을 목적으로 하고 있다. 도시개발법은 2002년에 폐지되었고, 현재는 도시 및 주거환경정비법이라 한다.

도시재개발법 [Urban Redevelopment Law]

도시계획법은 도시의 개발, 정비, 관리, 보전 등을 위한 도시계획의 수립 및 집행에 관하여 필요한 사항을 규정함으로써 공공의 안녕질서를 보장하고 공공복리를 증진하며 주민의 삶의 질을 향상하게 함을 목적으로 하는 대한민국의 법률이다. 1962년 1월 20일 법률 제 983호로 제정, 공포되었고 2002년 2월 24일 법률 제 6655호로 폐지되어 「국토이용

관리법」과 더불어 「국토의 계획 및 이용에 관한 법률」(제정 2002,2,4 법률 제 6655호)로 통합되었다.

도시재개발사업 [urban redevelopment project]

재개발 구역 내에서 토지의 합리적이고 효율적인 고도이용과 도시 기능의 회복을 위해 도시재개발법에 의해 시행하는 건축물 및 그 부지의 정비와 대지의 조성 및 공공시설의 정비에 관한 사업을 말한다.

도시재해 [urban disaster]

도시에서 발생하는 재해는 도시화의 진행에 따라 도시화 재해(urbanizingdisaster), 도심형 재해(urbanizeddisas-ter), 도시재해(urbanisaster)로 구분된다. 이러한 재해의 차이점은 재해의 항목에서 이용한 표를 참조하면 알 수 있지만, 현재에도 관계자뿐만 아니라 재해 연구자도 이러한 용어의 혼동이 눈에 띈다. 도시재해의 특징은 표로 나타낸 바와 같이 고도화·복잡화된 도시 공간이 원인이 되고 있으며, 일본에서는 도시 지진뿐만 아니라 도시 수해도 도시 재해될 위험성을 매년 증가하고 있다. 이 도시재해의 본질적인 차이를 이해해야 비교해야 방재학 관점이 시작된다. 그 좋은 예가 1994년 미국·노스 리지 지진 재해와 1995년 한신·아와지 대지진의 비교이다. 전자는 도시형 재해, 후자는 도시 재해로 그 차이가 속한 재해 범주의 차이에 대부분 기인하는 것이며, 결코 그들이 미일의 차이에 직결하지 않는다. 오히려 2001년 9월 11일에 미국에서 일어난 테러 공격은 도시 재해이기 때문에, 이것과 한신·아와지 대지진을 비교한다.

〈도시재해의 특징〉

1. 원인과 동기의 인과 관계가 불명
2. 저주파 큰 외력에 무방비
3. 도시화에 의한 재해 미경험 주민의 증가
4. 역사적으로 재해 취약성이 증가
5. 높은 인구 밀도에 의한 피해 증폭
6. 지역적으로 재력이 불균형(현대 시설과 슬램 이너 시티 문제)
7. 피해의 광역화, 상주화, 장기화

도시정비 발전 설계 [master plan of urban improvement/development and conservation]

도시의 낙후된 지역에 대한 주거환경 개선, 기반시설 확충, 도시기능의 회복을 위한 광역적으로 계획하고, 체계적으로 사업을 추진할 수 있게 하는 설계를 말한다.

도시주거지역에 대한 종합적인 개선 추진계획 [comprehensive improvement promotion project for urban residential district]

도시환경을 개선하고 주거생활의 질을 높이기 위해 노후하고 불량한 건축물들을 체계적으로 정비하는 도시계획

도시화 지역의 내진진단사업 [risk assessment tools for diagnosis of urban areas against seismic disaster(RADIUS)]

UN의 국제방재의 10년 계획에 따라 UN 인도문제조정국이 실시하고 있는 기술협력사업. 세계의 지진대에 있는 개발도상국에서 도시화가 진행된 지역을 선정하여 내진진단을 하여 정치가, 행정가 및 시민의 방재의식을 높여서 사업의 성과를 재난을 줄이기 위해 행정적으로 활용하는 것을 목표로 한다.

도심지 폭설 피해양 [amount of snow damage on urbanized area]

도시지역에 쌓인 눈에 의한 피해를 말한다. 강설, 적설, 융설 등 여러 가지 상태에서 일어나는 재해로, 도시의 교통두절, 사회적 기능 장해등도 포함된다.

도약 [saltation]

모래알은 풍속이 초속 약 5m에 달할 때 움직이기 시작하는데, 그 이동과정은 두 가지로 구분된다. 그 중 하나가 샐테이션으로 모래가 개별적으로 길게 뛰면서 이동하는 것을 말한다. 이것은 도약이라고도 한다. 강풍에 불려서 순간적으로 앞으로 빨리 움직이는 모래입자가 다른 모래입자와 충돌하면 그것은 충격으로 공기 중에 뜬 다음 앞으로 길게 뛸 수 있다. 이 모래입자가 중력으로 지표에 다시 떨어질 때는 다른 모레알에 부딪혀서 또 뛰게 된다. 이와 같이 뛰면서 이동하는 모래입자는 다른 모래입자에도 똑같은 운동을 하게 할 수 있다. 충격을 가하는 입자는 입경이 6배나 더 크고 무게가 200배나 더 무거운 다른 입자를 움직이게 할 수 있다. 사구지형 변화에 큰 역할을 한다.

도일 [degree day]

적산온도를 나타낼 때의 단위로 일평균기온의 어떤 표준값으로부터의 편차가 1일당 1℃일 때 1도일이라고 한다. 표준이 되는 온도는 0℃, 5℃ 등이 그 목적에 따라 선정된다. 어떤 장소에 대하여 일정기간의 표준온도의 적산값은 식물의 생육·융설량(融雪量)·연료소비량·사용전력량 등을 나타내는 지표로 사용된다.

도파 [overtopping wave]

해안 구조물이나 장애물 등에 충돌하여 공중 높이 튀어 오르는 파.

도플러 기상레이더 [Doppler weather radar]

회전용 안테나(파라볼라안테나)가 회전하면서 공중에 있는 구름을 향해 전파를 발사해서 그 송신하는 전파의 주파수와 반사되어오는 주파수 차이로 이동하는 목표를 검출해내는 기상레이더.

도형 방파제(도제) [detached breakwater]

육지에 접하지 않고 설치한 방파제. 해안선에 따라 흐르는 조류를 막지 않아 표사의 적체가 작다.

돌발홍수 [flash flood(rapid flood)]

경사가 급한 계곡 또는 소유역에서 단기간에 강우가 집중될 때, 높은 수위의 홍수파를 형성한 후 순식간에 낮은 지역까지 흘러가 피해를 유발하는 홍수.

동결 지수 [freezing index]

0°C 이하의 기온과 일수의 곱을 연간을 통해서 누계한 값. 이 지수는 적설 한랭 지역에 있어서의 포장의 설계에서 동결 깊이의 계산에 사용한다.

동결공법 [artificial ground freezing method]

연약지반의 일시적 동결을 통해 붕괴나 용수 누출을 막고 굴착에 대해 안정을 위해 사용하는 굴착법이다. 이 시공법에는 굴착부 주위에 구멍을 여러 개 뚫어 냉각액을 넣어서 하는 간접 동결법과 물에 녹지 않는 저온 액체를 넣어서 하는 직접 동결법이 있지만 현재 주로 간접 동결법을 많이 사용하고 있다.

동결심도 [freezing depth]

냉각된 지표면에서부터 흙속의 0°C의 등온면, 즉 동결경계면(freezing front)까지의 깊이이다. 건축이나 토목공사 및 조경공사를 할 때에는 동결심도가 지하 몇 cm인가를 측정하여 적용한다. 수목을 주로 다루는 조경공사의 경우는 수목소재가 다른 것과 달리 생물체이기 때문에 각별한 주의가 필요하다.

동결예측 [predication of freezing]

토양의 수분이나 도로, 교량, 활주로 등의 노면 윗부분에 존재하는 수분이 동결하는 시각을 예측하는 것을 의미한다.

동결융해 [freezing and thawing]

지반, 암반, 콘크리트 내의 물이 겨울철에 얼고, 초봄에 녹는 현상이다. 암반 경사면에 발생하면 낙석이나 붕괴의 원인으로 된다. 또 콘크리트에서는 공기량이 적절하지 않다든지, 콘크리트 자체가 밀실하지 않으면 표층부에서 열화하는 피해가 생긴다. 이것을 일반으로 콘크리트의 동해라 한다.

동기현상 [lock-in phenomenon]

주기적인 운동을 하는 개체들이 서로 영향을 주고받거나 받게 됨으로써, 동일한 주기를 갖게 되는 것. 그러한 현상을 동기 현상이라 하고, 동기된 상태를 동기화되었다고 한다. 통신에서는 주로 서로 다른 시스템이나 네트워크에서 클럭 주파수나 비트, 프레임, 워드 등을 일치시키는 데 사용된다.

동상방지공 [prevention of adfreeze]

노면의 동상을 방지할 목적으로 행하는 공법으로 동결심도를 고려하여 일정한 깊이까지 동상이 일어나지 않는 재료와 치환하는 방법, 약재 등을 첨가 혼합하여 흙의 성질을 바꾸거나 동결온도를 내리는 방법, 단열층을 두어 흙의 온도 저하를 적게 하는 방법, 차수층을 두어 강수나 지하수를 차단하는 방법 등이 있다.

동상작용 대책 [countermeasure for frost heave]

수분의 이동과 동결에 따른 이차적인 팽창에 의해 토양이 위로 솟아오르는 현상.

동상현상 [frost heaving]

흙속의 공극수가 동결하여 얼음 층이 형성되면서 지표면이 부풀어 오르는 현상. 이로 인해 구조물이 기울거나 무너지는 경우가 있다.

동시 다중화재 [simultaneous multiple fire]

주로 대규모 지진 후 비교적 짧은 시간에 도심의 곳곳에서 수많은 불이 발생하는 화재를 말한다. 대규모 지진 시 소화전에서 물 확보가 어려워 소화에 필요한 물이 부족하거나 건축물의 파괴 등으로 인해 도로가 막혀 현장에 출동이 지연되기 때문에 소방 충분히 효과를 발휘하지 못하거나 소방력을 상회하는 다수의 화재가 발생한 경우에는 광역 화재에 이르는 경우도 있다. 또한 강풍 시에는 화재 지역으로부터 발생한 불똥이 바람이 부는 쪽으로 많이 비산하여 새로운 화재 시작점이 되고, 동시 다발 화재와 비슷한 현상이 생길 수 있으나 최근에는 그 위험성은 매우 적어졌다.

동압력 [dynamic pressure]

유체(물 등)의 운동을 막았을 때 생기는 압력.

동적방법 [kinetic method]

기상레이더를 이용한 단시간 강우 예측 기법의 하나. 수 km의 관측 분해 능력을 가진 레이더 정보과 기상위성 정보로부터 얻어진 강우 분포의 변화 패턴을 파악하여 시간적으로 외삽시키는 방법이다. 여기에는 다양한 종류가 있지만, 국토 교통성이나 지방자치단체에서 실천적인 기법으로 하여 매일 이용하고 우리에게 유용한 정보를 제공해주고 있다. 그러나 실용상 예측하거나 가능한 것은 우리나라의 대 하천 유역에서의 공급 수자 측정에 필요한 정보로는 앞으로 1시간 정도까지, 중소 하천과 대도시권에서 빗물 배제를 위해 필요한 것 보다 공간적으로 섬세한 정보로는 30분 정도 앞까지이고, 호우를 형성하고 있는 개개의 적란운의 수명이 30분부터 1시간 정도일 것이며, 지형 등의 영향으로 인해 적란운의 이동이 복잡하다는 점 때문이다.

동활침식, 솔리플럭션 [solifluction]

사면에 퇴적한 토사가 함수량이 증가하여 유동성이 커져서 완만한 경사의 비탈면을 이동하는 것을 말한다. 이동층의 두께는 1m 이하이고, 이동량은 1일 수 10cm 정도이다.

되돌이흐름/저류 [return flow/undertow]

파동만으로 생기는 물입자의 속도는 수심방향으로 적분하고 시간평균하면 0이 된다. 그러나 임의의 수심에서 시간평균물입자의 속도는 반드시 0이 되는 것은 아니다. 보통 파동에 의한 수위변동이 생기는 범위에서는 파도진행방향 시간평균흐름(물질운송흐름)이 생겨서 저층부에서 물질운송을 보상하는 먼 바다 방향의 흐름이 생긴다. 이러한 먼 바다 방향의 흐름을 되돌이흐름이라고 한다.

두루마리눈 [snow roller]

산악지대에서 바람에 의해 지면을 따라 형성되는 원통모양의 눈덩이를 말한다. 딱딱하게 언 눈면 위에 부드러운 눈이 쌓일 경우에 적당한 습기가 있으면 눈이 바람에 날려 사면을 구르면서 큰 원통형으로 형성된다.

둑 [jetty]

해류 또는 조류의 흐름 유도, 퇴적물의 방지를 위해 해안으로부터 물로 나가도록 설치한 구조물로, 하천 또는 바다의 중앙부에 돌출된 제방, 방파제 등을 의미한다.

둑턱 [berm]

① 축지, 옹벽, 제방 등과 그 바깥쪽에 평행하게 설치한 도랑 등과의 사이에 있는 평탄한 부분. ② 건물 외주벽을 따른 지반상에 둔 바닥다짐, 콘크리트제 등의 평탄한 부분.

등가마찰계수 [equivalent coefficient of friction]

수직항력과 마찰력의 비례관계를 주는 수치로 맞닿은 두 표면 사이의 마찰력이 수직항력과 같아질 때의 비례상수이다. 마찰력의 크기는 수직항력에 비례하는데, 이때의 비례상수가 마찰계수이다. 따라서 같은 수직항력이 작용할 때 마찰계수가 클수록 마찰력의 크기도 커진다. 마찰력의 크기를 f, 수직항력을 N, 마찰계수를 μ(mu, 뮤)라고 할 때, $f = \mu N$의 관계가 성립한다. 마찰의 정도를 나타내는 마찰계수는 물체의 재질, 표면의 매끄러운 정도, 윤활제의 유무와 종류 등에 따라 달라진다. 따라서 물질을 구분할 수 있는 상수라고 할 수는 없다. 최대정지마찰력과 수직항력의 관계를 주는 정지마찰계수와 운동마찰력과 수직항력의 관계를 주는 운동마찰계수가 있다. 이때 운동마찰계수는 항상 정지마찰계수보다 작다. 그러므로 최대정지마찰력은 운동마찰력보다 항상 크다. 운동마찰계수는 다시 미끄럼운동을 할 때의 미끄럼마찰계수와 구르는 운동을 할 때의 굴림마찰계수로 나눈다. 그리고 굴림마찰계수는 정지한 상태에서 구르기 시작할 때의 정지굴림마찰계수와 구르는 중의 운동 굴림마찰계수로 다시 나누기도 한다.

등가조도 [equivalent roughness]

등가조도란 조도가 같은 부분의 집합을 말한다. 조도란 토양입자나 역의 표면이 거칠고 매끄러운 정도를 나타내는 수치이다. 광물입자의 풍화, 토양 동물에 의한 식물 파편의 섭식, 공극벽에 붙어 있는 조립질 및 세립질 광물 입자의 돌기, 공극벽 상의 결정화 등과 같은 인자의 작용으로 나타난다. 한편 표면이 매끄럽게 되는 것은 입자의 이동, 어떤 종류의 화학물의 침전, 점토부착, 토양 중의 동물이동 등에 의한 것이다. 일반적으로 표면이 거친 것은 표면으로부터 튀어나온 돌기부의 수와 각진 정도와 관련이 있다. 매끄러운 표면은 각진 돌기부가 존재하지 않는다. 조도는 다음과 같은 세 가지 정도로 표현한다.

① 러프(rough) : 표면에 그 폭보다도 깊은 톱니모양의 요철이 있다.

② 언줄레이팅(undulating) : 표면이 폭넓고 얕은 기복으로 되어 있다.

③ 스무드(smooth) : 표면에 거의 또는 전혀 요철이 없다.

등류 [uniform flow]

정상류의 일종이며, 일정한 수로가 길게 이어지는 상황에서 발생하는 흐름으로써 수심·유속 등의 방향에 좌우되지 않는 것을 말한다. 역학적으로는 마찰력과 중력에 의한 흐름에 대해 방향을 유지하는 상태이며, 개수로(開水路)에서는 가장 기본적인 흐름 상태이다. 일정한 유량에서 나타나는 등류의 수심은 구배가 점점 커짐에 따라 얕아진다.

등위험도선 [equi-risk line]

홍수방어대책은 하천, 터널, 펌프 등의 배수대책과 유수지 등의 저류대책으로 크게 나뉜다. 이 두 가지의 대책을 어떻게 유기적으로 기능을 분담시키느냐 하는 것이 계획상 가장 중요한 과제이다. 배수시설과 저류시설을 가진 치수 시스템의 치수안전도는 홍수 수문곡선의 첨두유량과 총 유량의 결합확률분포에 기초하여 평가할 필요가 있다. 에토 등은 어떤 강우사상의 강우계속시간, 첨두우량, 총우량의 관계를 나타낸 확률모형을 제안하여, 첨두유량과 총유량의 결합확률분포를 고려한 등위험도선 방정식을 이론적으로 유도하였다.

등후선도 [isopach map]

특정 지층의 두께가 동일한 지점을 이은 선이다. 어떤 지역에서 지하에 놓인 특정한 지층의 두께 변화를 보여주는 지질도를 말한다. 매장량을 산출하거나 이차 회수 프로젝트 계획을 세울 때 널리 사용된다.

디맨드 컨트롤 [demand control]

공장의 수요 전력을 항상 감시하여, 수요전력이 계약 전력을 초과하는 경우에는 자동적으로 중요도가 낮은 공정의 설비 전력부터 단전시켜 나감으로써 수요 전력을 계약 전력 이하로 억제하는 것.

디에이디 해석 [depth-area-duration analysis]

일정 지역의 면적과 강수 계속시간이 주어졌을 때 그 지역에 내리는 강수량의 최대치를 추정하는 방법이다. 일정지역의 평균 강수량의 최대치, 그 지역의 면적, 강수의 계속시간 간에는 통계적인 관계가 존재한다. 일반적으로 강수의 계속시간이 길수록 또는 그 지역의 면적이 작을수록 평균 유량의 최대치는 커진다. 지역의 평균 강수량을 같은 간격의 눈금, 지역면적을 대수눈금으로 정하여 강수 계속시간의 길이, 예를 들면 6, 12, 24시간별로 그리고 지역 면적별로 인정 지역의 강수량의 최대치를 표시한다. 그리고 각 시간마다 면적이 다른 점을 연결시킨다. 이런 방법으로 작성된 그림을 이용해서 일정 지역의 강수 계속시간에 대응하는 평균 강수량의 최대치를 추정하는 방법이며, 강수량 자료의 해석 방법 중의 하나이다.

따뜻한 겨울 [warm winter]

평균기온이 평년보다 높아 고온으로 경과된 겨울.

떨어져 있는 암석 [detached rock/loose rock]

낙석. 바위틈새에 얼어 있던 눈, 얼음 등이 녹아서 암석의 일부가 떨어지는 것과 풍화작용으로 응결력을 잃거나 태양의 복사열로 바위 표면이 팽창, 수축작용을 하여 발생하는 것을 말한다.

띠공 [river bed girdle]

하천을 횡단하여 하상과 동일한 높이로 만든 바닥 다짐공. 난류(亂流) 또는 하상의 저하를 방지하는 데 목적이 있다.

ㄱ ㄴ ㄷ ㄹ ㅁ ㅂ ㅅ ㅇ ㅈ ㅊ ㅋ ㅌ ㅍ ㅎ

라돈 농도의 변화 [change in radon concentration]

라돈은 원자번호 86번의 원소로, 원소기호는 Rn이다. 발생원인은 토양이나 암석, 물속에서 자연계의 물질 중에 함유된 우라늄(또는 토륨)이 연속 붕괴하면 라듐이 되고 이 라듐이 붕괴할 때 생성 및 발생하는 무색·무취 가스로 높은 농도에 지속적으로 노출될 경우 폐암, 위암 등을 일으키는 것으로 알려져 있다. 대기 중의 라돈 농도는 장소에 따라 크게 다른데, 평균적으로 대략 $4Bq/m^3$이다. 이는 공기 1L에 약 ,2000개의 라돈 원자가 들어있는 것에 해당하는데, 공기 1L에 들어 있는 각종 분자의 총 수는 약 2.7×1,022개이다. 국내에는 라돈 농도에 대한 규제기준이 없으며 미국 환경보호청의 라돈 실내 환경 권고기준은 $148Bq$(베크렐)$/m^3$이다.

라이프 라인 해석 기법 [Techniques for lifeline analysis]

라이프 라인 네트워크의 지진 때 성능 평가에 관계하는 해석 방법의 총칭. 구성 요소의 신뢰성 평가 및 물리적 피해 예측, 네트워크 시스템의 연결성·기능성 평가, 물리적·기회 가능적 복구 과정의 예측과 그 최적화, 내진 투자 계획 등 그 내용을 다방면에 걸쳐, 지진 공학, 시스템 신뢰성 이론, 그래프 이론, 오퍼레이션서 리서치 등, 학술적 배경이 있는 분야이다. 불확정성의 취급의 차이에 따라 확률론적 해석 비 결정론적 해석으로 대별된다. 해석으로 GIS가 활용되는 경우가 많다. 또 내진 투자 계획의 책정에는 비용 편익 분석을 응용한 리스크 관리 기법이 도입되고 있다.

라이프 스폿 [life spot base for survival]

전기·가스·수도·전화 등 도시 생활을 지탱하는 라이프라인 네트워크는 재해에 의해 그 일부가 두절되면 광범위하게 도시 기능이 마비될 가능성이 있다. 라이프 라인이 두절 된 경우에도 자적 생활 단위가 되는 소규모 지역에서 사람들의 생활에 필요한 상수·중수·식량·에너지·의료기능·정보기능 등을 갖추어 자립적으로 기능하는 방재 거점을 라이프 스폿이라 한다.

라이프라인 관리 [management for lifelines]

재난 시 생활을 유지하기 위한 여러 시설. 도로, 철도, 항만 등의 교통 시설, 전화, 무선, 방송 시설 등의 통신 시설, 상하수도, 전력, 가스 등의 공급 처리 시설 등을 관리한다.

라이프라인 네트워크 [lifeline network]

라이프라인이란 인간 활동에 근간이 되는 전력, 통신, 에너지, 상·하수도, 운송 및 교통망 등 선(line)의 형상으로 구성된 사회 및 생활 기반시설을 통칭한다. 기본적으로 이러한 시설들은 독립적인 시설이 아니고 네트워크를 형성하며, 전국에 걸쳐 광범위한 분포로 구축되고 있다. 라이프라인 네트워크는 광역에서 시역·지구·일반가정으로 이어지는 계층구조를 형성하고 있으므로 일부의 손상이 전체 시스템에 미치는 영향이 크다고 할 수 있다. 재해발생 시 사회·경제적 파급효과가 다른 어떤 시설보다 큰 라이프라인에서 가장 중요한 요소는 안전성으로 안전성 확보를 위한 일반적인 정비목표는 다음과 같다. ① 전력 : 에너지의 안정적 공급, ② 도시가스 : 에너지의 안정적 공급, ③ 정보·통신 : 양방향의 정보전달, 비상시 중요 통신의 확보, ④ 상수도 : 음료수의 확보, 생활용수의 확보, 방화·소화용수의 확보, ⑤ 하수도 : 생활용수의 배수·처리기능, 읍급수의 배수 기능.

라이프라인 복구 [recovery of lifeline systems]

일상생활의 유지에 필요한 물공급, 에너지공급, 정보전달기능 등의 라이프라인은 재해 직후 긴급대응이 필요하다. 소요시간은 전기, 전화의 복구는 비교적 빠르며, 상하수도, 가스의 복구는 비교적 시간이 걸린다.

라이프라인 복구곡선 [restoration curve of lifeline system]

라이프라인시설이 물리적 피해를 입은 경우 그 기능이 정지하며 복구작업에 의해 기능이 회복하는 시간적 과정을 나타낸 것.

라이프라인체계 피해추정 [damage estimation of lifeline systems]

생활을 유지하기 위한 여러 시설. 도로, 철도, 항만 등의 교통 시설, 전화, 무선, 방송 시설 등의 통신시설, 상하수도, 전력, 가스 등의 공급처리 시설들이 지진, 태풍, 홍수, 가뭄, 해일, 화재 등이나 뜻밖에 일어난 재앙과 고난에 의해 직·간접적인 피해수준을 평가하는 일련의 작업을 말한다.

라하르 [Lahar]

화산지역에 발생하는 암괴토사와 대량의 물이 혼합되어 홍수처럼 흘러내리는 현상을 말한다. 혼합되는 토사의 양에 따라 토석류, 이류, 홍수 등으로 구분된다. 1919년 인도네시아의 kult 산의 분화에서 처음으로 과학적으로 조사되어 '라하르'라는 이름이 붙었으며,

홍수와 함께 토석이나 진흙이 뒤섞여 흐르는 상황을 의미한다. 화산의 정상부가 눈이나 빙하에 덮여 있을 때 분출이 일어나고, 그 고열에 의해 눈과 빙하가 융해할 때 발생한다. 화구호가 물로 가득 차 있을 때도 라하르가 발생한다. 대량의 수분을 함유하고 있기 때문에 흘러내리는 속도가 매우 빨라서 시속 100km를 넘을 때도 있다. 1991년 피나투보 화산이 폭발했을 때 화산이류로 인해 전력공급과 물 공급이 중단되고 많은 피해를 입었다.

런던 대화재 재건축 계획 [London reconstruction plan after the Great Fire of 1666]

1666년 런던 대화재 이후 실시한 재건축 계획이다.

레이놀즈 수 [Reynolds number]

관 속의 흐름이 층류(層流)가 되느냐 난류(亂流)가 되느냐는 관 속의 유속 v, 관의 내경 d, 동점성 계수(動粘性係數) ν와 관계가 있으며, $Re = vd/\nu$의 관계식으로 표시된다는 것을 레이놀즈가 발견하였다. 여기서 Re를 레이놀즈 수라고 한다.

레이더강우량 추정 [radar rainfall estimate]

파장 3~10cm 정도의 마이크로파를 쏘아서 빗방울에 반사되어 돌아오는 전력강도를 측정하여 강우량을 추정하는 방법. 반사파가 관측되는 시간으로부터 거리를 알 수 있고, 레이더의 방위로부터 대상강우의 위치와 분포를 알 수 있다. 여러 가지 관측오차가 있지만 넓은 지역의 강우분포를 즉각 관측할 수 있어 호우에 의한 하천재해를 방지하는 데 매우 유효하다.

레이더네트워크 [radar network]

다수의 기상레이더의 수신영상을 모아서 광역 기상상태를 알 수 있도록 한 것.

레이더반사인자 [radar reflectivity factor]

레이더방정식에 포함된 인자로서 산란체로부터의 반사강도를 나타낸 것. 강수입자의 경우 산란단면적은 강우입자의 직경 D가 파장보다 매우 작을 때는 레일리산란으로 나타나서 직경 D의 6승을 빗방울 개수에 대한 총합으로 나타낼 수 있다. 이것을 레이더반사인자 Z라고 한다. Z와 강우강도의 관계를 이용하여 수신전력을 강우강도로 환산한다.

레이더방정식 [radar equation]

레이더에서 수신된 전파강도를 표현하는 식으로 1차 레이더에 관해서 레이더의 송신전력, 안테나 이득, 파장, 목표물의 유효 반사면적, 목표물까지의 거리, 수신기 입력 전력 등의 파라미터를 관련짓는 기본 방정식이다. 전자파는 대기 중의 물방울에 의해 산란되며, 산란수신전력은 레이더시스템에서 변환되어 최종적으로 단위체적당 산란단면적의 관계가 얻어진다.

레이더-아메다스 우량합성도 [radar-AMeDAS composite chart]

기상레이더에서는 공간적으로 정밀도가 높은 자료를 얻을 수 있으나 Z-R 관계라고 하는 반경험식을 이용하여 반사강도를 강우량으로 변환하므로 절대정밀도는 높지 않다. 반면 아메다스 관측점은 정확한 값이 얻어지지만 평균적으로 사방 17Km에 1개소 정도만 측정된다. 따라서 레이더에서 관측된 강우분포를 아메다스 관측망으로 관측된 실측우량으로 보정하여 작성된 것이 레이더-아메다스 우량합성도이다.

레이더우량계 [radar raingauge]

기상레이더에서 관측된 대기 중의 물방울에서의 산란파를 레이더안테나로 수신하여 그 강도를 강우강도로 환산하여 사방 1~3Km의 공간에서 5분 간격으로 나타낸 것.

레이아웃 규제 [layout's regulation]

석유 콤비나트(combinat) 등을 형성하는 각 사업소의 시설은 소방법, 고압가스 보안법 등에 의해 이미 각종 규제가 이루어지고 있는 곳이다. 콤비나트 재해를 방지하려면, 사업소를 일체로 파악해 신설 및 변경 단계에서 각 시설 지구의 배치 등에 대해 규제를 추가하는 것이 효과적이다. 이 때문에 석유 콤비나트 등 재해방지법은 제2장에 사업소의 신설 및 변경에 관한 신고, 지침 등 일련의 절차에 관한 규정을 두고 있는데, 이것이 이른바 레이아웃 규제라는 것이다. 이 절차에 따라 개별법에 의한 규제와 조정을 도모하면서, 사업소의 각 시설지구 배치 등의 측면에서 사업장 전체에 대해 일원적인 방재상의 규제를 실시하고 있다.

로그 정규분포 [Logarithmic normal distribution]

로그가 정규분포를 따르는 확률변수의 분포이다.

로그법칙 [Logarithmic law]

수학 함수의 일종으로, 어떤 수를 나타내기 위해 고정된 밑을 몇 번 곱하여야 하는지를 나타내는 함수이다. 이른 17세기에 곱하기 및 나누기의 계산을 간편하게 해내기 위해 존 네이피어가 발명한 것으로 알려져 있다. 복잡한 단위의 계산을 간편할 수 있다는 장점 때문에 로그표 및 계산자 등의 발명품과 함께 세계적으로, 여러 분야의 학자들에게 널리 퍼졌다. 지수에 대비된다는 의미에서 대수(對數)로 부르기도 한다.

루전값 [Lugeon value/Lugeon unit]

암반의 투수성을 측정하는 척도이다. 보링 구멍 내의 구간에서 일정 압력을 유지하는 데 필요한 보급 수량에서 구하는 값(L_u). 압력10kgf/cm^{2}에서의 구멍 길이 1m당의 1분간 소요 수량(l)으로 나타낸다.

$L_u = 10/P \cdot Q/L$. 단, P : 주입 시험 시의 전압력(kgf/cm^2), L : 주입 스테이지 길이(m), Q : 주입량(l/min).

리더십 행동 [leadership behavior]

집단이나 조직에 공유된 목표의 달성이나, 새로운 목표의 창출에 기여하는 행동. 리더십 행동은 특정의 인물에 의해 담당해지는 경우도 있지만, 복수의 멤버, 또는 멤버 전원에 의해 담당해지는 경우도 있다. 재해라고 하는 긴급사태에서는 평상시와는 다른 리더십 행동이 요구되는 것과 동시에, 특히 행정·기업 조직 등은 평상시 모드에서 긴급 모드로 전환을 어떻게 실행하는지가 방재 계획의 중요한 요소가 된다.

리셈플링법 [resampling method]

표본의 특성을 기술하기 위해 표본내의 모든 데이터를 사용하여 통계량을 구할 수 있다. 이 경우 통계량의 추정치에 편위가 발생하거나 추정정도가 불명확할 수 있다. 리셈플링법은 난수발생으로 대상으로 하는 표본에서 새로운 표본을 다수 만들어 통계량의 편위를 줄이거나 정도를 높일 수 있다.

리스크 관리 [risk management]

재해나 사고, 사업의 실패 등의 리스크가 상정되는 상황에서 다양한 대응방법과 발생 가능한 결과에 대해 분석하고 가장 적절한 대응방법을 평가, 선택하며 이것을 실행해 그 결과를 자기책임 하에 받아들이고 사후의 추이를 관찰하여 필요하다면 처음으로 돌아가 상기의 과정을 반복하는 해결과정과 그 접근방법을 리스크 관리라고 한다.

리스크 분석 [risk assessment]

리스크 분석은 수학적 방법인 확률론과 리스크를 일으키는 현상의 발달과정과 그 최종결과인 재해와의 과학적 원인관계가 명확하게 될 때 가능하다. 리스크 분석은 4단계를 거친다. ① 가해현상의 발생 가능성의 인식, ② 가해현상의 발생확률의 추정, ③ 가해력이 작용하는 것에 의해 생겨나는 사회적 손실의 추정, ④ 리스크 평가 결과를 어디에 활용할 것인가의 검토. 리스크 평가의 성과를 이용하여 재해의 영향의 정도나 분석이 판단된다.

리스크 평가 [risk evaluation]

리스크 관리의 순환적 문제 해결과정을 구성하는 것으로, 인식된 리스크를 고려하여 관여 주체가 다양한 대응방법과 발생할 수 있는 결과에 대해 분석하여 종합적인 사고로 가장 적절하다고 판단되는 대응방법을 평가, 선택하는 행위와 그 경우 이용되는 여러 기준의 설정을 가리켜 리스크 평가라고 한다.

리스크맵 [risk map]

리스크맵 작성에는 재해원인이 되는 자연현상의 정도, 영향범위가 지도위에 표시된 재해위험지도가 필요하다. 그 다음 지역의 가옥분포, 인구분포 등의 정보를 중첩시켜 재해위험의 정도와 재해의 정도를 연결하는 평가방법에 따라서 리스크맵이 작성된다.

리스크커뮤니케이션 [risk communication]

리스크에 대한 이해관계자 간의 정보교류의 과정. 사회 전체적으로 리스크 정보를 공유함으로써 리스크를 민주적으로 관리하여 리스크를 감소시키는 것을 목적으로 한다.

리차드슨 수 [Richardson number]

바람 시어가 존재하는 경우, 리처드슨 수와 같은 역학 안정도 매개변수(dynamic stability parameter)가 정적 안정도 매개변수 $s=(g/T_v)(\partial\theta_v/\partial z)$보다 더 적절한 안정도 매개변수로 고려된다. 리처드슨 수는 $Ri=\frac{g}{T_v}\frac{\partial\theta_v}{\partial z}\left|\frac{\partial U}{\partial z}\right|^{-2}$로 정의된다. 여기서 T_v는 가온도, g는 중력가속도, θ_v는 가온위, U는 평균 풍속이다. 리차드슨 수는 혼합(난류)의 세기를 더 잘 나타내는 측정치이고 리처든 수가 안정되게 성층된 환경 내에서 혼합의 존재 또는 비존재를 구분하는 간단한 방법으로 사용된다. $Ri>0.25$ 이상의 큰 양의 값은 난류의 약화 또는 파괴, 완전한 무난류 환경을 지적하는 것이다. 그러므로 Ri의 연직 분포는 경계층의 연직 범위를 결정하는 데 사용된다. 그러나 대기경계층 높이의 직접적인 측정에서 Ri는 유용하지 않다.

릴 [rill]

지표(地表)를 흐르는 물이 지면의 요철(凹凸)에 의해 한 곳으로 모여 물의 침식에 의해 형성된 홈(溝, groove)을 말하며, 릴 침식(浸蝕)이라고도 한다. 릴이 발달하여 커진 것을 가리(gully) 침식이라 한다.

ㅁ

마그마 [magma]

지하에서 암석이 고온으로 가열되어 용융된 것으로 규산염 용융체에 휘발성 성분이 섞여 있다. 마그마는 주위에 암석보다 가벼워서 서서히 상승한 뒤 마그마굄을 이루었다가 지표로 분출하며 마그마가 고결할 때에는 휘발성 성분이 거의 소실되고 나머지는 화성암이 된다.

마그마 관입 [magmatic intrusion/intrusion of magma]

마그마가 지각을 구성하는 암석 틈을 따라가 새로운 화성암을 형성하는 과정이다. 마그마 관입에는 기존 암석을 가로질러 관입하는 비정합 관입과 암석의 경계면에 따라서 관입하는 정합 관입이 있다.

마그마굄 [magma reservoir/magma chamber/magma storage]

지하에 다량의 마그마가 있는 장소를 말한다. 지하의 마그마가 지표로 분출되어 화산암을 형성할 때 그 암질의 계열이다. 다양한 화산 현상과 화성암체의 구조 등에서 예상되나 그 크기, 형상, 깊이 등에 관해서는 아직 분명치 않다. 마그마의 대류, 분화작용, 주위에 암석에 대한 변성작용 등이 발생한다.

마그마성 발산물 [magmatic emanation]

마그마에 의해 형성되는 가스, 액체 등의 발생물이다. 화산 가스, 화산 쇄설물, 화산재 등이 있다.

마그마성 분출 [magmatic eruption]

지구 내부의 맨틀이나 지각 내에서 생성된 마그마가 상승하여 마그마가 지표로 급속하게 방출되는 화산작용이다. 마그마를 이루고 있는 가스(수증기), 액체(마그마), 고체(화산암괴) 등이 분출된다. 마그마성 분출은 가스가 급격하게 팽창하여 촉발적으로 분출하는 형태, 형태와 폭발이 거의 없이 액상의 마그마를 분출하는 일출형, 그리고 폭발형과 일출형이 혼합된 형태 등으로 구성되어 있다.

마그마수증기폭발 [phreatomagmatic explosion]

밀폐공간 속에 물이 열에 의해 급격히 기화, 팽창함으로써 밀폐되어 있던 물질이 한꺼번에 파쇄하면서 일어나는 형태의 수증기폭발을 전체 반응형 수증기폭발(bulk interaction steam explosivity)이라고 한다. 지각 내와 같은 밀폐된 공간에 열수대가 있는 경우, 거기에 마그마가 관입함으로써 대량의 수증기가 급격이 발생하면 이 형태의 수증기폭발이 일어나며, 이때 마그마가 함께 방출되는 경우 마그마수증기폭발이라고 한다. 얕은 바다나 호수바닥, 또는 지하수가 풍부한 지역에서 분화가 일어나면 마그마수증기폭발이 종종 일어나며, 마그마의 열에 의해 다량의 물이 급격히 기화하기 때문에 마그마수증기폭발의 파괴력은 엄청나다.

마을개발조례 [ordinance for community development]

지자체가 자주적으로 정하는 조례 가운데 지자체의 기본적인 마을 조성의 본연의 자세와 방법을 정한 조례를 마을개발조례라고 부른다. 경관, 환경, 토지이용, 방재, 복지 등 마을 개발을 위한 특정 주제를 대상으로 한 것이나 주민참가나 전문가 지원 등 마을 개발의 절차를 정한 것, 또는 이것들을 조합한 것이다.

마이크로파 방사계 [microwave radiometer]

마이크로파 센서 중의 패시브센서를 말한다. 마이크로파 방사계는 원격측정 등에 사용되고, 대상물체에서 방사되고 있는 마이크로파의 에너지, 예컨대 지표의 온도계측 등에 사용된다.

마찰계수 [friction coefficient]

물체의 재질과 물체의 움직임을 설명하기 위해 도입한 개념의 실험적으로 측정된 값으로, 물체 사이의 접촉면에 작용하는 마찰력과 그 면에 직각방향으로 작용하는 압력의 비를 마찰계수라 한다.

만년설 [perennial snow patch]

다년성 눈골짜기와 같은 의미로 사용되며, 눈이 내린 후 시간이 경과함에 따라 녹는 양보다 강설량이 많아서 일정기간이 지나도 눈이 존재하는 상태를 말한다. 대부분 기온이 낮은 높은 산이나 고위도 지역에서 볼 수 있다. 그러나 생각처럼 눈이 녹지 않고 존재하는 것은 아니며, 일반적인 눈처럼 지면과 눈의 표면에서 융해 과정이 일어나지만 다음 눈이 오는 시간보다 적설이 늦게 녹기 때문에 남아 있게 된다.

만제 유량 [bank full discharge]

하천제방이 막 잠기려고 하는 상태의 유량을 말한다.

매립 [reclamation]

하천, 호소, 해안 등을 인공적으로 흙을 투입하여 새롭게 육지를 조성하는 것. 대규모 지진 발생 시 매립지에서 넓은 범위로 액상화가 발생하여 지진방재상 문제가 되기도 하므로 매립지 조성 후에도 다짐공사, 지반개량 등을 통해 액상화 대책을 세울 필요가 있다.

매몰곡 [buried valley]

지하에 매몰되어 있는 계곡으로 화석곡(化石谷, fossil valley)이라고도 한다. 하천의 상류부에는 화산활동이나 매스무브먼트에 의한 대량의 물질공급에 의해 곡이 매몰되는 경우가 있다. 또한 하구 부근의 해안평야에서는 빙기의 해수면 저하에 의해 깊이 파여 있던 곡이, 후빙기의 해수면 상승에 따른 해진(海進)에 의해 매몰되기도 하여 매몰곡이 형성되는 경우가 있다. 이러한 경우 새로운 지층이 주변과 비교해서 두껍게 퇴적되어 있는 경우가 흔하다.

매스 웨스팅 [mass wasting]

사면에서 암설이 하천·빙하·바람과 같은 운반 매개체 없이 중력에 의하여 아래로 이동하는 일련의 과정을 말한다. 수분과 얼음을 함유한 암석이 집단적으로 유체처럼 내부 구조를 바꿔가며 이동하는 유동성 이동과 건조한 암석이 내부 구조의 변화 없이 일정한 사면을 이동하는 활동성 이동으로 구분된다.

매연 [smoke]

각종 연료 또는 기타 물질의 연소 시에 발생하는 검댕, 고형물, 입자상(粒子狀) 물질 또는 황산화물을 매연이라고 정의한다. 검은 연기는 물질이 불완전 연소할 때 배출되는 덜 연소된 탄소, 즉 검댕의 주된 원인 물질이며, 붉은 빛깔의 연기는 산화철이 주된 원인 물질이고, 흰색 내지 회색 연기는 수증기와 회분(灰分)이 주된 원인 물질이다. 매연의 측정은 링게르만 매연 농도표에 의한 방법이 많이 사용되는데, 굵기가 다른 흑선을 격자 모양으로 그리고 검은 부분을 차지하는 면적이 0, 20, 40, 60, 80, 100%가 되도록 해서 0~5도의 6개의 농도로 구별하고 있다.

맥동 [microseisms]

토지가 수십 분의 1초에서 수십 초의 주기로 끊임없이 미약하게 진동하는 현상이다. 교통기관, 파도의 충격, 기압 변동, 화산활동 등이 진동의 원인으로 미소지진과 구별이 어렵다.

맨틀 [mantle]

지각의 하부면 약 30km의 모호로비치치 불연속변에서 약 2,900km까지를 맨틀이라 한다. 즉, 외핵까지의 사이를 가리킨다. 지구 부피의 82% 이상, 질량은 68%를 차지한다.

맨홀 [manhole]

노면에 지하로 청소나 검사 등의 목적으로 드럼 내부에 사람이 출입하기 위해 만든 구이다. 설치 장소는 관의 굵기, 방향이 바뀌는 곳, 기점 길이가 긴 직선부의 중간에 설치된다. 통풍에도 이용된다.

메라피형 화쇄류 [pyroclastic flow of Merapi type]

화쇄류는 폭발적인 분화에 의해 분출한 화쇄류에 의해 발생하는 것 이외에도 산정상 부분화구의 지표면에 생긴 용암돔이 부분적으로 붕괴되어 발생하는 경우도 있다. 메라피형 화쇄류는 후자에 의한 것을 말한다. 새롭게 용암이 흘러나와 발생하거나 사면상의 용암돔이 불안정한 상태로 존재하다가 화쇄류를 일으키는 방아쇠 역할을 한다. 전조현상이 없는 경우가 많지만 용암돔의 형태나 성장방향으로부터 하류의 위험지역을 어느 정도 예측하는 것이 가능하므로 사전예방을 위해서는 용암돔의 관찰이 중요하다.

메탄 수화물 [methane hydrate]

고압·저온 환경에서 메탄가스와 물이 결합하여 얼음형태의 고체상태로 존재하는 물질을 말한다. 주로 깊은 해저나 영구동토층에 존재하고 있으며, 자연계에 존재하는 하이드레이트는 주로 박테리아의 유기물 분해작용과 열분해작용으로 발생한 메탄가스로 이루어져 있다.

멱법칙 [power law]

대기경계층에서의 평균풍속 U의 고도분포를 나타내는 법칙으로서 지수함수 $U \propto z^p$로 표현된다. 여기서, z는 높이, p는 상수이다. p 값은 지표면의 거칠기(粗度), 대기층의 안정도 등에 의하여 변한다. 실험 결과에 의하면 중립성층일 때에는 약 1/7이나 지표면이 거칠거나 대기성층이 안정할 때에는 크고, 지표면이 매끄럽거나 대기성층이 불안정할 때에는 그 값이 작다. 이 법칙은 건축공학·환경공학 등에 널리 사용되고 있다.

면진건축물 [base isolated structure]

면진이란 건물을 지반에서 분리하여 지진을 피해가도록 하는 개념으로 이러한 개념이 접목된 건축물을 면진건축물이라 한다.

면진설계 [seismic isolation design]

구조물에 전달되는 지반운동을 차단하여 지진으로부터 구조물을 보호하는 설계를 말한다. 건축물의 중량을 떠받쳐 안정시키고, 수평방향으로 변형을 크게 하여 에너지를 흡수하는 장치로 적층고무, 슬라이더 등을 사용한다.

모니터링 [monitoring]

안건의 진행상황을 수시로 체크하여 안건을 관리하는 것으로서 안건의 실시과정에서 문제가 발생할 경우 발생 사유, 내용, 조치사항 등을 시계열적으로 기록하고 정리하는 것이다.

모드해석 [modal analysis]

동력학 진동 해석 시 계의 응답을 고유진동 모드의 조합으로 나타내어 해석하는 방법이다.

모래톱 [shoal]

일반적으로 모래 해안의 물결이 칠시 근처의 얕은 수역이나 내만의 만 안쪽 부나 하구 주변-조간대에서 흔히 볼 수 있는 사질의 해저 물질로 구성된 갯벌을 말한다. 조위 편차가 큰 지역-갯벌과 모래사장은 풍부한 햇빛에, 식물 플랑크톤 등에 의해 기초 생산이 활발한 영역에서, 더 조석 변동에 따른 영양염과 먹이의 유입과 산소 공급이 반복한다. 이런 환경을 가진 여울은 바지락 기타 저서 생물이나 어류, 갑 곡류의 생육에 중요한 역할을 하는 동시에 수질 정화 기능을 가진 영역이다. 또 노토 반도 앞바다의 대화퇴로 대표되는 천해역도 모래톱으로 불리며, 어장으로 중요한 장소이다.

모래파도 [sand wave]

사막, 해변 등에서의 모래 파도로 연흔을 형성하는 기작보다 강한 흐름에 의하여 형성되는 물결모양의 구조이다.

모분포 [parent distribution]

추측통계학의 가장 기본적인 개념으로 모집단의 분포를 의미한다. 추측통계학은 유한한 또는 무한한 사물의 집합에 속한 약간을 추출하여 그것만을 관찰하고 그 결과로서 본래의 집합 전체에 관한 여러 성질을 추측하는 문제를 취급한다. 이때 이러한 사물의 집합에 속하는 개개의 것을 개체(요소)라 하며, 개체의 전집합을 모집단, 모집단에 관한 어떤 지식을 얻기 위해 일반적으로 모집단에서 추출된 개체를 표본이라 한다.

모세관수 [capillary water]

물의 표면장력에 의해 토양의 공극(孔隙)에 일시적으로 보유되어 있는 물로서 식물의 수분 흡수와 가장 관계가 깊다.

모수추정 [parameter estimation]

모집단의 분포를 구할 수 없을 때 표본집단의 통계량으로 모집단의 특성을 추리하는 절차이다. 예를 들어 표본 집단의 평균, $X = \sum Xi/n$는 모집단의 평균인 μ를 추정하는 추정량(estimator)이고, $\sum Xi/n$의 값을 구하는 과정이 모수추정이다.

모호로비치치 불연속면 [Mohorovičić discontinuity]

지각(crust)과 맨틀(mantle)을 분리하는 경계면으로서, 지진파(seismic wave)의 속도가 갑자기 증가하는 곳이다. 이 면은 대륙 밑에서는 25~40km 깊이, 해저 밑에서는 5~10km 깊이, 그리고 산악지역 밑에서는 50~60km 깊이에 위치한다. 모호면이라고도 한다.

목조 건축물 [wooden building]

건물의 주요 부재를 나무 구조로 만든 건축물.

목조건축물 피해 [damage of wooden structure]

건물의 주요 부재를 나무구조로 만든 건축물이 지진, 태풍, 홍수 등의 뜻밖에 일어난 재앙과 고난에 의해 직·간접적인 피해를 말한다.

몬순 [monsoon]

겨울과 여름에 방향을 바꾸어 가며 부는 대륙과 해양 사이의 계절풍. 아라비아어의 mausim(계절)에서 유래된 용어이다. 범지구적 대기 순환에 의한 기상 현상이기 때문에 원칙적으로는 모든 대륙에서 볼 수 있으나, 유라시아 대륙의 동부에서 인도양에 걸쳐 가장 현저하게 나타난다.

몬테카를로 시뮬레이션 [Monte Carlo simulation]

불확실한 상황 하에서의 의사결정을 위한 확률적 시스템을 이용한 모의실험을 말한다. 핵심은 모형의 확률 요소들에 대한 실험인데, 이는 확률적 또는 우연적 결과를 발생시키는 도구를 이용하여 수행된다. 이 도구는 모형에서 가정한 확률분포에 따라 무작위 표본 추출에 의해 우연 결과를 발생시키는데, 이용되는 도구로는 주사위나 룰렛바퀴 등이 있으며, 가장 일반적으로 쓰이는 것은 난수다.

무산소 물 [anoxic water]

산소가 존재하는 일반적인 물이 아닌 질소를 투입하여 산소를 밀어냄으로써 용존산소량을 극한으로 줄인 물을 일컫는 말.

묵은눈 [continuous snow cover]

눈이 쌓인 한랭한 지역에서 겨울 동안 녹지 않고 계속 지면을 덮고 있는 적설. 즉, 장기적설 상태에 있는 눈을 말하며 그 기간을 묵은 눈기간이라고 한다.

문화유산 방재 [disaster prevention of cultural heritage]

문화유산에 대한 방재 계획(피뢰설치, 소방설비, 방재설비공사 등)으로 건조물 문화재에 대해 피뢰설비, 자동화재경보설비, 소화설비 등의 방재대책을 마련하는 것이다.

문화유산 피해 [damage of cultural heritage]

과거부터 전해져오는 귀중한 문화재나 정신적·물질적 문화 양식이 자연적인 재해인 지진, 태풍, 홍수, 가뭄, 해일, 화재 등이나 인적재해들로 인해 직·간접적으로 입은 피해의 수준을 평가하는 일련의 작업을 말한다.

문화재 수복 [repair of cultural heritage]

재해에 의해 손상된 문화재를 수복할 때는 역사적, 문화적 가치를 보전하는 것을 가장 중요시하며, 동시에 주변의 상황이나 인적 피해의 위험성 등을 종합적으로 판단할 필요가 있다.

물 공급 시설 [water supply equipment]

공업, 산업 등 인간생활에 필요로 하는 물을 위생적으로 안정하게 공급해 주는 시설을 말한다.

물 권리 이전 [transfer of water right]

긴급 시에 기간 한정으로 인정되는 잠정 물 이권과 다른 용도 간 융통을 의미한다. 수리권의 전용이 있다. 전자는 풍수 때를 전제로 하고 물 저장·관리 시설 완성까지의 취수를 조건으로 한 것이다. 후자는 변천하는 토지 이용, 물이용의 실태에 맞는 합리적인 물 사용을 목적으로 급격히 증가하고 도시 용수에 대해 논의 감소 및 이용 효율화로 인한 농업용수의 일부를 사용하여 여유를 갖게 하고 효율적으로 운용 중이다. 수자원 개발에서는 가뭄에 대한 안전성의 향상을 위한 물 수요의 억제와 순환형 물이용 수원의 확보 등이 진행되는 한편, 수리권의 허가, 사용 방법을 탄력적으로 운용하고 효율적인 물이용을 달성한다.

물 보온 시설 [water warming facilities]

난방을 위하여 따뜻한 물을 활용하여 온도를 높이는 시설을 말한다.

물 재이용 [water reuse]

빗물, 중수도, 하·폐수 처리수 등을 물 재이용 시설로 처리한 뒤 그 물을 생활·공업·농업·조경·하천유지용수 등으로 활용하는 활동을 말한다.

물 절약 사회 [water-saving society]

물을 효율적으로 사용하기 위하여 사회적으로 물 절약 제도와 연계하여 실천하는 사회를 말한다.

물 절약 의식(절수 의식) [water-saving awareness]

캠페인, 공익광고 등을 활용하여 국민의 물 절약 의식을 고취하는 것을 말한다.

물 절약 캠페인 [water-saving campaign]

자발적인 물 절약과 절수설비 설치 등을 홍보하여 장래 물 부족사태를 대비할 수 있도록 물 절약의식을 제고하는 활동을 말한다.

물 절약 활동 [water-saving activity]

불 부족을 대비하거나 불 부족상황에서 물을 절약하기 위한 개념적 실천적 모든 활동을 말한다.

물가격의 수요탄력성 [demand elasticity of water price]

재화의 가격 변화율에 대한 수요량의 변화율을 수요의 탄력성 또는 수요 가격탄력성이라 한다. 물의 가격 변화율에 대한 수요량.

물길, 수로, 송수관 [water path/water passage/water pipe]

① 물이 지날 수 있는 통로, ② 정수장에서 배수지에 송수하기 위해 설치하는 관수로를 말한다.

물길, 항로 [waterway]

운하 같은 선박이 지나갈 소정의 수심과 폭을 가진 수로를 말한다.

물리적 취약성 [physical vulnerability]

물리적 취약성은 건조물, 공공시설, 농업시설 등에 대해 적용되는 개념이다. 건조물의 취약성은 입지, 설계, 형상 및 이용된 재료와 건설 기술 및 유지 관리나 다른 건조물과의 접근 정도에 따라 다르다.

물부족 비율 [precent-day criterion for water deficit]

가뭄의 규모, 크기 또는 가뭄 피해의 평가 지표로서 계획 확보 유량이 실제 유량보다 낮을 경우 부족량을 백분율로 나타낸 것이다. 가뭄 피해는 부족비율이 커질수록 급증한다.

물질이동 [mass movement]

경사면에서의 물질이 미끄러짐, 낙하를 통하여 이동하는 것을 말한다. 산사태와 같이 토석류의 흐름에 따라 암석사태, 사면재해 등을 발생시키는 원인이 된다.

미국 연방재난관리청 [Federal Emergency Management Agency(FEMA)]

미국 국토안보부의 기관으로, 1978년 만들어졌다. 지방 정부나 주 정부만으로는 처리하기 힘든 재난에 대응하는 것이 주목적이다. 푸에르토리코와 같은 미국의 해외영토에 대해서도 서비스를 제공한다. 주지사의 비상사태 선언이 있어야만 개입하나, 1995년의 오클라호마 폭탄 테러나 2003년의 컬럼비아 우주왕복선 공중분해 사고와 같은 연방 재산이나 자산에 대한 응급 상황이나 재난에도 대응하고 있다. 재난 복구를 위한 현장 지원이 주 역할이지만, 주 정부와 지방 정부에 전문가를 지원하고, 복구와 구호를 위한 자금을 모금하기도 한다.

미국원조물자발송협회 [Cooperative for American Relief Everywhere(CARE International)]

미국의 대외 원조 물자 발송 협회. 미국의 25개 종교 단체가 본래 유럽의 구제를 목적으로 설립된 단체로 1952년 이후 다른 지역에도 구호물자를 보내고 있다.

미세균열 [microcrack]

광학 현미경으로 확대하여야 비로소 검출되는 미세한 균열. 연강 용착금속 내에 나타나는 미세한 균열은 길이가 0.01~1mm 정도이다. 거시 균열(macro-crack)에 대응하여 미시 균열이라고도 하며, 일반적으로 마이크로 균열이라 부른다.

미소 진폭파 [small amplitude wave]

애덤 어렐리에 의해 제안된 미소 진폭파 이론에 의해 기술하는 파도이다. 미소 진폭파 이론은 유체지만 끈기 성·비압축성이고, 진폭이 미소하다고 가정해 주도된 파도의 이론이다. 이 이론은 심매에서 천해에 이르는 파도의 성질을 통일적으로 나타낼 수 있고 진폭 미세한 가정에도 불구하고 비교적 파고의 큰 파도의 특성에 대해서도 매우 좋은 적합성을 갖는다.

미소지진 [microearthquake]

지진 규모가 1 이상 3 미만인 지진. 또 100만~1,000만 배 배율의 지진계로 관측하는 지진 규모 1 미만의 지진을 극미소 지진이라 한다. 이런 지진은 피해를 낳는 것은 아니지만, 그것을 관측함으로써 대지진 발생의 패턴을 예측할 수가 있어 중요시된다.

민간방재기구 [civil organization for disaster prevention]

국가 조직에 속하지 않은 사람들이 폭풍, 홍수, 지진, 화재 따위의 재해를 막기 위해 설립한 기구이다.

민간소방기구 [civil organization for fire-fighting]

소화장비나 출동가능 인력 및 차량을 보유하고 있는 업체나 단체 중에서 선발한 회원이다. 전국적인 민간소방기구를 조직하여 중앙콜센터로 화재발생이 접수되면, 근접지역 회원들에게 화재발생위치와 규모 등을 전화로 통보하므로 출동을 지시하며, 지시받은 회원은 소화장비를 답재한 후 화재현장으로 출동하여 지역책임자의 지시에 따라 소화작업과 인명 구조작업을 실시하며 소요경비는 화재건물주와 정부 및 지자체 지원금, 기타부대사업수익금, 기부금등으로 조성된 금액을 중앙센터로부터 출동한 회원이 지불받는 민간소방기구 시스템을 말한다.

민방위 [civil defense]

무력침공이나 자연재난과 같이 일부 지방 혹은 국민의 생명과 재산을 위태롭게 하는 사태로부터 보호하기 위한 정부의 지도하에 국민이 수행하여야 하는 방공, 방재, 구조, 복구를 말한다.

ㅂ

바람 프로파일 [wind profile]

지표면으로부터 고도에 따른 바람의 분포 또는 이것을 그림으로 나타낸 모식도를 말한다. 접지층(10~100m) 내에서는 지표면의 마찰이 커 평균풍속이 대체로 직선적으로 증가하는 특징이 있다. 그러나 고도가 높아지면 지균풍에 가까운 바람이 분다.

바람 프로파일러 [boundary layer radar/wind profiler]

관측소 위의 상층대기 바람의 풍향·풍속을 측정하기 위하여 만든 도플러 레이더를 말한다. 이러한 관측을 통하여 바람의 연직 분포뿐만 아니라, 바람의 연직 속도, 난류 상태 그리고 대류권계면의 위치도 알 수 있다. 때때로 기온과 습도의 연직 분포를 측정하기 위하여 바람 프로파일러에 마이크로파 복사계를 추가로 설치하는 경우도 있다. 바람 프로파일러는 지상으로부터 상층 16km 고도까지 설치될 수 있으며, 미이크로파 복사의 펄스를 목표물로 방출하여 후방산란 후에 돌아오게 한다. 이 경우에 후방 산란에너지로 나타난 바람에 따라 이동하는 난류와 맴돌이들에 의하여 발생한 기온과 습도에서의 불규칙성은 약 16km 고도까지의 대기 기주에서 풍향·풍속의 연직 분포로 변환될 수 있다.

바이오 헤저드 [biological hazard]

생물(주로 미생물)이나 생물로부터 파생된 물질이 외부 환경에 유출되어 일어나는 재해를 말한다. 주로 의학 연구를 하는 실험실이나 병원에서 병원성 세균이나 바이러스가 유출되는 일을 의미하며, 동물에게 피해를 입힐 수 있는 물질의 유출도 포함된다. 생물재해를 일으킬 위험이 있는 물질이나 구역은 취급자의 경각(警覺)을 위해 심벌이 붙는다. HCS/WHMIS의 바이오해저드 로고에도 동일한 심벌을 사용한다.

바이우전선 [meiyu (baiu) front]

바이우 전선은 그 경계선에 형성되는 태평양 한대전선대로 북태평양 고기압이 우세해지고, 오호츠크 해 기압이 쇠퇴하면서 점차 북상하며 일본에서는 그 전선이 남안으로 접근해 오는 6월 중순경부터 시작한다.

반복하중 [repeated load]

구조물에 일정한 진폭과 주기로, 연속적 또는 단속적으로 반복해서 작용하는 하중. 재료의 허용응력의 값과 비교하여 충분히 작은 응력이라도, 하중의 크기가 변동하는 동적인 하중이 가해지면 장시간 사용으로 재료가 파괴되는 경우가 있다.

반파 [partial collapse]

구조물이 재해 때문에 일부가 붕괴하였으나 수선에 의해 어느 정도 이상 복구가 가능한 상태를 말한다.

발산 [divergence]

질량이나 열과 같은 성질들이 확장하는 것, 또는 대기나 해수가 퍼져나가는 모양으로 운동하는 것.

발전소 [power generation plant]

열에너지 또는 기계적 에너지를 전기에너지로 변환시켜 전력을 발생시키는 곳으로, 발전소에는 전력을 발생시키기 위해 원동기와 발전기 및 부속 계기를 갖추고 있다. 현재 발전용으로 사용되는 대부분의 발전기는 에너지의 흐름을 역학적 에너지로 바꾼 후 전자기유도현상을 이용하여 전력으로 변환시키는 방식을 사용한다.

발전용수 [water for hydropower generation]

전기를 생산하는 데에 쓰이는 물을 말한다.

발화시간 [ignition time]

화원이 물질에 접촉되고 나서 계속적으로 연소를 시작하기까지의 초 단위의 시간을 말한다. 어떤 규정된 조건의 아래에서 가연물이 열원에 접하기 시작하고 나서 그 물질이 발화할 때까지의 시간, 즉 그 상황 아래에서의 물질 온도가 발화온도에 이를 때까지의 시간이라고도 할 수 있다. 동일 물질에서도 발화시간은 주위의 증량소농도, 공기의 흐름, 물질의 가열방법 및 발화를 위한 에너지공급방법에 따라서 다르다. 건축재료의 발화시간을 측정하는 시험방법으로서는 iso의 콘히터발화성시험(ISO 5657)이나 콘칼로리메타(ISO 5660)가 있다.

발화온도 [ignition temperature]

규정된 어떤 조건 하에서 가연물의 연소를 개시할 수 있는 물질의 최저 온도이다. 정조건이란 주위의 산소농도, 공기의 흐름, 이러한 조건에 따라서 다르다. 가연성물질 또는 혼합물이 연소를 시작하는 데 필요한 최저의 온도를 말하며 가열온도, 발화점, 자연발화온도라고도 한다.

발화원 [ignition source]

가연물을 연소시키기 위해 가하는 에너지를 말한다. 발화원은 여러 가지 형태를 취하며 금속 가공 시에 나오는 불꽃, 방 불꽃, 향불, 성냥, 라이터, 나화, 작은 화염, 고온 공기, 고온 열면, 집광된 태양광, 낙뢰 등이 있다. 가연성가스와 공기가 혼합된 가연성혼합기는 1mL 이하의 작은 에너지로 발화시킬 수 있다.

발화한계 [ignition limit]

가연성 가스와 공기와의 혼합기를 발화할 수 있는 가연성 가스농도의 한계를 말한다. 가연성 가스의 농도가 너무 낮아도 너무 높아도 발화가 일어나지 않기 때문에 상한계와 하한계가 있으며, 또한 가연물이 열분해 또는 증발을 하여 가연성 가스가 발생해 공기와의 혼합기를 형성하고, 발화를 일으키기 위해 필요한 가연물의 온도, 또는 가열강도를 말하는 것도 많다.

방사응력 [radiation stress]

유체중의 임의단면을 통과하는 운동량플럭스는 그 단면에 작용하는 응력을 나타낸다. 파운동의 경우에는 파의 비선형효과로 인해 과잉의 운동량플럭스가 존재하며 이것을 방사응력이라고 한다. 파가 일정수심을 변화 없이 전파할 때에는 특별한 작용을 하지 않지만 수심의 감소, 굴절에 의해 피고가 장소적으로 변화하면 방사응력이 변화하여 그 경사에 의해 평균수위가 변하여 연안류 등이 발생한다.

방설림 [snow break forest]

눈에 의한 재해를 방제하기 위해 조성한 산림을 말한다. 바람의 속도를 감소시켜 강설(降雪)이 산림에 퇴적되게 하여 인접한 지역의 매설을 방지하는 기능이 있고, 눈사태를 방지하는 기능이 있다. 방설림의 식재밀도는 일반조림보다 밀식하고, 식재수종으로는 낙엽송·전나무·느티나무·아카시나무·가문비나무 등이 많이 이용된다.

방수로(배수로) [diversion channel/floodway]

강의 흐름의 일부를 분류하여 호수나 바다로 방출하기 위해 굴착한 수로로 치수공사(治水工事)에서 유량을 조절하기 위해 쓰인다. 홍수량을 유역의 하천에서 배제할 수 없을 경우에 다른 유역의 하천이나 해안/호소로 방류하는 시설을 말한다.

방연벽 [smoke partition/smoke barrier]

화재 시 연기의 흐름을 방해하는 칸막이벽 및 천장에서 밑으로 50cm 이상 돌출한 벽을 말하며, 바닥 면적 500m^2 이내에 설치된다. 하지만 천장이 높은 큰 공간에서 더 큰 구획이 허용되는 경우가 있다.

방재 도시개발 프로그램 [disaster prevention town development program]

방재(재난 예방)를 위한 도시개발 프로그램(사업)으로 대표적으로 U-city, 스마트시티(빌딩) ICT-안전, 도시안전을 위한 셉티드 디자인 등의 프로그램을 말한다.

방재 박람회 [disaster prevention fair]

재난에 대한 대비, 긴급 대응력, 재난 방지 기술 등 제품 또는 기술을 전시하는 전람회로 소방·방재 분야의 새로운 기술과 제품을 볼 수 있는 전문 전시회를 일컫는다. 국제적으로는 일본(요코하마, 오사카 등), 중국(북경), 독일(하노버) 등에서 개최된 바 있다.

방재 복지 커뮤니티(공동체) [disaster prevention welfare communities]

주민안전망 관련 주민조직(지역자율방재단, 의용소방대등)으로 재난에 대비·대응하고 안전한 사회(커뮤니티) 구축을 위한 지역공동체를 말한다.

방재 센터 [disaster prevention center]

재난(재해)에 대한 통합적 관리 및 대처(피해 최소화)를 위해 설립된 기관으로 지역 및 건축물의 방재 관련 각종 설비 감시·제어 등 역할을 수행한다. 한편 빌딩(건물)의 경우, 대규모 건물에서 건물 내에 설치된 각종 자동소화설비의 수신이나 감시제어 및 외부 소방기관의 연락 등을 일괄 처리하는 각종 설비나 장비가 비치되어 있고, 이러한 설비를 항상 감시하는 인원이 상주하는 장소를 일컫는다.

방재 위원회 [disaster prevention council]

국가 또는 지자체의 방재 정책(계획 등)을 심의하고 조정하기 위해 설치된 기관으로 국토와 국민의 생명·신체 및 재상을 재해로부터 보호하기 위하여 방재계획 수립과 재해예방·재해응급대책 등의 사항 심의하는 역할을 담당한다.

방재 주간 [disaster prevention week]

방재의 날 주간으로 방재(재해 예방) 관련 행사 및 교육 등을 실시하는 것으로 방재의 날은 재난예방법에 대한 국민의 의식을 높이고, 방재훈련을 효율적으로 추진하기 위해 제정한 날로 방재시범훈련, 재난예방 캠페인, 재난위험지구 및 방재시설 점검·정비, 재해참상 및 복구관경 사진전시회, 재난예방 포스터 공모 등 행사를 진행한다.

방재계획 [disaster prevention plan]

재난(모든 재해 포함)을 방지하고 대처하며, 처리할 목적으로 수립되는 계획을 말한다. 구체적으로 방재계획(disaster planning)은 여러 형태의 재해를 미연에 방지하거나 재해가 발생하였을 때 일련의 조치를 통하여 피해를 최소화하고 재해복구를 신속 원활하게 하기 위한 사전준비계획으로 경감, 준비, 대응, 복구의 네 단계로 구성되어 있다.

- 경감계획단계 : 지역의 취약점을 분석하여 재난요인을 사전에 제거하거나 감소시킴으로써 발생 자체를 억제하거나 방지하기 위한 계획

  대비계획단계 : 재난이 발생하였을 때를 가정하여 재난상황에서 수행해야 하는 제반 활동을 재난발생 전에 계획·준비하고 이에 대한 교육 및 훈련으로 재난대응능력 및 대비태세를 강화하는 계획.
- 대응계획단계 : 재난상황에서 국가의 가용 자원 및 역량을 효과적으로 활용하여 신속하게 대처하는 것을 의미하며 대비활동에 의해 구축된 대응계획의 이행을 통하여 피해를 최소화하고 2차적 재난발생 가능성을 감소시키는 계획.
- 복구계획단계 : 재난 이전 상태로 회복시키는 활동으로 재난발생으로 손상된 국가 기능을 재건하고 재난의 재발 방지를 위해 제도적 장치를 마련하거나 운영체계를 보완하는 계획, 대난관리 과정 및 결과에 대한 평가를 통하여 국가 재난관리 시스템을 보완하고 발전시키는 계획.

방재공원 [parks as preventional means of disasters]

방재공원은 소화전과 소화활동에 필요한 비상 소화장치함을 갖춰 비상시에는 방재기능을 담당하고, 재해 발생 시 재해민들을 일시 수용할 수 있는 공원으로 평상시에는 인근주민들의 휴식 및 여가활동을 즐길 수 있는 공원을 말한다.

방재기본계획 [basic plan for disaster prevention]

재해를 방지하고, 재해에 대처하며, 재해의 처리를 할 목적으로 세워지는 계획으로, 과거에 발생했던 재해를 교훈삼아 예상되는 재해 시의 피해를 되도록 감소하기 위한 대책을 기획하는 것.

방재림(방재숲) [disaster prevention forest]

재해방지를 위하여 조성된 산림의 총칭으로 수원함양림, 토사유출방지림, 방풍림, 수해방지림, 방설림, 방화림 등이 있다. 국내 주요 대표 사례로는 여수 호명동 방재림(전라남도 기념물, 농지를 해풍으로부터 보호하기 위해 심은 방풍림)이 있다. 또한 '해안방재림'은 바다에서 발생하는 모래날림, 해일, 풍랑에 의한 피해를 감소시키기 위하여 해안과 연접된 지역에 조성된 숲으로 방풍 기능, 모래날림 방지기능, 어류의 증식기능, 지진해일

방지 기능(쓰나미의 유속·에너지 저감효과), 해안지역의 아름다운 경관 및 보건휴양기능 등의 기능이 있다.

방재업무계획 [operational plan for disaster prevention]

재해를 방지하고, 재해에 대처하며, 재해의 처리를 목적으로 세워지는 계획으로, 과거에 발생했던 재해를 교훈삼아 예상되는 재해 시의 피해를 되도록 적게 하기 위한 대책을 기획하는 것을 말한다.

방재정보 시스템 [information system for disaster management]

방재정보 시스템은 자연재해와 인위적 재난 등 국민과 국가의 안전을 저해할 수 있는 각종 위험요소에 대한 분석·감시 등 관리를 통해 재해·재난 발생요인을 최대한 제거할 수 있도록 예방정보 시스템의 기반이 되어 국민과 국가의 안전을 저해하는 각종 재해·재난·화재 등 위험요소에 대해서는 사전에 예방하고, 상황 발생 시 신속한 대응, 피해복구, 그리고 사후 분석·평가 업무를 지원하는 시스템을 구축하여 국민의 생명과 재산보호 및 국민의 삶의 질 향상을 도모할 수 있어야 한다.

방재프로그램 [disaster prevention program]

이론과 실습을 통한 재난 발생 시 대응할 수 있도록 제공되는 프로그램으로 재난 발생 전달, 구조 등으로 구성을 일컫는다.

방조벽 [seawall/revetment]

고조(高潮) 때에 바닷물이 육지로 침입하는 것을 방지하기 위하여 설치하는 옹벽. 반드시 해안뿐만 아니라 육지 내에도 설치된다.

방파제 [breakwater]

파도(wave)로부터 항만 내부를 보호하기 위하여 항만의 외곽에 쌓은 둑(levee)을 말한다.

방풍 울타리 [windbreak fence]

바람의 피해를 막기 위해 설치한 울타리.

방풍림 [windbreak forest]

농경지·과수원·목장·가옥 등을 강풍으로부터 보호하기 위하여 조성한 산림을 의미하며, 방풍림의 너비는 20~40m가 안전하며, 풍향의 직각 방향으로 설치하여야 하는데, 방풍림 사이의 간격은 수고(樹高)의 20배 정도가 되게 한다. 방풍림 조성용 수종은 크고 빨리 자라며 바람에 견디는 힘이 좋은 상록수, 특히 오래 사는 침엽수가 알맞다. 삼나무·편백·해송·낙엽송·전나무·가시나무·참나무류·느티나무·포플러 등이 많이 이용된다.

방화 재료 [fire protection material]

화재 시 화재의 확대를 억지하고, 또한 연기 또는 유해 가스의 발생으로 피난을 저해하는 일이 없는 재료로서, 불연 재료, 준불연 재료, 난연 재료 등으로 구분한다.

방화구조 [fire protection construction]

방화 상 유리하다고 규정된 구조로, 모르터 칠, 회반죽 칠 등 세밀하게 규정하고 있다. 준방화구역 내의 목조 건축물의 외벽 등에 쓰인다.

방화구획 [fire compartment]

화재 시 연소의 확대, 방지 및 피난을 용이하도록 만든 구획을 말한다.

방화문 [fire door]

화재의 확대, 연소를 방지하기 위해 개구부에 설치하는 문. 건물 위주의 개구부에 설치하는 경우는 주로 연소를, 내부의 방화벽 등의 방화구획에 있는 개구부에는 확대 방지를 위하여 설치한다. 갑종, 을종의 두 종류가 있으며, 방화목적으로 내화재료를 써서 만든 문이다.

방화벽 [fire wall]

방화벽(防火壁)은 일반적으로 화재 발생 시 불이 더 이상 번지지 않도록 불에 타지 않는 재료로 만든 벽 또는 시설물이다.

방화설비 [fire protection equipment]

건물에서 화재가 성장(成長), 전파, 확대되는 것을 방지하기 위해 산업안전보건법, 건축법, 소방법 등에 의해서 방화상의 설비, 피난설비, 소화설비, 유도설비, 경보설비 등의 모든 설비가 규정되어 있다.

방화용구 [fire equipment]

방화용 모래, 방화수 등 방화에 필요한 물품들을 말한다.

방화지구 [fireproof district]

도시계획구역 안에서 토지의 경제적이며 효율적인 이용과 공공의 복리증진을 도모하고, 도시의 화재 및 기타의 재해의 위험을 예방하기 위하여 필요한 때 정하는 지구.

배수층 [drainage layer]

물의 흐름을 도와주는 계층, 홍수 및 범람 예방.

배수펌프장 [drainage pumping station/pump station]

빗물을 부근의 하천에 직접 방류시키기 위해 설치하는 펌프장을 말한다. 평상시에는 하수처리시설, 홍수시설에는 방재시설에 속하는 시설물로 수문, 유수지, 스크린, 제진기 그리고 펌프설비, 밸브 및 주위배관류, 중앙 감시반, 전력수전 설비 등으로 이루어진다.

배연 [smoke control]

건물의 화재 시에 피난 및 소화 활동을 원활하게 추진하고, 질식에 의한 사고를 방지하기 위해 발생한 연기를 배출·제거하는 것을 말한다. 방연(防煙) 구획마다 방연벽 및 배연구를 두고, 연기 감지기와 연동한 배연 설비(팬·덕트)를 설치하는 등의 방법이 쓰이고 있다.

배연 샤프트(축) [smoke (exhaust) shaft]

화재·폭발 화재 시 발생하는 연기를 배출하기 위한 공간. 기계 내 연기에 대해서는 수평, 수직 방향 함께 배연 덕트로 설계하고, 각층의 설치된 기계배기 연기로부터 덕트를 접촉하여 옥상 등에 설치된 배기 연기 팬에 이끌기 위해 세로 덕트를 두고 있다. 자연 배연의 원리를 이용한 배연 전용 통로를 두는 스모크 타워도 있다.

배연 팬 [smoke exhaust fan]

화재 시 발생하는 연기를 기계적으로 배출하기 위해 사용하는 송풍기로, 통상 환기용 송풍기에 비교해 내열성을 높여 있어 보통 400~500°C에서는 차질 없이 운전 가능하다. 팬의 배수구로에서는 압력이 떨어지고 내뱉는 말로는 외기보다 압력이 높아진다. 팬들의 안팎에 생기는 압력 차로 흡인량은 특성곡선이라는 관계로 규정되어 정압 또는 전압력과 흡인량의 관계가 장치특성으로서 명시된다. 매연 처리 장소, 배연구, 배연 덕트의 거리와 형상에 따라 팬의 배수구로까지 저항이 결정된다.

배토공사 [soil removal works]

비탈머리부위에서 땅밀림이 발생하는 경우 토괴를 제거하여 땅밀림 추력을 경감시키는 산사태억제 배토공사를 말한다.

백드래프트 [backdraft]

고온의 가스가 폭발하거나 또는 급속하게 연소하는 현상. 적절한 배기장치가 설치되어 있지 않고 화재로 인해 산소가 고갈된 건물 안으로 외부의 산소가 유입될 경우 발생한다.

백업시스템 [backup system]

하나의 시스템에 의한 서비스가 오버플로 상태에 빠졌을 경우에 또 하나의 시스템으로 대신 하는 방식을 말한다.

벽률 [wall ratio]

어느 방향의 내력벽 수평 단면적의 합계를 해당 층의 벽률 산정용 바닥 면적(외주의 내력벽 중심선으로 감싸이는 면적)으로 제한 수치(cm^2/m^2)를 말한다.

변성작용 [metamorphism]

암석에 큰 압력이나 높은 온도가 가해질 때, 또는 화학성분의 가감(加減)이 일어날 때, 또는 이들 둘 이상의 작용이 합작할 때에 일어나는 현상이며, 변성작용으로 새로운 암석, 즉 변성암이 생성된다. 변성작용은 작용의 요인에 따라 파쇄작용, 동력변성작용, 접촉변성작용의 셋으로 구분한다.

변질 [alteration]

열기(熱氣), 열수(熱水) 등의 유동체 때문에 광상이 만들어지기 직전, 직후, 동시 또는 그 전 기간에 걸쳐 광상의 모암 중에 일어난 광물 조성과 상태의 변화를 말한다.

변형에너지 [strain energy]

부재에 변형이 발생할 때, 외력에 의한 부재 내부에 저장되는 위치에너지와 내부일로 정의된다.

변환파 [converted wave]

두 개 이상의 파를 혼합하여 다른 주파수로 변환하는 과정에서 파의 특성이 변한 파를 말한다.

보강 토공법 기술 [earth reinforcement technique]

흙쌓기 제방이나 벽체의 배면 또는 사면에 금속, 합성섬유. 천 등의 보강재를 넣어 흙과 보강재가 일체가 되어 전단에 저항하도록 조성하는 공법이다.

보강재 [stiffener]

부재의 복판 좌굴을 방지하고, 복판의 집중하중을 방지하기 위해, 복판 측면에 설치하는 강판을 말한다.

보라 [bora]

건조한 차가운 바람이 산지를 불어내리는 현상. '내리바람(fall wind)'이라고도 한다. 수일 동안 계속되는 경우도 있다. 계속 거대화하는 시베리아 고기압으로부터는 시계 방향으로 바람이 불어 나오는데, 이 공기는 원래 대륙에서 만들어지기 때문에 함유되어 있는 수증기의 양이 적다. 그래서 차갑고 건조한 바람이 되어 대륙으로부터 불게 된다.

보링 [boring]

지중의 토질분포, 토층의 구성, 지하수의 수위 등을 알아보기 위하여 기계를 이용해 지중에 구멍을 뚫고 그 안에 있는 토사를 채취하여 조사하는 방법. 이러한 보링은 기계에 코어 바이트를 장착하여 원기둥 모양의 시료를 파내는 일로서, 그 종류에는 회전식 보링, 충격식 보링, 핸드 오거 보링, 수세식 보링이 있다.

보일오버 [boilover]

연소 중인 탱크로부터 원유(또는 기타 특정 액체)의 작은 입자들이 연소되면서 방출하는 열기가 수분과 접촉하게 될 경우, 탱크 내용물 가운데 일부는 거품의 형태로 격렬하게 방출되는 현상.

보퍼트 풍력계급 [Beaufort wind scale]

영국의 보퍼트가 고안한 것으로 풍속계가 만들어지기 이전에 파도, 연기, 나무 등으로 바람의 속력을 추정하는 계급을 말한다. 총 13등급으로 나누었는데, 각 계급의 풍속은 일정하지 않다.

보호대책우선도 [priorities of protection]

재해를 발생시키는 자연 현상은 피할 수 없으나, 피해를 조금이라도 줄이기 위해 대책을 계획할 필요가 있다. 이 경우 우선순위를 결정하기 위해 많은 판단이 필요하다. 인명피해와 시설피해 중 중요도의 판단, 피해정도의 규모, 시공성 및 경제성, 대책의 효과가 높을지 등이 순위 선정의 판단 기준이 된다. 즉, 피해와 대책의 두 가지 조건을 고려해 보호 대책의 우선도가 결정된다.

복구 [recovery]

재해 및 재난으로 부터의 파괴, 소실에 대한 원상복귀를 말한다. 재활 및 재건을 위한 복구업무를 위하여 제도적인 책무를 다해야 하며, 공공참여를 유도하여야 한다.

복구 및 복원 [recovery and restoration]

재해피해를 수복해서 이전의 상태나 기능을 회복하는 것. 재해복구에는 도로, 교량, 상수관로, 통신시설, 주택 등 피해시설이나 건축물을 물리적으로 회복시키는 것이다.

복구곡선 [recovery progress curve]

횡축에는 일수, 종축에는 시스템 복구율을 나타낸 곡선.

복구전략 [restoration strategy]

재해피해에 대한 복구과정에는 피해의 파악과 2차재해 방지처치를 하는 긴급처치단계,

시스템의 응급 기능재개를 위한 응급복구단계, 시스템의 재건축 등을 포함한 본복구의 3단계로 나누어진다. 복구전략은 각각의 단계에 대한 시스템의 기능정지시간, 복구에 필요한 인원, 자재, 비용을 최소로 하면서 최대의 효과를 거둘 수 있도록 세울 필요가 있다.

복사안개 [radiation fog]

야간에 복사냉각이 일어나 지면 근처에 있는 공기가 이슬점 이하로 냉각되어 발생하는 안개이다. 대기의 하층의 성층이 안정되어 있을 때 발생하기가 쉽다. 야간에는 낮에 태양복사에 의해 가열된 공기와 지면이 동시에 냉각된다. 지표의 흙은 공기보다 비열이 작아 빠르게 냉각된다. 따라서 지표부근의 공기는 찬 지표에 의해 많이 냉각되고, 그 위의 공기는 상대적으로 적게 냉각되어 지면에서 위로 올라 갈수록 기온이 높아진다. 이것을 기온의 역전이라 한다. 무거운 찬 공기가 밑에, 가벼운 따뜻한 공기가 위에 있어 안정층을 형성하며, 이 층을 역전층이라 한다. 지면에서 공기가 많이 냉각되어 포화되고 응결이 일어나서 생기므로 복사안개라 한다. 또는 역전층 내에서 일어나서 역전안개라고도 한다. 대부분의 육지 내에서 새벽이나 늦은 밤에 발생하는 안개이며, 아침에 해가 뜨면 사라진다.

복원력 [resilience]

재난에 노출된 시스템, 조직 또는 사회가 주요 기반시설과 기능을 보호하고 복원하는 것을 포함하여 시의적절하고 효율적인 방법으로 저항, 흡수, 수용, 복구할 수 있는 능력을 말한다. 복원력은 충격으로부터 '회복' 또는 '원상복귀'하는 능력을 말한다. 잠재적인 재해사상에 대한 조직의 복원력은 조직이 요구자원을 가지고 있는지 또는 요구되는 시기나 사전에 스스로 조직화할 수 있는 역량이 있는지에 의해 결정된다.

복합 재난사고 [compound disaster events]

홍수, 지진, 해일 등 자연재해나 테러와 같은 사고로 중요시설에 장애가 발생할 경우 이와 연관된 다른 시설에 영향을 끼쳐 2차, 3차 재난이 발생하는 것이다.

복합화산 [multiple volcano, composite volcano]

여러 단식화산이 밀접한 관계로 중복된 화산체로서, 주 화산체의 허리에 측화산이 있거나 칼데라 내에 중앙구가 있는 것을 말한다. 중복화산이라고도 한다.

부가질량 [added mass]

진동계가 진동할 때 이것과 함께 움직이는 것으로 간주되는 진동계 주위 물체의 질량. 예를 들면, 건물 기초와 한 몸으로 되어서 움직이는 것으로 간주되는 흙의 질량 등을 말한다. 물체가 유체 중에서 가속도 운동을 할 때 볼 수 있는 겉보기의 질량 증가분이다. 유체에 새로운 가속도 운동이 유기되기 때문에 물체의 질량이 부가된 것과 같은 효과가 생긴다.

부동 침하 [differential settlement]

구조물의 기초지반이 침하함에 따라 구조물의 여러 부분에서 불균등하게 침하를 일으키는 현상을 말하는 것이며, 일명 부등침하(不等沈下)라고도 한다.

부동산활용형고령자특별융자제도 [real estate equity special loan system for the elderly]

일반적으로 토지는 소유하고 있으나 수입이 적은 고령자가 토지를 활용하여 생활자금으로 하는 제도. 대규모 지진으로 주택을 잃은 고령자가 자신이 거주할 주택을 건설하거나 취득하기 위한 자금을 융자할 수 있도록 도입되었다.

부등류 동상작용 [nonuniform frost heave]

동결면에서의 수분의 이동과 동결에 따른 이차적 팽창을 시간흐름에 따른 변화를 고려하여 해석하는 것이다.

부등류해석 [non-uniform flow analysis]

수로의 흐름에서 유량, 유속과 같이 흐름특성이 시간에 따라 변화함을 고려하여 해석하는 것을 말한다.

부력 흐름 [buoyancy flow]

기체나 액체 속에 있는 물체가 그 물체에 작용하는 압력에 의하여 중력(重力)에 반하여 위로 뜨려는 힘. 물체에 작용하는 부력이 중력보다 크면 뜬다.

부상자 추정 [estimation of injured persons]

부상자란 지진이나 화재 등의 자연재해나 사고로 인해 신체적인 피해를 입은 사람들을 말한다. 재해발생 시에는 부상자 가까이에 있는 사람들이 적절한 응급처치를 할 필요가 있다.

부석 [pumice stone]

담색의 다공질 유문암질 암석으로서 기공의 함량이 암질의 함량보다 많아 물에 뜨는 암편을 말한다. 경석이라고도 한다.

부영양화 [eutrophy]

영양분이 과잉 공급되어 식물성 플랑크톤이나 조류가 증가하는 현상을 말한다. 인(P)의 유입 증가로 강이나 바다 등 수중생태계의 환경변화를 발생시키며 수질을 악화시킨다. 생활하수나 공장폐수 혹은 비료나 유기물질이 주요 원인이다.

부유 모래 [suspended load]

하상 부근의 상승 기류에 따라 하상에서 불거진 뒤, 유수의 문란의 작용을 받으며 상승, 하강을 반복해서 흐르는 물속을 이동하는 모래 입자의 것. 부유 모래는 마찰 속도와 모래 입자 침강 속도비가 1보다 크면 발생하기 시작한다. 부유 모래 농도 분포의 해석 방법에는 결정론적 방법과 확률론적 방법이 있지만, 일반적으로는 전자의 방법의 하나인 확산 방정식이 이용된다. 평형 상태의 농도 분포식으로 Rouse 분포가 저명하다.

부유 물질 [suspended solids]

물을 오염시키는 고형물, 불용성으로 직경 2mm 이하, 입자가 크고 무거운 침강성 물질과 미세하여 상등수에 부유하는 탁도성 물질로 나뉜다.

부정정 구조물 [indeterminate structure]

정정조건(靜定條件)만으로는 변형력조건(變形力條件)이 분명하게 되지 않는 구조물이다. 구조물에 외력이 작용할 경우, 힘의 균형조건만으로 반력(反力)이나 변형력이 정해지는 것을 정정이라고 하며, 이 힘의 균형조건이 곧 정정조건이다. 부정정 구조물에서는 정정조건 이외에 받침점의 지지조건 및 부재(部材)의 변형을 고려해야 한다. 해석방법으로는 변형력법과 변위법을 수학적으로 처리하는 메트릭스법이 많이 쓰인다. 연속보, 3힌지(hinge) 이외의 아치·라멘·격자(格子) 구조 등은 부정정 구조물이라고 할 수 있다.

부피 변형계 [volume strainmeter(-strain guage)]

변형량을 전기적으로 구하는 측정기. 전기 저항선 변형계라고도 한다. 원리는 가는 철사에 전류를 통하면서 기계적으로 연신을 주면 비저항(比抵抗)이 증대하여 전류계가 움직이므로 이것을 이용하여 이 철사를 시료에 붙여 두면 그 변형량을 측정할 수 있다. 동적, 정적 측정을 할 수 있고, 소형이므로 어디에나 붙일 수 있으며 0~500cps의 측정을 할 수 있고, 원격 측정도 가능하다.

부흥공동주택구 [rehabilitation joint housing district]

대규모 지진 피해지에서 공동주택건설을 목적으로 규정된 특별한 구역을 말한다.

부흥전략 [reconstruction strategy]

대규모 재해로 인해 도시나 지역을 부흥할 때 어떠한 이념과 방침에 근거하여 어떤 방법과 과정으로 부흥을 할 것인가에 대한 전략적 구성을 말한다.

북중국 대기근 [famine in northern China]

1876~1879년의 중국 북부에서 발생한 기근은 청나라 후기에 발생하였다. 가뭄은 1875년

중국 북부에서 시작하였으며, 이듬해의 흉작으로 이어졌다. Shaanxi, Shanxi, Hebei, Henan, Shandong 지방이 영향을 받았으며, 5개 지역의 1억 800만 명 인구에서 900만~1,300만 명의 사상자가 발생하였다.

분기공 [fumarole]

화산의 화구 또는 산의 중턱과 기슭에서 화산가스가 분출되어 나오는 구멍을 말한다. 아황산가스나 황화수소가 많은 경우에는 황기공이라고도 하며, 같은 분기공이라 해도 때에 따라서 가스의 성분이 달라지므로 분기예보에 좋은 단서가 된다.

분사 [sand boil]

액상화에 의해 지반 중의 모래가 물과 함께 지표로 분출하는 것. 분사의 자리는 화구상(火口狀)으로 되는 일이 많기 때문에 모래 화산이라고도 한다. 분사의 산을 발견함에 의해 그 장소가 액상화했다고 판단하는 것이 일반적으로 행해지고 있지만, 액상화 층이 얇거나, 액상화 층상의 지반이 두꺼운 경우에는 지표면에서 분사가 관찰되지 않는 경우도 있다. 이런 경우에는 그 장소에서 액상화가 발생하지 않았다고 판단되는 경우도 있다.

분산파 [dispersive wave]

파장과 주기가 파의 속도에 영향을 끼쳐서 변하는 파를 의미한다. 일반적인 분산파는 진행하면서 파형이 바뀌는데 그 예로 심해파나 표면장력파가 있다. 주기에 따라 속가 변하지 않는 천해파의 경우 비분산파라 한다.

분석구 [cinder cone]

새 용암이나 기존 암석의 파편만으로 만들어진 원뿔형의 작은 언덕을 말한다. 성층화산(成層火山)과 모양은 비슷하지만 규모는 대체로 훨씬 작고 침식되거나 붕괴하기 쉽다. 높이는 작아도 화구가 큰 분석구를 구상화산(臼狀火山, homate)이라고 하며, 예로 하와이 오아후 섬에 있는 다이아몬드 헤드 화산이 있다.

분연주 [volcanic column]

화산 폭발에 의해 화구에 만들어지는 화산 쇄설물과 가스로 만들어지는 기둥을 말한다. 플리니식 분화에서 생성되며, 밑에서부터 추진역, 대류역, 확산역으로 나뉜다.

분진 폭발 [dust explosion]

가연성의 분체 또는 고체의 다수 미립자가 공기 중에 부유한 상태하에서 점화되면 그 분산계 내를 화염이 전파하여 가스폭발과 비슷한 양상을 나타내는 현상.

분출형 분화 [effusive eruption]

마그마가 지각의 틈을 뚫고 지표면으로 분출할 때, 큰 폭발이 일어나지 않고 조용하게 진행하는 분화를 말한다. 많은 양의 용암이 흘러내리며, 넓은 현무암 대지가 만들어지기도 하며, 하와이 칼리우에아 화산이 그 예이다(폭발형 분화 참조).

분포형 (강우) 유출모형 [distributed runoff model]

대상유역을 보다 격자형으로 세분하여 강우-유출을 계산하는 이론으로 물리적인 기반의 모형이다.

분화 [eruption]

지하에서 지표로 마그마가 분출하는 현상, 또는 화산가스나 마그마 열에 의하여 수증기가 격렬하게 지표로 분출되는 현상을 말한다. 화산의 분화는 그다지 큰 폭발이 일어나지 않고 조용하게 진행되는 분출형 분화와 심하게 폭발하면서 연기와 재를 내뿜는 폭발형 분화로 나뉜다.

분화구 [volcanic crater]

화산이 지하로 통하는 화도의 상단을 의미하며, 지구 내부에 있는 마그마가 용암 또는 화산 가스의 형태로 분출하는 출구이다.

분화예측 [prediction of volcanic eruption]

화산 폭발에 의한 피해를 경감하기 위해 폭발 시기 · 장소 · 양식을 사전에 어느 정도 예측하는 것을 말하며, 지진 예측보다는 예측하기 쉽다.

분화전조현상 [precursors of volcanic eruption]

폭발이 임박했을 때 화산에서 관찰 또는 관측되는 현상을 말한다. 우스산, 이즈오시마, 아소산, 사쿠라지마 등 정밀한 화산 관측이 이루어지고 있는 화산에서는 지진 및 미동의 감지, 지진 타입의 변화, 지하의 압력 증대로 미소한 지반의 융기 팽창, 지하의 온도 상승, 미세한 지자기 변화나 화산 가스의 성분, 온도 변화 등이 전조 현상으로 여겨진다. 폭발 직전의 전조 현상이 나타나는 방법은 폭발의 규모, 활동 휴지 기간, 폭발 지점에 따라 다르다. 일반적으로 기존의 화구 이외에서 발생하는 분화 또는 규모가 큰 분화, 활동 휴지 기간이 긴 화산에서는 전조 현상이 심각하게 나타난다. 또 점성이 낮은 현무암질 마그마에 의한 폭발은 점성이 보다 높은 안산암질 마그마 폭발보다 전조 현상의 기간이 짧다.

분화현상 [eruption phenomenon]

화산으로부터 마그마 등의 고형물이 분출되는 것을 말한다. 화산 활동의 하나인 마그마의 성질에 따라 규모와 분화 양식이 결정된다. 분화로 일어난 화산재와 가스는 이상기온과 대기오염을 일으킨다. 일본 기상청에서는 분화구로부터 고형물이 수평 또는 수직선상으로 100~300m 범위를 넘어서면 분화라고 기록하고 있다.

불안전 상태 [unsafe conditions]

재난에 대한 취약성이 증대하는 과정에서 재난으로 전화 하는 데까지 사회가 취약해진 상태를 말한다. 하안 단구와 땅 바로 근처의 주택 저소득층이 사는 곳에 발생하면 생존이 불가능한 생활수준이나 재해로 간단하게 일자리가 없어지는 사회, 서로 돕기의 전통과 제도가 없는 지역 사회, 전염병 유행 지역 등에서는 가벼운 재해가 지역 사회의 멸망을 가져온다.

불안정 취수 [unstable water intake]

수자원 개발에는 장시간이 필요하고 급격한 도시화에 따른 도시 용수의 수요 증가에 대처 할 수 없게 된 시설이 미완성인 채로 마지못해 취수하는 경우가 있다. 이것을 불안정 취수로 부른다. 장래에 수자원 시설의 건설 계획이 예정된 경우, 공익성과 시급성이 보다 한시적으로 허가된다. 1998년 도시 용수의 불안정 취수는 전국에서 22억m^3/년 에서 모든 도시 용수의 약 7%이다. 가스미가우라 개발 사업에 의한 요도와 수계, 토네가와 수계의 불안정 취수는 거의 해소되었지만, 다른 대도시 근교에서는 인구 증가, 도시화에. 혼자 새로운 불안정 취수가 발생했다.

불연화 [progress of fireproof structures]

내화재를 활용한 건축물 건설이나, 빈터 · 도로 등의 정비에 의해, 화재 발생 시에 연소 위험성을 저감시켜, 화재의 확대를 방지하는 기능을 시가지에 부가해 나가는 과정을 가리킨다.

불카노 섬 [Vulcano Italia]

이탈리아령 리파리제도의 최남단에 있는 섬으로 안산암과 유문암의 활화산이다. 여기에서 기원하여 고립형의 격렬한 화산폭발을 불카노식 분화라고 한다.

불투수 지역 [impervious area]

우수가 침투하지 않는 지역을 말하며, 아스팔트, 콘크리트 등에 덮인 포장 도로, 건물 등이 이에 해당한다. 유역의 도시화에 따라 도로, 건물 등 불투수 지역의 면적률이 증대하면, 우수 침투가 감소해 직접 유출이 커지기 때문, 유역의 홍수 위험도가 높아진다. 또 우수 침투 감소는 지하수 함량 감소로 이어지기 때문에 유역에서의 불투수 지역의 확대는 구릉지에서 지하수 고갈과 평지에 있어서의 지반 침하의 원인이 된다.

불투수층 [impermeable layer]

모래나 자갈 등과 같이 지하수가 잘 투과하는 투수층에 대해서 불투수층은 실트나 점토 등으로 구성되어 있다. 지층의 투수도를 나타내는 데 쓰이는 투수계수가로 10~5 cm/sec 이하인 것을 가리킨다. 암석(지층) · 실트 · 점토 등은 물을 투과시키지 않는 것이 아니라 투과하기 어렵다는 것뿐이다. 이런 사실에서 최근에는 실트나 점토를 난투수층이라 하며, 사실상 물이 투과하지 않는 암반류를 비투수층이라 하고, 양자를 합쳐 불투수층이라 한다.

붕괴 [collapse]

외력이 증가하지 않음에도 불구하고 구조물의 변형이 급격히 커지는 상태로, 어떠한 구조물의 고유의 최대 하중에 도달하게 되면 그 이상 견디지 못하게 되어 붕괴가 발생한다.

붕괴하중 [collapse load/breaking load]

구조물 또는 물체에 외력을 가해, 그 크기를 서서히 증가시켜 가면 구조물의 일부 또는 전체가 현저하게 변형하거나 파단 되어 하중을 지지하는 능력이나 본래 구조물이 가지고 있는 기능이 손상된다. 붕괴하중이란 이와 같은 파괴 현상을 일으키는 한계 하중을 가리킨다.

블록담장 피해추정 [damage estimation of block fences]

지진, 태풍, 홍수, 가뭄, 해일, 화재 등이나 뜻밖에 일어난 재앙과 고난에 의해 직 · 간접적으로 구조물, 건축물의 담장에 피해의 수준을 평하는 것을 말한다.

비사 [blown sand]

해변의 모래알이 바람을 타고 내륙으로 이동하는 모래를 비사라고 한다. 이러한 현상은 하구 폐색이나 항만 매몰을 일으키기도 하며, 보통 해안에서 비사는 풍속 6~7m/sec와 직경 0.25mm 미만인 모래가 이에 해당한다.

비상(긴급) 대응단계 [emergency response phase]

재난이 발생할 우려가 현저하거나 재난이 발생한 때에 국민의 생명 · 신체 및 재산의 보호를 위하여 재난관리 책임기관 또는 그와 유사한 해당 기관이 대응활동을 실시하는 단계를 말한다. 최초 재난상황 접수 후에 이루어지는 초동대처와 긴급대응조직이 구성되어 활동하는 초기단계 그리고 많은 인력과 자원이 투입되는 비상대책본부 운영단계로 구분할 수 있다.

비상경보방송/비상경보수신기 [emergency alarm broadcasting/emergency alarm receiver]

뜻밖의 긴급한 사태가 일어났을 때에 남에게 그 상황을 알리기 위하여 내는 방송을 비상경보방송이라 한다. 비상경보방송을 수신할 수 있는 수신기를 비상경보수신기라고 한다.

비상계단 [escape stairs]

비상계단은 화재 등의 재난 발생 시 안전하게 지상으로의 탈출을 위해 설치된 계단이다. 일반적으로 각 층에 사다리로 연결된 계단이며, 화재에 강한 강철로 제작된다.

비상관리 [emergency management]

비상, 준비, 대응 및 초기복구 단계의 모든 단계 해결을 위한 자원과 책임의 조직 및 관리를 말한다. 위기 또는 비상은 긴급조치를 요구하는 위협조건이다. 효과적인 비상조치는 사건이 재난으로 확대되는 것을 예방할 수 있다. 비상관리는 긴급을 요하는 전체 스펙트럼에 대응하기 위하여 종합적이고 조율된 방식으로 정부, 비정부, 지원자, 그리고 민간기관이 자발적으로 활동할 수 있도록 보증하고 가이드할 수 있는 계획과 제도적 장치를 포함한다. '재난관리'는 종종 비상대응으로 대체되어 사용된다.

비상그룹 [emergent group]

사고 또는 재난이 발생한 경우 대응하기 위한 조직을 말하며 평상시에 기관 내 인력 및 외부 협력기관(유관기관 포함)을 필요한 기능별로 구성하여 임무와 역할을 부여해야 한다. 일반적으로 재난(사고) 대책본부를 구성하여 대응할 수 있도록 하고 있으며, 대책본부 조직구성은 본부장, 부본부장(차장), 총괄조정관, 통제관, 담당관, 상황총괄반, 행정지원반, 구조구급반, 자원봉사지원반, 공보지원반으로 구성하며 대응기관의 인력규모 특성에 따라서 확대 또는 축소하여 구성할 수 있다.

비상대응 [emergency response/emergency relief]

비상대응에는 지휘명령, 유관기관 협력, 자원동원 배분, 우선순위에 따른 의사결정, 피해평가보고의 5가지로 이루어져 있다.

비상대응 전력공급설비 [emergency response of electric power supply facilities]

태풍, 호우, 지진 등 자연재난 또는 정전 등으로 인하여 건물 또는 기계, 설비 등에 전력공급이 중단될 경우 즉시 대체하여 전력이 공급될 수 있도록 마련한 설비를 말한다. 비상대응 전력공급설비로는 대표적으로 비상발전기, 무정전전원공급장치(UPS)가 있다.

비상대응 초기단계(초동대처) [emergency response on initial stage]

사고 또는 재난이 발생한 초기단계로 상황이 접수되고 관련 조직이 대응활동을 시작하는 시점으로 초동대처 또는 최초활동이라고도 한다. 초기단계에서의 대응활동의 중요성은 신속한 대처를 통하여 골든타임을 확보하여 인명과 재산의 피해를 최소화하는 데 있다.

비상사태, 긴급사태 [state of emergency]

정부가 긴급한 상황에 대처하기 위하여 입법, 사법 등 일부 기능을 변경 또는 중단할 수 있는 상태를 의미한다.

비상상황실 [emergency management center]

연중 24시간 재난안전 또는 비상위기 상황과 관련한 정보를 수집·전파하고 상황발생시 유관기관과 협력하여 신속한 초동조치 및 지휘 등의 업무를 수행하기 위하여 기관 또는 조직 내부시설에 두는 상황실을 말한다.

비상용 엘리베이터 [fire elevator(emergency elevator)]

화재 시의 피난·구조·소화 활동을 위해 소방용 사다리차가 도달할 수 없는 높이 이상의 건축물에 설치되는 엘리베이터이다.

비상용수 [on-site water storage]

지진 등의 의한 단수 시를 대비하여 필요한 최소한의 물을 확보하는 것이다. 급수시설관리주체, 지역, 가정 등 여러 차원의 대책이 필요하다. 가정의 경우 1인당 일일 음료수로 2L, 욕실용으로 20L 정도가 필요하다. 음료용 이외의 물은 욕조 등에 저장하는 것이 권유되고 있다. 지역차원에서는 도로나 공원 등에 빗물저장시설을 설치하여 재해발생 시 긴급용수로 사용할 수 있다.

비상우물 [emergency well]

비상사태에 대비하여 비축하는 우물로서 품질 및 효능의 저하를 방지하고 변질을 예방하여 항시 사용 가능한 상태가 유지되도록 하여야 한다. 총비축량은 시·군·구별로 분산 배치하여 비축우물소독약품 미확보 시·군·구가 발생하지 않도록 자체 조정하여야 하며, 시·군·구별 최소 비축물량을 확보하여야 한다.

비상전원 [emergency power]

화재 등 비상시에 상용 전원이 정지했을 경우를 대비해서 각종 방재설비(비상용의 조명설비, 비상용 엘리베이터, 유도등, 옥내소화전 설비, 스프링클러 설비 등)가 일정한 시간 가동할 수 있도록 하기 위한 전원공급 설비를 말한다. 비상전원 전용 설비, 자가발전 설비 및 축전지 설비의 세 종류로 나눌 수 있다. 이 중 자가발전 설비와 축전지 설비는 상용전력과는 별도로 건물마다 독립해 전원을 확보하는 것이므로 정전 시 순간적으로 바뀌어 전력의 공급이 가능하게 된다.

비상조명 [emergency lighting]

화재 등 비상시 전원공급이 정지됐을 경우에 사람들의 대피에 지장을 초래하지 않도록 대피경로를 일정한 밝기로 유지하기 위한 조명시설이다. 평상시에는 점등하지 않지만 정전 시에는 자동적으로 점등되도록 배터리가 내장되어 있는 경우와 통상 전원과는 별도인 예비 전원에 접속되어 있는 경우가 있다. 비상조면은 바닥면의 조도가 1룩스 이상으로 20분 이상 작동되어야 한다.

비영리기관 [non-profit organization]

국가와 시장을 제외한 제3영역의 비영리단체를 가리키는 말이다. 이윤을 추구하지 않는 영역에서 주로 활동하는 준공공(semi-public) 및 민간조직을 가리킨다.

비용 편익 분석 [cost-benefit analysis]

각각의 대안의 비용과 편익을 비교분석하여 정책대안들 중 목표달성에 가장 효과적인 대안을 찾는 것을 말한다.

비유사량 [specific sediment discharge]

단위기간에 단위면적당 상류유역에서 유출되어 유역출구의 한 하천지점을 통과하는 유사량을 말한다. 보통 tons/km^2/yr 또는 m^3/km^2/yr을 단위로 사용한다. 하천에 댐을 계획하는 데 필수 요소이다.

비유포 지진화재 [non-spreading earthquake fires]

지진화재란 지진에 의해서 생기는 화재로 대지진이 일어날 때 발생한다. 비유포 지진화재란 유포되지 않는 지진화재를 의미한다.

비자발적 위험 [involuntary risks]

비자발적 위험을 낳는 가해력의 발생확률은 작지만 사회에 미치는 영향은 크다. 자연 재해의 원인인 가해력의 대부분은 이러한 위험을 만들어내는 범주에 속하고, 가해력이 쉽게 재해로 바뀌는 지형이나 기상과 같은 특정 환경 조건이 있는 것으로 알려져 있다.

비정부 조직 [non-governmental organization]

비영리 민간조직을 지칭한다. 민간부문의 자율적인 결사체를 의미하며, 종교단체, 학술단체, 취미활동단체, 직능단체 등 다양한 유형을 포함하지만 다양하게 사용되고 있다.

비정상 공기력 [unsteady aerodynamic force]

시간적으로 변동하는 공기 흐름(風)에 의한 물체에 생기는 힘. 주된 그 발생요인은 접근류에 포함 되는 난류, 구조물 자체의 후류(後流), 구조물 자체의 진동이다.

비틀림 진동 [torsional oscillation]

C-C 등의 단결합이 있는 경우에 그 축 주위에 양단의 기가 내부 회전을 한다. 이 내부 회전은 보통 자유로운 회전이 아니고, 어떤 안정 위치 주위의 회전 진동이다(→ 회전 이성질체). 이와 같은 결합축 주위의 내부 회전에 의한 진동을 비틀림 진동이라고 한다. 이 비틀림 진동의 진동수는 결합축이 2중 결합인 경우에는 보통의 분자 진동과 같은 정도의 값을 가진다.

빅데이터 [big data]

기존의 관리 방법이나 분석 체계로는 처리하기 어려운 막대한 양의 정형 또는 비정형 데이터 집합을 말한다.

빈곤선 [poverty line]

육체적 능률을 유지하는 데 필요한 최소한도의 생활수준으로 빈곤과 비빈곤의 경계선을 말한다. 생존에 필요한 최저 소득으로 보는 절대개념과 필요한 의·식·주 및 오락, 교육 등 기본수요 충족으로 보는 상대개념이 있다. 소득보장사업의 수급수준을 결정하는 데에는 적정성·형평성·균등성에 입각해서 조처해야 하는데, 이 중 적정성을 기하는 것이 바로 빈곤선을 정하는 일이다.

빌딩풍 [building-induced winds]

도시 내부에는 높은 빌딩들이 많아서 마찰력 때문에 일반적으로 바람이 약하다. 하지만 빌딩에 바람이 부딪쳐 갈라져 불 때, 건물과 건물 사이에서는 아주 강한 바람이 분다. 이 바람을 빌딩 풍 또는 빌딩 바람이라고 한다. 우리나라에서는 은행, 백화점, 호텔 등 고층 빌딩이 밀집해 있는 서울 소공로에서 빌딩풍이 확인되고 있다.

빗물이용 [storm-water utilization]

빗물을 하나의 수자원으로 인식하는 것을 말한다. 빗물을 옥상이나 바닥, 지붕을 통해 집수하여 이용하는 것을 의미하며, 저류조에 저장한 이후 조경용수, 화장실용수 등으로 재활용하는 방식으로 사용된다.

빗방울입경분포 [rain drop size distribution]

단위체적 내에 포함된 빗방울의 크기별 개수의 분포. 낙하하는 빗방울은 실제로는 변형되어 있지만 구형인 경우의 직경으로 정의한다. 보통 작은 빗방울이 많으며 큰 빗방울은 적으며 지수관계에 근접한다. 경우에 따라 직경 0.1~1mm 정도가 가장 많을 수 있으며 이 경우 감마함수에 근접한다. 강우강도뿐만 아니라 강우타입에 따라서도 변한다.

빙권 [cryosphere]

표면이 눈이나 얼음 등으로 둘러싸인 지각이나 해양표면. 빙화나 눈으로 구성되어 평균적으로 지표 면적의 5%를 덮고 있는 부분을 말한다. 이 빙권은 다른 권역들에 비하여 비교적 늦게 형성되었다. 초기의 지구는 얼음이 형성되기에는 너무 뜨거웠으나 빙권은 지구가 충분히 냉각된 선캄브리아기 후반, 즉 약 20억 년 전에 형성되었다.

빙설계측장치 [measuring instrument of snow and ice]

일정시간 내의 적설량을 측정하여 시간당 빙설강도를 추산하는 것을 말한다.

빙퇴석 [moraine]

빙하 속에 존재하는 암석이나 자갈, 토양물질 등이 따뜻한 지역에서 녹아 쌓인 것을 의미한다. 빙퇴석은 종퇴석, 후퇴퇴석, 저퇴석 등으로 나뉘는데 빙하를 중심으로 하였을 때 그 위치를 의미한다.

ㅅ

사건수 분석기법 [event tree analysis]

리스크 평가수법의 하나이며, 어떠한 시스템의 고장을 발생시키는 사상(事象)을 왼쪽에 배치하고, 그 사상이 발전되는 것을 저지하기 위한 기능을 오른쪽에 나열하여, '성공', '실패'의 2개의 분기에 의해 연결해감으로써 사건 수(event tree)를 작성하고, 최종적인 사상인 사고가 발생하는 확률을 산출하는 수법이다. 어떠한 사상이 사고로 진행되어 나가는 상황을 순서에 따라 파악 가능하므로, 사상의 진행을 방지하기 위한 대책수립이 용이하다. 반면 대책의 효과를 성공, 실패라는 2종류의 분기로 연결하기 때문에 부분적인 성공(실패) 등은 표현할 수 없다. 또한 진행상황을 분석하는 수법이므로 시스템 전체에 대한 분석은 용이하지 않다.

사건판단도 [event tree]

한 사건에 대해서 거기 이르게 되는 전 과정을 한 그루 나무 모양으로 모형화한 것을 말한다. 모형화 자체가 간단하기 때문에 안전 대책을 수립하거나 작업 분담을 결정하는 경우 등에 활용한다. 그러나 최근에는 사건판단도를 다른 데이터와 연결시킴으로써 원자력발전, 우주개발, 항공기 등의 크고 복잡한 시스템에서 확률론적 안전평가법(Probabilistic Safety Assessment)으로 쓰이는 경우가 많다. 원자력발전소를 예로 들면, 먼저 '운전개시'를 나무의 줄기로 삼는다. 그것을 '예정대로의 개시'와 '예정보다 늦은 개시'라는 2개의 '가지'로 나눈다. 각 가지의 내용은 새로운 흐름의 기점이 되므로 '헤딩(heading) 현상'이라고 한다. '예정대로의 개시'에서는 '출력상승·계획값대로', '출력상승·계획값보다 낮음'이라는 가지로 나눈다. '예정보다 늦은 개시'에서도 마찬가지로 나눈다. 다시 각각의 '헤딩 현상'에 그 발생확률을 계산해둔다. 그러면 어느 한 시점에서 문제 발생확률은 거기에 이르기까지 일어난 헤딩 현상 발생확률에서 추정할 수 있다. 일본해상기술안전연구소는 사건판단도를 이용하여 타이타닉호 침몰사고가 불운한 현상이 겹쳐져서 발생한 사고였는지, 아니면 필연적으로 발생하게 되어 있던 사고였는지를 분석했다. 그 내용을 살펴보면, 타이타닉 호 사건과 같은 대규모의 해난사고가 발생할 확률은 약 29~102번 항해에 1번 일어난다고 한다.

사구(모래 언덕) [sand dune, dune]

바람에 의하여 운반 퇴적된 모래알로 이루어진 언덕지형이다. 사구의 형성조건으로는 모래알의 공급원이 있고, 바람이 적당한 강도로 불면, 모래가 건조하기 쉬울 것, 지표면에 식생이 없을 것 등이 있다. 보통 형성되는 장소에 따라 내륙사구(內陸砂丘)와 해안사구(海岸砂丘)로 분류된다. 내륙사구는 아시아 대륙이나 아프리카 대륙 등의 내륙부의 건조한 지방에 발달하며, 모래의 퇴적이 많은 곳에서는 사구군(砂丘群)이 천해저(淺海底) 등에 보이는 연흔과 같은 파상(波狀)의 모양을 이룬다.

사력(모래와 자갈) 해안 [sand and gravel beach]

같은 해안에서 해변을 구성하는 저질은 위치에 따라 미세 모래에서 큰 자갈까지의 입자 크기 분포를 갖는 경우가 많다. 입자 크기 분포는 파도와 흐름의 유체 운동의 강도, 지형 경사 등에 의해 지배된다. 岸沖 방향으로 최대 입경은 파도의 작용이 큰 곳에서 부서져 점 부근에 보이고 바다로 갈수록 해저 부근의 파도의 운동은 작아지기 때문에 세밀하게 된다. 해안 모래톱 위에서 부서지고 갯벌의 기지로 다시 감아 부서져서가는 경우에는 갯벌 사면에서 입경이 크고, 연안 사주에서도 다소 거칠게 입자화한다. 해안 방향의 입경 분포는 내습파의 에너지와 전체적인 지형, 지질 조건이 해안 방향으로 변화하지 않는 경우에는 상류 측에서 세립분을 선별적으로 흘러야 한 분이 남아 있고, 세립분을 선별되어 하류로 이송할 때 형성된다.

사류공 [sand catching works]

상류의 사방 공사에 따라 대응할 수 없는 토사가 생길 경우에, 이 토사를 둔화 하천의 상류에서 처리하기 위해 계획되는 공법이다. 하천에 부대하고 계획하는 것이 많고 하천의 일부를 확장한 형태를 취해 그 확장부에 토사를 퇴적시킴으로써, 하류부의 토사를 방지한다. 사류에 항상 저사 용량을 확보해둘 필요가 있다, 누적된 토사의 배제가 필수적이다. 따라서 배제 작업의 편의를 고려해 토사 반출로 등을 계획한다.

사막화 [desertification]

자연적인 요인과 인위적인 요인이 함께 작용하여 토지가 가지고 있는 생물 생산력을 감퇴시켜 사막 환경을 만드는 현상을 말한다. 사막화가 되면 숲이 사라지면서 지표 반사율이 증가하게 되고, 이로 인해 냉각화가 되어 강수량이 감소하게 되면서 빠르게 사막화가 되어간다.

사면 녹화공 [slope revegetation]

절토 및 성토 등의 사면 침식을 방지하기 위해 식물 사면의 표면을 피복하는(녹화하는) 방법을 말한다. 씨앗을 살포하는 경우는 사면의 토질, 토양 경도 등에 의해 종자 살포, 객토 취부, 두께 층기 자재 취부 등이 선택된다. 그 외에 사용하는 재료에 따라, 예를 들어 종자와 비료 등을 장착한 멍석 등을 이용한 식생 매트 공법이 있다. 이전에는 시공 후 가능한 한 빨리 침식 방지 효과 끝이 출현하는 것이 좋다고 결정되어(급속 녹화 공법이라고 부른다) 종이를 대량으로 입수할 수 있는 성장이 빠른 외국산 목초류를 많이 사용했지만, 근년은 생태계 보전의 입장에서 쑥 등의 토속 종을 사용하는 경우가 있다. 게다가 경관도 고려하여 나무류의 묘목을 재배하는 사례도 있다.

사면 붕괴의 소인 [unstable factor]

사면 붕괴의 소인은 경사면을 구성하는 지반의 물질(토질·바위 질)과 지질 구조와 물(지하수)이 있다. 오른쪽 표는 붕괴성 요인을 가진 지질이지만 이 중 1~4가 지반 물성 5~6 지질 구조에 관한 요인이다. 지하수위가 높아 지반 붕괴가 발생하기 쉬운, 특히 상단에 불투명층 하부에 어려움이 있는 투수층이 있는 지질 구조에서는 붕괴를 일으킬 수 있다. 낙석과 붕괴, 토석류 등은 급경사지에서 발생하기 쉽지만 산사태는 완경사면에서도 발생한다.

사면 붕괴의 유도 [triggering factor/provoking cause]

붕괴와 슬라이드가 발생했을 때, 사면을 불안정하게 하는 요소들을 말한다. 특히 직전에 급속히 더해졌는지, 또는 변화했는지의 작용을 말한다. 요소는 사면의 활동력을 증대시키는 작용과 활동력에 대한 저항력을 감소시키는 작용을 크게 분류할 수 있다. 지진에 의한 강진동, 사면 상부 퇴적 등은 전자에 속하는 강우 침투, 지하수의 변화, 간극 수압열 수증기 압력 등의 상승, 사면 하부의 삭박 등은 후자에 속한다. 인위작용은 이 자연 현상의 원인과 유사성에 따라 전자 또는 후자로 나뉜다. 그러나 이 요인이 작용해도 붕괴, 산사태가 발생하는 것은 아니다. 이 경우에는 장기적인 사면의 불안정화를 단계적으로 진행시키는 요인, 또는 이들의 작용을 계기로 삼고 점이적으로 사면의 불안정화를 진행시키는 요인으로 여겨지고 있다.

사면붕괴 [slope failure]

국제적으로 또는 학문적으로는 산사태와 경사면 붕괴를 산사태로 취급하지만, 일본에서는 방지법 및 급경사지 붕괴 방지법(모두 약칭)에 따라 대처하는 현상을 구별하는 경우가 많다. 사면붕괴도 경사면을 구성하는 지반의 미끄럼 파괴에서 시작한다. 사면붕괴는 초기 미끄럼 파괴가 극도로 가속적인 움직임이 심하고 지반구조의 붕괴를 수반한다. 질적 원인은 산사태가 될 것이나, 크리프 운동을 하는 경우는 사면의 파괴는 모든 사면이 붕괴가 된다. 자연 사면에서 풍화 지대가 두꺼워 지거나 단층 등 지질 특이성 때문에 지하수가 집중 될 주요 소인에서 지진과 폭우가 주요 동기이다. 발생 위치에 따라 산사태, 절벽 붕괴 등이 속칭됨을 알 수가 있다.

사면재해 [slope disaster]

산지 · 구릉지 등 자연 및 인공 사면의 땅 미끄럼 · 붕괴 · 토석류 등에 의한 재해 전체를 포함하는 개념. 사면 붕괴나 산사태가 발생하면 대량의 흙, 모래가 생산되고 그 토사 바위 자갈이 돌출 유하수에 의해 재해를 일으키는 것에서 사면 재해 토사 재해와 실태가 거의 동일하다. 이러한 재해를 사면이라는 지형 공간으로 파악하거나 토사라는 물질로 잡느냐에 따라 약점 층의 형성 후 폭설과 표층 눈사태의 위험이 높아진다. 재해에 대한 관점과 대응이 각각 다르다. 사면 재해는 전자, 즉 지형 공간으로 파악한 개념이라고 할 수 있다. 최근 가파른 언덕과 그 근방의 개발이 진행되어 사면 붕괴와 붕괴 물질이 사면 바로 아래 지역에 재해가 발생할 확률 증가되고, 발생 장소의 문제로 주목 받고 있다. 1995년 효고현 남부 지진에 의한 신 토시와 니시 노미아시의 경사면 주택지 1993년 1993년 홋카이도 지진에 의한 다오쿠 시리 항구의 붕괴, 1996 년 홋카이도 터널에서의 암반 붕괴의 열등 힘이라고 할 수 있다.

사면형상 [slope form]

퇴적물 및 암석 등의 고체로 구성된 경사진 면, 즉 경사면은 지형의 기본적인 요소다. 사면의 형상은 그것을 구성하는 물질의 화학적 · 물리적 성질, 지각 변화 · 화산 활동을 포함한 내적 과정(영력)및 침식 · 삭박을 포함한 외적 프로세스(영력)의 종류와 규모, 그리고 프로세스의 지속 시간 등을 반영한다. 특히 산지 · 구릉에 대해서는 사면 형상 프로세스, 사면 구성 물질의 성질 또는 사면 후퇴를 고려한 분류가 이루어지고 있다. 예를 들어 2차원적으로는 단순히 직선형 사면, 볼록형 사면, 오목형 사면, 이들의 형상을 포함한 복합 사면, 또는 프로세스를 고려해 사면 상향부터 순서대로, 상승 사면, 절벽 또는 프리 페이스(free face), 돌 부스러기 사면, 완만한 오목형을 나타내는 정도의 사면 요소로 분류되는 것도 있다. 3차원적으로는, 예를 들어 계곡형 사면과 능선형 사면으로 분류되기도 한다. 한편, 비탈의 경사가 갑자기 변화하는 대목은 경사 변환선(점)으로 부르며, 그것은 물질의 경계 · 침식의 부활 등을 시사한다.

사방 공사 [beach erosion control works]

산의 표면침식, 붕락 및 산사태 등에 의한 살림 황폐의 예방과 복구를 위하여 실시하는 공사. 수력, 풍력 등의 힘에 의하여 물, 흙, 모래, 자갈 등이 이동될 때 발생할 것으로 예상되는 각종 재해의 예방. 복구를 위하여 실시하는 공사로 사방사업이라고도 한다. 사방공사는 주로 토목적 방법과 조림적 방법 또는 양자의 병행으로 실시하고, 시공 장소에 따라 산지사방, 야계사방, 해안사방으로 대별한다. 산지사방은 임지의 표면침식, 붕괴, 산사태 등에 의한 황폐화의 예방, 복구이고, 야계 사방은 유거수량에 의한 야계(하천법의 적용을 받지 않는 계천)의 계상침식 과 흙, 모래, 자갈의 유출 및 퇴적의 예방 및 복구이며, 해안사방은 사구의 이동 비사 및 해안의 침식 등을 예방 및 복구하기 위하여 실시하는 공사를 말한다. 사방사업은 사방사업법에 규정에 의하여 국가가 시행한다.

사방댐 [debris barrier, check dam]

폭 30m, 높이 4m 정도 되는 아주 작은 규모의 댐으로, 주로 자연사면 및 계곡으로 이루어진 급경사지에서 발생하는 토사, 전석, 그리고 유목 등 토사재해의 원인이 되는 다량의 토사유출을 조절하기 위해 설치된 재해방지시설이다. 특히 자갈의 이동이 심한 곳에 만들고, 상류 쪽에 자갈을 퇴적시켜 하상을 완만한 경사로 안정시키는 것을 목적으로 하며 2차로 흘러내리는 물의 속도를 줄여 하류지역의 피해를 막는다.

사방림 [sabo forest]

수림이 토사의 퇴적, 유출 억제에 효과가 있음에 주목하여 수림을 사방시설로서 계획하고 동시에 푸른 환경을 만든다. 사방림은 산간부의 계류에 토사가 넓게 퇴적된 구간 등 홍수 시에 자연의 토사유출 억제기능이 기대되는 곳이나 선상지 등에 확보된 유사지에 사방림을 설치한다.

사방시설 [sabo structures]

토사의 생산과 유출을 억제, 조절하여 재해를 방지, 경감하기 위한 시설. 대표적으로 사방댐, 유사지, 계류보전공 등이 있다.

사방조사 [sabo investigation]

사방계획시의 조사는 생산토사량, 유출토사량, 허용유사량 등을 평가해서 처리해야 하는 초과토사량을 구하는 것이 기본이다. 최근에는 사방계획이 유사계라는 개념의 유역 전체의 토사관리를 목적으로 바뀜에 따라 토사의 유출과정을 보다 세밀하게 조사할 필요가 생겼다. 특히 토사의 유출은 물에 비해 완만하게 긴 시간 동안 이루어지며 홍수의 이력이 중요하며 입경의 영향이 크므로 이 과정을 평가하기 위한 조사가 필요하다.

사상자, 피해자 [casualty]

어떤 사고로 인해 부상 또는 사망한 사람.

사석공 [riprap works]

방파제, 방사제, 호안, 안벽 등의 사석마운드를 건설할 때 사석으로 시공하는 공사를 말한다.

사스트루기 [sastrugi]

바람이 강한 극지에서 볼 수 있는 눈 위에 생긴 물결무늬로서 매우 날카로운 능선이 몇 겹이고 거듭 겹쳐 있다. 능선의 높이는 2m가 되는 경우도 있다. 탁월풍의 방향에 대해서 직각으로 길게 연달아 뻗어 있는 것으로 풍상 측의 경사는 완만하고, 풍하 측의 경사는 가파르게 되어 있다.

사업 평가 [project evaluation]

특정 프로그램의 목적을 달성하기 위하여 지원된 개별 사업들이 목표와 일정에 따라 제대로 추진되고 있는지에 관하여 객관적 정보를 수집하는 활동을 가리킨다. 특정 과제를 수행하기 위하여 일정 기간 동안 재정지원을 받으면서 수행된 활동에 대해 평가하는 것을 말한다.

사업용 가설 주택 [temporary houses for urban redevelopment project]

도시 계획법에 따라 도시 계획 사업으로 정비 개발의 수행을 위하여 주택에 거주 한 종전 거주자 등에 공급되는 임시 주거지이다. 재난 구호를 목적으로 한 응급 가설 주택과 달리 건축물의 수준은 높다. 원칙적으로 도시 계획 사업이 실시되는 지역에 설치되어 구 시가지에 위치하기 때문에 거주자는 종전 거주지에 머문 수 있다. 한신·아와지 대지진에서는 주로 지진 재해 부흥 시가지 재개발 사업이 진행되는 지역에서 건설되고 이재민 생활 재건에 공헌했다.

사이클론 [cyclone]

인도양 북부, 인도양 남부, 태평양 남부에서 발생하는 강한 열대성 저기압을 말한다. 동남아시아(북서태평양)의 태풍, 북대서양과 카리브 해, 북동태평양의 허리케인과 그 성격이 같다. 한편, 고기압을 안티사이클론이라고 하는 것과 같이 저기압의 총칭으로 사이클론을 쓰는 경우도 있다.

사전부흥(사전도시복구 및 재생계획)계획 [preparedness plan for urban recovery and reconstruction]

대규모 재해가 예상되고 있는 지역에 대해서 사전에 부흥(도시복구 및 재생) 계획을 수립하는 것을 말한다. 재해에 의한 심대한 피해가 생겼을 경우에는, 재해 후의 혼란 속에서 조속히 재건 계획을 작성하고 신속하고 계획적으로 부흥 대책을 실시할 필요가 있어 대규모 재해가 예상 하는 지역에서는 예방 대책의 추진과 함께 추정되는 피해에 대응하고 사전에 부흥 대책의 기본 방침과 체제 · 절차 · 방법 등을 마련한 계획을 만들어 놔야 한다. 재해 후는 이 사전 부흥 계획을 활용하여 조기에 실제 피해 상황에 따른 구체적인 부흥 계획을 작성한다. 사면적설 이동압 pressure by moving snow on slope 사면의 적설량은 땅에서의 활동과 적설 내부의 크리프에 의해 비탈 아래쪽에 천천히 이동하고 있다. 물체가 사면에 있는 경우, 거기에 응력의 집중이 일어났고 물체에는 비탈 아래쪽에 큰 압력이 작용한다. 이 압력을 사면적설 이동압력, 또는 사면 눈압력이라 한다. 이동압력에 의해 수목이나 송전탑, 눈사태 방지책 등이 파손 및 붕괴될 수 있다.

사주 [sand bar/bar]

강, 하구, 해안 등에서 모래가 가늘고 퇴적 한 것을 말한다. 하천은 강 폭 정도의 크기를 가지는 중간 강바닥 형태를 말한다. 교대 모래톱과 고정 모래톱 등이 있다. 해안에서는 주로 육지와 평행하게 형성되어 하구나 만구에 형성된 하구 모래톱, 만구 사주 동남 아메리카 해안의 배리어 한 아일랜드처럼 육지와 떨어져 형성되는 연안국가 등이 있다. 또한 부서져서 바다 이면에 형성되는 퇴적 지형은 해안 소주라고 한다.

사취 [sand spit]

해안류(shore current)에 의하여 운반되어 온 모래가 만(bay)의 입구를 닫을 것처럼 좁고 긴 낚싯바늘 모양으로 퇴적된 모래나 자갈질의 융기부분을 말한다. 이것은 해안의 침식이나 하구로부터 흘러내린 모래와 자갈이 파도 · 조류 · 연안류 등에 의하여 만의 입구까지 운반되면 물의 속도가 갑자기 약해지므로 그대로 쌓이게 되어 형성된다.

사헬 지역 대기근 [famine in Sahel region]

사하라 이남 서쪽에서 동쪽에 걸쳐 있는 서부 아프리카 사헬(Sahel) 지역 8개국(니제르, 모리타니아, 차드, 세네갈, 부르키나파소, 나이지리아, 카메룬, 말리)은 식량 위기에 휩싸여 있다. 전체 인구의 절반이 넘는 1,300만 명 이상이 굶주림으로 고통 받고 있을 뿐 아니라 중증 영양실조로 생명이 위험한 5세 미만 어린이는 100만 명이 넘는다. 성장기에 있는 어린이들에게 영양이 부족하면 신체적, 정신적으로 심각한 장애를 일으킬 가능성이 높다. 발육부진으로 인한 두뇌발달 지연과 더불어 신체 기능의 저하, 면역력의 약화는 신체를 가벼운 병에도 생명을 잇아가기 쉬운 상태로 만들기 때문이다. 또한 영양실조로 면역력이 떨어진 경우에는 가벼운 질병인 설사병과 콜레라가 생명을 앗아갈 수 있는 무서운 질병이 발병할 수 있다. 사헬 지역의 식량위기는 1960년대부터 지속되었다. 광범위한 가축의 방목으로 인해 토지가 황폐화되었고, 최근 지구온난화와 무분별한 산림벌채가 더해지면서 가뭄까지 계속되자 더 이상 곡물을 생성하기 어려운 상태가 되었다. 사헬 지역의 올해 예상 수확량은 1년간 필요량의 14%에 불과하다.

사화산 [extinct volcano]

유사(有史) 이래 현재까지 화산활동의 기록이 없는 화산을 말한다. 화산을 활화산, 휴화산, 사화산의 세 가지로 분류하는 방법은 모순되고 불합리한 점이 많아 쓰이지 않고 있다. 오늘날에는 장래에 활동할 염려가 있는 화산을 활화산(종전의 활화산, 휴화산과 일부 사화산)이라 하여 그 밖의 화산과 구별하는 것이 보통이며, 휴화산, 사화산이란 말은 별로 쓰이지 않는다.

사회-자연적 위험 [socio-natural hazard]

토양과 환경자원의 과도 또는 저개발로 야기된 자연위험들의 상호작용으로 발생하는 산사태, 홍수, 토양침하 그리고 가뭄과 같은 지구물리학적, 수문기상학적인 위험사상의 발생이 증가하는 현상.

사회적 안보 [social security/public assistance]

국민이 안정적인 삶을 살기 위해 빈곤이나 질병, 생활불안 등과 같이 위험이 되는 요소에 대한 국가적인 부담 또는 보험방법에 의하여 행하는 사회안전망을 말한다. 자본주의 국가를 유지하고 안정을 도모하기 위해 빈곤 등의 문제에 대해 국가가 보증하는 것이다. 국가 및 지방자치단체의 책임하에 생활 유지 능력이 없거나 생활이 어려운 국민의 최저생활을 보장하고 자립을 지원하는 제도를 말한다.

사회적 취약계층 [socially disadvantaged groups]

사회적으로 약자에 위치에 있는 사람들을 말한다. 소득기준에 의해 사회 서비스 구매능력이 부족한 저소득층이나 노동시장 여건상 취업하기 어려운 취업취약계층을 말한다. 가구 월 평균소득, 고령자, 장애인, 실업기간에 따라 분류한다.

사회적 취약성 [social vulnerability]

스트레스 연구에서 개인이 사회적 상황을 위협적이거나 해롭다거나 사회적 스트레스를 주는 것을 반응할 준비성, 즉 반응 민감성을 말한다. 잠재적 위협으로 간주될 수 있고 실제적 위협으로 발전할 수 있다.

사회적 파괴 추정 [estimation of social disruptions]

자연재난 또는 인적재난에 의해 직간접적으로 사회적 피해 또는 파괴 등을 정략적·정성적으로 측정하는 활동을 말한다.

사회참여 [social participation]

어떤 단체나 조직체에 단순한 개입이나 참석이 아닌 어떤 개인의 사회적 활동의 하나로서 더욱 적극적이고 능동적으로 개입하는 활동을 말한다.

사후 취약강도시험 [strength test of weak later]

구조물에 대한 하중을 반복적으로 적용하여 지진과 같은 자연재해 발생 후 취약강도의 크기를 알 수 있는 시험을 말한다.

산란파 [wave scattering]

산란에 의해 생긴 파동으로 보통은 구면파이다. 먼 곳에서의 산란파의 위상을 실험적으로 정하면 입사파가 받는 상호작용 퍼텐셜을 알 수 있다. 한편, 위상의 층밀리기가 90도를 넘어갈 때는 공명 상태에 있다고 한다.

산사태 [Landslide]

주로 호우에 의해 산의 일부분인 토양이나 암석이 붕괴되는 현상을 의미한다. 산사태는 경사가 급할수록 쉽게 발생하며, 경사면의 각도와 토양의 성질에 의해 산사태의 속도가 달라진다.

산사태 대책공 [prevention work against landslide]

산사태의 활동을 방지 또는 경감하기 위한 공사로 산사태발생 조건을 개선하는 공법과 산사태활동을 방지하는 공법으로 구분된다. 산사태발생 조건을 개선하는 공법은 지표수 배제공, 지하수 배제공, 배토공, 압성토 등이 있으며, 직접적으로 사태의 활동을 방지하는 공법으로는 억지말뚝공, 앵커공, 옹벽공 등이 있다. 그 외 사방댐, 계류보전 등 사방시설공사도 대책중의 하나이며, 인적 피해를 최소화하겠다는 관점에서는 이들 공법과 함께 경계 피난 체제의 정비도 중요한 대책이다.

산사태 방지 지역 [Landslide-threatened area]

사태로 인하여 인명 및 재산피해가 우려되는 지역을 산사태 방지 지역으로 지정한다. 지정된 지역은 여름철 장마기 전 재해예방사업을 완료하고, 산사태취약지역 인근 주민들의 신속한 대피체계를 확립하는 등 산사태 안전 대책을 추진한다. 산사태 방지 지역은 시설물을 설치하는 구조물대책과 시설물 설치가 어려운 지역은 귀적인 점검 및 신속한 재해대응을 하는 비구조물 대책으로 나누어 지속적으로 관리해 나간다.

산사태 조사 [Landslide investigations]

토목 구조물 사이트나 루트 또는 지반의 적합성을 결정하는 중요한 조사에서 산사태 지역을 피하고 계획하기 위해 또는 시공 중·공용 후의 안전성 확보를 위해 실시한다. 조사는 ① 산사태 지역의 유무의 판정과, ② 미끄럼면의 위치, ③ 지하수 분포, ④ 변동 실태 등을 밝히기 위해 문헌 조사·항공사진 판독·현지 조사(지금까지 산사태지의 여부가 판명)·볼링 조사·미끄럼면의 확인·지하수 조사(수위·대수층·보급로 등)·산사태 지역의 동태 관찰들(미끄럼면의 위치와 움직임의 속도 등의 측정) 등을 실시한다. 그것들을 바탕으로 안정 해석(C, Φ을 요구하고 안전율을 산출) · 발생 기구 해명(소인 · 유인 · 상호 관계 등) · 대책 공법 선정과 그 설계를 실시한다. 사태의 약 90%는 과거 3만 년간 미끄러진 블록은 다시 이동하지 않기 때문에 사태 조사에서는 초기 조사, 특히 ① 사태 블록의 확인, ② 지침 내 이동 토괴의 세 구분, ③ 이동 토괴의 움직임의 타입 등을 밝히는 것이 중요하다. 그 양부에 따라, 이후의 조사 · 대책의 적합성이 결정된다.

산사태 지형 [Landslide landform]

산사태에 의해 형성된 지형 및 형성되고 있는 지형. 전자에는 과거 산사태 변동에 의해 형성된 표면의 모든 형태를 포함한다. 후자는 아직 산사태로 명료하게 판단되지 않도록 초기 적 변형 사면도 포함된다. 따라서 사태의 새로운 발생장의 예측으로 발전하는 개념이다. 또 이 개념 속에서 가장 중요한 것은 이 말이 사태의 변화 영역의 전체상을 포함한다. 산사태 지형에서 현저한 것은 미끄러져 떨어지는 벼랑, 측방 절벽, 하단부의 급경사면과 말단 융기 등의 사태의 윤곽 구조를 보여 주는 지형이다. 규모가 큰 산사태의 경우는 미끄러지는 듯한 이동이 복수의 유닛(블록)으로 나뉘고 그것들이, 이차 미끄러져 떨어지는 절벽과 2차 측방 절벽 등에 의해 경계하는 경우가 많다. 또한 지침의 말을 광의로 파악하고, 붕괴에 대한 지형도 사태 지형으로서 취급하는 것도 있다.

산성강하 [acid(acidic) deposition]

대기 중 산성 물질이 비, 눈, 가스, 염 등의 형태로 지표로 떨어지는 현상을 말한다.

산성눈 [acid snow]

수소이온농도(pH) 5.6 이하인 눈을 말한다.

산성비 [acid rain]

빗물은 공기 중의 이산화탄소에 의해 일반적으로 약간 산성을 나타내지만(pH 5.6~5.7) 대기 중의 오염 물질로 인하여 더욱 산성(pH 5.6 이하)으로 변화되어 이르는 비. 산성화시키는 오염 물질로는 대기 중에 방출된 황산화물, 질소산화물, 대기 중에서 생성된 황산, 질산 등을 들 수 있다.

산성안개 [acid(acidic) fog]

오염물질인 이산화황, 질소산화물이 안개 수증기에 녹아들어 산성을 띠는 현상. 안개 입자는 빗방울보다 작아서 안개의 산성도는 산성비의 10~100배에 이르며, 호흡기 질환과 눈병을 일으키는 황산염, 질산염, 염소 이온이 포함되어 큰 환경문제를 일으킨다.

산악지방(지역) 및 주변 재난 [disaster in and around a mountainous region]

산악지방 및 주변 지역에서 발생할 수 있는 재난(산사태, 화재 등)을 말한다.

산악파 [mountain wave]

산의 영향으로 대기의 흐름 속에 발생하는 정체파를 말한다. 강한 바람이 산맥을 불어 넘을 때 산맥의 풍하 측에서는 강한 하강기류가 되어 풍하 측에 파상으로 이어지는 정체파를 형성한다.

산악풍 [wind flow over mountain]

산에서 부는 바람의 흐름을 말한다.

산악형강수 [orographic precipitation]

기류의 지형 상승 때문에 내리는 비나 눈을 말한다. 습윤공기가 해상으로부터 육지로 불어올 때 산이 있으면 그 경사면을 따라 상승하여 단열팽창으로 냉각되어 강수현상이 일어난다. 지형강수가 내리는 범위는 풍상 측 산으로부터 조금 떨어진 곳에서 시작되어 산의 경사면에 많고, 산을 넘어선 풍하 측의 산꼭대기에 가까운 경사면까지도 내린다. 육지나 산의 경사면이 불어오는 기류보다 고온인 경우나 산의 높이가 낮은 경우에는 강수가 일어나기 어렵다. 또한 경사면에 후려치는 비의 강도가 심하면 상승기류도 왕성해져서 강수량이 많아진다.

산업부흥위원회 [industrial restoration committee]

산업계 스스로가 자신의 산업부흥 방식을 논의하는 장으로 설치하는 조직. 지역 상공회의소 등 경제 단체와 주요 기업을 중심으로 정부와 학계가 구성원으로 ① 피해 산업 등의 사업 재개 지원과 지역 경제의 조기 회복을 위한 노력과 국가 등에 대한 요구사항, ② 지역 산업복구 정책에 대한 계획 수립, ③ 계획의 추진 방법 등으로 위원회에서 논의된 성과는 산업 부흥을 위한 계획으로 채택된다.

산업재해 [Technological hazards]

영국에서 1974년에 일어난 화학공장 폭발, 이탈리아에서 1976년 일어난 다이옥신 가스 유출, 미국의 원자력 발전소의 방사능 유출, 인도의 메틸화 시안가스 유출, 우크라이나에서 1986년 일어난 핵발전소의 핵폭발 사고 등이 지역 사회와 국제 사회에 준 영향은 매우 크다. 이러한 재해는 인간의 힘이 인명이나 재산을 손상했다는 고전적인 인과 관계를 넘어 광범위하게 환경을 오염시켜 인간의 생존을 불가능하게 하기까지 이르렀다. 때문에 이 점을 파악하고 환경 재해를 인식하여야 한다.

산업피해 [industrial damage/damage to industries]

특정한 물품의 수입수량이 상대적으로 증가하여 동종 또는 직접적 경쟁관계에 있는 물품을 생산하는 국내 산업이 심각한 피해를 받거나 받을 우려가 있을 때 또는 외국의 물품이 정상가격 이하로 덤핑 수입되어 동종물품을 생산하는 국내 산업이 실질적인 피해를 받거나 받을 우려가 있거나 국내산업의 확립이 실질적으로 지연되고 있다고 인정되는 경우를 말한다.

산업화재 [Industrial fire]

산업 현장에서 발생하는 대형 화재를 포함하는 산업 재해의 유형이다. 산업 화재는 종종, 항상 그런 것은 아니지만, 폭발과 함께 발생한다. 또한 가연성 물질이 많은 곳이나 시설에서 발생할 가능성이 높다. 이러한 물질은 석유, 석유화학 등과 같은 석유 제품 또는 천연 가스를 포함 할 수 있다. 특히 고온과 고압에서 가연성 물질을 처리하는 단계가 더 심각한 위험성을 만든다. 심각한 산업화재는 다양한 부상, 사망, 재정적 손실과 지역사회나 환경에 대한 피해를 포함하고 있다.

산지하천 [mountain streamside forest]

산간지역의 급경사를 이루는 하천으로 퇴적물의 주요 공급을 하는 사면과 관련이 있다. 우리나라의 하천은 산지로 구성되어 있는 상류에서 하상재료가 크며 지형적, 지질적인 영향을 받아 구속사행이 발달하는 지역을 의미한다.

삼각주 [delta]

강, 호수의 하구에 형성되는 퇴적물의 집합체. 물의 흐름이 빠른 하천의 상류나 중류에서는 퇴적물이 쉽게 운반되지만 점점 하류에 이를수록 속도가 줄어들어 물이 토사를 충분히 머금지 못하게 된다. 특히 바다로 유입되는 경우 바닷물의 염분이 상류에서 운반되어 온 미세물질을 가라앉히므로 평평한 퇴적물이 바다에 거의 잠길 정도로 퇴적지형이 형성된다. 큰 규모의 강이 바다에 닿는 경우 끝에서 여러 갈래의 작은 강으로 갈라지고 다시 합쳐지며 미로와 같은 모습을 보이며 퍼진다. 이렇게 퇴적된 지형은 하늘에서 본 모양이 삼각형에 가까워 삼각주라고 불린다.

삼각측량 [triangulation]

서로 멀리 떨어진 각각의 지점에서 각도를 관측하여 각각의 위치 관계를 수치적(數値的)으로 정하는 하나의 측량방법이다. 각 지점을 꼭짓점으로 하는 1개 또는 여러 개의 삼각점을 정하고, 이것들의 각 꼭짓점을 관측하여 삼각법에 의해 각 각(角)과 각 변의 관계를 구하는 것에서 이런 이름이 붙었으며, 각 꼭짓점을 특히 삼각점이라 한다. 삼각측량은 넓은 지역에서 기준점을 배포하기 위한 기준점측량에 가장 적당하다.

상고대 [air hoar/rime]

대기 중의 수증기가 승화하거나 0℃ 이하로 급냉각된 안개·구름 등의 미세한 물방울이 수목이나 지물(地物)의 탁월풍이 부는 측면에 부착·동결하여 순간적으로 생긴 얼음으로 수빙(樹氷)이라고도 한다. 백색 투명의 부서지기 쉬운 얼음으로 바람이 강할수록 풍상 측에 크게 성장하고 새우꼬리와 같은 모양을 한다.

상대밀도 [relative density]

모래나 자갈과 같은 비점착성 흙의 다져진 상태를 표시하는 것. 간극비를 사용하여 다음 식으로 정의된다.

$D_r = (e\max - e)/(e\max - e\min)$

여기서, $e\min$: 최대로 다져진 상태에서의 간극비, $e\max$: 최대로 느슨한 상태에서의 간극비, e : 주어진 상태에서의 간극비이다. 상대 밀도를 구하는 방법은 측정 방법에 따라 $e\max$, $e\min$이 변화하는 결점이 있으며, 상대 밀도는 모래나 자갈의 역학적 특성과 관계가 있다. 일반적으로 엉성한 모래에서는 D_r = 0~0.33, 적당히 다져져 있으면 D_r = 0.33~0.66, 치밀한 모래에서는 D_r = 0.66~1.0이다.

상부맨틀 [upper mantle]

지하심도 1,000km보다 상부인 맨틀의 윗부분. 대륙에서는 심도 35~413km까지를 가리키기도 하며, 밀도 3.40g/cm^{3}인 부분으로 감람암으로 구성된 것으로 측정한다.

상수도 복구 [recovery of water supply systems/public water recovery]

상수도는 지진피해 지후에는 소방용수로서, 그 후는 생활용수로서 매우 중요한 라이프라인이다. 복구에 시간이 걸리므로 긴급대응으로서 우물이나 하천수의 이용, 도로상에서의 긴급급수전의 설치, 급수차를 이용한 공급이 가능하다.

상수도 피해추정 [damage estimation of water supply systems]

공중위생 향상과 생활환경의 개선 및 소화의 목적을 위하여 계통적으로 물을 공급하는 설비가 지진, 태풍, 홍수, 가뭄, 해일, 화재 등이나 뜻밖에 일어난 재앙과 고난에 의해 직·간접적으로 입은 피해의 수준을 평하는 것을 말한다.

상수도의 복구곡선 [restoration curve of water supply systems]

상수도는 지진발생 직후에는 소화용수로서 필요하며 그 후는 생활용수로서 매우 중요한 라이프라인이다. 공급관이 지하에 매설되어 있어 어디가 파손되었는지 확인이 어려우며 복구에 비교적 시간이 걸린다. 복구될 때까지 응급대책으로서 우물이나 하천물을 이용하거나 도로상에서 응급급수전을 설치하여 급수차를 이용해 공급한다.

상해 [frost damage, injury]

봄과 가을철에 기온이 급격히 떨어짐에 따라 농작물이 피해를 입는 경우를 말한다. 즉, 농작물의 체온이 급격히 떨어져서 세포가 동결사하는 것이다. 일반적으로 식물세포의 경우 겨울에는 −10°C 정도까지도 견딜 수 있는데, 이것은 겨울에는 식물세포의 저온저항성이 더욱 강해지기 때문이다. 그러나 봄이나 가을에는 식물세포의 저항성이 겨울보다 비교적 약하기 때문에 기온이 영하로 떨어지면 피해를 입게 된다. 동상해(凍霜害)라고도 한다.

상호작용(두 건물 사이에서의) [interaction(between two buildings)]

도시 내부에는 높은 빌딩들이 많아서 마찰력 때문에 일반적으로 바람이 약하지만 빌딩에 바람이 부딪쳐 갈라져 불 때 건물과 건물 사이에서는 벤츄리 효과(Venturi effect)로 아주 강한 바람이 불며, 이런 바람을 빌딩 풍 또는 빌딩 바람이라 한다. 이로 인해 고층빌딩 주변에는 회오리바람과 함께 먼지와 소음이 자주 발생해 주변에 사는 사람들이 호흡곤란과 불쾌감, 보행곤란 등을 겪고 있는 것이다. 일본, 미국 등에서는 빌딩 바람으로 인한 피해가 잇따르자 70년대부터 환경영향평가제도에 바람에 대한 조항을 삽입해 고층건물 신축 때 의무적으로 평가를 받도록 하고 있다. 그러나 국내에서는 건물 자체의 안전에 영향을 주는 풍압조사 말고는 바람에 대한 환경평가를 하지 않고 있어 빌딩 바람에 속수무책인 실정이다.

생존자 외상 [survivor's guilt]

지진 등으로 가족과 이웃을 상실했을 때 "왜 나만 살아났는지.", "왜 도우지 않았는가." 라고 스스로를 비난하는 감정. 지진 직후에는 지진과 자신과의 관계에 있어서 행운·불운이라고 이유에서 생존과 상실을 놓다가 자신의 능력과 노력이 필수적이 되는 일상생활의 복구 시에도 자신과 타인과의 비교, 주목하지 않을 수 없게 된다. 스스로 재구성하려고 할 때의 감정 중 하나이기도 하다.

생활복구 [livelihood recovery and rehabilitation]

재해로 인해 없어진 생활 기반인 거주지나 일상적인 생활 등을 확보할 수 있도록 이재민들이 안정된 생활을 되찾을 수 있도록 해주는 것을 말한다. 생활복구 매뉴얼은 이재민들의 안정된 생활을 조기에 실현하기 위하여 복구의 기본방침, 종합적인 복구를 위한 조직과 체제, 거주지, 생활, 일에 관한 생활복구대책을 실시할 때의 역할 분담 등을 알기 쉽게 정리해 놓은 지침이다.

선박 결빙 [ship icing]

기온이 영하 이하인 혹한의 악천후 속에서 선체위로 튀어 오른 물보라가 닿아 찬바람으로 얼어붙어 발생하는 착빙을 선박 착빙이라고 한다. 선박의 착빙은 겨울철 북방의 한랭한 해상에서 발생한다. 선박 외부에 드러나 있는 선체·난간·현장(bulwark)·밧줄·안테나 등에 바닷물이 튀어 오르면서 물방울이 얼어붙는다. 이렇게 만들어진 착빙은 바로 제거해야 한다. 그렇지 않으면 중심 위치가 올라가서 선체의 복원력이 떨어진다. 여기에 강풍이나 큰 파도가 닥치면 갑자기 전복될 수 있다. 선체 착빙이 위험한 것은 방치할 경우 착빙이 점점 두꺼워지면서 선체의 성능을 매우 저하시키기 때문이다. 겨울철 북태평양 고위도 해역에서 조업하는 어선이 전복되는 경우가 왕왕 있다. 전복되는 어선 중에 상당수가 선박착빙 때문이라고 한다.

선박화재 [ship fire]

선박 내에서 일어난 화재. 선박의 불은 기관실·주방·선창 등에서 일어나는 경우가 많은데, 연료·화물의 유류 및 가연성 화물에 대한 방화처치의 불량, 선내 화기의 단속 불량, 누전 등이 화재의 주요 원인이다. 육상의 화재와 달리 항해 중의 화재는 외부로부터 소방활동을 기대할 수 없으므로 자력으로 처리하지 않으면 안 되고, 주수소화에는 한도가 있으므로, 대화재로 번지게 되었을 경우에는 배를 버려야 하는 사태에 이른다.

선반 등의 전도율 [turnover rate of shelves]

지진동에 의한 선반 등의 움직임은 잠금 전도, 점프, 미끄럼, 낙하 등이 있다. 전도는 인적 피해의 큰 요인임과 동시에, 화학 약품 선반에서 약품 병의 손상을 초래, 화재의 발단이 되기도 한다. 전도 속도는 선반에 소개 된 선반 모양, 수납물의 상태, 고정 방법 등이 영향을 줄 수 있다. 키가 크고 바닥이 길쭉한 모양의 선반은 전도 속도가 몇 배 높고, 건물 층수의 증가에 의해 생기는 전도 속도 증가도 뚜렷하다.

선상 대류 [line type convective system/squall-line]

갑자기 일어나는 풍속의 현저한 변화를 말한다. 강수를 동반하지 않는 경우를 흰스콜, 검은 비구름이나 강수를 동반하는 경우를 뇌우스콜, 광범하게 이동하는 선에 따라 나타나는 가상의 선을 스콜선(squall line)이라고 부른다. 스콜선은 한랭전선 부근이나 적도무풍대에서 발생하기 쉽다. 우리나라에서 한여름에 내리는 소나기도 일종의 스콜이지만, 일반적인 스콜은 증발량이 많은 열대지방에서 자주 내린다. 열대지방에서는 한낮에 강한 일사로 인해 대류작용이 왕성하여 거의 매일 스콜이 내린다.

선상 함몰 지형 [linear depression]

선상(부채꼴 모양)에 길게 계속되는 움푹한 곳. 넓은 의미로 침식이나 단층 운동에 의해 형성된 지형도 포함하지만, 좁은 의미로는 산과 산사이의 언덕에 접해 있는 협소한 함몰 지형 또는 산방향소벼랑에 수반하는 선상의 함몰된 곳을 가리키는 경우가 많다.

선상지 [fan]

하천이 산지에서 평야로 흘러나올 경우 골짜기 출구를 정점으로 하도경사의 급격한 변화로 사력이 퇴적하여 형성된 반원추형 지형이다. 선정, 선앙, 선단부로 나누어진다. 선상지를 흐르는 하천에서는 망상류와 하안침식이 보이며, 선정과 선앙부에서는 복류하고 선단에서는 물이 솟는 증의 변화가 심하게 발생한다. 홍수는 펼쳐진 형상으로 흐르므로 뽕나무 등 홍수에 강한 작물이 심어져 있다.

선행강수지수 [API(antecedent precipitation index)]

강수가 있기 전 유역내의 토양이 함유하고 있는 수분의 정도를 나타내는 지수를 말한다. 유역의 유출률과 깊은 관계가 있다.

선형 진동 [linear vibration/linear oscillation]

지진이나 바람 등 동적외란을 받는 구조물 등의 진동은 운동 방정식에서 기술되지만 관성력의 공간 분포의 취급에 의해 집중 질량계와 분포 질량계로 분류되어 일반적으로 집중 질량계는 상미분 방정식에서 분포 질량계는 편미분 방정식에서 기술된다. 방정식에 포함되는 변수의 변동이 작을 때에는 선형 방정식으로 쓸 수 있다. 이러한 진동계의 진동은 선형 진동으로 불린다. 특히, 미소 변형 시와 같이 복원력이 변형에 비례하는 탄성 영역의 경우에는 탄성 진동이라고도 불린다.

설계 파력 [design wave force]

항만 및 해안 구조물 설계에 사용한다. 파에 의해 구조물에 가해지는 힘을 말한다.

설계 풍속 [design wind speed]

내풍 설계의 설계 목표를 달성하기 위해 특정되는 풍속의 값을 말한다.

설계강우량 [design storm]

수공구조물을 설계할 때 계획기준이 되는 강우량이다. 구조물의 중요도에 따라 확률강우량 또는 가능 최대 강수량을 설계강우량으로 사용한다.

설계조위 [design water level]

항만 또는 해안구조물의 설계에 사용하는 구조물에 가장 위험하게 적용되는 해수면의 높이를 말한다.

설계진도 [design seismic coefficient]

설계용 지진하중을 정하기 위해 특정된 진도의 값을 말한다.

설계파 [design wave]

항만 및 해안 구조물 설계에 적용하는 파랑. 항만 설계의 경우 설계 외력으로 50년 재현 빈도의 유의파를 주로 사용한다.

설계화재의 근원 [design fire source]

설계화재는 열방출률, 유독물질 발생속도, 연기발생속도, 화재크기(화재전개에 따른 시간포함), 온도/열유속에 따른 시간이 필요하다. 또한 화염화재의 경우 화재성장의 특성속도를 결정하는 인자들로서는 연소물질의 특성, 연료의 기하학적 배열, 구획 구조, 연료의 발화성, 열방출률 특성, 환기, 외부 열유속, 노출된 표면적이 필요하다.

설량계 [blowing snow gauge/snow dirft gauge]

강설량을 재는 측기로서 우량계와 같이 구경이 정해진 물받이에 들어간 눈의 중량이나 질량을 측정하거나, 녹여서 용적을 측정하여 적설상당의 강수량(mm)을 구하는 것이 보통이며, 눈은 가벼워서 바람막이를 붙이며, 눈을 받는 그릇의 테두리에 눈이 쌓이면 정확한 측정이 불가능하여 전열선을 두어 약간 가열한다.

설비 [snow cornice]

산능(山稜)의 바람이 불어 가는 쪽으로 향하여 처마형상으로 형성된 적설을 말한다. 바람이 불어오는 쪽 경사면에 따라 운반된 눈이 산능을 불어 넘어가는 기류에 의하여 형성된다. 설비는 자주 설붕발생의 원인이 된다. 설비는 눈사태에 있어 매우 위험한 요인이다.

설빙학 [studies on snow and ice]

눈과 얼음에 관하여 연구하는 학문이다.

설상 [snow type/grain shape]

눈의 입자 형상을 말한다. 눈의 경우 6각모양, 별모양 등 다양한 형태들이 있다.

설선 [snow line]

겨울에 내린 눈이 녹지 않고 쌓이는 가장 낮은 높이를 말한다. 만년설의 아래쪽 한계. 기후적인 설선과 지형적인 설선으로 나누는데, 기후적 서선은 기온과 강수량 등으로 설선의 고도를 정하게 되고, 지형적 설선은 산의 그늘이나 바람의 영향 등에 의해서 국지적으로 다르게 나타난다. 위도 20° 부근에서는 약 6,000m, 50° 부근에서는 약 3,000m, 70° 부근에서는 해수면까지 내려간다. 예를 들면 킬리만자로 산에서는 5,200m, 몽블랑 산에서는 2,800m이다. 따라서 설선의 높이는 위도, 기온, 강설량, 지형, 방위 등에 따라 다르다.

설온 [snow temperature]

지표면에 쌓여 있는 눈의 온도를 말한다. 설온은 깊이에 따라 온도가 다르다. 일반적으로 설온의 측정은 눈을 판 후 적절한 온도 센서를 눈의 깊이에 따라 측정한다.

설전 [snow patch]

주위 지역보다 두꺼운 퇴설이 생겨 융설이 늦어지면서 사면에 고립된 잔설 구역을 말한다. 사면상의 요지나 산릉의 풍하사면 등에는 융설기에 들어서도 녹지 않고 남아 있기 때문에 설전의 눈은 융해 · 동결을 반복하여 변질되어 밀도가 높은 권곡이 된다. 사계절을 통해 녹지 않는 것은 만년설 · 만년설전이라고 한다.

설척, 눈자 [snow stake]

적설의 깊이를 재는 자를 말한다. 단위는 보통 cm를 사용하고 일반적으로 넓고 편평한 땅에 세워 눈금을 새긴 나무로 만든 모난 기둥 또는 둥근 기둥을 사용한다. 금속 설척의 경우 열전도로 인해 주변의 눈에 영향을 주기 때문에 적설의 깊이를 읽기 어렵다.

설하중 [snow load]

적설중량에 의한 하중을 말한다. 법규적으로는 다설 구역에서 장기, 일반 구역에서는 단기의 하중이 되며 현재 내리는 눈, 다소 가라앉은 눈, 압축된 눈, 다량이 수분이 포함된 눈 등 눈의 상태에 따라 표준값이 정해지고 있다.

설해 [snow damage]

눈으로 발생하는 모든 재해를 말한다. 설해에는 단시간 내에 많은 눈이 내림으로써 발생하는 재해와 장기간 많은 눈이 쌓인 것으로 인한 적설해, 경사면에 쌓인 눈이 경사면을 따라 흘러내리는 눈사태에 의한 재해 등이 있다. 또한 이러한 현상들이 복합적으로 발생하기도 한다. 설해는 구조물의 피해뿐만 아니라 농작물의 피해, 교통 두절 등의 사회적 기능 장해 등도 포함한다.

설형(일어) [yukigata(雪形)]

산중턱에 돌이랑 눈이 쌓인 모양.

성능설계 [performance design]

구조물이 가져야 하는 성능을 명확히 규정한 후, 그 성능을 만족하기 위해서 실시하는 설계법의 총칭이다. 성능설계의 개념이 주목되어진 것은, 지진발생에 의해 구조물이 받는 손상을 감안한 구조물 설계를 하여 지진피해를 저감하기 위한 규범으로 사용하는 것이 제안되면서부터이다. 구체적으로는 구조물이 보유하여야 하는 기본구조특성으로 몇 가지의 레벨을 설정하고 구조물에 입력하는 지진동의 레벨도 몇 가지 설정한 후에, 양자의 조합으로 설계된 구조물의 내진성능을 표현하는 것이다.

성층화산 [stratovolcano]

용암과 화산쇄설물이 교호로 쌓여 높은 화산원추를 이룬 것을 말한다. 점성이 중간 정도인 안산암질 화산에서 우세하다.

세계기상 감시 프로그램 [world weather watch program]

1963년에 설립 된 세계 날씨 시계 WMO 프로그램의 핵심은 모든 국가에서 효율적인 서비스를 제공하는 데 필요한 사용 가능한 기상 및 관련 환경 정보를 만들기 위해 회원들에 의해 운영 관측 시스템, 통신 시설, 데이터 처리 및 예측 센터를 제공한다.

세계기상기구 [World Meteorological Organization(WHO)]

기상관측 또는 기타 지구물리학적 관측을 위한 범세계적인 협력관계 도모를 목적으로 설립된 국제기구.

세계보건기구 [World Health Organization(WHO)]

보건·위생 분야의 국제적인 협력을 위하여 설립한 UN(United Nations, 국제연합) 전문기구.

셸 구조 [shell construction]

곡면판을 구조로서 이용한 구조물. 계란이나 조개껍데기가 얇은 데도 불구하고 단단하다는 데 착안하여 고안해낸 콘크리트 구조의 하나. 반구형, 반원통형의 형태로 공장, 시장, 학교건축 등에 쓰이고 있다. 곡면 슬래브의 역학적 특질을 이용하고, 하중은 재축선을 따른 압축력으로서 하부에 전달되므로 휨 모멘트가 작다. 따라서 작은 단면으로 대 스팬을 구성할 수 있다.

소각재 [cinder]

소각회(燒却灰)라고도 한다. 바닥재(bottom ash)와 비산재(fly ash)로 나뉜다. 바닥재는 도시쓰레기 중 불연(不燃)성분과 미처 타지 못한 일부 가연(可燃)성분이 소각로 안의 화격자 아래 놓인 잔류물 호퍼로 떨어진 것을 말하고, 비산재는 소각로에서 발생하여 건식 스크러버와 여과식 집진장치에서 걸러진 재를 말하는데, 집진재·플라이애시라고도 한다.

소류집합유동 [immature debris flow]

토석류와 소류사의 중간의 토사의 이송 현상. 대체로 하천 바닥 기울기 2~10°의 구간에서 나타난다. 토석류의 경우 사력(砂礫)은 흐름의 표면까지 고농도로 존재하지만, 토사류에서는 흐름의 표면(상층)은 유수로 뒤덮인 흙더미, 하층부는 고농도로 2층 흐름으로 운반된다. 경사가 완만해짐에 따라 하층의 토사 이동층 두께는 작아지는 흐름으로 토사 농도(이송 농도)도 작아진다.

소방 [fire fighting]

화재를 예방, 경계, 진압하여 국민의 생명, 재산을 화재로부터 보호하는 동시에 풍수해, 지진 등의 재해에 의한 피해를 경감하는 것이다.

소방관 [fire fighter]

화재진압, 자연 재해 대응 및 위급한 상황에서 구조 활동에 대한 책임이 있는 사람을 말한다.

소방기본법 [framework act on fire services]

화재를 예방 · 경계하거나 진압하고 화재와 재난 · 재해 및 그 밖의 위급한 상황에서의 구조 · 구급활동 등을 통해 국민의 생명 · 신체와 재산을 보호함으로써 공공의 안녕질서 유지와 복리증진에 이바지하기 위해 제정한 법.

소방용수 표준 [standard of fire department water source]

소방의 수요 3요소 중 하나로 소방용수시설 설치기준(소방법 제 6조 제2항 관련)에 따라 설치하며 화재를 진압하는 데 사용되는 용수를 소방용수라 한다.

소방차 [fire engine(fire truck)]

화재나 재해와 같은 긴급사태에 대비하여 소방용 등의 장비를 갖춘 특수차를 말한다.

소방학교 [fire fighting school]

소방공무원의 교육훈련을 위하여 운영하는 교육훈련기관이다.

소설년 [less snow year]

평년보다 눈이 적은 해를 소설년이라고 한다. 누적 강설량, 최대 적설심, 강설 횟수 등 기준이 있지만, 특히 어떤 내용을 지표로 가지고 있는 것은 아니다. 눈이 내리는 나라에서는 강설 횟수가 적으면 누적 강설량도 적고, 따라서 최대 적설 깊이도 적은 경향이 있기 때문에 어떤 기준 해에도 소설년인지 여부를 판단할 수 있다. 그러나 태평양에서는 강설 후에 적설이 없거나 곧바로 없어지므로 강설 횟수를 지표로 보는 것이 적당하다.

소성도 [plasticity chart]

가로축을 액성 한계, 세로축을 소성 지수로 나타내는 그림으로 압축성, 투수성 등 흙의 상태를 분류하는 데 사용한다. 주로 점성토가 대상이며, 세립토(細粒土)의 분류에 널리 이용되고 있다.

소성변형 [plastic deformation]

외력에 의해 생긴 비틀림이 외력을 제거하여도 전혀 회복되지 않을 때의 변형을 말한다. 이에 반해 모든 비틀림이 완전히 회복되는 경우를 탄성변형이라 한다. 고체에 외부로부터 힘을 가하면 형상이 변하지만 탄성의 범위에서는 외력을 제거하면 다시 본래의 형상으로 되돌아가기 때문에 영구히 외형을 바꾸려면 탄성 한계 이상의 힘을 가하지 않으면 안 된다. 즉, 소성변형을 하려면 탄성변형 범위 이상의 외력을 가해야 한다.

소우 현상 [scarcity of rainfall]

장기간에 걸쳐 강우가 적은 현상. 며칠 동안 비가 내리지 않더라도 인간 사회에서 아무런 피해가 발생하지 않지만, 이것이 장기화하면 식수, 농업용수, 공업용수, 발전, 하천 환경, 생태계 등에 큰 영향을 미친다. 그러나 소우의 정의는 확정된 것은 아니고, 같은 강우량에도 건조 기후 지역과 습윤 기후 지역과는 파악하는 방법이 다르다. 해당 지역에 물 부족과 물 재해를 초래하는 현상(적은 강우의 양과 기간)이라고 생각된다.

소파 [minor damage]

소파란 경미한 파손. 지진의 피해 정도를 나타낼 때 흔히 쓰인다. 피해 정도는 무피해, 소파, 중파, 중파, 대파, 도괴로 분류된다.

소화설비 [fire extinguishing system]

물 기타의 소화 약제를 써서 소화하는 설비 또는 기계 기구. 소화기, 소화전, 스프링클러, 물분무 소화, 거품 소화, 분말 소화, 동력 소방펌프, 연결 살수, 연결 송수관 등의 각 설비를 말한다.

소화수조 [fire cistern]

대규모의 부지 위에 축조된 건축물, 고층건축물 등과 같이 많은 양의 소화용수를 필요로 하는 소방대상물의 인근에 설치하여 소방대상물의 화재 발생 시 소화약제로 사용되는 물을 유효적절하게 사용할 수 있도록 저장하여 두는 설비. 소화수조 또는 저수조는 소방대상물에 따라 지하에 설치하는 지하수조와 건축물의 옥상 또는 옥탑에 설치하는 지상수조로 구분한다.

소화전 [fire hydrant]

소화를 위해 상수도의 급수관에 설치된 소화호스를 장치하기 위한 시설을 말하는데, 옥내소화전과 옥외소화전으로 구별된다.

소화호스 [fire hose]

소화용으로 사용하는 지름 5~10cm의 호스로서 아마제(亞麻製), 고무를 피막한 목면(木絡) 호스 등이 있다.

속도압 [velocity pressure]

(속도압력) 유체의 전압(全壓)과 정압(靜壓)과의 차로, 동압(動壓). 일반적으로 $\rho V^2/2$으로 표시된다. 풍하중의 기본이 되는 양이며, ρ는 유체의 밀도, V는 유속을 표시한다.

손실 [loss]

① 공학적으로는 입력과 출력의 차 또는 에너지를 잃는 것을 말한다. ② 시공 과정에서 부득이 발생하는 재료 등의 손실이나 낭비를 말한다.

손해사정 [damage assessment]

발생한 손해가 보험의 목적에 해당되는지 여부와 손해액을 평가·결정하고 보상금을 지급하는 데 관련된 업무를 말한다.

쇄설성 퇴적암 [detrital sediments/clastic sediments]

쇄설성 퇴적암은 지각을 형성한 암석이 풍화되어 만들어진 퇴적물이 유수, 바람, 빙하에 의해 운반, 퇴적, 고화되어 형성된다. 쇄설성 퇴적암은 대부분 입자의 크기와 성분에 의해 분류되나 이질암의 세분에는 암석의 구조가 관여된다.

쇄파대 [breaker zone/surf zone]

바다에서 해안으로 진입하는 파랑이 부서지는 위치를 가리키며, 이곳에서 부서진 파도가 해안선을 향하여 밀려가는 지역을 서프대(surf zone)라고 한다. 쇄파대의 바닥에는 흔히 해저사주(submarine bar)가 발달하여 수심이 주변보다 얕다.

수관화 [crown fire]

나무의 가지나 잎이 무성한 부분만을 태우며 지나가는 불을 말한다.

수도요금 [price of municipal water supply]

수돗물 또는 수도시설 등의 이용에 대한 사용료를 말한다. 수도요금에서 중요한 문제는 수도요금이 생산원가보다 낮아서 국민들이 물 부족 상태를 심각하게 생각하지 않는다는 것이다.

수렴선 [convergence line]

기류가 수면 위에서 한 점으로 집중하는 것처럼 보이는 상태를 수렴이라고 하며 이 경계를 수렴선이라고 한다. 발산에 상대되는 용어로 기압골 전면의 하층대기나 기압골 후면의 상층대기에서 수렴을 볼 수 있다. 지표면 부근에서 수렴이 발생하면 반드시 상승기류가 존재한다.

수로공사 [channel works]

계류의 종횡침식을 방지하고 물의 흐름을 원활하게 하기 위해서 계상(溪上)과 계안(溪岸)에 시설하는 공사.

수문기상학적 위험 [hydrometeorological hazard]

사상, 부상 또는 기타 건강에 미치는 영향, 재산 피해, 생계 및 서비스 손실, 사회적, 경제적 혼란, 또는 환경 손실 등의 원인이 될 수도 있는 대기학적, 수문학적 또는 해양학적 과정이나 현상을 말한다. 수문기상학적 위험은 열대성저기압(태풍과 허리케인으로도 알려져 있음), 뇌우, 우박, 돌풍, 폭설, 폭우, 눈사태, 해안의 폭풍해일, 돌발성 호우를 포함한 홍수, 가뭄, 폭염, 그리고 한파 등을 포함한다. 수문기상학적 조건은 산사태, 산불, 메뚜기 재앙, 전염병 그리고 독성물질이나 화산분출물의 이동과 방출과 같은 위험의 원인으로 작용할 수도 있다.

수변림 [streamside forest]

하천의 주변에 형성되어 있는 산림이다.

수상 생물학적 자원 [ocean biological resources]

수상에 있는 실질적 또는 잠재적으로 인류를 위하여 사용될 가치가 있는 유전자원, 생물체, 유기체군 또는 생태계의 그 밖의 생물적 구성 요소를 의미한다.

수용가능 위험도 [acceptable risk]

지역사회 또는 공동체가 사회적, 경제적, 정치적, 문화적, 기술적, 그리고 환경적 조건에서 수용할 수 있는 잠재적 손실의 정도를 말한다. 공학적 측면에서의 수용위험도는 인명, 재산, 사회 기간 사업 및 시스템에 대해 수용 가능한 수준의 위험도로서 알려져 있는 위험 및 기타 요인들의 재해 가능성을 기반으로 결정된 인내기준, 규범 그리고 훈련 정도 등을 토대로 구조적, 비구조적 대안을 평가하고 정의하기 위해 사용될 수 있다.

수준측량 [leveling]

지상여점의 고저차를 측정하는 것. 보통 두 지점에 표척을 세우고 그 거리 중점에 레벨을 거치하고, 시준선을 수평으로 하여 전후표척의 눈금차를 취한다. 이것을 직접 수준측량이라고 한다. 이 외의 수준측량, 즉 레벨을 사용하지 않는 것을 간접수준측량이라 총칭한다. 고저측량이라고도 한다.

수증기 마그마 분화 [phreatomagmatic eruption]

지하수나 지표수가 용암과 혼합하여 마그마 가스 및 증기 및 화산재를 뿜어내는 폭발적 분화 양식을 말한다. 마그마의 이동속도가 빠르고 마그마가 직접 지하수나 해수면에 접촉할 때 발생한다.

수증기 폭발 [phreatic explosion/steam explosion]

액체에 있는 물이 기체상태로 성질이 변했기 때문에 원자, 원자 간의 운동이 극단으로 자유가 되어 외부로 향해서 활동을 비롯해 증기가 도망간 공간이 충분할 때나 물의 용량이 현저하게 많아지는 등의 조건이 좋아지면 폭발현상이 발생하지 않지만, 폐쇄된 상태일 때는 1,000~2,000배 정도의 체적팽창이 되기 때문에 방대한 내압이 생겨서 용융 고열물이 약한 부분에서 폭발적으로 외부에 방산한다. 이러한 현상을 수증기 폭발이라 한다.

수질개선 [water quality improvement]

물에 용해된 유해물질을 제거하고 pH, 경도 및 알칼리도를 조절, 물의 성질을 변화시켜 사용목적에 적합한 수질로 바꾸는 과정을 말한다.

수질오염 [water pollution]

자연수역(自然水域)의 수질이 폐물질(廢物質)의 유입 때문에 오염되는 현상의 총칭을 말한다. 인간의 활동이 호수, 강, 해양, 지하수 등의 수질에 끼치는 악영향을 의미한다. 자연적으로도 화산폭발, 조류, 폭풍, 지진도 수질과 물의 생태에 영향을 주지만 물이 '오염되었다'는 것은 주로 물을 사용하려는 용도로 이용할 수 없는 경우를 일컫는다. 수질오염은 직·간접적으로 인간의 건강과 생활환경의 수준을 저하시켜 인간의 많은 활동과 환경에 피해를 발생시키는 원인이 되며 현대에서는 피해가 현저하지 않아도 자연환경에 악영향을 줄 우려가 높은 현상도 포함하여 해석된다.

수치예보 [numerical weather prediction]

대기의 운동 및 상태를 수치 모델화하고, 분석된 관측 자료를 모델의 초기값으로 사용한 수치시뮬레이션의 결과를 토대로 하는 예보방식을 말한다.

수퍼화산 [super volcano]

폭발할 때 분출하는 마그마와 화산재가 1,000km^3 이상으로 추정되는 초대형 화산을 말한다.

수해 [flood damage]

물과 관련된 모든 재해를 말한다.

순간돌풍 [microburst]

갑자기 강하게 불고 단시간에 그치는 바람. 보통은 뇌우를 수반하는 한랭 전선과 함께 발생하고, 계속 시간은 20~30초 이하이며, 평균 풍속은 5m/sec를 넘는다.

순간침하 [instant settlement]

지표면에 구조물을 설치하거나 재하할 때 순간적으로 발생하는 침하를 말함. 침하가 장시간에 거쳐 발생하는 침하를 압밀침하라고 하며, 지표면에 구조물을 순간적으로 설치하는 것은 어렵기 때문에 건설 중에 나타나는 성질이 있으며, 건설이 끝나면 순간침하도 끝나는 경향이 있다. 순간침하와 비슷한 것으로 침수침하가 있다.

순상화산 [shield volcano]

유동성이 높은 현무암질 용암이나 유문암질 화산재가 넓은 지역에 걸쳐 낮고 편평한 돔 형태를 이룬 화산으로, 아스피테형 화산이라고도 부른다.

스노우타이어, 겨울용 타이어 [snow tire]

눈길에서 사용되는 자동차 전용의 겨울용 타이어를 말한다. 트레드에 거칠고 깊은 홈이 패여 있어 뛰어난 제동력과 견인력을 가진다.

스위스 재해 구조대 [Swiss Disaster Relief unit(SDR)]

1976년에 스위스 연방의 제헤(지연, 인위의 양측)니 내전에 따라 위기에 노출된 생명을 지키고 고통을 덜어주는 일을 목적으로 한다. 동유럽의 경제 곤란으로 곤궁한 사람에 대한 지원도 포함이고 있다. 활동에는 유엔, 국제기 침실에 대한 지원과 스위스의 NGO가 하는 원조에 대한 지원이 있다. 인재 파견, 자금 협회 힘, 식량 및 구호물자의 지급 중 하나 또는 그들의 조합이다. 시책으로서 감재(화산 활동의 소모니 컴퓨터 링, 원조 담당자 연수·훈련), 구명, 생존 보장(술료와 식량의 공급), 공공시설의 응급 복구(학교, 병원, 주요 도로 및 교량), 보건·위생을 중시하고 있다. 영세 중립 국가라는 특단의 입장을 살린 출발의 빠름을 특징으로 하고 있다.

스코리아 [scoria]

화산이 폭발할 때 고체 상태로 분출되는 물질인 화산쇄설물의 일종으로 기공이 매우 많다. 마그마가 대기 중으로 방출되어 그 속의 휘발성 성분이 빠져나가 많은 기공(氣孔)이 생긴 것이라고 생각된다. 부석(浮石)보다 다소 무겁고, 염기성 또는 중성의 마그마에서 유래된다. 따라서 스코리아는 검고 기공이 많지만 물에 뜨지 않고, 부석의 경우 밝은 색을 띠고 기공이 많으며 물에 뜬다. 스코리아는 반정광물을 다소 함유하지만 대체로 유리질이다. 부석의 경우와 마찬가지로 강하한 것과 유출된 것이 있어서, 각각 강하암재 퇴적물·암재류 퇴적물이라고 한다. 기공이 차지하는 비율이 극단적으로 커서, 구멍과 구멍 사이의 격벽(隔壁)이 실처럼 된 것을 레티큘라이트(Reticulite) 또는 스레드-레이스 스코리아(thread-lace scoria)라 한다. 화산쇄구의 경우 화산쇄설물에 따라 스코리아구, 경석구, 화산회구로 세분화되며 화산쇄구 중 퇴적양이 적고 낮은 화산구가 화구를 둘러싸고 있는데 이것을 응회환이라고 한다. 제주도의 화산은 대부분 현무암질 용암분출이 원인이 되는 분화활동으로 주로 스코리아구에 해당한다. 이 과정에서 생성된 화산재 알갱이가 바로 스코리아다. 제주도의 스코리아층은 빗물이 수십겹의 현무암 지질층과 그 위의 화산재로 이루어진 스코리아 층을 통과하게 되어 물이 정화되기 때문에 깨끗하다는 특징이 있다.

스크루톤 수 [Scruton number]

바람의 작용에 의한 진동을 강제 진동수와 생각할 때, 작용한 공기력은 질량비 또는 질량 관성 모멘트 대비로 구조 감쇠의 선형 결합, 즉(m/PD2)·의 대소를 평가할 수 있다. 스크루톤은 1983년의 바람 공학 국제회의에서 제창자 Scruton의 업적을 기리고 명명됐다.

스크린 댐 [screem dam]

사방 댐, 치산 댐 상류 벽면에 H형강, 강관 등을 비교적 조밀한 간격(15~30cm)에서 스크린을 가지고 있는 댐이다. 스크린을 지탱하는 골조 i구조는 양식 부벽 형식을 하고 있는 경우가 많다. [illegible] 좋지만 평상시의 [illegible] 흙더미는 스크린에 의해 [illegible]되기 쉬운 투과형 댐에 설치한다. 또한 바닥 수발 스크린은 하상 면보다 조금 위에 수평으로 철강 스크린을 진열한 구조로, 토석류의 흙탕물부를 투과·분리하고, 사력부만 스크린상에 정지 퇴적시킨다.

스터드 타이어 [studded tire]

눈이나 얼음이 덮인 도로에 대비하여 우수한 접지력을 높일 수 있는 징이 박힌 타이어를 말한다.

스터드리스 타이어 [studless tire]

겨울철 사용하는 타이어 중 하나로, 스터드에 의한 대기오염 및 도로 파손을 막기 위해 스터드 없이 성능을 발휘하는 타이어를 말한다.

스터럽 [stirrup]

인장주철근을 둘러싸고, 철근에 각각 또는 직각에 가까운 각도로 배치되는 철근을 말한다. 보통 철근길이 6~16mm이며 U자형, W자형의 철근을 주로 사용한다.

스테이 [bracing]

구조물이 도괴(倒壞)되는 것을 방지하기 위해 그 구조물과 다른 고정(固定)물과를 연결해 압축(壓縮)력 또는 인장(引張)력에 의해 이것을 지지하는 기둥·파일·철사·망·강재 등을 말한다.

스트로우홀 수 [Strouhal number]

유체 흐름에 있어 장애물 뒤에 흐름의 와가 발생하여 소음 특성에 관계된 무차원수를 말한다. 주파수 f는 유속 V와 물체흐름 수직길이 d에 의해 무차원화된다.

스트롬볼리식 분출 [Strombolian eruption]

마그마의 휘발성분이 폭발하여 분출한 암재질의 화산쇄설물의 비율이 높은 분석구를 만드는 폭발식 분출의 한 종류이다.

스트롬볼리식 분화 [Strombolian eruption]

용암의 분출과 약한 폭발이 연달아 일어나서 용암이 굳어서 덩어리가 생길 사이가 없는 분화를 말한다. 지중해 리피리 섬의 스트롬볼리 화산의 활동에서 유래하였으며, 일본 규슈의 아소 화산도 예이다.

스트립 이론 [strip theory]

선박 운동성능 해석에 널리 사용되고 있으며, 불규칙 파랑하중 계산법중 하나를 말한다. 낮은 파고에 대해 선박의 강체운동 응답을 알 수 있지만 높은 파고에 대해서는 해석이 정확하지 않다.

스펙트럼 강도 [spectrum intensity]

주파수 범위에 포함되는 전력과 주파수 범위가 0에 접근할 때의 주파수 범위와의 비를 말한다. Wh 또는 J의 차원을 가지며 W/Hz 양적으로 나타낸다.

스프링클러, 살수장치 [sprinkler system]

물입자를 방수하는 살수장치를 말한다. 이용 목적에 따라 소화를 위해 사용되는 스프링클러는 천장 면에 설치되어 자동방수하여 화재를 막고 농업에서는 작물에 물을 주기 위하여 스프링클러를 사용한다. 스프링클러 설비에는 습식과 건식이 있다.

슬래시 [slush]

물로 포화된 눈. 흐르고 있는 슬래시를 눈 니류(slush flow)라는 슬래시 폭발로 이루어진 눈사태는 슬래시 눈사태(slush avalanche)로 불린다. 밀도는 모두 물인 경우 1,000kg/m^{3}과 모두 물인 경우의 917kg/m^{3}의 기간이다. 눈 니류(slush flow)는 물과 물로 구성된 응집 구조를 가지고 있는 액상 흐름이며, 이 응집 구조보다 작은 구조물에는 물보다 큰 충격력을 준다.

슬래시 눈사태 [slush avalanche]

대량의 물을 머금은 눈이 유동하는 눈사태로, 후지 산 주변에서는 '유키시로'이라고도 불린다. 같은 현상으로 대량의 물을 머금은 눈이 주로 물속을 내려가는 것은 '눈 니류'으로 알려졌다. 눈층 중의 물판이나 얼어붙은 땅이 불투수층인 때 극심한 해설이나 큰 비에 의해 발생하고 20° 이하의 느린 비탈에서도 발생한다. 극지와 후지 산에서 발생하지만, 최근 동북·호쿠리쿠 지방에서 피해가 보고되고 있다.

슬래킹 [slaking]

건조한 점성토의 덩어리나 이암 등의 연암을 급속히 수중에 담그면 내부에 갇혀 있던 공기가 뿜어 나와 덩어리가 무너지는 현상이다. 지구 물질은 분해와 수분에 노출되면 무너지려하는 과정이다. 용어 또는 제조 산업이나 지구 물질의 사용에 대한 사용을 위해 인간의 변성 천연 지질층, 토양에 적용될 수 있다. 지질학적 영역이 평평하거나 식물이 아닌 경우 이 프로세스는 종종 부식으로 이어질 수 있다.

슬러시 눈 [slush snow]

계류 및 하천 내 묻어 있는 눈이 비와 녹는 물에 의해 과육 상태가 유동하는 현상을 말한다. 니가타 현 미나미 우오누마 지방에서는 예로부터 '눈속의 홍수'로 알려져 있으며, 예를 들어 친밍친으로 일려진 구라사와 강에서 때때로 눈이 녹아 바닥 석상 침수에 유입되었다. 발생의 원인으로는 눈사태, 표류 등에 의해 하천 내 눈으로 폐쇄되고 그리고 겨울의 수량이 부족한 하천처럼 눈이 퇴적하고 있는 것을 조건에서 눈이 비와 녹는 물에서 포화 상태가 갑자기 발생하는 것으로 생각되고 있다. 지금까지의 가장 큰 재해는 1945년 3월 22일 아오모리 현 아지가사와 마을 대연(대로사냥)의 아카이시에서 발생한 것으로, 사망자 88명의 인명피해를 발생시켰다.

슬럼프 [slump]

슬럼프는 느슨하게 통합 자료나 바위 층의 일관된 질량이 경사를 짧은 거리를 이동할 때 발생하는 대량 낭비의 한 형태이다. 운동은 오목 상향 또는 평면 표면을 따라 슬라이딩을 특징으로 한다. 쇠퇴의 원인은 지진 충격, 철저한 습윤, 동결 융해, 언더 커팅 및 기울기의 로딩을 포함한다. 슬럼프 블록은 하나 이상의 관련된 블록 단위가 상대적으로 일관된 질량이 내리막으로 이동하는 슬럼프의 유형이다. 시스 주름은 전복 주름의 이동 질량으로 구성된 주로 내부의 변형을 초래한다. 슬럼프는 몇 가지 특징적인 기능을 가지고 있다. 회전 슬럼프에서, 메인 슬럼프 블록은 종종 변위 블록 stairstep 패턴을 형성하는 보조 슬럼프와 연관된 급경사에 포함된다.

슬릿 댐 [slit dam]

투과형 사방댐의 일종으로 비교적 넓은 슬릿(길쭉한 틈새)을 가진 콘크리트 및 철강 댐이다. 평상시에 흘러내리는 토사는 슬릿부를 통과하는 상류에 토사의 퇴적은 댐의 용량을 유지할 수 있고, 홍수 시 및 토석류 유하 시에는 댐 상류에 토사를 퇴적시키고 토석류와 유목을 포착할 수 있다. 토석류 유하 지역에 설치되는 경우에 슬릿 간격은 최대 자갈 직경의 1.0~1.5배 정도 이하로 한다. 슬릿 간격은 거력 등에 의해 방해되지 않는 간격(일반적으로 최대 자갈 직경의 약 2.0~3.0배 이상)으로 한다.

습설 [wet tongue]

일반 눈에 비해 습기를 많이 머금고 있는 눈을 말한다.

습해 [wet injury]

수분으로 말미암은 여러 가지 피해, 다우(多雨), 배수불량 등으로 토양수분이 과잉으로 되어 이것으로 생기는 식물의 생육장해를 말한다.

시가지 화재기류 [urban fire induced flow]

시가지 화재로 인한 열기 흐름을 말한다. 시가지 화재 기류 성상은 기류의 온도 분포, 속도 분포 및 기류 주축의 기울기 등으로 대표되는데, 이들은 화재로 인한 발열 규모, 연소 범위, 외기 풍속 등에 영향을 받는다. 시가지 화재 기류 성상은 "시가지 화재의 연소 속도, 비화 거리 등과 관계가 깊고, 또한 특히 외기 풍속이 큰 경우는 기류 축이 지표 가까이까지 불어 쓰러진다." 이 때문에 도시 주민의 피난 및 소화 활동에도 심각한 영향을 끼친다.

시간급수 [time-limited water supply/water supply for limited hours]

갈수(渴水)의 경우, 시간을 정해 급수한다. 수도 설비는 상시 급수하는 것이 기본이지만, 갈수기에서 수도 용수 부족 수요를 충족시키지 못하는 경우 지역을 결정 순으로 급수해 가는 수법이 일어난다. 따라서 특정 지역에서는 일정 시간 만 수돗물을 사용할 수 없는 상태가 된다. 자연 유하로 공급하는 경우 관내에 쌓인 물이 나오는 수도는 시간 급수하는 것은 엄격하고 곤란하다. 시간 급수는 수돗물의 확장기에서 잘 볼 수 있었지만 최근에는 수원 확보가 다양해지고 수요가 부진한 것도 있지만, 시간 급수의 발생 사례는 적어졌다. 수도관은 항상 수압을 유지하고 관내에 물을 책임시킴으로써 외부로부터의 오염을 방지하는 등의 방법이 관로의 관리에 좋으며, 시간 급수마다 관로가 비어 있는 사태는 바람직한 것은 아니다.

시계열 분석 [time series analysis]

시계열(時系列)이란 한 사건 또는 여러 사건에 대하여 시간의 흐름에 따라 일정한 간격으로 이들을 관찰하여 기록한 자료를 말한다. 즉, 시계열 자료란 시간과 더불어 관측된 자료로 이는 종단면 자료(longitudinal data)에 해당한다. 횡단면 자료(cross-sectional data)는 고정된 시간에서 측정된 자료를 의미하며 측정 시간이 고정되어 있는 반면 여러 개의 변수로 구성된다.

시나리오 지진 [scenario earthquake]

지진에 대해 그 규모와 위치에 대한 매개 변수를 미리 특정 값으로 상정한 것이다. 상정 지진은 지역의 지진 방재 계획, 광역적인 라이프 라인 시설의 지진 대책, 특정 중요 구조물의 내진설계 등의 외력 조건 설정 방법으로 널리 쓰인다. 개념에서 지진에 의해 동시에 발생하는 지진동의 지역 분포를 알 필요가 있는 광역적인 방재 과제와 중요 구조물의 내진설계 강도 주기적 특성, 지속 시간 등의 지진동 특성을 상세하게 검토 할 필요가 있는 경우 등에 효과적이다.

시멘트 주입 [cement grouting]

지반개량을 위하여 또는 프리팍드 콘크리트에 있어서 시멘트 페이스트 등을 압입하는 것을 말한다.

시뮬레이션 [simulation]

협의에는 전자계산기에서 물리 모델에 따라 다양한 물리현상을 수치적으로 해결하여 현상을 실험과 관찰에 의하지 않고 재현하는 것을 의미하고 있다.

시민참여 [public awareness]

정책 및 행정 과정에 일반 시민이 참여해 정책결정 등에 영향을 미치는 것을 말한다. 시민참여는 현대 사회에서 참여 민주주의(participatory democracy)의 강조와 더불어 확대되고 있다. 시민참여는 정부의 정책결정과 집행에 일반 시민이 직접 참여해 영향을 미치고 행정의 일탈행동을 감시할 뿐만 아니라 행정에 대한 시민의 지지를 확산하는 데 그 제도적 의의가 있다. 일반적으로 행정 문제에 시민이 직접 참여하게 되는 시민참여의 구체적 방법은 아주 다양하다. 각종 자문위원회에 참여하거나 공청회·청문회에 참여하는 활동으로부터 시민운동단체에 참여하고 국민감사를 청구하거나 행정소송을 제기하고 시위에 참여하는 것도 시민참여로 볼 수 있다. 또한 특별한 정책 분야의 정책결정을 직접 담당하는 시민위원회도 시민참여의 한 형태로 볼 수 있다.

시스템 상호작용 [system interaction]

라이프 라인 시스템이 재해를 받으면 수도, 전기, 가스 등의 개별 시스템의 피해뿐 아니라 서로 다른 라이프 라인 시스템의 피해가 서로 영향을 미칠 수 있으며, 이 관계를 피해 상호연관이라고 부르고 있다. 많은 라이프 라인이 동시 다발 적으로 피해 지진 재해에서 상호기관의 문제가 가장 눈에 띄며, 그들은 생명선 사이의 물리적 피해 파급(도로 피해로 인한 관로 파괴 등)과 기능 피해 파급(정전으로 인한 단수 등) 복구 단계에서 시스템 간의 상호 영향(관로 복구 충돌 등), 시스템 간 대체성에 의한 백업 기능(가스 공급 중단에 따른 전력 수요 증가 등) 라이프 라인 관련 복합 재해(정전 후 복전 의한 가스 화재 등)의 형태로 나타난다. 상호연관에 의한 피해 경감을 위해 의존하는 시스템 간의 결합과 틀을 통한 강화와 시스템 간의 의존성에 대한 백업 시스템을 가짐으로써 독립성을 강화 등의 방법이 있다.

시스템 신뢰성 [system reliability]

사회 기반 시설을 구성하는 라이프 라인 계는 수도의 정수장과 배수 간선 같은 기간 시설에서 끝 급수관까지 많은 요소로 구성된다. 이것은 가스, 하수도, 전력 등에도 공통적으로 볼 수 있다. 이들은 도시를 덮는 네트워크로 기능하는 것으로 그 역할이 완수되는 것이 개별 구성 요소의 신뢰성과 함께 그들이 전 체계로 작동할지 여부는 시스템 신뢰성의 개념이 중요하다. 시스템 신뢰성은 개별 요소의 신뢰성을 혼합하여 종합화함으로써 평가된다. 수리적인 방법으로 네트워크 분석 방법이 발달해왔다. 현실의 복잡한 조건 하에서 시스템 신뢰성 평가는 몬테카를로 법칙, P에 의한 수치 시뮬레이션도 많이 사용된다.

시스템 해석 [system analysis]

의사결정자로 하여금 최적 대안을 선택할 수 있도록 지원하기 위해 관련 자료들을 체계적으로 수집·조작·평가하는 분석 방법을 말한다. 체제분석은 의사결정 이론 중에서 규범적 접근방법에 속한다. 체제분석은 운영연구(OR; Operations Research)와 유사하나 계량분석에만 전적으로 의존하지 않고, 전체로서의 체제의 구조·기능·행태의 경험을 기본 지식으로 삼는다는 점에서 운영연구와 다르다. 체제분석의 절차는 크게 준비 단계와 체제분석 단계로 나누어 볼 수 있다. 체제분석의 준비 단계는 문제의 성격 파악·목표의 명확화·제약점의 발견 및 자원조사·체제분석의 한계 설정 등으로 구성되며, 체제분석 단계는 대안의 모색 및 개발·대안의 비교분석·불확실성의 분석 및 고려 등으로 구성된다.

시정장해 [poor visibility]

대기 중의 미세 입자로 인해 대기가 혼탁해지고 시정이 악화되는 현상을 말한다. 원인으로 안개·황사 현상 등 자연적 원인에 의한 것과 스모그·연무 등 인위적 원인에 의한 것

ㄱ ㄴ ㄷ ㄹ ㅁ ㅂ ㅅ ㅇ ㅈ ㅊ ㅋ ㅌ ㅍ ㅎ

으로 나눌 수 있다. 안개나 황사 현상에 의한 경우 대기오염이 심해질수록 그 영향은 더 커질 수 있다. 비·눈 등의 강수 현상으로 인한 것은 포함되지 않는다.

시정재해위험도관리 [corrective disaster risk management]

기존 재해위험을 시정하거나 줄이기 위해 추진하는 관리활동을 말한다.

식량농업기구 [Food and Agriculture Organization(FAO)]

유엔 소속으로 인류의 영양상태 및 생활수준의 향상, 식량(농산물)의 생산 및 분배 능률 증진을 목적으로 설립되었으며, 세계 식량안보 및 농촌개발에 중추적 역할을 수행하는 국제기구이다.

식량조기경보 시스템 [global information and early warning system on food and agriculture (GIEWS)]

각국이 자기나라의 식량생산이나 수요의 동향, 식량수출과 수입의 전망 등을 FAO(유엔 식량농업기구)에 적어도 매월 1회 보고하고, FAO가 집계, 분석한 것을 세계의 식량정보로서 일괄하여 각 보고국에 되돌려주는 시스템. 식량수급이 핍박한 가운데 세계의 식량 동향을 조기에 파악해서 각국이 적절한 대응책을 세우기 쉽게 하는 것이 목적이다.

식재공 [planting works]

식물을 생육시켜 그 뿌리로 사면의 표층토를 고정하여 빗물에 의한 침식, 동상(凍上), 이완 등을 방지하고 아울러 녹화(綠化)에 의한 경관조성을 위하여 시공하는 사면보호공을 말한다.

신뢰성 해석 [reliability analysis]

건축 및 토목구조물의 성능을 정량화하기 위해 지진에 의해 생기는 구조물의 응답 및 구조물의 성능 불확정성을 고려한 확률론적 방법을 원용한 일련의 해석을 말한다.

신장절리 [extension joint]

암체가 압축되었을 때 압축방향에 평행으로 생긴 절리를 말한다. 주응력축에 대한 관계에서는 인장절리와 구별되지 않는다. 인장절리는 인장에 의해 생긴 절리를 말하며, 엄격히 구분하면 신장절리와는 성인이 다르다.

신축 이음 [expansion joint]

다른 성상을 갖는 구조체 간을 분할해서 힘이 전달되지 않도록 하는 이음을 말한다. 길고 큰 건물의 부동 침하나 온도 변화, 진동 등에 의한 장애를 피하기 위해 구조재를 분리하여 시공하고 그 사이를 구리, 황동판 등으로 이은 신축 가능한 이음이다. 일반적으로 신축

이음이 필요한 경우는 ① 수평력에 대한 경우, ② 지반 침하에 대한 경우의 2종류이다. ①은 2층 건물과 단층 건물과 같이 흔들리는 형태가 다른 건물이 인접하는 경우, 상호 수평 변형량이 최대가 되어도 충돌하지 않도록 간격을 두는 것이다. ②는 연약지반상의 다른 무게의 건물이 놓이는 경우에 상부 구조뿐만 아니라, 기초도 분할해서 각각의 침하량이 다르더라도 부동침하를 발생시키지 않기 위해 설치하는 것이다. 또한 콘크리트나 철은 온도차에 의해 팽창과 수축을 반복하므로, 벽 또는 바닥에 균열이 발생하고, 건물의 수명을 단축시킨다. 옆으로 가늘고 긴 거대한 구조물 등은 특히 이러한 현상의 발생이 현저하므로, 이것을 방지하기 위해 20~100mm 간격을 두고, 알루미늄 또는 스테인리스 등의 금속 커버를 설치하여 건물들을 접합한다.

실내압 [internal pressure]

창의 유리 등 건물의 외벽에 작용하는 풍력은 건물 외측에서 작용하는 풍압력과 건물 내측에서 작용하는 풍압력의 차가 된다. 이 중 건물의 외측에서 작용하는 풍압력을 외압, 건물의 내측에서 작용하는 풍압력을 실내압이라고 부른다. 실내압은 창의 유리나 문 등 건물의 다양한 틈새에서 건물 내로 들어가는 공기의 조화에 따라서 결정되며, 일반적으로 외압과 마찬가지로 속도압에 비례한다. 통상의 건물인 경우 실내압을 속도압으로 나눈 내압계수는 0~−0.4 정도이며, 풍상 측의 창 등이 부서지면 실내압은 속도압 근처까지 단숨에 상승하여 지붕 등이 비산하는 원인이 되는 것도 있다.

심 [seam]

석탄이나 점토 등의 얇은 층. 원래는 석탄의 얇은 층에 대해 사용 되었으나, 폭 10cm 정도 이하의 좁은 점토층에 대해 사용되는 경우가 많다. 점토 심에는 암석이 파쇄하여 형성된 것, 열수 변질에 의해 형성된 것, 응회암 등의 특정 지층이 풍화되어 형성된 것 등이 있다. 점토 심 폭이 좁아도 평면적으로 오래 지속될 수 있고 암반 미끄럼의 주요 원인이 될 수도 있다.

심리적 경험보고 [psychological debriefing]

일반적으로 충격적인 사건을 경험한 뒤에 이루어지는 심리치료기법 중 하나가 심리적 경험보고(psychological debriefing, '생환 보고'라고 하기도 한다)이다. 이것은 재앙적인 사고를 경험한 뒤 생환한 사람을 대상으로, 충격적인 경험의 영향을 완화하기 위한 기본적인 치료 중 하나로 시행되고 있다. 구조를 받고 살아남은 생존자들은 본인만 구조되었다는 죄책감과 친구들과 헤어졌다는 상실감에 큰 고통을 받을 수 있다. "생존자들이 친구들과 함께 모여 출발했고 그 과정에서 사고를 함께 겪었으며 어떠한 과정을 거쳐 생환했다는 내용을 전하고, 감정이 절제된 상태에서 일상생활로 돌아갈 준비를 해야겠다는 보고 모임을 가짐으로써 미래지향적인 생활과 큰 위로를 얻을 수 있다." 응급 구호 현장에 처음으로 도착한 최초의 반응자나 긴급 구호 전문가에게도 고통스러운 기억을 해소하기 위한 절차로 심리적 경험보고를 시행한다. 심리적 경험보고는 생존자의 가슴속에 남아 있는 고통스러운 기억을 제거한다고 알려져 있다.

심리치료 [psychological stress care]

심리치료는 삶의 다양한 영역에서 심리적인 고통과 부적응을 경험하고 있는 환자와 인간의 사고, 감정, 행동, 대인관계에 대한 심리학적 전문 지식을 갖춘 치료자 사이에서 벌어지는 일련의 협력적인 상호작용이다. 즉, 환자가 치료자와의 관계를 통하여 자기 자신에 대해서 탐색하도록 안내하여 다양한 자신의 문제들을 이해하고 변화시키도록 돕는 것이다.

심발지진 [deep earthquake]

진원(震源)의 깊이가 깊은 지진. 흔히 진원 깊이 300km 이상에서 일어나는 지진을 말한다. 대부분 환태평양 지진대의 해구에서 발생하는데, 해구에서 대륙 쪽으로 올수록 심발지진이 발생한다. 심발지진의 경우 지하 깊은 곳에서 발생하기에 진앙까지 오면서 에너지가 감소한다. 또한 심발지진은 대부분이 해구 근처에 몰려 있고 천발지진은 지구상에 넓게 분포한다. 이러한 이유로 우리에겐 심발지진보다 천발지진이 더욱 무서운 재해가 되는 것이다. 가깝고도 먼 이웃 나라인 일본도 천발지진의 피해를 많이 보는 나라 중 하나이다.

심층풍화 [deep weathering]

공기와 차단된 지하 깊은 곳에서 풍화를 받은 현상을 말한다. 심층풍화가 이루어지는 깊이는 대수층과 일치하는 것으로 생각되며, 지하 200m 정도까지 풍화가 진전된 예도 있다. 지표면이 오랜 삭박작용을 받으면 때로 과거의 심층 기반암이 지표로 노출되는데, 이때 심층풍화의 산물로 간주되는 구상풍화현상이 나타나기도 한다. 노출된 심층풍화층은 대단히 빠른 속도로 붕괴된다.

심해파 [deep water wave]

파랑(wave)을 파장(wave length, L)과 수심(depth)의 비에 따라 분류하면, 수심이 파장의 1/2보다 깊은 중력파(gravity wave)를 심해파(deep water wave)라 하며, 수심이 파장의 1/20보다 얕은 중력파를 천해파(shallow water wave)라 한다. 이 구분은 천해에서 해파가 해저의 영향을 받아 그 성질이 심해파의 것과 달라지기 때문에 정한 것이다. 심해파에서 물입자의 궤도운동(orbital motion)은 해저의 영향을 받지 않으므로 파고(wave height, H)를 지름으로 하는 원운동을 한다. 그리고 심해파는 단파(short wave)라 부르기도 한다.

쓰나미 [tsunami]

일본에서 해일을 통칭하여 쓰나미라고 한다. 검조의에 의하여 확인되는 주기가 긴(몇 분 이상) 파도를 말한다. 따라서 파고가 수 cm 정도에 불과해도 쓰나미라고 한다. 해일은 크게 저기압에 의한 것과 지진에 의한 것으로 분류된다. 저기압성 해일(storm surge)은 저기압이 해안 부근을 통과할 때 강한 돌풍이 불어 해안의 수위가 이상적으로 상승하는 현상을 말한다. 바닷물의 수위가 높은 만조 시에 강한 저기압이 통과하면 많은 강수량과 함께 수위는 더욱 높아져 해안지대에 큰 영향을 미친다(지진해일 참조).

쓰나미 대책 [countermeasure against tsunami]

쓰나미(지진해일)는 바다 밑에서 일어나는 지진이나 화산 폭발 등 급격한 지각 변동으로 인해 수면에 웨이브가 생기는 현상을 말한다. 쓰나미가 발생했을 때 만에 하나 태풍과 겹치게 되면 바닷물이 내륙 깊숙한 곳까지 밀려들어와 상상보다 더 큰 피해와 재산상의 손실을 입히기 때문에 이에 대한 전문적, 종합적, 계획적인 대책을 의미한다.

O

아동 외상 후 스트레스 장애 [PTSD in children]

한 번 경험한 또는 반복되는 치명적인 사건을 회상하면서 지속적으로 불안증상을 나타내는 것이다. 치명적인 사건이란 인간 경험의 정상범주에서 벗어난 것으로서 폭력장면의 목격, 친족의 죽음, 성폭력 및 아동학대 등을 포함한다. 즉, 아동의 삶에 중요한 영향을 미치는 주변 사람의 죽음이나 죽음에 대한 위협 등의 스트레스 요인들이 외상 후 스트레스 장애를 일으킬 수 있다. 불면증, 집중 결여, 불안, 악몽, 환각의 재현 현상 등의 증상을 보인다. 아동기 외상 후 스트레스 장애의 출현율은 명확히 밝혀지지 않았지만 대개 2% 정도로 추정한다. 외상 후 스트레스 장애에 대한 중재는 주로 치료자와 함께 안전하고 지원적인 환경에서 정신적 충격을 일으킨 사건을 재검토하는 재노출 접근으로 이루어진다.

아동구호 [save the children]

1932년 미국 · 애팔래치아 탄광의 아이를 구제하기 위해 설립되었다. 그 후 대전 중 유럽의 전쟁 난민 어린이들에게 의류, 우유, 음식을 원조하고 있다. 1950년부터 빈곤 농촌 인프라를 구축하고, 농업을 중심으로 지역 기업의 지원과 보건 사업을 시작했다. 현재는 25개 국가 단체의 연합체 International Save the Children Alliance를 조직하고 100개 국가에서 사업을 전개하고 있다.

아동심리치료 [psychological stress care for children at schools]

훈련받은 전문가가 정신질병, 정서적 갈등, 손상된 정신발달, 부적응 행동을 하는 아동에게 행하는 치료방법을 말한다. 아동 정신치료는 다른 정신치료에서 쓰이는 모든 이론과 방법을 포함하지만 특히 놀이치료(play therapy), 소집단치료, 지원적이고 재교육적인 치료를 강조한다. 아동 정신치료 서비스를 제공하는 전문가들로는 특별히 훈련받은 정신과의사, 사회사업가, 심리학자, 정신건강 간호사, 교육받은 전문가, 그리고 기타 정신건강 전문가 등이 있다.

아아용암 [aa lava]

하와이의 토착어에서 유래하는 현무암질 용암류의 한 형태. 표면이 특징적으로 조그만 돌기 부분이 밀집하여 있어서 요철이 심하다. 많은 경우, 표면은 본체에서 유리된 코크스상 암괴로 덮인다. 아아(Aa)와 대조적인 것은 파호에호에(pahoehoe) 용암이다. 화구의 가까운 데서 아아용암에서 파호에호에 용암으로 옮겨가는 경우가 많고, 그의 반대 현상은 없음 파호에호에보다 유속이 느리고, 특히 느린 때에는 윗면의 파편이 흐르는 앞사면을 낙하하여 맨 밑으로 들어간다. 단면에서 보면 상하에 암괴를 갖는 경우가 많다. 두께는 수 m~수십 m의 것이 보통이다.

아웃리치 [outreach]

여러 이유로 인해 복지 기관이나 상담소를 찾지 않는 사람들에게 직접 찾아가서 실시하는 구호·지원활동이다.

아이슬란드식 분화 [Icelandic eruption]

점성이 작은 현무암질 마그마가 바닷물과 접촉하여 폭발을 일으켜서 육상에서의 스트롬볼리식 분화와 달리 알갱이의 크기가 아주 작은 화산재를 분출하는 분화를 말한다. 아이슬란드 남쪽 바다에서 1963년부터 1967년까지 4년간 계속되었던 쉬르트세이 섬의 화산에서 유래하였으며, 종종 용암대지를 형성한다.

아이싱 스프레이 [spray icing]

얼음이 부착하는 현상인 착빙이 일어나게 하는 스프레이를 말한다. 주로 어패류나 조육을 얼음 속에 묻어 냉각하여 저장하는 방법에 쓰이며 수송물의 경우에도 어선 내에서나 육상 수송할 때 어패류 저장에 널리 이용된다.

아카이케 정보척도 [Akaike's Information Criterion(AIC)]

변수의 분포에 대한 가정 없이 측정된 이산정보를 이용하여 분포를 추정하고 신뢰도를 예측하는 기법.

안식각 [angle of repose]

흙 등을 쌓거나 깎아냈을 때 그것의 자연상태로 생기는 경사면이 수평면과 이루는 각이며, 일명 휴식각이라고도 한다. 이러한 안식각은 흙의 종류 및 흙의 함수비에 따라 크게 변하기 때문에 정확히 일정한 값으로 표시할 수는 없다. 대체로 흙은 30°, 모래·자갈은 30°, 양질토의 경우는 35° 정도이다.

안전계수 [safety coefficient]

재료의 특성에 대한 안정성평가 계수를 말한다. 구조물에서는 파괴하중과 허용하중의 비, 파괴강도와 허용응력의 비로 계수를 산정하며, 일반적으로 정하중인 경우 3~4배, 동하중인 경우 5~10배로 산정하여 설계한다.

안전대응 지도 [map for avoiding natural disaster]

안전정보 중 국민생활안전과 밀접한 치안·교통·재난·맞춤안전 등 4대 안전 분야 정보를 지리정보 시스템(GIS) 기반의 지도형태로 보여주는 지도.

안전도 [degree of safety]

어떤 대상물에 대해서 외적조건을 상정해서 어떤 1개의 기준에 대한 여유의 정도를 말한다. 즉, 안전도가 크다는 것은 예상 외의 상황이 발생하여도 여기에 대응할 수 있는 능력이 크다는 것이다. 안전도가 크다면 파괴에 대한 여유가 커져서 또 기기의 수명도 길어진다.

안전성의 레벨 [levels of safety]

안전성(safety)은 위험을 낳는 자연재해와 받는 측의 인간이나 시설의 쌍방의 균형으로 결정된다. 안전성이 높은 것은 자연재해의 발생도가 낮고 게다가 시설재해에 대한 강도가 큰 경우이다. 중간 레벨은 재해 현상의 발생 위험성은 높지만 사회적인 강도가 높은 경우, 또는 자연재해의 발생 빈도는 낮지만 사회적인 조건이 취약한 경우이다. 가장 안전성이 낮은 경우는 자연재해의 발생도가 높고 또는 한번 발생하면 매우 큰 영향을 가져오고 게다가 사회적 조건도 취약한 경우이다.

안전시가지 형성 토지구획 정리사업 [Land readjustment project for safe and disaster-proof environment]

한신·아와지 대지진에서 도로·공원 등 도시 기반 정비가 충분하지 않아 노후 건물이 많이 남아 있는 목조 밀집 시가지에 피해가 집중 한 것을 교훈으로, 3대 도시권 등에서 구획 길거리와 공원 등 도시 기반 시설이 미정비로, 방재 상 위험한 목조 밀집 시가지를 대상으로 방재 성이 높은 시가지의 형성을 추진하기 위한 토지 구획 정리 사업의 일종으로, 1996년에 설립되었다. 지방 공공 단체, 도시 기반 정비 공단, 지방 주택 공급 공사, 토지 구획 정리 조합 등이 사업 주체가 되고, 1ha 이상의 지구에서 공공 용지율 20% 미만으로 도시 기반 정비 수준이 낮고 아파트 건물 밀도 60동/ha 이상의 고밀도이고, 목조 주택 아파트 밀도가 50동/ha 이상인, 지진 시 연소 또는 건축물 붕괴에 의한 위험성이 높은 목조 주택 등이 50% 이상 밀집한 지구에서, 지역 방재 계획 등에 정해져 있거나 또는 정해지는 것이 확실한 지구를 대상으로 한 토지 구획 정리 사업이다. 1999년도부터는 도시 재

생 토지 구획 정리 사업의 한 형태(안전 시가지형 성형)가 되었다. → 토지구획 정리 사업의 다양화

안전율 [safety factor]

제한 하중보다 큰 하중을 사용할 가능성 및 재료의 고르지 못함이나 제조 공정에서 생기는 제품 품질의 불균일, 사용 중의 마모(磨耗)나 부식 때문에 약해지거나 설계 자료의 신뢰성에 대한 불안에 대비하여 사용하는 설계 계수. 구조물의 안전을 유지하는 정도, 즉 파괴 강도를 그 허용 능력으로 나눈 값.

안정수로 [stable channnel]

수로 흐름에서 소류력, 하도경사 등 평형상태를 이루어 침전, 퇴적이 발생하지 않는 수로를 말한다.

안정해석 [stability analysis]

자연경사면이나 토공으로 인한 경사면이 그 상태에서 안정인가의 여부를 해석하는 것을 말한다. 안전율을 평가하여 안정인가 아닌가를 판단한다. 일반적으로는 간편 분할법을 사용하고, 그 외에 비숍법(bishop's method)이나 얀부법(Janbu's method) 등이 있다.

안충표사 [on-offshore sediment transport]

해빈을 구성하고 있는 모래나 자갈 같은 해저퇴적물은 대부분 파랑이나 흐름에 의해 이동분포되며, 이 같은 해저퇴적물의 이동현상 또는 이동되는 퇴적물 자체를 표사라 한다. 해빈에서 표사가 이동할 때 해안선에 수직한 방향으로 이동하는 표사를 안충표사라 한다.

알프스 조산 운동 [Alpine orogeny]

알프스 등 현재의 대산맥을 만든 일련의 조산 운동인데 주로 제3기(第三紀)에 실행된다. 주요 운동의 시기는 장소에 따라 다르다.

알프스-히말라야 지진 구역 [Alps-Himalayas seismic zone]

환태평양지진대와 연결된 활발한 지진활동대로, 순다열도, 히말라야, 이란, 이라크, 터키, 이탈리아에 이르는 전장 약 1만 km의 지진대를 말한다.

암거/도관 [culvert/conduit]

용수나 배수의 소통을 원활하게 하기 위해 도로·철도·제방 등의 밑에 매설된 짧은 수로를 말한다.

암석낙하 [rock fall]

절벽이나 급사면에서 기반암의 일부가 분리되어 비교적 자유낙하하거나 굴러 떨어지는 현상. 중력 사면 이동(mass movement)에서 가장 빠르게 일어나는 것이며 산악지대에서 특히 봄철에 가장 빈번히 일어나는 현상.

암석사태 [rock avalanche/debris avalanche]

높은 산지에서 절리면이나 성층면을 따라 거대한 암체가 분리되는 유동성 이동을 말한다. 처음은 활동성 이동으로 암석슬라이드와 같이 시작되나 이동하면서 암체가 암설로 붕괴되고, 암설과 암설 사이의 공기가 가열·압축되어 마찰을 감소시키므로 유동성 이동 중 가장 빠른 이동을 하게 된다. 암석 사태가 일어나는 까닭은 지질적으로 절리가 많거나 물이 암석에 침투하기 때문이다.

암석파괴실험 [rock fracture experiment]

암석의 역학적 특성을 실내에서 행하는 실험. 변형을 일으키는 암석의 탄성이나 비탄성적 성질이나 파괴강도 등의 파괴에 동반되는 현상을 조사한다.

암석해안 [rocky coast]

기반암석이 노출되어 있는 해안이다. 암석해안은 해안침식지형의 산물이다. 암석해안을 대표할 수 있는 두 지형은 해식애와 파식대를 들 수 있다. 기반암이 해안까지 연장된 곳에서 차별침식을 받으면 경암은 해안의 돌출부를 형성하게 되며, 삼각말단부가 발달될 수도 있다.

압력모델 [pressure model]

재해는 지진, 홍수, 화산 활동 등 자연현상이 가해짐으로서 사회에 작용하는 결과, 일어나는 사회 현상이라고 인식하는 동시에, 가해 현상에 대한 저항력을 사회가 잃어 가는 과정을 취약성이 증대하는 과정으로 파악하고 취약성을 증대시키는 압력 현상을 확정해 그것들을 극복하는 것이 방재의 방법이라는 생각이 있다. 사회의 기반을 만드는 정치·경제·사회 구성 요소가 원인이 되어 제도상의 결함이나 인권상의 제약, 또는 무너지기 쉬운 거주, 생산 구조 조정으로 환경이 작은 외력에서도 희생자가 나오는 불안정한 사회의 압력을 사회 내부적으로 인정한다. 따라서 불법 토지 개발, 기준에 미달하는 건축, 위험한 토지 이용 등은 단속하고 끝낼 문제 아니나라, 차별 받아 보호를 받지 못하는 빈곤층, 존재하지 않는 제도나 행정이 기능하지 않는 현상을 기술 이전과 교육으로 보완하면 된다는 것이 아니라 위험한 상황을 개선하는 동시에 위험한 현상을 낳는 압력을 제거하는 것이 주안점이라고 할 수 있다.

압력제어 [pressure control]

화재 시 보호해야 하는 공간으로의 연기침입을 방지하기 위해서는 화염부위의 압력을 상대적으로 낮추거나, 보호해야하는 공간의 압력을 상대적으로 높이면 된다. 기계배연은 화염부위의 압력을 인위적으로 낮추어 상대적으로 주위공간의 압력을 높이는 방법이고, 가압방연은 보호해야하는 공간의 압력을 인위적으로 높여 상대적으로 주위공간의 압력을 낮추는 방법이다. 압력제어에 있어서는 공기의 흐름을 명확히 하는 것이 중요하고, 흡인실에서의 공기의 입구 또는 가압실로부터의 공기 출구를 고려할 필요가 있다.

압력조절기 [pressure regulator]

일반적으로 유체기계를 운전할 때 불의의 압력상승이 일어날 경우 기계 또는 배관 등의 파괴를 방지하기 위해 규정된 압력 이상이 되면 이것이 작동하여 막아주는 작용을 하는 장치를 말한다.

압력차 분배(방식) [distribution of pressure difference]

압력의 차이에 의한 분배 방식.

압밀침하 [consolidation settlement]

압축하중에 의해 간극수가 배수되면서 일어나는 토양침하현상.

압축강도 [compressive strength]

취성(脆性) 재료의 단주(短柱) 시험편에 압축시험을 하면, 세로로 갈라지는 균열 파괴, 알알이 흩어져 부서지는 입상(粒狀) 파괴, 또는 경사지게 빗금으로 갈라지는 전단 파괴 등이 생긴다. 이와 같은 압축 파괴 시의 단면에 있어서의 수직 응력, 즉 그때의 압축 하중을 시험편의 단면적으로 나눈 값을 그 취성 재료의 압축 강도라고 한다. 이것은 동일 재료의 인장 강도에 비해 수배나 높은 것이 보통이다. 콘크리트, 철근 콘크리트 및 프리스트레스트 콘크리트는 주로 콘크리트의 압축 강도를 이용하기 때문에 콘크리트의 압축 강도는 콘크리트의 가장 중요한 성질의 하나이다. 콘크리트의 압축 강도를 알아보기 위해서는 일반적으로 구조 부재의 콘크리트를 만듦과 동시에 채취한 원기둥 공시체를 이용하며, 28일간 표준 양생(20°C 전후의 수중 또는 습도 100% 에 가까운 공기 속)한 후의 강도를 기준으로 한다.

압축파괴 [compressive failure]

직접 횡단면 압축(기둥) 또는 휨 등에 의해 보의 상부 쪽에 압축에 의해 섬유방향으로 생긴 파단. 또한 임목에서 내부 생장응력 또는 폭풍에 의해서도 발생하기도 한다.

압출 얼음 [extruded ice]

화재 시 또는 개구부가 연소로 인해 달구어졌을 경우, 압출 얼음을 통해 화재를 진압하거나 개구부의 문, 벽 등을 식히는 활동을 말한다.

애추 [talus cone]

산지사면을 따라 설형(舌型)으로 발달하는 암설의 퇴적지형을 말한다. 암설이 퇴적되어 있는 사면의 상층부에는 기반암으로 이루어진 급애면이 나타나고 있는 것이 일반적이다. 암설들은 바로 이 급애를 이루는 기반암석이 기계적 풍화에 의해서 붕괴·형성되어 중력작용으로 사면 아래쪽으로 이동하여 퇴적된 것이다. 암설들은 주로 각력으로 되어 있고, 애추사면을 따라서 어느 정도 분급이 이루어져서 급애로부터 멀어질수록 그 크기가 커진다. 애추사면은 암설들이 위치할 수 있을 정도의 안식각을 유지하면서 발달하게 된다. 대체로 애추사면에는 식물이 생장하지 않는다. 만약 식물이 생장하게 되면 더 이상 암설의 공급이 안 되는 것으로서 발달이 중지된 형태를 나타낸다.

액면연소 [liquid surface combustion]

화염에서 복사나 대류에 의해 연료표면으로 열이 전달되어 증발이 일어나 발생한 증기가 액면상에 연소하는 것을 말한다. 액면연소의 연소과정은 액면으로부터 가연성액체가 증발하고, 증기가 주위의 산화제(공기 중의 산소 등)와 확산·혼합하여 발열에너지를 방출하며, 그 일부는 가연성액체를 가열하여 증기를 유지한다. 직경 1m 이상의 액면연소에서의 액면강하속도는 연소열에 비례하고 증기잠열에 반비례한다는 것으로 알려져 있다.

액상화 [liquefaction]

연약한 지하수의 수위가 높은 모래 지반에 지진이 발생하면 지진동에 의해 지반 전체가 액체처럼 되는 현상을 말한다. 사질 기반이 전단 저항력을 상실하고 마치 유체와 같이 거동하는 현상으로 모래 입자가 작고 크기가 고를 때 발생하기 쉬우며, 물 먹은 진흙 모래가 지표로 분출하는 분사, 분수현상이 일어나기도 한다. 특히 사질 기반으로 되어 있는 매립지는 물을 머금게 되면 지진동에 의해 액상화가 일어나 내구력을 잃어 지반 침하를 일으키게 되어 큰 피해가 발생한다. 액상화가 발생하면 대규모 사면붕괴가 유발되고, 거대 구조물이 기울거나 가라앉으며, 주위의 건축물, 교량, 지중 구조물 등이 파괴된다.

액상화 평가 [estimation of liquefaction]

연약한 모래지반에서 지하수의 수위가 높을 때 지진의 진동에 의해 지반 전체가 액체처럼 되는 현상을 말하며 지반 액상화라고도 한다. 특히 모래 입자가 작고 크기가 고를 때 발생하기 쉽고 이때 모래나 물이 흘러나오는 현상을 유동화현상이라 한다. 이러한 액상지반에서 모래입자는 물속에 떠 있는 상태가 되어 그 속을 유동하기 때문에 유사현상 또는 퀵샌드(quick sand)라고도 하며 이와 같은 상태에서는 위의 건물이 침하하거나 모래를 포함한 지하수가 지표로 분출하는 분사·분수 현상이 발생한다(=유동화).

액상화에 따른 지반의 유동 [liquefaction-induced flow]

지반의 액상화에 따라 지반 전체가 흐르기 시작하는 현상. 특히 느슨하게 퇴적된 지반이 유동하기 쉽고, 수평 변위량이 수 m에 이르는 경우도 있다. 측방유동이나 영구 변위 등이라고도 불리는 이 측방 유동은 기존 포화 점토의 변형을 의미했기 때문에 액상화에 따른 지반의 유동이라고 부르는 편이 혼동하기 쉽지 않다. 유동성이 발생하기 위해서는 액상화되는 것뿐만 아니라 한층 더 움직이기 위해서는 추진력이 필요하다. 지금까지의 피해 사례로는 사구 말단 경사면 등의 완만한 경사지반에서 발생한 것과 돌벽 및 호안의 이동 및 전도로 인한 지반이 유동 등이 있다. 유동성에 따라 큰 수평 변위가 발생하면 매설관과 말뚝기초 등의 구조물에 강제 변위를 주어 피해를 일으킨다.

액성지수 [liquidity index]

점토, 실트와 같은 세립 토양의 자연 수분 상태의 상대적인 경도를 나타내는 지표이며, 다음 식으로 표시된다.

$I_L = \dfrac{w_n - w_p}{I_p}$ 여기서, I_L : 액성 지수, w_n : 자연 함수비, w_p : 소성 한계, I_p : 소성 지수. I_L이 0에 가까울수록 딱딱하고, 1에 가까울수록 부드럽다. 정규압밀상태의 점토 지반의 자연 함수비는 액성 한계에 가깝기 때문에, $I_L \fallingdotseq 1$ 이 된다. 토양에 따라 $I_L < 0$, $I_L > 1$이 될 수 있다.

앵커 [anchor]

① 노즐을 조종하는 대원을 도와 호스를 붙잡고 있는 소방대원. ② 소방차에서 끌어온 소방호스에 붙어 호스 정리 등의 임무를 수행하는 소방대원. ③ 마룻줄을 잡아매는 사다리의 가장 낮은 부분.

앵커박기 [anchor works]

땅밀림의 이동토괴와 기초를 연결하여 이것에 긴장력을 주어 땅밀림의 추력에 저항하도록 하는 산사태 방지공사.

야간인구 [nighttime population]

어떤 지역에 야간 상주하고 있는 사람의 수. 통근, 통학에 의한 유동의 결과 낮과 밤에 인구 분포의 형태가 변화하기 때문에 주간 인구에 대비해서 말한다.

양력 [lift force]

흐름 속에 날개와 같은 상측과 하측의 형상이 다른 물체를 두면 물체는 상측과 하측의 압력이 다르기 때문에 흐름과 직각 방향으로 힘을 받게 되는데 이 힘을 양력이라 한다. 수문의 교각과 같이 좌우의 형상이 동일한 경우에도 후방에 소용돌이가 좌우 교대로 발생할 때마다 교각 좌우의 흐름의 모습이 변하기 때문에 진동적인 양력이 생기는 수가 있다.

양수 [pumping]

물을 낮은 곳에서 높은 곳으로 이동시키는 작업으로 이때 사용하는 장치를 양수펌프라고 한다. 일반적으로 전양정이 20m 미만인 때는 벌류트 펌프, 20m 이상인 때는 터빈 펌프가 사용되고, 흡입 양정이 6~7m 이상인 때는 수중 모터 펌프, 공기 양수 펌프, 왕복 펌프 등이 사용된다. 가정용으로는 가정용 얕은 우물 펌프, 가정용 깊은 우물 펌프가 있다.

어린이 재난정신건강(서비스) [disaster mental health for children]

재난 피해지역의 어린이가 받는 정신적인 충격(스트레스)을 극복(해소)하기 위한 정신건강 서비스(외상 후 스트레스, 충격에 의한 정신적 피해 등) 등을 말한다.

어쿠스틱 방출 [acoustic emission]

고체재료의 소성변형이나 파괴에 수반하여 탄성에너지가 방출될 때 종파(縱波)로서 전파하는 현상을 말한다. AE파를 검출하면 금속 구조 부재(部材)의 진행성의 동적결함을 매크로적으로 효율성 있게 관측할 수 있기 때문에 수동적 비파괴시험이 가능하다. AE파를 초음파 센서를 사용하여 관측하는 방법을 AE법이라 하는데, 구조부재의 광범위한 영역의 열화, 손상을 연속적으로 항시 감시할 수 있고, 여러 개의 AE 변환소자를 구조 부재 표면에 배치하여 지진원의 추정과 같은 원리를 사용함으로써 AE의 집중발생영역을 추정할 수 있는 등의 특징이 있다.

억지공 [restraint works]

땅밀림에서 밀림면에 인공적인 저항력을 가하여 밀림토괴의 이동을 직접 억지시키는 공법. 밀림면을 뚫고 기암에 고정시키는 방법으로 밀리려는 힘에 저항하는 파일공이나 샤프트공, 기암에 정착부를 가지며 그 인발내력과 앵커두부로부터의 장력으로 밀림토괴의 이동을 억지하는 앵커공이 있다.

얼음박편 [thin section of ice]

물 결정립 조직과 축 방향 물속의 기포 형상 등을 조사하기 위해 물의 두께 1~2mm의 얇은 층으로 조각. 물면을 마이크로톰 또는 칸나를 이용하여 평평한 표면을 만들고 그 표면을 유리에 동결한다. 또한 반대 면을 깎아 두께 1~2mm의 균일한 판에 마무리하는 것이 일반적인 방법이다. 이 조각을 2개의 편광 물질 사이에 놓으면 물 결정립 조직을 관찰할 수 있다. 또한 기포의 관찰은 편광판을 사용하지 않는 것이 관찰하기 쉽다.

얼음의 유동 [mixed-phase snow/ice flow]

얼음 내부의 붕괴작용과 기저부에서의 미끄러짐에 의해 얼음이 이동하는 것을 말한다. 대체로 빙하의 운동과 관련된 현상을 나타내는 것이지만, 주빙하지역의 지중빙(ground ice)의 이동에 관한 개념도 포함된다.

업무연속성 [business continuity planning]

재난 발생 시 비즈니스 연속성을 유지하기 위한 방법론이다. 9·11 미국 테러사건 이후 급부상하고 있는 개념으로 이는 재해, 재난으로 정상적인 운용이 어려운 데이터 백업과 같은 단순 복구뿐 아니라 고객 서비스 지속성 보장, 핵심 업무기능을 지속하는 환경을 조성해 기업 가치를 최대화하는 것을 말한다. 이를 위해선 우선 기업이 운용하고 있는 시스템에 대한 평가와 비즈니스 프로세스를 파악, 재해에 따른 업무 손실을 최소화하기 위한 방법을 구축하는 작업이 필요하다.

에어로졸 [aerosol]

① 가압된 추진제에 의해 용기로부터 미스트, 스프레이, 기포 등의 형태로 분출되는 물질. ② 기류 속에 아주 미세한 액체 또는 고체 덩어리 형태로 부유하는 미립자. ③ 100 0.01μm 크기의 고체 또는 액체 입자가 공기 중에 안개 모양으로 분산되어 있는 것.

엔트로피 [entropy]

열이 이동함에 따라 유효하게 이용할 수 있는 에너지가 감소하는 정도. 또는 유효하지 못한 에너지가 증가하는 정도.

엘리뇨 [El Niño]

동태평양을 비롯해서 중태평양에 이르는 넓은 범위에 걸쳐 비정상적으로 온도가 높아지는 현상.

여과기 [filter]

파형해석에서 특정대역의 진동수만을 통과시키거나 반대로 통과시키지 못하게 하는 장치.

여름 가뭄 [drought in summer]

여름에 나타나는 가뭄 현상, 적은 수량으로 농작물 피해(농수부족 등)와 피부병 등이 발생한다.

여름철 예보 [summer half year forecast]

여름철 기상 예보에서 태풍, 홍수, 장마 등 집중강우로 발생하는 인명피해와 사회적 피해를 막기 위하여 기상 예측이 중요하다.

여수로 [spillway]

댐 또는 발전소에서 물을 유하시키는 수로를 말한다. 개거 · 암거 · 터널 · 강관 등이 쓰이며 댐 제체상에도 만들어진다.

여울과 웅덩이 [riffle and pool]

사행을 반복하는 하천의 내안쪽(활주사면)에는 고정사주가 형성되며 외안쪽(공격사면)에는 만곡부의 흐름구조에 따라서 하상이 세굴되어 소(沼)라는 깊은 곳이 형성된다. 두 개의 사주 사이에는 수심이 얕으며 유속이 큰 여울이 라는 영역이 형성된다. 여울은 하상의 모래자갈이 입경이 크고 파도를 일으키며 수면에 공기방울을 일으킨다. 여울과 웅덩이는 하천생물의 다양한 생식(生息)공간을 형성하여 매우 중요한 지형구성요소이다.

여유 높이 [freeboard]

제방의 높이를 계획홍수위보다 여유를 두는 높이. 큰 하천에서는 1.5~2m, 중소 하천에서는 1.0m 정도이다.

여진 [aftershock]

큰 지진 후에 따라오는 작은 지진을 말함 여진(후 충격)은 주 지진(충격)과 같은 영역 내이지만 항상 진도가 작다. 여진이 본진보다 더 크면 여진은 주 지진으로 재인식되어야 하며, 원래의 주 충격이 전진으로 재인식된다. 여진은 변형된 판경계가 스스로 적응되면서 형성되는 작은 지진이다.

여행객과 비거주자 [travelers and other non-residents]

어떤 지역에 실재하는 인구는 그 지역의 거주자와 그 지역 이외에서 들어온 비거주자로 구성된다. 거주자는 일시적으로 지역 밖에 있는 사람도 있으므로 이는 거주 인구에서 제외한다. 지역 밖에서 이 지역에 있는 사람은 일시적 체류자로 불리며, 일시적 체류자로는 그 지역의 직장이나 학교에 통근 · 통학하는 사람이나 쇼핑 등의 목적으로 오는 사람 등도 포함 된다. 그 지역의 특정 시각에서의 일시적 체류자를 부동 인구라고도 한다.

역단층 [reverse fault]

단층의 형식 구분에서 상층의 암반과 하층의 암반이 둔각으로 어긋난 것을 정단층(normal fault), 예각으로 어긋난 것을 역단층이라 한다. 단층면을 경계로 위에 있는 상반이 하반보다 위로 올라간 단층으로서 양쪽에서 미는 힘을 받아 생기기 때문에 압축단층이라고도 한다. 양쪽에서 미는 힘을 받아 압축되기에 지층이 휘어져 습곡을 이루다 끊어져 버린다. 역단층은 대부분 정단층보다 경사가 낮다. 단층면의 경사가 10° 이하인 역단층은 오버스러스트(overthrust)라고 한다.

역동적 대응 분석(동적 응답 분석) [dynamic response analysis]

동적분석(구조물의 고유 진동 주기나 감쇠 특성 등의 동적 특성을 고려하여 그 응력 상태나 변형을 해석하는 것). 지진 시 구조물의 거동을 조사하는 것(지진에 대한 응답 분석).

역량 [capacity]

능력, 기여도 그리고 공동체, 지역사회 또는 조직을 포함하는 자원의 가용성을 모두 종합적으로 고려한 것으로서 목표치 달성을 위해 활용 가능하다.

역량개발 [capacity development]

사회적 · 경제적 목표를 성취하기 위해서 개인, 조직 그리고 사회가 그들의 능력을 끊임없이 자극하고 개발하는 과정으로 지식, 기술, 체계 그리고 기관들의 발전을 통한 개발을 포함한다.

역사적 건물과 도시경관 방재 [disaster prevention of historical buildings and townscape]

도시의 역사적 건물과 경관(피뢰, 소방설비 등)에 대한 방재(재난 예방) 계획으로 자연적 재난과 인위적 재난을 포함하는 모든 재난으로부터 보호하기 위한 보호장치 개념을 말한다.

역사적 건물의 보존과 수리 [conservation and repair of historical buildings]

눈으로 인해 발생하는 모든 재해를 말한다. 설해에는 단시간 내에 많은 눈이 내림으로써 발생하는 재해와 장기간 많은 눈이 쌓인 것으로 인한 적설해, 경사면에 쌓인 눈이 경사면을 따라 흘러내리는 눈사태에 의한 재해 등이 있다. 또한 이러한 현상들이 복합적으로 발생하기도 한다. 설해는 구조물의 피해뿐만 아니라 농작물의 피해, 교통 두절 등의 사회적 기능 장애 등도 포함한다.

역전 [inversion]

기상요소의 고도분포가 통상적인 분포와 거꾸로 되는 현상을 말한다. 역전층(inversion layer) 또는 역전층의 밑면의 뜻으로 사용될 때도 있다. 습도나 강수 등의 역전도 있지만, 주로 기온의 역전을 뜻할 경우가 많다. 이와는 달리 풍향반전(風向反轉, backing)을 그냥 반전이라고 할 때가 있다.

ㄱ ㄴ ㄷ ㄹ ㅁ ㅂ ㅅ ㅇ ㅈ ㅊ ㅋ ㅌ ㅍ ㅎ

역화 [flash back]

화염이 역행하는 것을 말한다. 가스 용접에서는 흡관(吸管)의 화구가 막히거나 과열되면 불꽃이 화구에서 아세틸렌 호스로 역행하는 수가 있다.

연결관 [Lateral sewer]

가정과 사업소 내 오수를 모은 오수받이(통상은 택지 경계에 설치됨)와 도로 옆 도랑에서 내려오는 빗물을 모으는 빗물받이면 하수 파이프를 접속하는 관거를 말한다.

연결성 [connectivity]

디지털 화상에서 점(픽셀)들이 이어져 있는 것을 연결이라 하는데 이때 어떤 점과 다른 점이, 또는 어떤 도형이 다른 도형과 이어져 있는가 아닌가라는 연결 여부의 성질이다. 연결성은 특히 2치 화상을 취급하는 데 중요한 개념이다. 또는 IT 분야에서는 서로 다른 기종 접속의 접속성을 뜻하기도 한다.

연결확률 [probabilistic of connectivity]

교통 시스템 등의 내진성을 검토하기 위한 가장 단순한 방법으로서 시스템을 단순히 접점과 링크로 이루어진 네트워크로 모델화하는 방법이 있다. 라인의 가장 기본적인 성질인 연속 연결을 내진성 평가 척도로 한다. 이 경우 연결 및 비연결은 위치에 따라 다르므로 그 내진성은 각각에 대한 확률로 주어진다. 그 확률을 연결확률이라고 부르며, 내진성을 나타내는 값이다.

연기 층 [smoke layer]

건물 내에서 화재가 발생하면 불 소스에서 상승하는 고온 기류(연기)는 공기에 비해 비중이 작기 때문에 방 상단에 축적된다. 고온층의 내부는 대류에 의해 교반되어 비교적 균일한 온도의 성층이 형성된다. 이것을 고온층이라 부른다. 이에 대해 방 하단은 상온 층(공기층)이라고 하며, 양자를 구분하는 경계면은 안정된 계면을 통해 물질 이동은 매우 작다. 이러한 계층에 의해 간편화된 공학적 화재 모델을 끊여 층 영역 모델이라고 하며 연기 층 모델에서 중요한 개념이다.

연기감지기 [smoke detector]

방 안에 연기가 발생하면 화재로 감지(感知)하여 수신기에 화재신호를 보내는 기구이다. 이온화식과 광전식의 2종류가 있다. 이온화식은 탐지기 내에 안팎으로 2개의 이온실(室)을 만들고, 방사선을 이용하여 내부 공기를 이온화해서 전류를 통해둔다. 화재 때 발생하는 연소 생성물(연기)이 외부 이온실에 흘러들어오면, 이온화 작용이 방해되어 내부와 외부의 이온실의 전위(電位)가 균형이 잡히지 않아 이온전류가 변화해서 화재를 감지한다.

광전식은 외부의 빛이 완전히 차단되어 연기만이 침입할 수 있는 어둠상자에서 광원(光源) 램프의 광속(光束)을 한쪽 방향으로 조사(照射)하고, 광속의 직각방향으로 황화카드뮴 등의 수광소자(受光素子)를 장치한다. 어둠상자 안에 연기가 침입하면, 연기의 입자에 부딪친 빛이 산란현상(散亂現象)을 일으켜, 수광소자는 산란광의 일부를 받기 때문에 전기저항이 변화한다. 이 변화를 스위칭 회로에서 검출하여 경보를 울린다. 주로 고층 빌딩 내에 장치되어 있다.

연기형 눈사태(가루 눈사태) [powder snow avalanche]

연형설붕은 공기의 흐트러짐에 따라 눈 입자가 공중에 감기며, 대기와 눈 입자의 밀도 차에 의해 경사면 방향으로 유동하는 현상으로 산사태 내부에는 크고 작은 눈 덩어리를 포함하고 있다.

연대 측정 [age determination/dating]

지구과학적(지질학적)·고고학적 사건의 연대를 구체적인 수치로 측정 또는 결정하는 방법.

연성 [ductility]

물질이 탄성 한세 이상의 힘을 받이도 부서지지 아니하고 가늘고 길게 늘어나는 성질.

연성철관 [ductile iron pipe]

탄성한계를 넘는 힘을 가함으로써 물체가 파괴되지 않고 늘어나는 성질의 철관.

연소 동태도 [chart of fire spreading]

출화후의 일정경과시간마다 출화장소에서 화면(火面)의 위치나 연소의 진행방향을 지도로서 나타낸 것.

연소 속도 [burning velocity/burning rate]

화염이 미연 가스 속을 진행하는 속도. 정확하게는 미연 가스가 화염면에 직각으로 들어가는 선속도로 정의된다. 화염 속도와 달리 혼합기의 기본적인 연소 특성의 하나이다. 그 속도는 화염 중의 화학 반응 속도의 평방근에 비례하여 증가한다.

연소 예측 [prediction of fire spreading]

화재·폭발 시 피해발생 시가지의 화재가 시시각각 어떻게 연소 확대해 가는지를 예측하는 것을 말한다. 최근에는 발화장소 건축물로부터의 열량을 계산하여 주변 건물의 발화 가능성을 판정하고 개개의 건축물의 발화나 진화 시간을 시뮬레이션할 수 있다.

연소 차단대 [fire-break belt]

연소를 차단하기 위해 설치하는 지대. 도로, 철도, 하천 등의 골격이 되는 연소 차단 노선과 그 연선 시가지의 내화 건축물, 공원, 빈터(공지) 등으로 만들어진다.

연소 확대 평가 [estimation of fire spreading]

화재가 발생하여 불붙지 않았던 부분이 시간이 지남에 따라 불이 붙어 화재가 점차 확대되는 것을 말한다. 건축물의 화재에서는 화재가 발생한 구획(실)에서 다른 구획(실)으로 확대하는 것을 말한다. 시가지 화재에서는 발화된 건물로부터 다른 건물로 화재가 확대되는 것을 말한다. 연소확대는 액체의 온도가 인화점보다 높고 낮음에 따라 그 특성이 달라진다.

연소 확대[fire spreading]

화재가 구획 내, 건물 내, 블록 내 등의 발생 장소에서 다른 장소로 확대하는 것.

연소의 3요소 [combustible triangle]

보통의 연료와 산화제를 실온에서 혼합한 경우 화학반응속도가 작아서 연소반응은 진행하지 않는다. 연소반응을 진행시키기 위해서는 화학반응을 개시하기 위해 충분한 에너지가 필요하다. 연료, 산화제, 착화원이 연소의 3요소다.

연안 사주 [Longshore bar]

연안사주는 파랑의 작용에 의하여 해안선에 평행하게 형성되는 좁고 긴 모래 퇴적물의 둔덕이다. 연안사주는 평소에 수면 위로 노출되지 않는 해저지형이다. 연안사주와 해안 사이에는 얕은 석호가 있으며 외해와 연락되는 출입구가 나 있다.

연안 제방 [coastal dike]

하천이나 해안, 호수나 늪의 물을 일정한 유로 내로 제한해서 범람을 방지하고 폭풍·해일이나 파도로부터 해안·항만을 보호하기 위해 토사 등을 쌓아 조성한 토목 구조물로 장소나 목적에 따라 잔디·돌·콘크리트 기타의 호안 공작물로 보호하고 있다.

연안 퇴적물 운반 [Longshore sediment transport]

연안 퇴적물이란 해안에서 멀어짐에 따라 미세해지는 암석, 자갈 등을 의미한다. 이 중에서 만조선과 간조선 사이의 연안 지역에 존재하는 암석 덩어리, 큰 돌, 자갈, 모래, 토양 등으로 이루어지며 식물 유체나 조개껍질이 섞여 있는 것이 연안 퇴적물이다. 퇴적물 입자들의 이동과 퇴적을 결정하는 요인은 입자의 크기와 유속이다. 연안 퇴적물 운반은 연안류와 이안류에 의해서 연안 퇴적물이 이동하는 현상이다.

연안류 [coastal current/longshore current]

해안과 거의 평행하며 비교적 동일한 바닷물의 흐름. 물결이 부서짐으로써 생긴 흐름이 해안선을 따라 앞바다 수십 km까지의 수역에 거의 평형 상태로 흐르는 흐름을 말한다. 앞바다를 향하는 흐름은 이안류(離岸流)라고 한다. 이 연안류는 표사(漂砂)를 발생시키는 원인이기도 하다.

연안파괴 [coastal destruction]

연안파괴는 유입하는 토사량과 유출되는 토사량의 균형이 깨지면 발생한다. 원인으로는 산지에서의 사방공사 등으로 하천에서의 모래채취나 댐건설에 의해 연안으로의 공급토사량이 감소하기 때문이다. 또한 연안선에 직각방향으로 건설된 각종 연안구조물은 연안표사의 연속성을 저해하여 연안파괴를 일으킨다.

연안파랑 [offshore waves]

해안 가까이에 부서지는 파랑이라 한다. 풍랑이나 파랑이 수심이 얕은 해역으로 오면, 해저와의 마찰력의 영향을 받게 되어 파랑이 변형되기 시작한다. 수심이 얕아지면서 파장이 길어지고 파고도 낮아지지만, 더 얕은 해안으로 오면 파장은 짧아지고 파고가 높아져 거친 파형이 되고 곧 부서지는 파랑이 되어 에너지를 잃는 것이다.

연약지반 [soft ground]

건축물의 기초로서 충분한 지지력이 없는 지반을 말하는데, 낮은 평야지대, 삼각주, 골짜기 등을 형성하는 새로운 충적지에 많이 존재한다. 구성토층은 부드럽고 압축성이 큰 연약한 점토, 실트, 유기질토 또는 느슨한 사질토 등이다.

연한상고대 [soft rime]

얼지 않은 구름·안개의 입자들이 어는점 아래에서 나뭇가지 등에 부딪쳐서 얼어붙는 현상을 말한다. 수빙이라고도 한다.

열 탐지기 [thermal detector]

열 감지기는 화재에서 발생하는 열기류의 열을 온도 센서에 의해 감지하고, 화재 경보 설동의 수신기에 화재 신호를 발신하는 것이다. 열 감지기에는 온도 센서가 일정 온도 이상이 되었을 때 화재 신호를 발신하는 정온식과 일정한 온도 상승률 이상이 되었을 때 화재 신호를 발신하는 차동식이 있다. 최근에는 진정한 아날로그 신호를 중계기에 설치한 것은 수신기에 발신하고, 다단계적인 신호에 의한 화재로 판단하는 것도 있다. 열 감지기의 사용되는 온도 센서에는 공기관 식, 바이메탈 식, 열전쌍 식 등이 있다.

열가소성 물질 [thermoplastic substance]

열적 성질에 착안한 고분자 재료비 분류 방법 중 하나인 열경화성 재료와 대에서 이용된다. 열가소성은 고분자를 적당한 온도로 가열하면 경량화, 그 상태에서 힘을 가하면 쉽게 변형시키는 것이 원형으로 돌아가지 않는 성질을 말한다. 따라서 열가소성 재료는 가공·성형성이 뛰어나다. 폴리에틸렌, 폴리프로 파일린, 비닐수지, 폴리스틸렌, 아크릴수지, 나일론 등 많은 열가소성 재료가 있다.

열경화성 재료 [thermosetting substance]

열적 성질에 착안 한 고분자 재료의 분류 방법의 하나이며, 열가소성 재료와 대에서 사용된다. 열경화성은 고분자를 가열하면 인접한 분자 사이에서 반응하여 가교 망상 구조를 형성하기 때문에 열에 의해 녹지 않고 힘을 걸어도 변형하지 않을 성질을 말한다. 열경화성 재료는 이러한 고분자의 성질을 이용한 재료, 요소수지, 에폭시수지, 우레탄수지, 경화고무, FRP 등이 있다.

열극분화 [fissure eruption]

산꼭대기를 축으로 하는 약선(弱線)에서 또는 산허리에서 연달아 생긴 화구, 일련의 열극에서 분출하는 분화이다. 유동성이 큰 현무암질 화산에서는 대규모의 열극분화를 볼 수 있으며, 대형의 용암대지와 순상화산을 형성한다.

열극수 [fissure water]

기회에는 작은 것부터 큰 공간까지 있는데, 이러한 공간 속에서 이동하는 물을 말한다. 석회동(石灰洞)이나 용암터널은 공동(空洞)이라 부르며, 큰 공동에는 물의 양도 많다.

열대 강우 측정 미션 [Tropical Rainfall Measuring Mission]

지구 규모의 기후 변동의 해명이나 환경 변화의 모니터에 중요한 열대 지역의 강우 강도나 그 분포에 데이터를 취득할 목적 인공위성. 일본이 개발한 위성 탑재 강우 레이더(PR)와 미국의 TRMM 초단파 관측 장치(TMI), 가시 적외 관측 장치(VIRS), 구름 및 지구 복사 에너지 관측 장치(CERES), 천둥 관측 장치(LIS)의 센서가 미국에서 개발된 위성에 탑재되어 일본의 H-I I로켓으로 연월일에 다네가시마 우주 센터로 발사됐다. 태양 동기 궤도를 취함으로써, 남북 위도보다 저위도대를 시간대를 관측하는 열대 지역 특유의 일주 변화에 따른 편견을 저감한 월평균 강수량을 관측할 수 있다.

열대 저기압 계획 [Tropical Cyclone Program]

WMO의 장기 계획. 국제 협력에 의한 각국의 태풍 피해를 경감하려는 총화는 WMO 계획 등의 범위에서 펼쳐진다. 기상 분야, 수문 분야, 방재 분야의 3가지 요소로 되어 있다.

지리적으로 같은 열대 저기압의 영향을 받는 나라들이 모여서, ESCAP/WMO Typhoon Commit-tee(태풍 위원회 : 1968~), WMO/ESCAP Panel on Tropical Cyclones (1973~), RA I Tropical Cyclone committee lor the South-West Indian Ocean (1973~), RA IV Hurricane Committee(1977~), RAV Tropical Cyclone committee for the South Pacific(1985~)가 만들어졌다.

열대성 사이클론 [tropical cyclone]

열대 지역인 5°와 20° 사이 위도의 해양 위에에서 발생하는 저기압이다. 강한 비바람을 동반하여 움직일 때 태풍이라고 부른다. 열대저기압의 에너지는 기온차의 잠열에 대한 위치에너지 차에 의하여 이동하는 에너지이다. 온대저기압에 비해 등압선이 원형이고 전선을 동반하지 않으며 에너지가 주로 수증기의 숨은 열이기 때문에 열대의 해양에서 발생, 발달하고 지름이 수백 km 정도로 비교적 작으나 중심기압은 900hPa 이하가 되는 경우가 있고 중심 부근에서는 특히 바람이 세며 중심부에 태풍의 눈이 있는 등의 특징이 있다.

열대수렴대 [inter-tropical convergence zone]

북동무역풍과 남동무역풍이 모여드는 열대저압대로 적도수렴대라고도 한다. 지표면의 가열로 상승기류가 생김으로써 저기압이 형성, 공기가 수렴하는 곳을 말한다. 단순히 ITC 또는 ITCZ로 줄여서 부르는 경우도 많다. 이 수렴대는 초기에는 적도전선 또는 열대전선으로 불리었으나 중·고위도 지방의 전선과 같이 기온차를 수반하지 않기 때문에 단순히 남북 양반구의 대기가 수렴하는 곳으로서 수렴대란 말을 사용하게 되었다. 더욱이 이 수렴대는 기류분석의 결과 등으로부터 특히 대륙 위 등에서 하반구는 적도로부터 떨어져서 존재하고, 동반구의 적도 부근은 또 하나의 다른 수렴대가 존재한다는 것이 지적되었다. 즉, 북쪽열대수렴대(NITC)와 남쪽열대수렴대(SITC)이다. 이 원인으로서 하반구의 수렴대는 적도를 넘어서 방향을 바꾼 무역풍과 하반구의 무역풍 사이의 수렴대이고, 동반구의 수렴대는 무역풍이 고위도지방으로부터 저위도지방으로 불 때 속도가 줄기 때문에 속도수렴을 일으킨 것으로 설명되었다. 그러나 최근에는 기상위성사진의 분석으로부터 열대수렴대란 말은 적도 부근을 띠 모양을 둘러싸고 있는 운열에 대하여 사용하게 되어 해상의 운열과 최고 수온역과의 관계가 주목되기 시작하였다.

열뢰 [thermal thunderstorm]

여름의 강한 햇볕에서 지표면이 가열될 수 있는 상승 기류에 의해 발생한 적란운 속에서 발현하는 벼락. 태평양 고기압의 같은 고온, 다습한 기단 속에서 여름 오후부터 저녁까지 발생하는 것이 많다. 분지, 산지에서 발생하기 쉽다. 여름의 소나기는 열뢰에 기인하는 것으로 소나기구름의 이동 속도는 30~40km/h이다. 열뢰는 상공에 강한 한기가 유입해 발생한다.

열분해 [thermal decomposition/pyrolysis]

물질의 온도를 높이면, 물질을 구성하는 분자가 열작용에 의한 작은 분자로 분해하는 것을 말한다. 기체, 액체, 고체의 무기물, 유기물에서도 열분해한다. 예를 들어 대리석은 탄산칼슘을 성분으로 하고 있지만, 약 900°C에서 열 분해해서 산화칼슘과 이산화탄소로 변화한다. 목재와 플라스틱 등의 유기물은 200~400°C에서 열 해하는, 가연성가스, 유독가스, 또는 탄화 찌꺼기를 생성한다. 열분해가 활발해지는 온도를 물질의 열분해 온도라고 부르며, 숯 등의 무심 탄소봉을 제외하고 고체 가연물이 연소하는 경우에는 연소에 앞서 열분해에 의한 가연성 가스가 발생한다. 많은 고체 가연물이 불꽃을 튀기고 불타는 것은 이렇게 발생한 가연성가스가 공기와 혼합되어 연소하기 때문이다. 열분해는 공업적으로도 이용되어 있다. 석유 공업에서는 큰 분자량의 탄화수소를 작은 분자량의 것으로 개선한 크래킹이 유명하다.

열분해 잠열 [Latent heat of thermal decomposition]

고체 가연물이 연소할 때, 열분해하는 가연성 가스나 탄화 찌꺼기 등을 생성하고 있다. 즉, 고체 가연물은 연소할 때 불로 가열되어 용융, 열분해 등의 과정을 거쳐, 유염 연소에 필요한 가연성 가스를 발생한다. 이 과정에서 고체 가연물의 온도 상승에 필요한 열량, 용융할 때는 융해열, 또 열분해하기 위해서는 분해열이 필요하다.

열수변질작용 [solfataric alteration/hydrothermal alteration]

암석이나 광물이 마그마의 열수용액과 반응하여 변질되는 작용을 말한다.

열운 [nuée ardente/glowing cloud]

휘발성 물질을 다량 포함한 마그마가 고온 상태로 화구로부터 분출, 다량의 가스를 방출하면서 세분화되면서 소용돌이가 되어, 고속도로 사면(斜面)을 흘러내리는 것을 말한다. 먼 곳에서 보면 구름이 흘러내리는 것처럼 보인다.

열응력 [thermal stress]

구조물의 한 부분이 가열되어 고르지 못한 온도분포가 발생하면 온도가 높은 부분의 자유 열팽창량은 온도가 낮은 부분의 자유 열팽창량보다 크기 때문에 고온부와 저온부에서의 신장(伸張)에 차이가 발생하여 마치 외부의 힘이 작용한 것과 같은 상태가 된다. 이때 발생하는 응력을 열응력이라고 한다.

열점 화산 [hot spot]

지표의 특정 지역에 계속적으로 마그마가 공급되는 곳을 말한다. 미국 하와이나 옐로스톤, 갈라파고스 제도 등이 열점 화산으로 알려져 있으며, 아이슬란드는 대서양 중앙해령과 열점 화산이 겹쳐져 있어 화산활동이 매우 활발하다.

염류풍화작용 [salt weathering/salt fretting]

염류의 성장에 따라 발생하는 물리적 또는 화학적 풍화작용을 염류풍화작용 또는 염풍화라 한다. 특수한 환경에서만 나타나는 염류풍화작용은 그것이 진행되고 있는 부분에서는 록 밀(rock meal)로 알려진 미세한 입자들이 발견된다(Taylor, 1922). 암석에 발달한 균열이나 절리 등에서 성장하는 염류결정의 형성은 기계적 풍화작용이라고 생각되나 화학적 풍화와 밀접하게 관련되어 있는 것만은 분명하다. 염류풍화작용이 일어나려면 우선 염류의 공급이 계속 이루어져야 하고 그러한 염류가 집적될 수 있도록 바람과 비로부터 그늘진 곳이어야 한다. 다음으로 염류풍화작용이 잘 나타나는 곳은 염류가 주기적으로 공급되면서 염류의 결정 작용이 이루어질 수 있도록 습도와 온도변화가 있어야 하며 이러한 조건이 나타날 수 있는 곳은 화강암이나 현무암 등으로 된 암석해안이다. 암석의 특수 부분에 집적된 염분은 기반암의 조암광물의 결정에 압력을 가하게 되며, 이때 그 압력은 광물의 결합력을 약화시켜 암석을 파괴시킨다. 일반적으로 염류풍화작용의 원인으로는 폐쇄된 장소에서 염류와 암석과의 열팽창률 차이에서 오는 암석의 파괴, 수화작용에 의해 염류가 수분을 포함하여 암석을 파괴하는 경우, 염류의 성장에 의한 압력 때문에 암석이 파괴되는 경우를 들 수 있다.

염해 [Salt injury/Salt Damage]

토양이나 공기 중에서 염분으로 인해 농작물과 건축물, 시설 등이 받는 피해를 말한다. 토양 중의 염분농도가 높아져서 생기는 염토해와 강풍에 의해 바닷물이 내륙으로 들어와 생기는 염풍해 또는 조풍해로 구분된다. 염토해 중 가뭄 때 땅속 염분이 지표에 석출되어 재배되는 농작물에 주는 피해를 한염해(旱鹽害)라 하고, 농작물이 바닷물에 직접 잠기거나 바닷물에 접촉되어 입는 피해를 염수해(鹽水害)라 한다. 염풍해의 경우에는 강풍에 의해 다량의 해염입자(海鹽粒子)가 식물이나 농작물에 접촉되어 이들을 고사시킨다. 송·배 전선의 경우는 해염입자에서 석출되는 칼슘염이 황산안개와 화합하여 석고로 되어 애자의 절연 기능을 저하시켜 정전 등의 피해를 일으킨다. 해안지방에서는 알루미늄 건자재나 TV 안테나 등에 피해가 나타나고 콘크리트 교각에도 손상이 생기는 경우도 있다.

영 계수 [Young's modulus]

탄성 계수의 하나. 탄성 범위 내에서는 수직 응력도와 종변형도(縱變形度)는 정비례한다(훅의 법칙). 그때의 비례 상수. 재료의 신장 또는 수축 변형에 대한 저항의 크기를 나타낸다. 종탄성 계수, 영률이라고도 한다.

영구동토 [permafrost]

연달아 이어지는 두 겨울과 그 사이의 한 여름을 포함시킨 기간보다 오랫동안 0°C 이하의 온도를 유지하는 영구적으로 얼어 있는 땅 또는 암석을 말한다. 동결된 지반은 시간적뿐만 아니라 수평 및 수직으로 연속되고 있어야 하고 그 깊이는 수백 m에 이른다. 만약 겨울에 0°C 이하가 되지만 여름에는 0°C 이상이 되어 녹을 경우에는 계절동토라고 한다. 영구동토는 알래스카의 85%, 캐나다의 50% 그리고 남극 전역에 걸쳐 나타나고 있으며, 지구상 육지면적의 14~20% 정도를 차지하고 있다.

영년변화 [secular variation]

지구자기장은 시간의 흐름에 따라 방향과 크기가 변화하는데, 이를 지구자기장의 영년변화라 한다. 이러한 변화는 자기쌍극자 축을 중심으로 원뿔(cone)을 그리는 형태로 이동하며, 무작위(random work)한 변화를 보여 예측할 수 없다. 다만 1만 년~10만 년에 걸친 지구자기장의 위치를 평균하면 영년변화 효과가 제거(average-out)되며, 지자극은 지구자전축과 거의 일치한다.

영양소 [nutrients]

인간을 비롯한 생물이 외부로부터 받아들인 물질 중에서 생물체의 몸을 구성하거나 에너지원으로 사용되거나 또는 생리작용을 조절하는 물질을 말한다.

영입각 [angle of attack]

날개에서 유체의 흐름 방향과 익현(翼弦)이 이루는 각.

영표고 지역 [zero meter area(zero meter region)]

육지 중에서 해수면 이하의 지역을 말한다. 대표적인 지역은 카스피 해(호수면 고도 : −28m) 주변 지역, 사해(호수면 고도 : −39m) 주변 지역, 네덜란드 일대 등이다. 특히 네덜란드는 국토의 25% 정도가 해수면 이하의 고도를 나타내고 있다.

예민점토 [Sensitive clay]

시간 효과 등으로 고위 구조를 갖는 점토이며, 흐트러지지 상태의 강도와 반죽 반환 등을 실시하고 교란 상태의 강도가 현저하게 다르다. 고위 구조를 유지 한 상태에서의 전단 강도와 그것을 반죽 반환 때의 전단 강도의 비로 정의하는 날카로움 사토 시 비율의 값은 1 이상이 되는 것을 가리킨다. 예민 점토 속에서 예민 비가 8 이상의 점토를 퀵·클레이라고 부르며, 흩트리면 현저한 강도 저하를 일으킨다. 북유럽과 캐나다에 널리 분포하고 있지만, 우리나라에서도 히가시오사카 점토와 아리아케 찰흙이 예민 점토로 유명하다. 예민하성의 발현은 미나리 점토 중의 염분이 담수에 따라 용탈됨으로써 생성된다. 이러한 지반에서는 약간의 외력에 의해 강도 저하가 일어나므로, 그 부분을 단서로 대규모 진행성 파괴가 발생한다. 이러한 지반에서는, 약간의 외력에 의해 강도 저하가 일어나므로, 그 부분을 단서로 대규모 진행성 파괴가 발생한다.

예방 [prevention]

위험과 관련 재해의 부작용에 대한 완전 회피를 말한다. 예방(즉, 재해예방)은 사전 예방 활동을 통해 잠재적 부작용을 완전히 회피할 수 있는 개념과 의도를 표현한다. 이러한 예로서 댐 또는 제방은 홍수위험도를 제거하며, 토지이용규정은 위험도가 높은 지역에 정착하는 것을 제한할 수 있으며, 내진설계는 생존과 유사지진 상황하에서의 건물 주요기능 보호가 가능하다. 손실로부터 완전한 회피는 거의 불가능하지만 경감은 가능할 것이다. 이러한 이유로 대부분 예방과 경감은 통상적으로 혼용되어 사용된다.

예보 및 경보 표지 [sign forecast and warning]

지면 현상, 해일, 해일, 파랑 또는 홍수에 대한 예보 경보 사항을 발표, 전달할 때 사용되는 깃발, 분사식고, 원통, 색채 등, 종소리, 사이렌 소리.

예상손실 [expected losses]

향후 경영상 발생이 예상되는 평균적인 손실액을 말한다. 미리 경비로서 계상한 후에 영업활동이나 상품채산을 평가하므로 신용 비용이라고도 한다.

예측 [forecast]

특정지역에서의 미래사상 또는 조건발생 가능성에 대한 확실한 진술 또는 통계적 추정을 말한다. 경보가 미래의 잠재적인 위험조건을 설명하는 반면 기상학적 예측은 미래조건을 설명한다.

예측 가능성 [predictability]

예측 가능성의 한계를 말한다. 즉, 기상요소의 장래 상태가 어디까지 예측될 것인가에 대한 한계를 가늠하는 것이다. 최근에는 대기모형이 발달하여 보다 실제에 가까운 예측이 가능하므로 대기모형을 이용하여 어느 시기까지 장래 상황을 논리적으로 예측할 수 있는가를 조사하게 되었다. 현재 기압계의 예측은 대개 2주 정도까지는 가능한 것으로 믿고 있다. 이때 오차의 기준으로서 초기의 상태가 변화하지 않고 지속(persistence)한다고 보는 경우의 오차가 사용되며, 예측의 오차가 이것보다 커지는 시점을 예측의 한계로 본다.

예혼합화염(예혼합연소) [premixed flame]

기체 연료 연소 방식의 하나로서 미리 연료(기체 연료)와 공기(1차 공기)를 혼합하여 버너로 공급 연소시키는 방식이다. 예혼합 연소에서 버너로부터 분출하는 혼합기는 전부 필요한 공기를 적당량 포함하고 있기 때문에 연소 반응이 신속히 행해지고 화염은 짧고 고온으로 되며 그 연소 특성상 고부하 연소가 용이하고 연소실 용적이 작아도 되는 이점이 있다. 그러나 역화(flash back)의 위험성이나 부상화염(浮上火焰, lifted flame)으로 되기 쉬운 결점이 있기 때문에 보일러의 경우 예혼합 연소는 점화 버너에만 사용되는 정도이다.

오보 [wrong information/false report/false warning]

어떠한 사건이나 소식을 그릇되게 전하여 알려주는 행위 또는 그 사건이나 소식을 말한다.

오야시오 [Oyashio]

베링 해로부터 남쪽으로 캄차카 연안을 따라 흘러 쿠릴열도와 일본의 북해도 동쪽으로 남하하는 한류(寒流, cold current)를 말한다. 북태평양의 고위도에서 반시계방향으로 순환하는 아한대순환의 일부이며, 일본 북동지방 앞 바다에서 쿠로시오 해류와 만나서 동쪽으로 흘러간다. 이후는 아한대해류 또는 서풍피류로 북대서양해류와 혼합하면서 태평양을 횡단한다. 오야시오해수는 저온, 저염분이고 용존산소량이 많고 영양염이 많기 때문에 어류와 해조류가 번성하기 좋다. 이러한 해수는 북해도 동쪽 앞바다에서 수심 약 500m 이하의 얕은 해역에서 나타나며, 특히 수온 2°C 이하, 염분 33.5psu 이하의 해수를 순 오야시오해수라고 부른다.

오존구멍 [ozone hole]

주위에 비해서 오존의 농도가 낮은 곳을 말한다. 남·북 양극에서 초봄에 성층권(오존층)의 오존이 chloro fluoro carbon CFC(Freon류)에 의해서 파괴되어 형성된다. 특히 남극의 초봄에 현저하며 남극대륙 전역(2000년 시점)을 덮었다. 평상시 성층권(약 10~50km)에서는 태양 자외선의 조사에 의해 산소분자는 광분해되고 이것이 오존을 생성하여 오존층을 형성하고 있다. 대기 중으로 방출된 CFC 성층권에 도달하면 태양 자외선에 의해 분해되어 염소원자를 분리시키고 이것이 촉매로 작용하여 대량의 성층권 오존을 파괴시킨다.

옥상눈사태 [snow slide on roof]

지붕에 쌓인 눈이 다량으로 경사면을 따라 미끄러져 떨어지는 현상을 말한다. 경사각에 따라 다르며 날씨가 따뜻해지면서 지붕에 쌓인 눈과 얼음이 아래로 미끄러지기 시작하면서 발생한다.

옥상설 [snow on roof]

지붕 위에 쌓여 있는 눈을 말한다. 지붕 위에 쌓인 눈이 일정 무게를 지나 경사면에 미끄러지기 시작하여 많은 양의 눈이 지붕 밑으로 떨어지거나, 지붕이 무게를 견디지 못해 무너져버리는 사고가 발생하기도 한다.

옥상설하중 [snow load on loof]

지붕에 작용하는 설하중을 말한다. 지붕이 지지해야하는 설하중은 현재 바닥이 받는 설하중인 '기본지상적설하중'을 바탕으로 계산되며 100년 재현주기를 기준으로 하며 지붕경사를 고찰한다.

옥스팜 [Oxford Committee for Famine Relief]

전 세계 빈민구호를 위해 활동하는 국제 NGO 단체로 옥스퍼드대 학술위원회의 머리글자(Ox)와 기근(famine)의 앞 글자를 딴 명칭이며, 전 세계 100여 개국에서 3,000여 개의 구호기관과 협력해 국제원조를 통한 기아·빈곤 퇴치 등을 목적으로 활동하는 국제구호단체이다. 본부는 영국 옥스퍼드에 위치하고 있다. 시민들의 자발적인 참여와 기부를 원칙으로 하며, 전 세계 1만 5,000여 개의 자선가게에서 기부 받은 물품의 수입이나 모금을 통해 기금을 조성한다.

옥외배관(분배 파이프) [distribution pipe]

옥외 포설한 배관.

온난 우 [warm rain]

따뜻한 비를 의미하며, 빙정이 포함되어 있지 않은 구름 속에서 생성되는 비, 병합 과정으로 작은 물방울들로만 이루어져 있는 구름에 의해서 내리는 비.

온난전선 [warm front]

전선 중에서 따뜻한 기단이 찬 기단 쪽으로 이동하는 전선. 가볍고 따뜻한 기단이 무겁고 찬 공기 위를 타고 올라갈 때 생기는 경계면을 온난전선 면이라 한다. 또한 이때 지표와 만나는 부분을 온난전선이라 한다. 전선의 이동속도는 25km/h이고, 전선면의 경사는 평균적으로 1 : 200이다. 온난전선면에서 더운 공기는 찬 공기 위를 서서히, 그리고 넓게 퍼져 올라가기 때문에 전선면의 기울기가 매우 완만하다. 상승운동이 활발하지 않으므로 층운형의 구름이 발달해 넓은 지역에 걸쳐 비가 오랫동안 내린다. 온난전선이 통과한 지역은 더운 공기가 밀려왔다는 것을 뜻하므로 기온이 올라간다. 전선의 전방에는 강한 남동풍이 불고, 통과 후에는 남서풍으로 변하여 바람이 약해진다. 이와 같이 전선통과 시 한 지점에서의 풍향변화는 북반구에서 시계방향으로 회전한다. 기압은 전선통과 전에는 내려가고, 통과 후에는 거의 일정하다. 전선 통과 시 강수현상은 전선의 전방 약 400km 사이의 대상지역에서 연속적으로 일어난다. 온난공기의 성질과 상태에 의하여 강한 소나기성 강수나 뇌우가 일어날 때도 있다. 충분히 발달한 온난전선의 접근 징조는 며칠 전부터 나타난다. 전선의 앞쪽 1,000km 정도의 지점에 권운이나 권층운이 퍼져 나오며, 전선이 접근함에 따라 점차로 두께가 증가되고, 높이는 낮아져 고층운으로 변해가고 더 가까워지면 난층운으로 변한다.

온대저기압 [extratropical cyclone]

온대지방에서 발생한 저기압을 말한다. 온대지방에 형성되는 온대고기압과 그 북쪽에 잇닿아 형성되는 한 대전선 사이의 전선상에서 보통 발생한다. 이 저기압은 발생 초기부터 전선을 동반하는 것이 특징이며, 저기압의 반지름이 열대저기압의 반지름에 비해 훨씬 크다. 이 저기압이 접근하고 있을 때는 기온이 상승하고 구름이 점차 낮아져서 비가오기 시작한다. 온난전선이 통과하게 되면 비는 일단 멈추고 중심이 통과한 후에 한랭전선이 지나가기 때문에 소나기가 온 후 곧 갠다. 열대저기압 이외의 저기압을 가리키는 것이므로 이 명칭이 반드시 적절하다고는 할 수 없다.

온실가스 [greenhouse gases]

지구온난화를 일으키는 원인중 하나로 가스 형태로 대기중에 존재하는 물질을 말한다. 온실가스의 농도 증가로 인하여 온실효과가 발생하여 지구의 온도가 점차 증가하게 된다.

온천화 [sinter]

온천·광천이 지표로 솟아난 결과로 온도·압력의 저하, 공기나 주위의 암석 등과의 반응, 증발·휘발성 성분의 방출, 생물의 작용 등으로 생성된다. 황화(黃華)·규화(硅華)·석회화(石灰華) 등 그 종류가 많다. 여러 가지 온천화는 온천장에 풍취를 곁들이기도 하나, 분천구나 송탕관을 막히게 하는 경우도 있다. 황화는 황화수소가 공기로 산화되어 황이 유리(遊離)·침전한 것인데, 황박테리아의 작용으로 촉진되고 황백색을 띤다. 규화는 함수규산이 침전한 것으로, 점차 결정질로 변하여 단백석에서 옥수(玉髓)를 거쳐 석영이 된다. 석회화는 탄산수소염이 이산화탄소를 방출하여 탄산염으로 침전한 것이며, 방해석이나 선석(霰石)의 미세한 결정 집합체이다. 석회화나 규화 속에 나뭇잎 자국이 있는 것을 엽석(葉石)이라고 한다. 이 밖에도 갈철석의 침전물인 철화(鐵華), 눈의 결정 같은 황산칼슘의 석고, 방사성 물질을 함유한 북투석(北投石) 등이 있다.

옹벽 [retaining wall]

토압력(土壓力)에 저항하여 흙이 무너지지 못하게 만든 벽체(壁體)인데 지표지반(地表地盤)의 안정된 경사를 그것보다 가파른 경사로 하였을 경우에 일어나는 지반 붕괴를 막기 위해 만든 구조물이다. 흙을 쌓아 올릴 때, 산을 깎아 낼 때, 해안을 메울 때 등에 필요한 것으로 블록 쌓기, 중력식(重力式) 콘크리트 옹벽, 특수 철근콘크리트 옹벽 등 여러 형식이 있다.

와류 [vortex]

유체 속에서 팽이처럼 회전하고 있는 부분으로 소용돌이와 같은 의미이다. 수학적으로는 소용돌이도(유체의 속도벡터 v의 로테이션, 즉 rot v)가 0이 아닌 부분이다. 회전운동이 격렬하게 진행하면 난류로 이행한다. 소용돌이는 점성 때문에 유체 각 부분에 운동차가 생겨서 형성되는 것으로, 유체 속에서 물체를 움직이거나 반대로 물체를 유체 속에 집어넣었을 때, 또는 유체가 세차게 흘러나가거나 흘러들어가는 경우 등에 관측할 수 있다. 소용돌이는 유체 회전이 한 군데 집중되어 있어 뚜렷이 보이는 경우도 있지만 넓은 범위에 퍼져 있어서 눈에 보이지 않는 경우도 있다. 또 여러 형태여서 회전축이 직립하고 있는 것 외에 회전축이 담배연기 고리나 발동기선이 뿜는 연기처럼 닫힌 고리 모양이고 그 둘레를 유체가 돌고 있는 링 소용돌이 또는 소용돌이 고리 같은 것도 있다. 실제 나타나는 소용돌이는 여러 가지이지만 그 기본형은 독립된 원기둥꼴의 소용돌이로서 중심은 마치 고체막대와 같은 회전 부분이 있고 그 주변을 소용돌이에 끌려가듯이 움직이는 유체 부분이 돌고 있다. 유체역학에서는 회전하는 부분을 강제소용돌이, 끌려가는 부분을 자유소용돌이라 하는데, 자유소용돌이는 소용돌이와 더불어 움직이는 부분일 뿐이며 사실은 소용돌이가 아니다. 즉, 강제소용돌이 부분에서 갑자기 압력이 낮아지므로 그 둘레의 유체가 중심을 향해 말려들듯이 끌려가고 있는 것이다. 이와 같은 소용돌이가 2개 이상 나란히 있으면 서로 영향을 미쳐 서로 끌어당기듯이 움직이기 시작한다. 단면 하나하나가 소용돌이로 보이는 링 소용돌이가 저절로 움직이는 것은 이 때문이기도 하다.

와류 진동 [vortex induced vibration]

유체의 상대 흐름 속에 놓인 물체 주위에서 발생하는 변동 와류에 의한 물체의 진동을 말한다.

와이어트랩 센서 [wire trap sensor]

토석류 발생 감지장치. 토석류 발생원에 가까운 곳에 계류를 횡단하여 전선을 설치하고 약한 전류를 흐르게 한다. 토석류가 통과하면 이 전선을 끊게 되며 전류가 차단된 것을 감지하여 토석류의 통과를 알려준다.

완전 붕괴, 절반 붕괴, 부분 붕괴 [complete collapse, half collapse and partial collapse]

건물이나 시설물 등이 완전, 절반, 부분 붕괴되는 것.

완화 [mitigation]

개발 행위로 인하여 예측되는 환경 피해 영향을 없애거나 최소화하기 위하여 노력하지만 피할 수 없는 환경 피해 영향을 감소시키기 위한 감시, 설계 변경 등의 과정.

외륜산 [somma]

이중화산 또는 그 이상의 복합화산체에서 중앙의 분화구를 둥글게 둘러싸고 있는 산을 말한다. 즉, 칼데라나 구화구의 주벽을 이루는 구화산체를 말한다. 일반적으로 바깥 측면의 경사는 완만하고 안쪽 측면은 가파르다.

외빈 [inshore/nearshore]

해안 가까운 부분. 외빈은 평균 간조 정선에서 수심 10m 정도까지의 범위를 말하며 이 부분에 사퇴 및 사지대가 있고, 파도가 부서져 쇄파대가 생긴다.

외상 후 스트레스장애 [post traumatic stress disorder(PTSD)]

외상 후 스트레스 장애는 사람이 전쟁, 고문, 자연재해, 사고 등의 심각한 사건을 경험한 후 그 사건에 공포감을 느끼고 사건 후에도 계속적인 재경험을 통해 고통을 느끼며 거기서 벗어나기 위해 에너지를 소비하게 되는 질환으로, 정상적인 사회생활에 부정적인 영향을 끼친다.

외장 [armoring]

외상(外傷)으로부터 보호하고 장력에 견딜 수 있게 철선 또는 강대(鋼帶)로 연피를 보호한 케이블.

용광로에서 지진 화재의 추정 [estimation of earthquake fires from furnaces]

지진에 의해 제철소 용광로에서 발생하는 화재에 대한 추정.

용암 [Lava]

마그마가 지표로 분출한 것 또는 그것이 고결된 것으로서, 고온이며 가스함량이 클수록 점성이 낮다. 지표면가까이 오면서 압력이 낮아지면 마그마의 가스가 기포가 되는데, 점성이 낮으면 기포가 잘 빠져나가서 완만한 분출이 되고 점성이 높으면 폭발적인 분출이 일어난다.

용암대지 [Lava plateau]

유동성이 큰 용암이 폭발적인 활동을 하지 않고 대량으로 유출되었을 때 대지를 형성한다. 그러므로 광대한 면적을 덮는 경우가 많으며, 규모가 큰 것이 많다. 용암의 유동성이 매우 큰, 즉 점성이 작은 용암은 대부분의 경우 현무암이므로, 세계의 용암대지는 대부분 현무암으로 되어 있다. 그리고 용암의 유출구는 단일한 것이 아니고, 많은 화구군에서 나오는 경우와 대규모 열극(裂隙)에서 유출하는 경우가 있다. 세계에서 가장 규모가 큰 용암대지는 인도의 데칸 고원(50만 km^2)과 스코틀랜드 북대서양에 걸친 것(50만 km^2)이며, 그 밖에 북아메리카의 컬럼비아 강 대지(15만 km^2), 아르헨티나의 파타고니아대지(6.5만 km^2), 한국 북부의 개마고원(9만 km^2) 등이 있다. 지구상의 용암대지의 총면적은 200만 km^2라고 하며, 그 형성 시기는 중생대 백악기로부터 신생대 제3기에 걸친 것이 많다. 이와 같이 대량의 현무암인 용암이 대지를 형성하므로, 그 현무암을 특히 대지현무암이라고 한다. 이 대량의 대지현무암은 지하 내부에 존재하는 원생(原生) 마그마의 원래 성분이 지표에 분출한 것이라고 생각된다.

용암원정구 [Lava dome]

점성이 큰 안산암 내지 조면암질 용암이 분출할 경우 유동성이 적기 때문에 화구 위에서 그대로 냉각 · 고결되어 형성된 구상(丘狀)의 화산체를 말한다. 다른 말로 종상화산(鐘狀火山, tholoide)이라고도 한다. 산정은 비교적 완경사로서 평탄한 경우가 많고 측면은 급사면을 이루며 그 하부에 애추사면(talus slope)이 발달한다. 원래는 화구가 없는 것이 보통이나 후에 폭발 분화가 일어나면 정상에 화구가 형성되기도 한다. 제주도의 산방산은 화구가 없는 대표적인 용암원정구이다.

용암제어 [Lava diversion]

한 구역에 용암류가 흘러들지 않도록 하는 방안. 용암 흐름은 중력에 따라 아래쪽으로 흐르고 온도가 저하되면 정지한다. 현무암질 용암류에 대한 제어가 시도된 적이 있다. 하와이 마우나로아 화산, 에트나 화산에서는 폭탄 투하나 인공적 도랑을 만들고 유로를 변경하는 것으로 시가지를 지키는 데 성공했다. 일본의 미야케 섬, 이즈오 섬에서는, 용암류의 선단부에 해수를 걸쳐 냉각을 단축 하는 방법이 시도됐다. 두께가 수십 m에 도달하는 안산암질 용암의 제어 시도는 이뤄지지 않고 있다.

용암튜브 [lava tube]

용암류의 내부가 흘러 나가고 표면의 껍데기 부분만 남아 굳어서 만들어진 터널을 말한다.

용암호 [Lava lake]

용암호는 용암이 분화구 안에서 호수처럼 고여 있는 곳으로, 때때로 넘치기도 한다. 좋은 예는 니라공고 산(콩고민주공화국), 에트라 에일 산(에티오피아), 마룸 화산(암브림 섬, 바누아투), 킬라우에아 산 푸우오오 분화구(미국 하와이 빅아일랜드), 에러버스 산(남극대륙 로스 섬)이다. 니라공고 산에 있는 용암호는 지름이 200m가 넘고, 수심은 수천 킬로미터로 추정된다. 게다가 용암은 알칼리 성분이 있어 유동성이 강하고, 온도는 980도나 된다. 이 화산에서는 분출할 때 용암 파도를 일으켜 용암이 밖으로 넘친다. 에트라 에일 산 같은 경우에는 큰 암석판이 갈라지면서 용암을 뿜는다. 암석판이란 용암이 식으면 형성되는 판을 말한다. 마룸 화산에는 암석판이 없다. 그러나 용암은 계속 요동친다. 그러다가 분출할 수도 있다. 킬라우에아 산의 푸우오오 분화구의 용암호는 크기가 매우 크다. 할레마우마우 분화구에서는 용암호가 존재하였으나 지금은 이따금식 분출한다. 에러버스 산에서는 용암호에 용암이 고여 있다가 갑자기 폭발적으로 용암이 솟구친다. 1977년의 니라공고 산의 폭발 때에는 용암이 고마시 쪽으로 흘러내렸고, 속도가 무려 95km나 되었다.

용존 산소량 [dissolved oxygen]

용존산소량은 물의 오염도 측정, 물속의 포함되어 있는 산소량으로 일반적으로 온도 및 염분이 낮을수록, 그리고 기압이 높을수록 용존산소량은 많아진다. 물속에는 상당량의 산소가 용해되어 있는데, 맑은 강물에는 보통 7~10ppm 정도 포함되어 있다.

용천, 샘 [spring]

지하수가 자연상태에서 지표면으로 분출하는 것을 말한다. 용출상황, 화학조성, 온도, 성인 그리고 지형이나 지질에 따라 형태적, 구조적으로 분류할 수 있다. 용출상황에 따른 분류는 항상 용출하는 부단천, 특정 계절 또는 강수가 있을 때만 용출하는 일시천, 간헐적으로 용출하는 간헐천으로 구분 할 수 있다. 화학조성에 따른 분류는 광천과 단순천으로 구분되고 온도에 의해서는 온천과 냉천으로 구분된다.

용탈 [eluviation]

물의 작용으로 토양의 구성 성분이 용액 또는 현탁액의 형태로 제거되는 일을 말한다.

우량계 [rain gauge]

강수량을 측정하는 계기로서, 지시우량계와 자기우량계가 있다. 빗물의 양을 무게 또는 부피로 측정하여 집수면적에 대한 깊이로서 mm 단위로 표시한다. 산간지방에서는 무인 관측장치인 무선로봇우량계도 사용한다. 지시우량계와 자기우량계(自記雨量計)로 나뉜다. 원리는 일정한 지름의 용기에 빗물을 받아서 깊이를 측정하는 것으로 무게 또는 부피를 측정하여 집수면적에 대한 깊이로 환산하고 mm 단위로 표시한다. 용기의 지름은 대체로 20cm이나 사용목적에 따라서 다른 규격을 쓰고 있는 곳도 있다. 빗물은 물론 눈·진눈깨비·우박·이슬 등 용기에 들어온 것을 모두 물로 녹여서 우량되[雨量升]로 재고, 눈·우박·진눈깨비 등은 무게를 측정한 후 깊이(mm) 단위로 환산하여 강수량을 측정한다. 연속강수량과 강우강도(降雨强度) 분석을 위하여 자기우량계로 연속기록하게 한다.

우세(탁월)주기 [predominant period]

지진활동에는 다양한 주기 성분이 포함되어 있으며 진원특성, 전파경로, 국부적인 지반특성에 따라 각 주기성분의 강도가 크게 달라진다. 지진활동의 스펙트럼 분석 등으로 얻을 수 있는 스펙트럼 강도가 가장 큰 주기를 우세(탁월) 주기라고 한다. 일반적으로 지진규모가 클수록 또는 지반이 연약할수록 우세(탁월) 주기가 커진다. 일반적인 강진기록의 우세(탁월) 주기는 대략 0.1~5초 정도의 범위에 있다.

우회 퇴적물 [sand bypassing]

해안에 건설된 구조물(漂砂의) 능숙 측에 퇴분(堆積)한 토사를 인공적으로 선불리 측 해안이 운율 전송하는 공법 것. 연안 표사(漂砂)의 우수성 해안에 항구 등의 구조물을 건몰(建没). 그러자 해안 표사가 언 나무 거침 능숙 쪽 해안에 토사가 퇴적한다. 이 퇴적이 유행하면 항구 국부나 항로의 매몰이 생긴다. 한편, 서투른 측 해안에서는 토사 공급량이 감소하기 위해 침식이 발생한다. 표사의 연속성을 회복하고 매몰 및 침식 방지를 겸하는 목적으로 이루어지는 경우가 많다. 잘못하면 쪽 해안에 수송하는 방법으로 파이프 운송, 화물 운송, 해상 운송이 있다. 구조물이 존재하는 한 계속 할 필요가 있다. 일본에서는 아마노 하시다 테와 오이 항 등의 사례가 있다.

우회로(전환) [diversion]

전환(다른 방향이나 상태로 바뀌거나 바꿈), 바꾸기(원래 있던 것을 없애고 다른 것 대신)

운동파 기법 [Kinematic wave method]

유역 지형을 일부 사각형 슬로프와 그들을 잇는 하도망에 의해 표현하고 직사각형 사면상에서의 표면 흐름 중간 흐름 또는 그들을 통합한 흐름을 수리학적 기초를 가진 물리 방식으로 추정하여 홍수 유출량을 산정하는 방법. 등가 조도 법이라고도 불린다. 기초식은 연속식과 등류 공식으로 되어 편미분 방정식으로 나타난다. 모델 파라미터는 물리적인 배경을 갖기 위해 토지 이용의 변화 등에 의한 유출 형태의 변화를 모델에 포함시킬 수 있다. 또한 유역 사면을 구형뿐만 아니라 융합 형 있다는 발산형 지형으로 모델링하고, 유출 발생 장소의 변화를 표현하는 것도 가능하다. 최근에는 레이더 강수량 데이터를 입력하고, 수치 표고 모델에서 작성된 유역 지형 모델상에서의 흐름을 운동파 모형(kinematic wave model)을 이용해 해결할 수 있으며, 홍수 유출 예측의 고정밀화가 시도되고 있다. 대상 유역 내부에서의 빗물이나 모델 파라미터의 공간 분포를 고려할 수 있기 때문에, 정수 분포형의 홍수 유출 모델로 분류된다.

워쉬로드 [wash load]

하상(河床)의 모래 입자보다 더 미세한 입자. 하상에 침전하여 정착하지 않고 그대로 흘러가는 부유사(浮流砂)의 대부분을 차지하고 있다. 워시 로드는 상류에서 운반된 미세한 흙모래가 큰 부분으로, 저수지 등의 매몰에 대해 중요한 관계를 가지고 있다.

원격조작 [remote operation]

댐의 게이트, 밸브 등 방류설비의 조작을 현장에서 떨어진 댐관리소 등에서 하는 방식. 예상하지 못한 상황에 대비해서 수동으로도 개폐조작이 가능하도록 하는 것이 기본이다.

원격측정기 [telemeter]

전기나 빛의 신호로 변환하여 무선 또는 유선을 통해 멀리 떨어진 곳에 신호를 전송하여 원격 측정하는 장치 또는 그것을 갖춘 관측소.

원격탐사 [remote sensing]

육상이나 수면의 상황을 직접 접촉하지 않고 계측하는 방법. 항공기나 인공위성을 이용하거나 상공으로부터 광학적으로 계측하는 방법을 의미하는 경우가 많다.

원심 분리기 모형 시험 [centrifuge model test]

원심력을 이용하여 혼합되어 있는 액체와 고체를 분리하거나 여과하는 기계이다.

원자력위원회 [Atomic Energy Committee]

원자력의 연구 · 개발 · 입법 · 정책을 결정하고 관리하는 정부기관. 원자력을 개발하고 있는 나라들은 거의 이와 같은 종류의 정부기관이 있으며 그 명칭이나 권한의 범위는 각기 다르다.

원형계산자 [circular slide]

2자릿수 내지 3자릿수의 정밀도로 신속하게 연산을 하기 위한 간편한 계산기기. 물리, 화학의 여러 분야에 있어서 계산에는 매우 유용한 것이다. 이 중 정밀도를 높이기 위해 원반의 주변이나 원기둥 위에 나선으로 눈금을 매긴 것도 있는데 이를 원형계산자(circular slide)라고 한다.

월류제 [overflow levee]

홍수조절을 목적으로 하도주변 또는 합류점 부근에 제방으로 둘러싸여 설치되는 조절지에서 홍수 시에 하도에서 조절지로 자연월류하도록 설계한 둑 구조물이다. 하도에서의 월류조건은 월류제의 길이와 천단높이에 따라 결정되며 일반적으로는 계획홍수량의 첨두 부근에서 유량조절효과를 높이기 위해 천단높이를 비교적 높게 하고 길게 하는 경우가 많다. 월류량은 둑의 천단형상과 월류수심에 따라 결정되며 표준월류정이나 대형월류정 등의 표준적인 형상에 대해 월류제에 관한 월류공식이 구해져 있다.

월파 대책 [countermeasure against wave overtopping]

파도가 처오름 작용에 의하여 방파제나 방조제의 마루를 넘는 현상으로 이러한 월파에 대해 종합적으로 대처할 계획이나 수단을 말한다.

월파 수치 모델 [numerical modeling of wave overtopping]

월파의 수를 수치 모델로 나타낸 것이다.

위기 의사소통 [crisis communication]

재난이나 재해에 의해 어떤 상태의 안정에 부정적으로 영향을 주는 정세의 급격한 변화에 대해 관련된 정부의 부처나 기관의 생각이나 대처방안 등을 교환하는 총체적인 행위를 말한다.

위기관리 [crisis management]

자연적인 천재지변이나 인위적인 비상사태, 또는 전쟁 등의 위기 상황에 대한 예방·대비·대처하는 일로 위기로부터 국민의 생명과 재산을 보호해주고 위험을 극복하기 위한 사업계획을 집행하는 일상화된 과정을 의미한다. 그 과정은 완화, 준비, 대응, 복구의 네 단계로 구성된다.

위기예측 [risk prediction]

리스크가 피해의 크기와 발생확률의 곱으로 주어지고 피해의 크기는 외력의 규모와 사회의 방재력의 차이로 결정되어 위기가 예측된다.

위기의 예방과 회피 [risk prevention and avoidance]

위기관리에서 가장 중요한 행위로서 특히 재해상습지대에서는 위기의 존재와 그 레벨이 예견되므로 사전에 필요한 예비책이나 회피책을 준비하는 것이 가능하다.

위기의 한정화 [delimitation of crisis]

피해연쇄를 끊어서 피해의 규모를 시간적 공간적으로 확대시키지 않는 것. 이를 위해서는 피해현상의 추이를 관찰하여 선제적 대응을 할 필요가 있다.

위상속도 [phase velocity]

지진파에 있어서, 진원에서 방출되는 동위상 파의 전달속도를 나타낸다. 위상속도는 층 구조의 두께, p파 및 s파 속도, 강성율 등 매질조건과 기하학적 경계조건에 의해 결정된다.

위층 연소 [upper floor fire spread]

복수의 층을 가진 건물의 층으로 번진 화재가 바로 위층으로 확대된다. 위층 연소는 화재실 창문에서 분출된 화염과 열기류에 따라 위층 창문 유리로 침입해서 위층 창문 유리를 파괴하거나, 화재 가열에서 위층 바닥과 배관 등의 관통부에 불이 붙어 균열이 일어나거나, 배관과 도관 등의 구획이 미흡한 점 등이 원인이 되는 일이 많다.

위탁 [Trust]

예를 들면, 자금을 맡겨서 그 운영을 부탁하거나 타인을 신뢰하여 어떤 행위를 부탁하는 것으로서 그 내용에 따라 위임·위탁매매·운송·신탁·어음 등 여러 가지 법률관계를 발생시킨다. 위탁을 받은 사람은 위탁의 취지에 따라 자기 재량으로 사무를 처리할 수 있으며, 위탁을 한 사람과의 사이에 신임관계가 생기는 점에 특색이 있다. 위탁을 한 사람과 위탁을 받은 사람의 명칭은 법률관계에 따라서 다르다. 위임에서는 위임자·수임자라 하고, 신탁에서는 위탁자·수탁자라 한다.

위해 예방 [hazard prevention]

근로자가 취업해서 업무를 수행하는 과정에 신체에 대한 위험이나 부상을 방지하기 위해 미리 인적, 물적으로 예방대책을 세우는 것을 말한다.

위험 [hazard]

사상, 부상 또는 기타 건강상 위해 그리고 재산피해, 생활기반 및 서비스의 손실, 사회적, 경제적 손실, 또는 환경적 손상의 원인이 되는 위험한 현상, 물질, 인간의 활동이나 상태.

위험 반원 [dangerous semicircle]

태풍의 바람과 기압계의 바람이 겹쳐져 더 강한 바람이 부는 구역. 위도 5~25° 사이의 아열대 해상에서 발생한 열대저기압(태풍)은 처음에는 북서쪽으로 이동하다가 편서풍대에 접어들면서 북동쪽으로 휘어지면서 이동한다. 처음 태풍이 발생하는 곳은 무역풍대로, 태풍 이동 방향의 오른쪽은 태풍과 무역풍이 합세하여 매우 강한 바람이 불고, 왼쪽은 태풍과 무역풍이 부는 방향이 서로 반대되므로 상쇄되어 약해진다. 태풍이 계속 이동하여 편서풍대에 접어들면 태풍의 오른쪽은 태풍과 편서풍이 합세하여 강한 바람이 불고 왼쪽은 태풍과 편서풍의 방향이 서로 반대되어 상쇄되므로 약해진다. 남반구에서는 좌측의 반원이 위험 지역이 된다. 이 구역 내에서는 강한 저기압 자체가 회전하는 풍계(風系)의 바람과 기압계(氣壓系) 전체의 움직임에 의한 바람이 겹쳐지는데, 특히 바람이 세어지므로 항해에 위험하다는 뜻으로 이렇게 부른다. 또 이 반대쪽의 반원은 가항(可航)반원이라고 하는데, 태풍 등 열대성 저기압을 만난 선박은 이 가항반원 쪽을 항행하는 편이 안전하다.

위험 수위 [dangerous water stage]

물이 넘쳐 홍수가 일어날 위험이 있는 수위를 말한다.

위험 허용수준 [acceptable level of risk]

위험의 피해 수준에 도달하는 것을 억제하기 위하여 직접 방재수단을 사용해야 하는 위험의 수준을 말하며, 수단을 쓸 여유가 있는 상태이다.

위험(요소) 발견 [discovery of risk]

재난으로 인해 인적상해 및 재산의 손해가 발생할 수 있는 위험인자(요소)를 발견하는 것을 말한다.

위험도 [hazard]

위험의 정도 또는 위험성이 생기기 쉬운 정도를 확률 통계적 수법에 의해 정량적으로 표현한 것을 말한다. 사상, 부상 또는 기타 건강상 위해 그리고 재산피해, 생활기반 및 서비스의 손실, 사회적, 경제적 손실, 또는 환경적 손상의 원인이 되는 위험한 현상, 물질, 인간의 활동이나 상태를 말한다.

위험도 [risk]

① '손해발생의 가능성'에서도 객관적 손해발생의 가능성이며, 더욱 경제적 손해의 발생 가능성을 말한다. 어떠한 사고가 언제, 어떻게 발생할 것인지 불확정적이며, 더욱이 우연히 발생하고 그 사고로 인하여 생기는 경제적 손실인 손해가 예측손해를 상회할 것인가의 불확정성이다. 도덕적, 사회적 또는 경제적인 면에서 손실을 발생케 하는 기업 활동결과에서 생기는 어떠한 상태를 총칭하는 말이다. ② 하나의 사건과 더불어 그 사건으로 인한 부정적인 결과들을 종합한 가능성을 말한다. 이 정의는 국제표준화기구/국제전기기술위원회(ISO/IEC) 지침 73의 정의와 거의 일치한다. '위험도'란 단어는 두 개의 차별된 의미를 갖는다. 관용적 의미를 강조하면 주로 '사고의 위험도'처럼 기회 또는 가능성의 개념이 되며, 기술적인 측면을 강조하면 특정 원인, 장소 그리고 기간에 대한 '잠재적인 손실'의 개념으로 귀결된다. 이는 원인이 구체적이고 명확한 개별 위험도를 같은 개념으로 공유할 필요성을 느끼지 않기 때문이다.

위험도 관리 [risk management]

잠재적인 해와 손실을 최소화하기 위해 불확실성을 관리하는 체계적인 접근과 실행을 말한다. 위험도 관리는 위험도평가와 분석 그리고 위험도를 조절, 감소, 전이하기 위한 전략과 구체적 행동요령 수립을 포함한다. 위험관리는 투입결정에 대한 위험도를 최소화하기 위한 조직과 산업붕괴, 생산실패, 환경손실, 사회적 충격, 그리고 화재 또는 자연적 위험으로부터의 손실과 같은 위험도를 대비하기 위한 조직들에 의해 광범위하게 수행된다. 위험도관리는 극한상태의 물과 기후에 의해 직접적인 영향을 받는 물공급, 에너지, 그리고 농업 분야에서 주요 쟁점사안이다.

위험도 전이 [risk transfer]

가족, 조직, 기업체 또는 주정부는 재난발생 이후에 다른 단체로부터 지속적 교환, 사회보장 또는 다른 단체에 의해 보장되는 경제적 이익의 방법으로 재원를 얻는 방법으로 하나의 단체로부터 기인한 특정위험도에 대한 경제적 중요성이 공식적, 비공식적으로 변형되는 과정. 또는 어떤 조직이 특정 위험에 의해 갖고 있는 재정적 부담을 공식적 또는 비공식적으로 다른 조직에게 전이하는 과정을 말하며, 이에 따라 가구, 지역, 기업 또는 정

ㄱ ㄴ ㄷ ㄹ ㅁ ㅂ ㅅ ㅇ ㅈ ㅊ ㅋ ㅌ ㅍ ㅎ

부 조직은 그 다른 조직에 지속적이거나 보상적인 사회·재정적 기여를 하는 조건으로 재해가 발생한 이후 그 조직으로부터 재원을 확보할 수 있다. 보험은 위험도 전이의 잘 알려진 형태로서 위험도 배상액은 보험회사에 지속적으로 지불하는 보험료 교환에 의해 보험회사로부터 받게 된다. 가족 간, 조직체 간에는 선물 또는 신용과 같은 방법으로 상호지원하려는 호혜적 기대감 때문에 위험도 전이가 비공식적으로 발생할 수 있는 데 반해 정부 간, 보험회사 간, 은행계열사 간, 기타 위험도를 내포한 실체 간에는 주요 사상에 의한 손실에 대응하기 위해 공식적으로 기구를 설립한다.

위험도 지도 [hazard map]

(해저드 맵 참조).

위험도 평가 [risk assessment]

노출된 인명, 재산, 서비스, 생계수단, 환경에 잠재적으로 해를 끼칠 수 있는 잠재적 위험해석과 보유조건의 취약성분석을 통해 위험도의 양상과 범위를 결정하는 방법을 말한다. 위험도평가에는 위치, 강도, 빈도, 가능성과 같은 위험의 기술적 특성 검토; 물리적 사회성, 보건, 경제 및 환경적 차원이 포함된 노출도 및 취약성 분석; 위험도 시나리오 등을 고려한 대응역량의 주요 안 및 대안의 유효성 평가 등이 포함된다. 이러한 연속적 활동은 위험도 해석과정으로 알려져 있다.

위험물 관리자 [managers for hazardous materials]

국가기술자격법에 의한 위험물취급자격증 소지자이며 위험성이 있고 폭발, 화재 등의 위험이 있는 물질을 관리한다.

윈드 머신 : 방상선 [wind machine method]

서리를 막기 위하여 설치하는 송풍기. 지상 10~20m의 높이에 송풍기를 설치하고 경사 아래쪽으로 공기를 내뿜어 교반하여 역전층의 공기를 혼합하는 방법으로 10a당 1.5~2.5마력의 출력이 소요된다.

유/무자격 자원봉사자 [volunteer without special skills/volunteer with special skills]

자원봉사는 특수한 기술이나 자격을 요구하는 경우와 반대로 기술이나 자격이 없이도 할 수 있는 봉사활동으로 구분되며, 기술이나 자격이 없이도 시작할 수 있는 자원봉사에는 홍보, 캠페인, 행사 보조, 헌혈, 무료급식 등이 있으며, 반대로 미용사, 간호조무사 등의 자원봉사는 특수한 자격이나 기술이 요구되는 자원봉사로 구분할 수 있다.

유감 지진 [felt earthquake]

인체에 느껴지는 지진이다. 가속도가 0.8Gal 이상인 경우 인체가 느낄 수 있다. 느껴지는 정도의 크고 작음을 나타낸 것이 진도로서, 진도 7~1까지의 지진계가 사용된다.

유기공 [solfatara]

유화수소·나아유산 가스 등과 같은 유황질 가스를 다량으로 분출하는 것을 말한다. 분기 온도는 200℃ 내외로, 분기가 공기에 접촉하면 산화되어 유산이나 유리유황을 생산하고 주위에 유황이 침전된다. 이탈리아 나폴리 서방의 라솔파타라(La Solfatara) 화산지방의 유기공에 기인한 호칭이다.

유기적 연대 [organic solidarity]

기계적 연대와 대비되는 말로 기계적 연대가 유사한 여러 개인이 압도적인 집합의식하에서 몰개성적인 사회결합으로 맺어진 데 비하여, 유기적 연대는 개성적이고 이질적인 여러 개인이 특정한 관계로 맺어진 사회결합이다. 즉, 분업에 바탕을 둔 이질적인 여러 개인의 기능적 차이가 엮어내는 연대로 성립되는 조직사회로서, 집합의식이 약하고 개인의식이 우월한 근대사회가 그 모델이다. 여기서는 집합의식과 개인의식의 간극(間隙)이 더욱더 심화되어 개인의 자율성은 커지지만, 반면, 사회와 개인의 괴리가 생겨 아노미 현상을 낳는 요인이 된다. 따라서 근대에 새로운 집합의식을 재건하는 것이 뒤르켐의 실천적 과제였다. 유기적 연대는 기계적 연대가 해체된 후에 생기는데, 기계적 연대에서 유기적 연대로 이행한다는 것이 그의 사회변동에 대한 역사적 전망이었다.

유독가스 [toxic gas]

암모니아·일산화탄소·이산화황·질소산화물·염소 등이 이에 속하는데, 다만 메테인이나 질소 따위처럼 단순한 질식성 가스는 포함되지 않는다. 또 군사상의 목적으로 적의 사람과 가축에 해를 끼치기 위하여 쓰이는 독이 있는 기체나 증기를 뿜는 액체나 고체가 있는데, 이것은 특히 독가스라 하여 무기로서 쓰이며, 질식가스·재채기가스·미란가스·신경가스·최루가스·혈액독가스·수포성가스 등이 여기에 속한다.

유동학, 유변학 [rheology]

유동(flow)와 변형(deformation)에 관한 과학을 말한다. 고체나 유체의 역학적 성질을 설명하며, 그 속에서 물체의 변형이나 유동의 탄성, 소성, 점성의 조합으로 재료의 특성을 연구한다.

유량 조절 [discharge control]

하천, 개수로, 관을 흐르는 액체에 대해 단위 시간 동안 단면적을 통과하는 수량 조절(필요에 의해)을 말한다.

유량 측정 [discharge measurement]

하천의 어떤 횡단면을 통과하는 유량을 측정하는 것으로 일반적으로 측정 단면을 연직방향으로 구분하고 부자유속계 또는 기타 방법을 써서 각 구분에서 몇 개의 적당한 수심점에서의 유속 관측을 말한다.

유로 [stream path]

유체흐름에 있어 운동은 유체의 입자가 흐르는 경로를 의미한다.

유발지진 [induced earthquake]

인공지진은 아니지만 인간의 행위가 원인이 되는 지진으로서, 깊은 우물에 대량의 물을 주입하거나 높은 댐을 만들어 저수할 경우 그 부분에서 지진이 일어나는 경우를 말한다.

유빙 [drift ice]

빙결된 해빙이 바람, 물결 등에 의해 부서져 해류나 바람에 의해 표류되는 것.

유사 파장유형의 지진 [earthquake with similar wave form/earthquake family]

지진의 변위, 속도, 가속도에 의해 비슷한 파장유형의 지진을 말한다.

유사동적실험 [pseudo dynamic test]

지진공학, 내진공학에서 사용하는 실험방법으로, 구조실험과 수치해석을 병행해서, 구조물의 동적응답을 실험실에서 재현하는 방법이다. 특히, 준정적 외력에 의한 구조실험과 대상으로 하는 구조물의 운동방정식을 직접적분에 의해 푼 수치해석을 병행해, 얻어지는 정보를 교환하면서 구조물의 지진응답을 재현하는 방법을 유사동적실험이라 한다. 이 방법은 지진응답이라고 하는 동적인 현상을 재현하는 실험임에도 불구하고 준정적 외력실험을 실시하기 때문에 유사동적이라 불리고 있다. 상대적으로 대규모 구조물의 실험이 가능하고 구조부재에 대한 실험만으로 구조물 전체의 지진응답을 재현할 수 있어, 진동대 실험에서는 재현 불가능한 실험을 할 수 있는 실험방법이다.

유사량 [sediment transport rate]

흐름에 따라 단위 시간당으로 수송되는 사력의 양(통상 실질의 체적). 유사 형태에는 소류 모래와 부유 모래 등이 있고 각각 수송량을 산정하는 계산식이 여러 가지 제안되고 있다. 또 소유사와 부유사 구분 없이 양자의 합계를 계산하는 방법도 있다. 일반적으로 부유 모래량과 견인사량을 계산하기 위해서는 유속, 수심, 견인력 등의 수리 조건과 하상 물질의 입도 분포가 필요하다. 또 하상파의 존재는 유사량에 큰 영향을 준다. 그때는 하상파에 의한 형상 저항을 감안한 유효 견인력을 이용해야 한다. 그 외, 급경사의 경우, 횡단 방향으로 경사진 하상의 경우에도 각각 적합한 유사량식을 설치해야 한다.

유사량 관측 [sediment load observation]

소유사 관측에는 직접적 방법과, 하상파의 파고·파장과 이동 속도를 음향 측심기로 측정하는 간접적 방법이 있다. Wash load 및 수직 방향의 농도 차이가 작은 부유 모래의 관측에는, 채수에 따라 토사 농도를 측정하는 직접적 방법과 토사 농도로 탁도 상관관계를 정리하고 홍수식 탁도를 측정하는 간접적 방법이 있다. 수직 방향의 농도 차이가 크게 부유 모래를 관측하는 경우에는 하상 근방을 포함한 복수의 지점의 토사 농도를 측정할 필요가 있다. 각종 관측 방법에는 각각 한계가 있으므로, 관측 지점의 하천 특성이나 물리적 조건을 바탕으로 관측 목적으로 대상으로 하는 토사의 유송 형태에 따라 적절한 방법을 조합하는 것이 중요하다.

유설구 [snow removing ditch/channel]

선로나 도로 옆에 눈을 흘려보내는 도랑이나 수로를 말한다. 기계력 또는 인력을 이용하여 배제한 눈을 물의 흐름을 이용하여 유설구 끝으로 운반하고 유설구 끝에서 눈을 처리한다. 유설구의 기능을 유지하기 위해서 적절한 눈 처리가 필요하다.

유수지 [retarding basin]

저수지와 같이 홍수량의 일부를 일시에 이곳에 저류하여 하류의 최대 유량을 저감시키기 위해 이용되는 지역. 하천 상류부의 범람구역은 모두 천연 유수지로 간주한다. 제방의 일부에 월류제(越流堤)를 만들고 배수는 배수문으로 향한다. 하천 부근의 저습지를 선택하여 인공적으로 유수지로 하는 방법이 있다.

유수지(유수시설)/저류지(저류시설) [detention facility]

하천연안의 호소, 유수지 또는 평지 혹은 넓은 하도(河道) 안의 고수부지에 일시적으로 홍수량의 일부를 저수하는 곳이다. 즉, 홍수 시 도심지가 침수되는 것을 예방하고 조절하기 위하여 일정한 집수구역 내에서 가장 낮은 곳에 인공적으로 못을 조성하여 시가지 내의 지표수를 유입시키는 한편, 유입된 물을 펌프시설을 이용하여 배수시키는 도시계획시설이다. 하천유역에 대규모의 개발이 일어나는 경우 개발에 따른 홍수유출량의 증가에 의한 수해의 위험성을 방지함과 동시에 하천의 친수 안전도 향상을 주목적으로 자연재해대책법에 의거 설치하는 시설을 말하며, 본 하천을 월류시켜 평상시는 건조상태로 공원 등으로 중복하여 사용하는 Off-line system과 하천의 본류에 제방을 축조하여 설치하는 On-line system의 두 종류의 저류지가 있다.

유아재난교육 [disaster education at kindergartens]

일반적으로 초등교육을 받기 전의 교육을 말하며, 유아를 대상(만 3~5세)으로 하는 재난교육(프로그램)으로 재난에 대해 인지할 수 있는 환경을 만들어주는 것에 목적을 두고 각종 재난에 대한 교육 실시를 말한다. 또한 유아 특성에 맞게 놀이를 통한 재난 예방과 대처 능력 배양(또는 인지)할 수 있도록 눈높이 교육이 필요하다.

유엔 · FAO 세계식량계획 [UN · FAO World Food Program(WFP)]

세계식량계획(WFP; World Food Programme)은 식량 원조를 통해 개발도상국의 경제, 사회 발전을 도모하기 위하여 설립한 유엔의 산하 기구이다. 목적은 식량 위기에 빠진 국가의 요청에 따라 ① 음식을 현물 급여 간척이나 관개(灌漑) 등의 노동 집약적인 개발을 실시하고, ② 균형 잡힌 음식을 공급하고 식량 부족을 해소하는, ③ 세계식량안보를 실현하는 것이다. 1961년 유엔 총회와 국제 식량농업기구 총회에서 설립키로 결의하고 1962년 4월 세계식량계획 설립협정을 승인함으로써 1963년 1월부터 활동을 개시하였다. 1965년 12월에는 UN 및 FAO에서 WFP의 무기한 존속을 결정하였다. 사무 총장임기는 5년이고 국제 식량 농업기구에서 선출된 인원이 모여 매년 2회 정기회의를 한다. 본부는 이탈리아 로마에 있다.

유엔 재해 구호 상황 보고 [United Nations disaster situation report]

유엔 인도주의 기관 및 국제 적십자 · 적신 월사 연맹은 재해국의 요청에 따라 피해 정도와 필요로 하는 인재, 기술, 물자, 자금 등의 지원을 국제 사회에 공식적으로 요청(internationalappeal)한다. 요청을 받은 국가나 단체는 다양한 지원을 실시하지만 시간이 지남에 따라 피해 실태, 필요한 지원 내용 등은 변화해 나간다. 현지에 도착한 원조 실적과 약속 된 지원 내용, 필요하지 않은 지원이나 부족하거나 새로 필요한 지원 내용을 시간의 경과나 상황의 변화에 따라 국제 사회에 알리는 보고를 말한다.

유엔 해양법협약 [United Nations Convention on the Law of the sea]

1982년 12월 10일 채택되어 1994년 11월 16일 발효된 협약. 동 협약은 해양, 해저 및 해저 토양뿐 아니라 해양상공의 대기 등 보호에 관한 제도적 틀을 구축하고 있다. 동 협약은 해양 및 대양의 평화적인 사용, 자원의 적정하고 효율적인 활용 및 해양환경의 연구, 보호 및 보전 등의 촉진을 도모하고자 한다. 협약 제5부는 통상정책과 가장 커다란 관련이 있는 부분이다. 즉, 통상 연안선을 따라서 수심이 낮은 해안선을 가리키는 연안으로부터 200해리를 초과하여 배타적 경제수역(EEZ; Exclusive Economic Zone)을 획정하지 못하도록 하고 있다. EEZ 내에서 연안국가는 해양 및 해저에 대한 천연자원의 개발, 획득, 보전 및 관리 등에 관한 주권적인 권리를 보유한다. 또한 수력, 조류 및 풍력 등의 에너지 생산과 같은 EEZ 내의 경제적 개척 및 개발을 위한 동일한 권리를 가진다. 브라운라이(Brownlie)에 따르면 동 협약은 기존에 시도된 것 가운데 가장 야심찬 법규화의 시도이자 전향적인 국제법의 발전이라 할 수 있다.

유엔개발계획 [United Nations Development Program(UNDP)]

유엔개발계획(United Nations Development Programme)은 유엔 전체의 개발 원조계획을 조정하기 위한 기관이다. 1965년 유엔특별기금(UNSF; UN Special Fund)과 확대기술원조계획(UN EPTA; UN Expanded Program of Technical Assistance)을 통합·설립하여 1966년 1월 발족한 기관으로 개도국에 대한 유엔의 개발원조계획을 조정하는 것을 목적으로 하며, 사무국은 뉴욕에 위치하고 자금은 유엔과 피원조국에서 부담한다. 개발도상국의 소득향상, 건강개선, 민주정치, 환경 문제, 에너지 등 경제와 사회를 발전시키기 위한 프로젝트를 만들거나 관리하는 것이 주업무이며, 자금과 기술의 원조를 위한 조사도 이에 포함된다. 각국이 개발된 정도를 조사하여 작성한 인간개발지수와 인간개발보고서를 1990년 이후 매년 발간하고 있다. 유엔개발계획(UNDP)의 구성은 집행이사회, 기관 간 자문위원회, 행정처로 이루어진다. 집행이사회는 경제사회이사회에서 선출된 임기 3년의 36개국으로 구성되며 사업계획에 대한 심의와 승인의 업무를 관장한다. 기관 간 자문회의는 사무총장과 사업 집행기구인 국제연합 식량농업기구(FAO), 국제노동기구(ILO) 등 12개 기구의 집행책임자로 구성되며 사업관리에 대한 일반적 자문, 사업기관의 선정, 주재관의 임명 등에 관한 조언을 한다.

유엔아동기금 [United Nations Children's Fund(UNICEF)]

1946년 제1차 유엔총회에서 전쟁으로 피폐된 국가의 어린이들을 기아, 질병, 무지로부터 구호하기 위해 설립된 국제아동긴급구제기금(UNICEF; United Nations International Children's Emergency Fund)의 후신. 즉, 전쟁피해 아동의 구호와 저개발국 아동의 복지향상을 위해 설치된 국제연합 특별기구.

유엔인도주의업무조정국 [Office for the Co-ordination of Humanitarian Affairs(OCHA)]

다양한 주체들이 협력하여 전 세계적인 재난 상황에 대처하는 것을 목적으로, 여타 국제연합기구 내의 기관들 및 NGO가 함께 협력 체제를 구축·유지하여 재난 상황에 대한 대비책 및 예방책을 마련하고 OCHA의 프로그램인 통합지원절차(CAP; Consolidated Appeals Process)를 통해 비상사태에 빠진 주체에 자금을 지원한다. 운영 자금의 대부분은 UN 가입국과 유럽 연합 집행기관의 자발적인 기부금이며, 일부는 UN에서 지원받는다. OCHA에 후원하는 국가들은 UN 공여국 지원그룹(ODCG)으로 분류되어 있으며, 2012년 기준 우리나라를 포함한 25개 국가가 여기에 속해 있다.

유엔재해구호조정관사무국 [Office of the United Nations Disaster Relief co-Ordinator (UNDRO)]

천재지변이나 그 밖의 재해를 입은 국가에 대한 국제적인 구호활동을 조정하기 위하여 1972년 3월에 설치된 유엔 기구이다. 재해구호조정관이 통제하며 조정관은 유엔 사무총장에게 직접 보고서를 제출한다. UNDRO는 지구공동체의 방재수단을 결집·강화하는 데 주력한다. 구호를 기다리는 피해국 주민들에게 유엔 명의로 직접적인 원조를 제공할 수도 있고 국제적십자사와 같은 비정부기구의 도움을 요청할 수도 있다. 합당한 구호사업을 원조제공자들에게 연결시켜주기 위하여 UNDRO는 정보조정 센터의 역할을 한다. 재해구호조정관사무국은 상습자연재해지역의 구호물자 비축을 돕고 방재수단의 효과적인 이용에 조력함으로써 지구공동체의 방재능력에 효율성을 담보한다.

유역종합치수계획 [integrated river management works]

국가 하천에서 수계 전체의 구조적, 비구조적 치수대책을 종합하는 유역종합치수계획을 실시하고 있다. 도시지역에서는 급격한 도시화의 진전에 따라 지표면이 피복화되어 지중에의 우수침투량이 감소한 결과, 우수의 도달시간이 단축됨과 동시에 홍수첨두유량이 증가되었다. 이 때문에 도시하천유역에서는 침수피해가 빈번히 발생하게 되었다. 종합치수대책의 목표는 시간우량 50mm(연초과확률 1/5~1/10) 상당의 강우에 대한 치수안전도의 확보를 종합목표로 하고 있다. 종합치수대책의 주요항목으로는 하도개수나 유수지와 같은 구조적 시설정비뿐 아니라 유출억제대책으로서 침투시설(침투통, 침투트렌치, 침수성 포장 등), 저류시설(유수조절지, 주차장저류시설 등) 외에 성토 규제, 시설의 내수화, 경계 피난 경보의 전달 등의 비구조적 대책도 포함하여, 유역까지 포함한 면적인 대책이 취해지고 있다.

유연구조 [flexible structure]

구조물에 작용하는 지진력을 작게 할 목적으로 강성(剛性)을 낮게 하고, 고유 주기가 길어지도록 한 내진 구조. 고층 건축물은 그 한 예이다.

유영동물 [nekton]

수동적으로 떠다니거나 약하게 유영하는 생물체인 플랑크톤에 대비되는 용어인 유영동물은 자신의 유영능력이 강하여 해류의 방향과는 무관하게 이동할 수 있는 동물을 칭한다. 유영동물은 대부분이 어류이며, 오징어류, 해양포유류 등이 이에 속한다.

유의파 [significant wave]

불규칙한 해면을 일정 기준으로 처리하기 위한 파고의 통계량이다. 파고계를 이용하여 10분에서 20분간의 연속 파형을 기록하여 가장 큰 파고부터 나열하여 1/3에 해당하는 파고와 주기를 가진 파랑을 유의파라 말한다.

유출 토사량 [sediment discharge]

한 지점을 있는 기간에 통과하는 토사의 양, 또는 사방 댐이나 저수지에 있는 기간에 퇴적하는 토사의 양을 말한다. 과거의 큰 토사 재해에 대해서는 항공사진 판독 등에서 상류의 붕괴 토사의 생산 토사량과 하천 내 등에 퇴적되어 있는 토사를 찾고 그 차이에서 각각의 홍수 유출 토사가 추정했다. 저수지와 사방 댐에서는 측량 결과로부터 유출 토사량이 추정된다. 최근에는 적극적인 토사 관리를 지향하고, 순간의 유출 토사 배출량을 구하려는 시도가 이루어지고 있다. 부유 모래는 채수와, 탁도에서 추정이 가능하지만, 소유사에 대해서는 쉽지 않다. 그 밖으로는 소유사 집진기에 의한 관측이 이루어지고 있다.

유출율 [runoff ratio]

어떤 지역에 내린 강수량 P에 대해서 그 유역에서의 유출량 R의 비율을 말한다. 그 지역의 증발산량을 E, 유역 내의 저류량(貯留量)의 변화를 ΔS로 하면 물수지 식에서 유출률은 아래 식과 같다. $R/P = 1 - E/P \pm \Delta S/P$ 물 수지를 생각하는 기간은 연, 계절, 월, 일 강우 등이 있다. 연간 물수지에서 ΔS는 거의 0에 해당되며, 연간 유출률은 주로 P에 대응해서 변화한다. 단기간의 물수지에서는 E를 무시해도 좋기 때문에 일 강우 유출률은 선행 강우(先行降雨)의 영향을 크게 받는다. 유출률이 1이면 강우가 그대로 유수로 되므로 홍수 발생 등 위험하게 된다. 세계 큰 하천의 유출률은 0.2~0.3 정도이다.

유한 진폭파 [finite amplitude wave]

파의 진폭이 수심 및 파장에 비해 훨씬 작다고 가정하는 미소 진폭파 이론을 적용할 수 없을 정도로 파고가 큰 비선형 파. 유한 진폭파에는 스톡스파(the Stokes wave), 크노이드파(Cnoidal wave), 고립파(solitary wave), 트로코이드파(trochoidal wave), 타원 트로코이드파(elliptic trochoidal wave) 등이 있다.

유황 [river regime]

하천의 한 지점에서 유량의 연간변동 상황을 말한다. 연간 일류량(日流量)을 크기 순으로 배열하고 어느 유량값과 일류량이 그것 이하의 값을 나타내는 일수와의 관계를 구해서 이것으로서 그 하천의 유황을 나타낸다. 일수로는 보통 풍수량(豊水量)은 95일, 평수량(平水量)은 185일, 저수량(低水量)은 275일, 갈수량(渴水量)은 355일로 각각 취한다.

유황곡선 [discharge-duration curve]

하천의 일평균유량을 1년에 걸쳐서 크기 순으로 나열해서 얻은 곡선(풍수량, 평수량, 저수량, 갈수량 등을 나타냄)을 말한다.

유효 습도 [effective humidity]

수일 전부터 당일까지의 습도에 무게를 붙여 가산한 양으로 목재 등 섬유질의 건조상태를 계산하여 화재 발생의 위험도를 표시하는 습도를 말한다.

유효 우량 [effective rainfall, 有効雨量]

유역의 강우량 중 유출 유량으로 된 부분이지만, 그 밖에 유역의 강우량 중에 기저 유출이외의 직접 유출량으로 된 부분을 말하는 경우나, 유역의 강우량 중에 표면 유출량으로 된 부분을 말하는 경우도 있다.

유효 응력 [effective stress]

어떤 시스템의 응력상태에 지하수 등이 작용할 때 원래의 응력상태에서 지하수압의 크기를 감했을 때의 응력 크기를 말한다. 즉, 유효응력=전응력-수압 이다.

유효입경 [effective grain size, 有效粒徑]

입자 크기가 입도분포곡선(grain-size distribution curve)상에서 중량 백분율의 10%에 해당하는 입경을 말한다.

유효입력지반운동 [effective input ground motion]

육지의 수직적인 운동종류로는 조륙운동, 조산운동, 지각평형운동 등이 있고 이로 인하여 지반이 영향을 받을 때 유효 입력지반운동이라 한다.

윤번관개 [rotational irrigation/water supply]

물의 이용방식에 따라 관개를 구분하면 연속관개 · 간단관개(間斷灌漑) · 윤번관개 · 순환관개 등으로 나눌 수 있다. 연속관개는 끊임없이 계속해서 물을 공급하는 방법으로서 충분한 물의 공급이 가능한 경우, 누수가 심한 논 또는 수온조절이 필요한 논에서 행해진다. 그런데 물의 이용이 비경제적이고 비료성분의 유실 · 용탈(溶脫)이 결점이다. 간단관개는 1일 또는 며칠 간격으로 관개하는 방법으로 논에서는 한 번 관개하여 3일 담수 2일 낙수, 4일 담수 3일 낙수 방법이 쓰인다. 간단관개는 물을 절약, 유효하게 쓰며 작물의 생장을 촉진하는 이점이 있고, 지온을 높이기 위하여 낮에는 물을 얕게, 밤에는 깊게 댈 때 응용한다. 윤번관개는 간단관개의 일종으로 지역을 몇 개로 구분하여 순차적으로 관개하는 방법이다. 순환관개는 관개 후 배수로에 침투되어 나온 물이나 버려진 물을 상류용수로 이용하기 위해 양수기로 퍼올려 재이용하는 관개법이다.

윤중제 [ring levee]

어느 특정구역을 홍수범람으로부터 보호하기 위해 그 주위를 둘러싸서 축조된 제방.

융기 [uplifting]

빙하가 녹거나 지표면의 변화로 인하여 지각을 누르고 있는 하중이 사라져 땅이 솟아오르는 현상을 말한다. 이때 상대적으로 해수면은 낮아지며 융기된 지형에서는 바다생물의 흔적이 발견된다. 주변 해수면이 내려가면 상대적으로 지층은 상승하는 효과를 가지며 해안선의 해안단구가 대표적인 형태이다.

융설 [snowmelt]

눈의 융해로부터 시내를 형성하는 것으로 융해된 눈의 표면 유출을 말한다. 유출이 발생하는 동안의 주기나 기간을 나타내기 위해 사용된다. 융설은 연간 물순환의 중요한 부분이다. 결빙화되고 다져진 눈더미는 녹는 속도가 상대적으로 느린 것이 특징이다.

융설 가속도 [acceleration of snow melting]

눈이 녹는 가속도 현상을 말하며 일사, 기온, 바람 등의 영향으로 속도를 좌우한다. 근사적으로 보면 눈 녹음은 얼음점 이상의 일평균기온에 비례하고, 비례상수인 degree day 눈녹음 계수는 2~6mm/°C이다.

융설 재해 [snowmelt disaster]

융설에 의해 발생하는 재해를 말한다. 급속한 융설로 인하여 발생하는 홍수나, 눈이 융해된 후 흐른 물이 도로와 같은 곳에서 다시 얼어 교통사고를 유발하는 것 등이 있다.

융설 저수지 [snow melting reservoir]

눈으로부터 융해되는 물을 취하는 저수지를 말한다. 열을 가하여 눈을 녹이거나 자연적으로 녹는 눈으로부터 생산되는 물을 저수하는 새로운 친환경 아이스플랜트 시설이다.

융설계수 [snow melting coefficient/degree day factor]

수치모델의 보정과정에서 융설과정과 관련된 계수를 말한다. 모델링하는 데 자연 상태를 구현할 때 이상치들을 맞추기 위해 반복적으로 계산하는 보정과정이 필요한데, 그 과정에서 융설과 관련된 계수를 말한다. 단위는 mm/°C/day를 사용한다.

융설설비 [snowmelt mechanism]

탱크 내의 온수에 의하여 탱크 내에 투입된 눈을 녹이는 설비를 말한다. 취수량이 적거나 눈의 처리가 곤란한 경우 유설구(流雪구)의 눈처리에 사용된다.

융설수, 융설유출 [snowmelt runoff]

지표에 쌓여 있는 강설량이 전환되는 물을 말한다. 지표면에 쌓여 있다가 대기의 온도가 영상으로 상승함에 따라 서서히 녹아 하천 유출량에 영향을 미친다.

융설에 의한 산사태 [Landslide caused by snow melting]

융설에 의한 물이 사면토층에 침투되어 직접 유도되어 생기는 산사태. 융설이 가장 많이 일어나는 시기에는 연일 다량의 융설수가 발생하여 지하수로 사면 토층 내에 침투하여 활동 면에 작용하는 간극 수압이 증가하고 토층의 전단 저항이 감소하는 것이 원인이라고 생각된다. 일반적으로 최대 적설 깊이와 산사태 발생 건수에 상관관계가 된다. 기상 데이터의 실측에 근거한 융설 및 융설수의 지하 침투 메커니즘의 해명이 과제이다.

융해 재동결 [thawing and refreezing]

영구 동토의 표층을 덮고 식생이 교란되면 지표면에서 열수지 균형을 잃고 동토 표면에서 융해가 진행된다. 이 과정에서 동토 중인 물이 융해되어 동토 체적이 감소하고 땅이 내려앉고 와지가 형성된다. 거기에 융해 물의 저장이 진행된다. 이러한 영구 동토 지역에 융해 호가 형성된다. 이윽고 호수가 배출되거나 증발하는 것에서 말라붙다. 호수 바닥은 다시 동결이 시작된다. 이때 하부의 융해 층에서 동결 면에 수분이 이동하고 동상 현상에 의해 거대한 지하수를 형성한다. 이렇게 다시 얼어붙은 지표에는 원뿔 모양의 융기 지형이 출현한다.

음식의 수요와 공급, 식량 수급 [demand and supply of foods]

안정적인 식량 공급은 인간의 생존과 직결된 중요한 과제로 기아로 허덕이지 않게 체계적인 식량 수급 계획이 요구되면, 시대의 변화와 환경의 변화에 즉각적인 대응이 필요하다.

음용수의 수요와 공급 [demand and supply of drinking water]

음용수란 음용으로 제공되는 물을 말하고 음료수라고도 한다. 사람이 생활기능을 영유하고 생명을 유지하기 위해서는 물은 빼놓을 수 없는 것이고 음식은 3~5주일 정도 섭취하지 않아도 생명을 유지할 수 있는데 물은 5~7일 이상 마시지 않으면 사망한다고 한다. 이러한 음용수의 수요와 공급을 의미한다.

음향 측심계/음파기상탐지기 [acoustic sounder/sodar]

전기 증폭이 되지 않은 음파를 직접 투사하고, 그 반향을 분석함으로써 국지 기상 데이터를 얻도록 한 장치.

응급 가설 주택 [temporary house/prefab]

재해 구조법에 따라 자력으로 주택의 확보가 어려운 이재민에 공급되는 임시 주거. 재해 발생 후 20일 이내를 목표로 건설을 시작하고 신속하게 설치하고 있다. 응급 가설 주택은 약 1년간의 사용을 전제로 하고 있지만, 상황에 따라 연장된다. 사용료는 무료이지만, 수도·공과금은 입주자의 부담이 된다. 1997년 기준이 개정되어 1호당 면적은 29.7m^2 (부억, 화장실, 욕실 포함)이 되었지만, 단기 사용을 가정하고 기초는 간단하고 단열재 등이 사용되지 않기 때문에 여름은 덥고 겨울 추운 등 거주 성능은 낮다. 한신·아와지 대지진에서는 약 4만 8,000채 건설되었고 신속한 공급을 위해 교외나 매립지 공유지에 대량 건설되었다.

응급가설주택공동시설 [public facility for temporary houses]

이재민의 자립 지원, 자원봉사나 커뮤니티 활동의 장소로서 활용되기 위한 가설 주택 단지 내에 설치되는 시설을 말한다.

응급구호활동 [emergency relief activities]

재난으로 인해 가족과 주거를 잃거나 또는 그 위험에 직면한 주민에 대하여 지자체가 임시대피소를 설치하고 음식물, 생활물자, 의료물자 등을 제공하고 보호하는 활동을 말한다. 피해지역 내외를 연결하는 통신수단을 확보하고 피해지역의 생활정보를 알리는 등의 복합적인 지원활동이 포함된다. 학교나 기타 시설에서 사생활이 보장되지 않는 피난생활을 오랫동안 하는 것은 어렵기 때문에 조기에 가설주택을 준비하여 근린관계를 유지하는 형태로 입주시키는 것이 필요하다. 공공주택이나 임대주택의 빈집을 활용하거나 임대료 보조 등의 선택사항을 폭넓게 하는 것이 필요하다. 구호활동을 수행함에 있어서 고령자, 심신장애인, 외국인 등 재해약자에 대한 우선적인 배려가 요구되며, 자원봉사자에 의한 체계적인 지원활동도 매우 중요하다.

응급전략(긴급대응전략) [emergency response strategy]

지진 발생 직후의 응급대응은 재해가 일어난 후 지진대책의 성공 여부를 결정하는 중요한 문제이다. 이때의 응급전략은 지진 발생 이전부터 대비하여 재해가 발생한 직 후 적절한 시기에 대응책이 실행되도록 사전에 준비되어야 한다. 특히 의사결정 시스템은 간단하고 체계적으로 준비되어야 한다. 또한 재해 발생 직후 대응책을 실행하는 데 필요한 정보를 전부 파악하는 것과 피해예측 시스템의 활용 등 상황에 대하여 즉각적인 대응책을 실행하는 것이 중요하다. 일반적으로 교통시설은 피해도 조사와 응급복구대책이 즉각적으로 수립되어야 하고 2차 재해 방지를 위한 응급 복구공사의 계획, 실시, 복구에 대한 준비가 포함되어야 한다.

응급펌프 [emergency pump]

긴급 상황 발생 시 응급용으로서 사용되는 펌프로 갈수시기에 각종 용수를 끌어올리고 내진대비용 저장수조나 방화수조의 물을 이용하기 위한 펌프 등을 말한다. 수도 사업용 응급펌프는 각 사업자에 의해 보관, 관리되지만 내진대비용 저장수조에 사용되는 응급펌프는 학교나 공원 등의 방재 창고에 보관된다.

응답변위법 [seismic deformation method]

지하 매설 관, 각종 도시 터널, 지하 주차장 등 겉보기의 질량이 주변 지반의 그것과 비교하여 작고, 지진 시의 거동이 그들 자신의 관성력보다 주변 지반의 변위와 변형에 지배되는 지중 구조물을 대상으로 내진 계산법이다. 주위를 지반에 의해 구속되는 이러한 지중 구조물의 지진 시 응력이나 변형은 지반 변위 장소마다 차이(지반 변형)와 구조 물건과 지반과의 질량과 강성의 차이로 인한 상호 작용 특성에 따라 결정될 것으로 생각하고 주위를 지반 패널에서 지지 구조물 모델에 대해 자유롭게 지반의 지진 응답 계산에서 산정한 변위를 정적으로 작용시켜(횡단면 방향의 계산에서는 주면 전단력도 추가) 구조물에 발생하는 단면력과 변형을 계산한다. 지진 하중이 자유 지반의 변위 · 주면 전단력의 산정 방법은 공학적 기초면에서 주어진 속도 응답 스펙트럼에서 한 차원 지반 진동으로 계산하는 간편한 것으로부터, 부정형 지반 등을 대상으로 동적 FEM 등으로 이차원, 삼차원의 지반 응답을 계산하는 것 도 있다.

응답스펙트럼 [response spectrum]

어떤 특정의 동적외란에 의해 흔들리는 탄성 1자유도계에서 계의 고유주기 또는 고유진동수를 가로축에 나타내고 흔들림의 최대치를 세로축에 나타낸 것. 외란이 지진인 경우 지진응답스펙트럼이라고 하며 흔들림의 크기를 가속도로 나타낸 경우는 가속도응답스펙트럼, 속도로 나타낸 경우는 속도응답스펙트럼, 변위로 나타낸 경우는 변위응답스펙트럼이라고 한다. 동적외란에 안전한 구조물을 설계하는 경우 흔들림의 최대치를 아는 것이 기본이 되므로 응답스펙트럼은 내진설계에서 중요하다.

응답진도법 [static seismic coefficient method]

등가정적해석법의 하나로서, 구조물의 상단과 하단에서 상대변위가 최대가 되는 시점의 지반의 가속도응답을 유한요소해석 모델에 높이별로 직접 재하하는 방법이다.

응력 집중 [stress concentration]

구조물 부재의 단면에 외력 작용으로 인한 응력 분포에서 부재 내 특정한 지점에서 큰 값을 나타내는데, 이런 현상을 응력 집중이라 한다. 급격한 단면 형상의 변화, 균열 등이 부재의 단면에서 발생하면 그 부분에 응력 집중현상이 발생하기 쉽다.

응력-변형률 선도 [stress-strain curve]

재료의 외력과 변형과의 관계를 나타내는 곡선. 물체에 작용하는 외력에 대한 내력을 단면으로 나눈 값을 응력이라 하며 외력에 의해 변형되는 단위길이당 부재의 변형량 관계를 나타낸 곡선이다.

의료 서비스 수요와 공급 [supply and demand of medical services]

질병, 예방, 간호의 개념과 건강유지 등 포괄적인 개념의 의료 서비스를 수요와 공급에 맞춰 제공하는 것을 의미한다. 수요와 공급의 정도가 같은 지점에서 균형 거래량이 결정된다. 의료서비스 역시 수요와 공급의 법칙을 따른다.

의사결정 지원 시스템 [decision support system]

컴퓨터를 사용하여 정형화되지 않는 문제에 관해 의사결정자가 효과적인 의사결정을 할 수 있도록 지원하는 것을 말한다.

의용소방대 [volunteer fire corps]

의용소방대(義勇消防隊)는 소방서의 소방 업무를 보조하기 위하여 그 지역의 주민 가운데 희망자로 구성하는 운영되는 소방대를 말한다.

이동시간 [travel time]

가로축을 진앙거리로 세로축을 지진파가 주행하는 시간으로 하여 나타낸 그래프이다. 이 곡선의 기울기는 지진파 속도의 역수가 되므로 이를 해석하여 지진파의 속도를 알 수 있게 된다. 탄성파 굴절법 탐사에서는 폭발점에서 수진점까지의 거리를 가로축에 취하고 그 점의 주시를 세로축에 취하여 프롯트하고, 그들을 연결하여 얻어지는 곡선을 주시곡선이라고 한다.

이동한계 [initiation of motion]

하천, 호수, 바다의 저면에서 모래와 점토가 파도의 운동이나 흐름에 따라 이동할 때의 한계. 이 모래와 점토는 물의 운동에 의해 이동하며, 다른 입자와의 마찰이나 접착 등으로 저항한다.

이민 [refugees]

내전, 대규모 기아, 정치적 탄압 등의 원인과 더불어 경제이민, 환경이민 등 이민의 개념이 다양화되었으며 여러 이유로 [이주를 강요당한 사람]이라는 의미를 가진다.

이상건조 [abnormal dry weather]

맑은 날이 계속되어 이상적으로 건조해지는 현상. 즉, 공기가 지나치게 건조한 상태를 말한다. 우리나라 기상청에서는 실효습도가 50% 이하, 최소 30%를 기준으로 이상건조주의보가 발표된다.

이상기후 [unusual weather]

기온·기압 등의 기상요소 값이 대체적으로 30년에 한 번 정도로 예년값과 차이가 있는 기상상태를 말한다. 한국전쟁 이후 기상대에서 이 용어가 사용되기 시작했을 무렵에는 주로 태풍의 기록만을 대상으로 하여 왔으나, 그 후부터는 한발, 집중호우, 폭설, 우박, 기온, 건조 등에 이르기까지의 모든 기상요소에도 사용하게 되었다. 이상기상의 정의로 미루어 30~50년 사이에 한 번 정도 나타날까 말까 하는 드문 현상에 한해서 이 용어가 사용되어야 하는데 흔히 너무 쉽게 사용하는 경향도 없지 않다. 세계기상기구(WMO)는 이상기상의 개념을 통일하여 세계적인 비교가 가능하고, 30년(경우에 따라 25년)간을 기준으로 한 번 정도 일어나는 기상현상에 대해 이상기상이라 부를 것을 제안하였다. 30년이란 기준은 기상평년값 산출의 기간으로, 한 사람의 사회활동 기간과 거의 비슷한 데서 착안한 것이다.

이상조위 [unusual tide]

천체 운동에 따른 천문조 이외의 현상으로 생기는 조위의 총칭. 기상청은 해일처럼 직접적인 원인이 뚜렷하지 예측 가능한 현상에 따른 이상 조위를 제외한 조위와 정의하고 있다. 이상 조위는, 기압 변동, 바람의 변화, 해류의 변화, 난수 덩어리의 접근 등이 원인이 되어 있는 경우가 많고 주기가 몇 분부터 며칠, 길게는 수년이라는 장기이고 광범위한 해면 변동을 따라 출현한다. 해류의 사행, 만 물 진동이나 대륙붕파 등에 따른 극단적인 해면 상승도 이에 포함된다. 또 남서 제도에서는 태평양 측에서 접근하는 난수 덩어리에 기인하는 이상 조위가 문제이다.

이상진역 [region of anomalous seismic intensity]

보통 진원에서 멀어질수록 진도가 약해져 하나의 지진에 대해서는 진도의 분포가 진앙으로부터 멀어질수록 작아지는 동심원에 가까운 분포를 가진다. 그러나 지진에 따라서는 진앙에서 먼 경우에도 진도가 강한 지역이 나타나기도 한다. 이런 지역을 이상진역이라고 한다. 이상진역은 심발지진에서 잘 관찰되며 지구내부의 지진파상쇄의 차이가 반영된 것으로 생각된다.

이상파랑 [extreme wave]

파의 중첩 등으로 인해 발생하는 비정상적인 높은 파도로서 돌발 중첩파(Rogue wave)라고 부르기도 하며, 태풍 등 비교적 큰 바람장에 의해 발생하는 파고가 매우 높고, 주기가 매우 긴 파로서 정의된다. (명확히 정의된 파는 아님) 이 외에 연속적으로 높은 파군 전체와 파고가 매우 큰 파랑장 전체를 가리키는 경우도 있다. 구조물을 설계할 때에는 구조물의 내용연수를 기준으로 해서 그 기간에 내습하는 최대의 파를 예측해서 그것에 견딜 수 있도록 설계한다. 이와 같이 예측된 파보다 큰 파를 이상파랑이라고 부른다. 단, 전체의 해역에서 설계파가 정의된 것은 아니기 때문에 주관적으로 판단될 여지는 있다.

이수 용량 [capacity for water utilization]

농업·공업·생활 용수·소방 등 각종 용수의 수요에 따라 하천수 등을 적극적으로 배분·보급하는 용량을 말한다.

이수계획 [water utilization planning]

이수계획(利水計劃)은 농업·공업·생활 용수 등 각종 용수의 수요에 따라 하천수 등을 적극적으로 배분·보급하는 계획.

이안류 [rip current]

해안에서 깊은 바다로 향하는 해병류의 일부를 이안류라고 한다. 이안류는 폭이 좁은 국소적 흐름으로서 쇄파대를 벗어나서 수심이 깊은 영역에 도달하면 운동량이 흩어진다. 이안류가 발생하는 지점이 반드시 일정한 것은 아니며 단시간에 변화하는 경우도 보고된다. 이안류는 해안지형, 입사파랑의 연안방향불균일성과 같은 외적인 강제류로서 발생하는 것 이외에도 연안류의 전단불안정과 해병역학계의 고유치로서 발생하는 가능성이 지적되고 있다.

이이다 대화재 복구 계획 [urban reconstruction plan after the Iida city fire]

1947년 4월 20날 11시 58분, 나가노 현이다 시에서 굴뚝에 따라 화재가 발생, 시가지의 약 3/4을 그 60ha(소실 3,742동, 이재 인원 1만7771명)의 피해를 주었다. 내무부 야마다 마사오 기관과 현 지자체, 공원 녹지, 방화대 3노선, 고정식 펌프가 딸린 저수조 18력소, 토지 구획 정리, 경계선(리옴 : 블록 이등분 측에 마련된 대피용 통로)의 도로를 활용 등을 내용으로 하는 부흥 도시 계획이 책정되어 실시됐다. 1952년 9월, 지진으로 인한 화재의 피해를 봤던 시립 히가시 중학교 송도 교장과 학우회는 폭 25m의 방화대의 도로 녹지로 '사과 가로수'를 발안, 1953년 가을에 전교생도로 묘목을 심었다. 1955년에는 4개밖에 수확하지 못했지만, 노력이 안팎에 전해지는, 이듬해부터는 많은 사과가 열매, 방재 도시의 상징이 되고 있다.

이재민 요구 추정 [estimation of sufferer's needs]

재난 시 재난 경중 또는 특성에 따라 이재민에게 필요한 식수, 식량, 생필품, 부대시설 등이 얼마나 필요한지 추정하는 방법을 말한다.

이재민 추산 [estimation of victims unable to return home]

자연재난 또는 인적재난에 의해 주거 또는 사회기반시설의 파괴 또는 피해 등으로 자기가 거주했던 집으로 돌아갈 수 없는 이재민의 수를 추산하는 활동을 말한다.

이재민의 생계수단을 복원하기 위한 지원활동 [Act Concerning Support for Reconstructing Livelihoods of Disater Victims]

재난 발생으로 인해 피해를 입은 인원들의 건축물, 차량 등을 재건하기 위한 모든 지원활동.

이주 [resettlement]

재해에 의해 피해를 입은 이가 소유하거나 점유하고 있던 토지가 소실된 경우나 위험지역으로 지정되어 강제퇴거가 결정된 경우 생존자는 이주하도록 되어 있다.

이중 담보 조치 [double mortgages measures]

지진피해시 주택 담보 대출이 남아 있어서 주택을 구입하거나 보수, 신축할 때 주택금융 대출을 받을 수 없기 때문에 이자조성 등 일정한 조건완화 등의 대비책을 세우는 것.

이중편파레이더 [dual polarization radar]

이중편파레이더(기상관측)로 전파를 발사해 비나 눈, 구름 등의 신호를 분석하여 강수구름의 위치와 범위, 강수량 등을 관측하는 장비이다.

이차압밀 [secondary consolidation]

포화 점토의 압밀 과정(압밀도 - 경과시간 곡선)에서 실험 곡선 중 탄성 압밀 이론에 따르는 부분을 1차 압밀, 그 이상의 압축을 2차 압밀이라 한다. 2차 압밀은 점토의 구조 골격의 변화에 따라서 흙의 체적이 변화하는 현상이다. 2차 압밀은 공사 종료 후에 생기는 잔류 침하의 원인의 하나이며, 2차 압밀량을 현행의 압밀 계산에서 공사 전에 예측하는 것은 일반적으로 어렵다.

인간(사람)과 재난 감소 혁신 기관 [Disaster Reduction and Human Renovation Institution]

사람과 방재연구소(미래센터)로 재난예방 및 피해감소를 위해 설립된 기관으로 각종 재난으로부터 국민의 안전을 도모하기 위하여 각종 재난의 예방, 대책 등의 방재정책연구를 수행하고 재난경감 추진을 추진하는 기관이다.

인공눈 [artificial snow]

기계를 이용하여 인위적으로 내리게 하는 눈.

인공눈사태 [artificial snow avalanche]

눈사태 발생의 위험도가 높은 산복(山腹) 경사면의 적설을 화약류를 사용하여 인공적으로 허물어져 떨어뜨린 눈사태. 이것에 따라서 눈사태 발생의 위험성을 줄인다.

인공동결토양 [artificial frozen soil]

인공적으로 추운 온도를 설정하여 생성된 토양.

인공어초 [artificial reef]

연안 해역에 내유(來遊)하는 어종을 일시적으로 정착시키기 위해 암석, 폐선, 콘크리트 공작물 등을 침설(沈設)하여 인공적으로 조성하는 어초.

인공지능조작 [intelligent operation]

재해방지를 목적으로 한 댐이나 둑의 조작에서는 기상현상이나 하천유량의 변화에 즉시 대응하여야 한다. 그러나 수문현상은 시간변화, 지역변동을 동반하므로 상시 정확한 값을 파악하는 데는 많은 어려움이 따르며 수학모델이나 물리방정식을 바탕으로 조작량을 도출하는 것도 어려운 문제이다. 그러나 실제로는 대략적인 조작 규정과 지금까지의 조작경험에 의해 얻어진 지식에 기초하여 조작이 이루어진다. 이 같은 경험에 기초한 조작을 시스템화하는 기술로 인공지능(AI; Artificial Intelligence) 기술이 있으며 expert system(전문가 시스템)이나 퍼지추론, 뉴럴 네트워크 등의 요소기술이 이용된다. 이 같은 기술에 기초하여 이루어진 시설조작을 인공지능조작이라 한다.

인공지진 [artificial earthquake]

특정지역의 지하구조를 조사하기 위하여 인공적으로 발생하도록 하는 지진. 주로 땅 속에서 화약을 폭파시켜 지진을 일으킨다. 화약의 양이 많을수록 보나 깊고 넓은 범위에 걸쳐 지하구조를 조사할 수 있다. 그러나 발진(發震)의 메커니즘이 자연지진과 다르기 때문에 S파는 발생하기 어렵다.

인공해변 [artificial beach]

모래가 없는 장소 또는 침식 등에 의해서 모래가 매우 적어진 해변에 인공적으로 조성하는 모래펄.

인구 집중 지구 [densely-inhabited district]

국제조사기구를 기초단위지역으로 활용하여 시구정촌 영역 내로 인구밀도가 높은 조사구(40인/ha)가 인접해서 인구 5,000명 이상의 집단을 형성하는 일단의 말한다. 미국의 SMSA와 비슷한 목적으로 도입되었다.

인구 추산 [estimation of population]

인간집단의 계수로서 정치적·경제적·사회문화적으로 구획된 일정한 지역 내에 거주하는 주민의 수를 나타낸다. 인구는 국민, 인종, 민족 등과는 다르며 일정한 지역 내에 있는 주민 전부를 포괄하는 말로서 그 지역에 사는 외국인이나 이민족도 포함된다. 반대로 그 나라 국민이라고 해도 그 지역에 있지 않으면 포함되지 않는다. 인구는 일차적으로 생물적 존재로서 성별·연령별 등의 특성에 따라 여러 가지 구성을 달리하고, 또 사회적 존재로서 제도·사상·관습 등을 지닌다. 또한 그 생존을 위한 경제과정에서는 '노동력'이라는 요인이 되는 경제적 존재이다. 이러한 인구는 각 시대와 나라에 따라서 그 구성·제도·형태 등이 끊임없이 변화하는데, 인구의 증감이나 이동 또는 인구구조 등에 의해서 그 성격을 알 수 있다.

인명 구조 [search and rescue]

재해 또는 조난 등에서 생명의 위기에 처한 사람을 구하는 일을 한다. 일상의 사고에 대해 인명 구조를 하는 조직으로, 소방의 안에 구조대가 있고 에어 잭, 동력 절단기, 엔진식 착암기 같은 구조 전문의 자기재를 소유하고 평소보다 구조에 대응하게끔 전문적인 훈련을 받고 있다. 산악 사고, 해난 사고에 대한 사람 명구 구조에서는 소방 구조대 이외에 경찰 구조대 또는 해상 보안청의 해난 구조대가 있다. 헬리콥터 등에 의해 구조 활동을 벌이고 있다. 대재앙 때 다수의 인명 구조를 필요로 하는 경우, 도도부현 지사 등의 요청에 따라 자위대에 인명 구조를 의뢰할 수 있어 위의 조직은 붕괴한 구조물의 사람 인명구도와 필요한 장비를 보유하고 있는지, 또는 특수 훈련을 받고 있는지라고 하는 것을 USAR(Urban Search and Rescue)이라고 부른다. 그들이 하는 전문성이 높은 인명 구조는 일반적으로 heavy rescue으로 알려졌다. 한편, 구조에 관한 훈련을 받지 않는 주민이 가까이 존재하는 도구를 사용하여 인명구조 도움을 실시하는 것을 light rescue라고 한다. 지진으로 발생한 건물에 피해자 구출 구조의 대부분은 heavy rescue이 활동하는 이전에 light rescue에 의해 이루어지게 하고 있다. 검색 및 구조(SAR)는 조난 또는 급박 한 위험에 있는 사람들에게 도움의 검색 및 제공하는 것이다. 수색 및 구조의 일반적인 필드는 일반적으로 검색을 통해 실시 지형의 종류에 의해 결정 많은 전문의 서브 필드를 포함한다. 이들은 산악 구조를 포함한다.

인적 피해추산 [estimation of human damages]

재해나 사고에 의해 사람의 피해 즉 사망이나 부상(중상, 경상)등이 발생하는 것을 말한다. 재해에 의한 인적피해는 하천범람, 산사태, 강풍, 해일, 쓰나미 등에 의해서 발생하는 경우, 가옥의 파괴 등으로 발생하는 경우, 재해 후의 생활환경 변화로 인한 심리적인 피해가 발생하는 경우 등이 있다. 지진이나 쓰나미 등의 돌발적인 대규모 재해 발생 시에는 유아 및 소아, 고령자, 장애인이나 일시적인 체류자인 여행자와 외국인과 같은 재해약자의 인적피해가 확대되는 경향이 있다.

인체의 수인 한계 [tolerable limit of human body]

화재·폭발 화재 등이 초래 열적·공기 환경에 대해 인체가 생리적으로 허용할 수 있는 한계치를 말한다. 인체의 수인 한계는 인체를 이용한 직접적인 측정은 어렵기 때문에 주로 작은 동물을 이용한 실험 결과들을 추정되는 부분이 많다. 이 때문에 정밀한 한계는 명시돼 있지 않지만, 유독가스에 대한 수인 한계는 유독 가스 농도와 노출 시간의 곱으로 나타낸다. 일산화탄소는 50ppm, 시안화수소 10pm, 염소 5ppm, 이산화탄소 5,000ppm이 허용 수준으로 알려졌다. 복사에 대한 받침 인한계는 옷에도 영향을 받지만, 약 $2kW/m^2$이 수인 한계로 여겨지고 있다. 또 온도에 대한 수인 한계는 습도에 매우 밀접하게 관련이 있고, 건조 상태에서는 40~50°C에서도 수인할 수 있지만 화재 시 연기처럼 습도가 높아질 경우 화상이나 기도 상해를 일으킬 수 있다, 체온과 비슷한 36°C를 가지고 수인 한계와 하는 설도 있다.

인화 [pilot ignition]

가연성 물질의 표면 부근에 불씨를 주면서 가열했을 때, 또는 가까이에 불꽃이 있어서 가열되었을 때 불꽃을 발하여 타기 시작하는 현상을 말한다.

인화성 [combustible]

물질의 타기 쉬운 성질을 가리키는 말인데, 가연성이 풍부한 물질로는 수소, 메테인, 알코올, 셀룰로이드 등을 둘 수 있다.

인화성 가스 [combustible of flammable gas]

공기 중에서 연소할 수 있는 가스를 말한다. 인화성 가스의 제조, 판매, 저장, 운반, 소비 등의 처리에 대해서는 고압가스 안전 관리법, 소방법 등에 의해 안전에 관한 규정이 이루어지고 있다.

인화성 가스 [flammable gas]

인화한계 농도의 최저한도가 13% 이하 또는 최고한도와 최저한도의 차가 12% 이상인 것으로서 표준압력(10KPa) 이하의 20°C에서 가스 상태인 물질.

인화성 물질 [combustible material(s)]

소방법에서 제4류의 위험물로 지정되어 있는 물질. 석유류, 식물유류, 유기 용제류가 여기에 포함되어 있다. 이들이 기체나 액체 또는 분말로 되어 공중에 분산 부유할 때는 큰 폭발 사고를 일으키는 원인이 되는 경우도 있다.

인화성 액체 [combustible of liquid combustible]

소방법 제12조 1항과 관련하여 제4류의 위험물로 지정되어 있는 물질. 특수 인화물류, 알코올류, 동식물류가 여기에 포함된다. 이들이 기체나 액체 또는 분말로 되어 공중에 분산 부유할 때는 큰 폭발 사고를 일으키는 원인이 되는 경우도 있다.

일급하천 [class A river]

국토보전과 국민경제상 중요한 수계를 정부가 1급하천으로 지정하여 관리한다.

일시 입소 [temporary accommodation at social welfare facilities]

재해가 발생한 경우에 고령이나 각종 장애 때문에 사회적인 간호가 필요한 사람들을 재해 약자라고 부른다. 재해 발생 후의 응급 대응기에 일어나 각종 라이프 라인의 단절과 교통 체증 등에 의해 재해 약자는 정상인에 비해 많은 생활 곤란을 겪을 가능성이 높다. 그것에 대한 대책의 하나로 복구 대책이 진전하는 사회적 서비스의 제공이 안정될 때까지 개호시설 등에 일시적으로 수용하거나 또는 체류하는 것을 일시 입소라 부른다.

일조량 부족 [insufficiency of sunshine]

이상 기후에 의해 일조 시간이 부족한 현상이 발생하는 것을 일조량 부족이라 한다. 특히, 여름에 저온으로 인한 일조량 부족에 빠지면 벼 등은 생육이 불량해지고 생산량이 저하되는 등의 냉해가 발생한다.

일차소방운용 [primary fire-fighting operations]

평상시의 화재는 소방대 등의 소방력을 소방 본부가 운용 관리하고 있지만, 대도시의 지진이나 일정 이상의 진도가 관측된 경우, 각 소방서의 지휘자 재량에 따라 소방대를 운용할 수 있게 활동 체제를 바꿀 수 있다. 각 소방서의 지휘자의 재량에 의해 소방대를 운용하는 것을 일차 운용이라고 하며, 그 후에 소방본부 등에 의해 운용이 이루어지는 것을 이차 운용이라 한다.

일축 압축 강도 [uniaxial compressive strength]

주상 공시체를 축 방향으로 압축하고, 그 최대 축 방향 응력을 말하며 q_u에서 나타낸다. 투수성이 낮은 점성 흙이나 연 바위 · 경암을 대상으로 단단함을 표시하고 지반의 재료 특성의 한 지표로 이용된다. 포화 연점토의 아이는 비압밀 비배수 조건의 시험으로 간주, $\phi=0$으로 하여, $C_u = q_u/2$을 점착력, 안정 계산에 사용된다.

임시 변조법을 완화시켜 지역 및 임대 주택의 권리를 재앙으로 피해를 입은 지역

[Temporary Modulation Law for rights of Leased Lands and Rental Houses in Stricken]

본 법률은 관동 대지진에 의한 차지 차가 분쟁을 처리하는 지진 재해 부흥을 촉진하기 위한 특례법이 기원으로 종전 직전에 전시 특례법이 되었고, 전재 부흥 시의 차지 차가 관계 조정하는 것이었는데, 재해가 격발한 종전에서 직전후의 상황으로 인해, 1947년 개정에서 일반 재해에도 적용되게 되었다. 전쟁으로 인해 전국에서는 방대한 주택 부족 상황이고, 이재민 건물 재건에서 차지권자 및 세입권자의 우선권을 보호한다는 취지의 법률이었다. 차지권·전세권 등기가 없어도 법 적용에서 5년간의 차지권의 대항을 할 수 있다(10조). 차지권의 잔존 기간 10년 미만일 때의 10년까지 연 회장(11조), 2년 이내의 제의에 의해 차지 이용의 우선 차지권 제도(2조), 세입자의 차지권 우선 양수권 제도(3조), 재건 건물로 우선 입주를 인정하는 우선 세입권 제도(14조), 차지권을 우선적으로 받은 후 1년 이내에 토지 이용을 개시한 이때의 해제권(7조) 등을 두고 있다. 한신·아와지 대지진에서도 이 법이 적용되었지만 셋집이 재건되지 않으면 우선권도 적용되지 않는 것, 셋집이 신축되더라도 집세 부담이 불가능한 경우에는 우선권도 행사하지 않다는 것, 우선 세입 권의 행사를 꺼리고 셋집의 재건을 회피하는 사태 발생 등 상황에 적합하지 않는 문제가 많이 지적되어 현재의 법률의 유효성에 대한 의문도 많다.

임시 진료소 [temporary medical clinics located near tem porary housing unit]

한신·아와지 대지진으로부터의 부흥에서는 주택을 잃은 사람들을 위해 4만 8,300채의 임시 주택이 건설되어 최대 17만 명을 수용했다. 건설에는 공유지를 중심으로 대량의 공터가 필요하기 때문에 주변 환경이 정비된 지역에 많은 가설 주택이 건설되었다. 한편, 응급 가설 주택 입주자는 고령층의 비율이 높고, 주택 부근에서의 의료 서비스 제공이 중요한 생활 과제가 되었다. 그 격차를 해소하기 위한 시도로서 가설 주택 부지와 주변에 건설되어 있던 것이 이재민을 위한 임시 진료소이다.

임피던스 [impedance]

지반 해석에서 질량과 파동 전파속도의 곱을 말한다. 인접한 2개의 층이 임피던스의 대비에 의한 경계에서 파동이 투과, 반사하는 비율이 정해져서 큰 임피던스의 층에 입사하면 반사 성분이 많다. 지반과 구조물의 상호 작용 해석에서 지반의 스프링 정수를 동적 임피던스이다. 동적 임피던스는 복소수에서 주파수에 의존한다.

입력지진파 [input earthquake motion]

구조물의 내진설계와 안전성 조사를 위한 응답해석을 위해 작용시키는 지진동을 말하며, 입력지진동이라고도 한다. 종래는 실제로 관측된 강진기록 또는 그것을 정배수로 증폭시킨 파를 이용하는 경우가 많았다. 하지만 근래에는 지반조건의 영향을 고려하기 위해 표층지반의 지진응답해석에 의해 지진파를 작성하는 경우도 있다. 또한 특정 지진을 상정해서 진원단층과 대규모 지하구조의 영향 등을 고려한 수치 시뮬레이션에 의해 지진파를 합성하는 경우도 있다.

입자파쇄 [particle breakage/grain crushing]

흙에 작용하는 응력에 의해서 흙입자가 파쇄되는 것으로 파쇄는 일반적으로 분쇄와 구별할 때 사용되며, 비교적 굵은 입자를 만드는 경우를 말한다.

ㅈ

자기 회귀 모델 [autoregressive (AR) model]

정상 확률 과정 모델의 하나. 선형 미분을 행하는 것과 백색 잡음으로 된 것. 예를 들면, 영상 처리에 따른 텍스처 해석을 위해 사용된 각 화소의 농도를 근방점(近傍點) 농도 선형 결합과 자기 잡음의 합으로 나타낸다.

자기인증 [self-certification of conformation to technical standards]

국가가 정한 기술 기준에 적합하고 있는 것을 제조자 등이 스스로 검사하고 소정의 표시를 붙일 수 있는 제도를 말한다. 소방법에서는 동력 소방펌프 및 소방 吸管 흰색 자신 표시 대상 기계기구 등으로 정해져 있으며, 한편, 소화기, 폐쇄 형 스프링클러 헤드 등 검정 대상 기계기구 등(14품목)은 검정에 합격 그 취지의 표시가 부착되어 있지 않으면 판매하거나 판매의 목적으로 진열하는 등의 행위를 할 수 없다.

자동 화재경보설비 [attenuation of seismic waves]

건축물 내에 발생한 호재의 초기단계에서 발생하는 열 또는 연기 또는 불꽃 등을 자동적으로 감지하여 건물 내의 관계자에게 신속하게 화재발생을 벨, 사이렌 등의 음향 등을 사용해 알리는 설비를 나타낸다.

자동 화재알림설비 [automatic notification system]

자동 화재탐지 설비와 연동하여 소방관서에 직접 화재발생을 알리는 설비를 나타낸다.

자력 가설 공장 [self-built temporary factory]

준비와 생산 라인이 파손된 제조업체가 거래처와의 침실 담당, 기타 사정으로 생산 중지의 장기화가 허용되지 않을 경우, 공장 시설을 본격 부흥까지 최소한의 생산을 유지하기 위해 자력으로 설치하는 응급적 공장을 말한다.

자력 가설 점포 [self-built temporary store]

재해로 피해를 받은 상가, 시장이 본격 부흥까지 상공인 자신이 자력으로 설치하는 갑작적인 사업용 시설의 총칭이다.

자력 가설 주택 [self-built temporary house]

재해 시에 주택 등을 잃은 경우, 일시적 거주 신분 때문에 자력으로 건설하는 가설 주택의 총칭이다.

자발적 대피 [spontaneous evacuation]

재난과 재해에 발생하였을 때 위기 관리실에서 통보 없이 자발적으로 대피를 이루는 것을 말한다.

자발적 위험 [voluntary risks]

위험의 종류는 비자발적 위험(risk)과 자발적 위험(risk)으로 구분할 수 있다. 비자발적 위험은 천재지변, 테러 등 개인이 통제할 수 없는 위험을 의미하고, 반대로 자발적 위험은 개인이 통제할 수 있는 위험을 의미한다. 예를 들어 등산은 위험 요소가 있는 곳으로 본인의 판단으로 들어간 것이기 때문에 자발적 위험이라고 할 수 있다.

자연 배연 [natural smoke venting]

화재 등이 발생했을 때 비중이 가벼워진 연기를 건물의 개구부에서부터 자연적으로 실외로 배출하는 것을 자연 배출이라고 한다.

자연 제방 [natural levee]

하천 상류로부터 운반되는 토사가 홍수 때 범람으로 인하여 하천 양안을 따라 퇴적된 지형을 말한다. 좁고 길게 형성된 자연제방 뒤에는 상대적으로 고도가 낮은 배후습지가 나타난다.

자연 조절 방식 [ungated control method]

댐으로 홍수 조절 방식의 하나로 홍수를 인위적으로 조절하기 위한 게이트가 없고 만약 뛰어난 게이트를 가지고 있어도 홍수 중에는 일정 각으로 조작하지 않은 방법. 방파재 꼭대기에 게이트가 없으면 천공 댐 방식이라고도 한다. 일정한 단면적의 방류로를 갖는 탱크에 물을 붓는 원리로 홍수 조절을 실시하는 것으로, 게이트 조작에 의해 방류량을 조절하지 않기 때문에 필요한 홍수 조절 용량은 커진다. 그러나 인위적인 조작이 없기 때문에 유역 면적이 작고 홍수 유출이 빨리 댐 가동 시간적인 여유가 없는 경우에 특히 효과적이며 관리도 쉽다.

자연발화 [spontaneous ignition]

물질이 발화온도보다 상당히 낮은 상온에서 공기 중에서 자연히 발열하고 장기간 열이 축적되어서 발화점에 도달한 후 연소에 이르는 현상을 말한다. 이 현상의 원인에는 물질의 산화열, 분해열, 흡착열, 중합열, 발효열 등이 있다.

자연위험 [natural hazard]

사상, 부상 또는 기타 건강에 미치는 영향, 재산 피해, 생계 및 서비스 손실, 사회적, 경제적 혼란, 또는 환경 손실 등의 원인이 될 수도 있는 자연적 변화과정이나 현상.

자연재해 [natural hazard]

사상, 부상 또는 기타 건강에 미치는 영향, 재산 피해, 생계 및 서비스 손실, 사회적, 경제적 혼란, 또는 환경 손실 등의 원인이 될 수도 있는 자연적 변화과정이나 현상을 말한다. 자연재해는 모든 위험의 기본이다. 이 용어는 잠재된 위험뿐만 아니라 실질적인 위험사상을 설명하기 위한 것으로 예측되는 사상에 대한 위험도를 제공할 수 있다. 자연재해 사상은 크기 또는 강도, 진행속도, 기간, 확산면적에 의해 구별된다. 예를 들면, 지진은 짧은 시간 동안 상대적으로 적은 지역에 영향을 주지만 가뭄은 느리게 발전하고 확산되나 대규모 지역에 영향을 미친다. 어떤 경우 위험은 허리케인에 의한 홍수, 또는 지진에 의한 지진해일처럼 복합적으로 나타날 수 있다.

자원봉사 협조 [volunteer coordination(in disaster)]

재난 상황에서의 자원봉사자들 간의 협업과 협력, 협조 등 일련의 조정 활동을 말한다.

자원봉사자 [volunteer]

사회복지사업 및 재난 구호활동 등에 자발적 의지로 무보수 봉사하는 사람. 최근에는 어떠한 한 분야에 한정하지 않고 자발적 의지에 의해 개인의 노력을 제공하는 사람을 일반적으로 자원봉사자로 칭하는 경우도 있다.

자유도계 [degree-of-freedom system]

물체의 운동을 기술하기 위해 필요한 독립변수의 수를 자유도라고 하며 어떤 자유도를 가지는 계를 자유도계라고 한다. 하나의 강체를 기술하기 위해서는 서로 직각하는 3축방향의 변위와 각각의 축에 대한 회전의 6개의 값이 필요하므로 자유도는 6이다.

자유진동 [free vibration]

외부의 주기적인 힘이 아닌 고유의 주기와 진동수를 가지고 진동을 하는 현상이다. 자유진동에서 진동수를 고유 진동수라 하며 자유진동에 주기적인 외력을 작용하여 발생하는 진동을 강제진동이라 한다. 진동체에 마찰과 같은 제동력이 발생하는 경우 자유진동은 시간이 흐르면서 진폭이 점점 0이 된다.

자율방재단 [autonomous disaster prevention organization]

재난 발생 시 자치단체의 역량만으로는 대처에 한계가 있어 민간의 일정부분 재난대응 역할을 분담하여 자발적으로 재난관리 활동을 하는 주민 조직을 말한다.

잔류자기 [remanent magnetization]

암석이 생성될 때 자철석과 같은 자성광물들은 나침반의 바늘과 같이 외부자기장(지구자기장)의 방향으로 정렬된다. 외부자기장이 변화되어도 획득된 자화 상태의 일부는 영구적으로 유지하게 되는데, 이를 잔류자기라 한다. 지하의 마그마나 지표로 분출된 용암이 큐리 온도 이하로 냉각될 때 만들어지는 열잔류자기, 물속에서 퇴적물이 쌓일 때 자성광물이 정렬되어 만들어지는 퇴적잔류자기 등이 있다.

잔류침하 [residual settlement]

연약 지반에 구조물을 축조하였거나 흙쌓기를 하였을 때 이 하중으로 인해 일어나는 전 침하량 중 공사 완료 후에 일어나는 침하 또는 어떤 기준 시점 이후에도 계속 일어날 침하량을 칭한다.

잔여위험 [residual risk]

효과적으로 재해위험도 경감대책이 시행되고 있고 비상대응 및 복구역량이 있음에도 불구하고 관리되지 않은 형태로 남아 있는 위험을 말한다.

잔적토 [residual soil]

암석이 풍화하여 생긴 토사가 그 생성된 위치에서 모암 위에 쌓여 있는 것을 말하며 이동한 것을 운적토 또는 붕적토라고 한다. 예를 들어 화강암지역의 표층붕괴지에서는 붕괴 후의 사면상에 암석의 풍화에 의해 잔적토로서 마사토가 형성되며 동시에 사면 위쪽으로부터 토양운행이나 빗물 등에 의해 운적토가 공급되어 토층이 점차 두껍게 형성된다. 그리고 토층이 어느 이상이 되면 표층붕괴가 발생하기 쉽다.

잔해 제거 [debris removal]

각종 재난에 의해 발생한 잔해물(태풍에 의해 부러진 나무, 건축물 잔해 등, 교통시설물의 잔해 등)을 제거하는 행위를 말한다.

장기예보 [Long-range forecast]

1개월 이상의 기압계의 동향 및 전망, 월별 기온 및 강수량 등 계절의 특징을 예보하는 월별 계절예보이다. 1개월 기상전망과 3개월 기상전망으로 나뉜다.

장마 [baiu]

우리나라 여름철에 발생하는 장마는 고온다습한 북태평양 고기압과 차고 습한 오호츠크해 고기압인 서로 다른 성질의 공기 덩어리에 의해 형성된 전선이 강화되어 비나 폭풍우를 동반한다. 이러한 현상이 한달 이상 보이는데 이를 장마라 한다.

장주기파 [Long period wave]

항만에서 부진동을 일으키는 것과 같은 주기가 긴 수십 초 이상의 파. 부진동의 원인이 되는 장주기파는 태풍이나 저기압 또는 이동하는 전선에 수반하는 미세 기압변동에 의해 발생한 외해에서의 장주기 너울이 내습하여 항내에 강제진동을 일으키는 것으로, 항만내의 형태에 따른 고유진동주기에 대해 공진현상(共振現狀)을 유발시켜 증폭되는 것으로 추정된다.

장파 [Long wave]

주파수 30~300kHz 사이의 전자파로 파장이 매우 긴 요란을 가리킨다. 긴 파장의 길이로 인하여 원거리 통신이나 장파방송 등에 사용된다. 장파는 지표파(Surface wave)의 특성이 강하고 지명의 영향을 받는다.

재난 교육 프로그램 [disaster education in educational programs]

재난 발생 시 신속하고 안전하게 대처할 수 있도록 역량 강화 프로그램 중심의 재난 교육 프로그램을 일컫는다.

재난 구호 [disaster relief]

지진, 태풍, 홍수 등 각종 재난으로 인하여 피해를 지역이나 사람을 도와주는(구조하는) 행위를 말한다.

재난 스트레스 [disaster stress]

재난피해로부터 겪는 심리적인 후유증(정신적인 충격)으로 정신의학에서 전쟁, 천재지변, 화재, 신체적 폭행 등에 의한 사고와 재난이 발생하여 인간의 정신이나 신체가 감당하기 힘들 만큼 커다란 정신적인 충격을 일컫는다.

재난 위험 지역 [disaster risk area]

재난으로부터 인명피해 및 재산손해 등의 우려가 있는 지역으로 사면붕괴위험지역, 주택침수위험지역, 서민밀집위험지역 등을 말한다.

재난 유토피아 [disaster utopia]

재난의 이상향(재난 발생 시 이상적인 대처 능력과 상황)으로 재난으로 인한 피해를 최소화하고 2차·3차 피해를 방지할 수 있도록 대처할 수 있는 것을 말한다.

재난 의식 [disaster awareness]

재난이란 국민의 생명, 신체 및 재산과 국가에 피해를 주거나 줄 수 있는 것으로 태풍·홍수·호우·폭풍·폭설·가뭄·지진·황사 등 자연현상으로 인하여 발생하는 재해, 화재·붕괴·폭발·교통사고·환경오염사고 등 이와 유사한 사고로 대통령령이 정하는 규모 이상의 피해 등 국가기반체계의 마비와 전염병 확산 등으로 인한 피해를 말한다. 이러한 재난에 대한 적극적으로 대처하는 자세로 재난에 대한 평상시의 교육과 훈련에 의해서 재난의식을 높일 수 있다.

재난 자원봉사 센터 [volunteer center in disaster]

재난 상황에서 수행되는 자원봉사 활동을 통제하고 조절하는 상황실을 의미한다.

재난 자원봉사 활동 [volunteer activity in disaster]

재난 상황에서의 자원봉사 활동을 말한다.

재난 저감 계획 [disaster reduction plan]

재난 저감를 목적으로 재난예방대책과 체계적인 관리를 위해 수립되는 계획을 일컫는다.

재난 저감 능력 [disaster reduction capacity]

재난 저감 능력으로 재난에 대응하여 재난의 피해를 감소(저감)시킬 수 있는 능력으로 인위적·사회적으로 배양이 가능하다.

재난 증후군 [disaster syndrome]

큰 재난 이후 재난의 희생자들이 경험하는 전형적인 심리적 사회관계를 말한다.

재난 지원 기금 [calamity support fund]

재난으로 피해를 입은 이재민들이 조기에 정상적인 생활을 되찾을 수 있도록 하기 위한 기금을 말한다.

재난 평가 [disaster assessment]

재난에 대해 일반적으로 평가대상의 피해를 결정하는 과정을 말한다.

재난 폐기물 [disaster waste]

재난으로부터 발생한 고형, 액상폐기물(건물 잔해, 가구 등 가정 폐기물, 상하수도 배관, 초목류, 공장 폐기물 등)을 말한다.

재난 하위문화 [disaster subculture]

하위문화 계층(범죄자, 노숙자 등)에 발생할 수 있는 재난으로 소위 소외받는 계층을 대상으로 한다.

재난 훈련 및 교육 [disaster drill and training]

재난대비 안전점검 및 안전의식 함양에 대한 교육(재난 대응 체계 구축 등)으로 각종 재난(자연재난, 인적재난 등)에 대한 대비와 대처요령 등을 훈련하고 교육하는 것을 말하며, 재난에 대한 예방, 대처, 대피 등 잠재적인 능력을 증진시켜 나가는 과정(교육)을 통해 재난 시 스스로가 할 수 있는 행위를 구비할 수 있도록 부족한 부분을 보충해주는 것(훈련)으로 구분된다.

재난(관리) 주기 [disaster (management) cycle]

재난관리매뉴얼의 제정부터 정의된 표준운영절차에 의하여 재난대응이 이루어지고 그 결과를 반영한 개선이 이루어지는 선순환을 의미한다.

재난관리 측정 [measures for disaster management]

각종 재난으로부터 국토를 보존하고 국민의 생명 · 신체 및 재산을 보호하기 위하여 국가 및 지방자치단체의 재난 및 안전관리체제를 확립하고, 재난의 예방 · 대비 · 대응 · 복구 그 밖에 재난 및 안전관리에 관하여 필요한 사항을 규정한 법률을 측정하는 도구.

재난구조 코디네이터 [disaster relief coordinator/emergency relief coordinator]

재난 관련 업무를 전담하는 총괄 전문가(재난 대응, 구조, 예방 등)로 재난구조에 전문성을 강화하고자 훈련(교육)받은 전문 인력으로 재난 시 즉각 현장출동, 소방 및 의료 등 관계기관 협조 등 현장 재난구조(의료지원 등) 지원 총괄 역할을 수행하기도 한다.

재난구조 파견 [disaster relief dispatch]

긴급 또는 재난으로부터 구조하기 위해 전문가를 파견하는 것으로 재난 상황에 따른 기술지원, 재난구조 운용방법 훈련 · 지휘 등의 업무를 담당한다.

재난구조/재난지원 [disaster relief/disaster assistance]

긴급 또는 재난으로부터 구조(도움, 지원)를 행하는 행위를 말한다.

재난대비 활동 [intervention for disaster preparedness]

재난발생 시 재난대응을 위한 역량을 구축 · 유지 · 향상시키는 일련의 활동으로 지역재난대응계획 수립, 조직구성, 장비구입, 훈련 · 연습, 평가 개선 등의 지속적 활동을 칭한다.

재난대응 계획 [disaster response plan]

발생할 수 있는 재난상황에 대처하기 위해 준비하는 비상계획으로 각종 재난을 발견·완화하는 직접적이며 적절한 대처를 담은 정보와 정책 및 절차(화재, 지진, 홍수 등에 대비한 비상업무 처리 정책과 절차 포함)를 계획하는 것을 말한다.

재난물품기부 [disaster donation of goods]

물, 식량 등 필수물품(재난 시 가장 중요한 물품)을 재난지역 및 재난피해자에게 제공. 재난 피해로 인해 물품수급 어려운 지역 또는 생활이 어려운 지역에 최소한 생활을 유지할 수 있게 필요한 물품을 기부하는 행위를 말한다.

재난방지 도시계획 [disaster-proofing urban planning]

재난방지(예방)를 위한 도시계획(환경설계 및 도시계획을 통한 재난 방지)으로 도시의 방재와 관련된 각종 계획을 포괄하는 계획으로 도시방재계획 중 도시계획 관련법에 의해 이루어지는 방재 관련 도시계획을 주 대상으로 하며, 재해대책기준법에 의한 지역방재계획 중에서는 도시계획과 관련된 사항만을 포함한다고 볼 수 있다.

재난방지 생활권(역) [disaster-proof living zones]

재난방지를 위한 생활권역(범위)으로 지역방재 개념을 도입하여, 도시(시·군·구)와 마을(읍·면·동 및 통·리) 단위에서 지자체와 주민들이 함께 참여하여 지역자율 방재의식을 고취하는 것으로 방재도시계획과 주민참여를 결합한 개념이다. 커뮤니티를 단위로 주민 주도적 마을운영과 재난 발생 시 주민의 자율방재의식에 기초하여 재난상황에 대응하는 개념이다.

재난방지 재개발 촉진지구 [disaster-proof redevelopment promotion district]

재난 예방을 위한 재개발 촉진지구(기반시설 개선 등)로 재난에 대해 낙후된 지역을 정비사업 등을 통해 주거환경개선과 재난 방지(예방)를 위한 기반시설 정비를 계획하고 체계적으로 추진하는 지구를 말한다.

재난법 [disaster legislation]

재난 관련 법률을 총칭해서 표현하는 법률(재난관리법, 재난구조법)을 말하며 국내에서의 대표적 재난 및 안전관리기본법은 각종 재난으로부터 국토를 보존하고 국민의 생명·신체 및 재산을 보호하기 위하여 국가 및 지방자치단체의 재난 및 안전관리체제를 확립하고, 재난의 예방·재비·대응·복구 그 밖에 재난 및 안전관리에 관하여 필요한 사항을 규정한 법률이다.

재난복구 (프로젝트) 자원봉사 [disaster recovery volunteer]

재난복구를 위한 자원봉사활동로 국내외적으로 큰 재난 발생 시 복구를 위한 국민 자원봉사 활동으로 2007년 서해안 허베이 스피리트호 기름유출 사고 때 재난 복구를 위한 자원봉사로 피해규모를 최소화한 사례가 있다.

재난비상대책 [disaster emergency response]

재난으로 인해 발생할 수 있는 국가적 위기를 체계적으로 대응하기 위해 수립한 비상대책을 말하며, 재난의 우려가 있는 상태 등에 대응하고자 수립된 매뉴얼과 같은 개념으로 볼 수 있다.

재난상담 [disaster counseling]

재난상담전문가는 생활 중에 예고 없이 일어나는 각종 재난, 재해 및 사고에 대비하여 예방적 차원의 심리지원활동이 필요하다고 인정되는 사람을 대상으로 생활 주거환경의 사전점검의 예방교육상담에서부터 재난으로 피해를 입은 사람에 대하여 심리적 안정과 사회 적응 신속하게 지원하기 위한 상담전문가를 일컫는다.

재난상생(상호이익) 프로그램 [disaster mutual benefits program]

재난에 대비하여 상호협력(부처·업무, 지역 등) 등 지원 프로그램을 말한다.

재난선언 [disaster declaration by the US President]

재난에 대한 피해를 수습하고 복구하기 위한 선언(행정 및 재정 등의 특례 지원 가능)으로 각종 재난으로부터 해방되기 위한 일련의 과정으로 현새의 상황을 받아드려 정부 및 지자체에서 선언하는 것으로 정부 및 지자체에서는 적극적으로 재난을 해결하고자 노력과 의지를 말한다(긴급복구를 위한 노력, 특례 지원 등).

재난성금 [disaster condolence money]

국민의 생명·신체 및 재산과 국가에 피해를 주거나 줄 수 있는 것으로서 태풍·홍수·호우·폭풍·폭설·가뭄·지진·황상 등 자연현상으로 인하여 발생하는 재해, 화재·붕괴·폭발·교통사고·환경오염사고 등 이와 유사한 사고로 대통령령이 정하는 규모 이상의 피해 등 국가기반체계의 마비와 전염병 확산 등으로 인한 피해를 입은 지역 및 사람을 대상으로 재난을 이겨내기를 바라는 마음으로 도움을 주고자 정성으로 내는 돈을 말한다.

재난완화, 재난경감 [disaster mitigation]

재난 발생 시 피해 발생이 쉬운 지역의 취약점을 파악하여 재난으로부터 인명의 안전 및 경제적 재산피해를 감소시키고 환경(주변)을 보존할 수 있도록 한 대응하는 것으로 재난을 막을 수 있는 것일 때에는 예방하고, 막을 수 없는 것일 때에는 재난으로부터의 충격을 줄이기 위한 계획된 노력하는 행위이다. 또한 경감활동 구성은 재난발생의 빈도와 재난 발생 시 강도를 줄이거나 제거하기 위한 활동, 재난이 사람과 사회기반시설에 작용하는 방식을 변화시키기 위한 활동, 사람들의 삶과 사회기반시설의 방식을 변경하는 활동이다.

재난위험방지 비정부단체/비영리단체 [Non-Governmental Organization(NGO), Non- Profit Organization (NPO) for disaster reduction]

권력이나 이윤을 추구하지 않고 인간의 가치를 옹호하며 시민사회의 공공성을 지향, 활동하는 시민단체로 국가 재난 발생 시 발생피해를 감소시키고자 활동하는 단체를 말한다.

재난의료(의학) 시스템 [disaster medical system]

재난 발생 시 체계적인 환자 치료 체계(환자 치료를 위한 체계적인 준비 상태 마련)로 재난의료의 체계와 역할(현장 대응 능력 마련), 자원(의료, 구조 등) 동원 체계 등을 다루고 있다. 재난으로 발생하는 환자를 보살피는 병원(재난거점병원)을 지정하고 주변의 병원의 협조체계를 가동할 수 있도록 한다. 재난거점병원(재난 발생 시 다수의 환자수용이 가능하고, 현장으로 의료지원팀 파견이 가능하도록 준비된 의료기관)을 통해 재난에 적극적인 대응 가능(접근성과 신속성 강화 등)하다.

재난저감 [disaster reduction]

지속 가능한 개발의 넓은 맥락에서 역효과를 낼 수 있는 장해 요소를 제한하고 예방함으로써 각종 재해나 재난 등에 따른 영향 최소화 및 사전에 위험 저감을 말한다.

재난정보 시스템(DIS) [Disaster Information System(DIS)]

(컴퓨터 활용) 재난정보를 입력, 저장, 관리, 분석, 편집, 출력할 수 있는 컴퓨터 응용시스템으로 시스템의 데이터베이스를 다양한 목적에 따라 활용할 수 있는 시스템을 말한다. 또한 과거 발생한 재난에 대한 데이터를 통해(통계 등) 재난이 발생하는 조건 등을 찾아 미래 재난을 사전에 방지할 수 있도록 재난 데드라인 설정 기능까지 포함되며. 재난에 체계적인 예방, 대비, 신속한 대응, 복구 업무 지원 등 모든 과정의 정보화를 통해 재난안전 서비스 제공까지 가능하다.

재난정보 의사전달(통신) 시스템 [disaster information communication systems]

재난이 발생하였거나 발생할 우려가 있을 경우, 도움을 요청하거나 재난에 대한 정보를 제공하는 시스템으로 재난관리 단계별 예방·대비·대응·복구에 모든 통신수단(정보제공의 목적'과 '비상통신 목적'구분)을 말한다. 재난 발생 시에 피해자들에게 정확하고 신속하게 재난정보를 전달하여 그 피해(인명이나 재산피해 및 인권, 사생활 등의 재난피해)를 최소화하는 데 목적이 있다.

재난현금기부 [disaster donation of money]

재난지역 및 재난피해자에게 재난물품을 구매하거나 금전적인 지원을 제공하기 위해 현금 기부(재난 복구를 위한 금전적 지원 가능)를 말한다.

재난회복력 [disaster resilience]

내구성, 가외성, 신속성, 자원부존성 등 외부적인 충격(재난)에 대한 내부적인 원상회복 능력을 말한다.

재난훈련학교 [disaster drills at schools]

재난에 관한 학술·대비 및 대응능력을 습득시키고 재난에 대비하기 위해 조사·연구 및 훈련을 관장하는 교육훈련기관을 칭한다.

재해 [disaster]

이상적인 자연현상 또는 인위적인 사고가 원인이 되어 발생하는 사회적·경제적 피해. 통상 그 피해가 어느 정도의 규모에 달하였을 경우를 가리킨다. 이상적인 자연현상에 의한 재해 원인으로서 폭풍·호우·대설·홍수·해일·지진 등이 있으며, 그 밖의 재해 원인으로는 화재·폭발, 방사성물질의 방출, 자동차사고, 선박의 침몰, 항공기의 조난 등이 있다.

재해(재난) 지역 정보망 [disaster area information network]

재난지역의 안녕과 치안유지 및 지역주민의 재산과 생명보호를 위한 정보통신망으로 원격통신과 컴퓨터망의 요소를 포괄하여 정보교환 및 이용 가능하다.

재해건축물의 긴급위험도 판정 [quick inspection of damaged buildings]

여진으로 인한 재해건축물의 붕괴에 의한 2차 피해로 부터 주민의 안전을 확보하기 위해 건축물의 파손상황을 조사하여 2차 피해 발생의 위험도를 판정하여 표시하는 것을 말한다.

재해건축물의 응급수리 [quick repair of damaged houses]

재해에 의하여 파손된 주택에 대하여 거주를 위한 최소한의 응급적 수리를 하는 것을 말한다.

재해공영주택 [low rate public house sufferer's dwelling/disaster recovery public housing]

개인의 자력 재건을 위한 지원을 실시함과 동시에 재해에 의해 주택을 잃어 주택을 확보하는 것이 곤란한 피해자들을 위해 주거 공간을 갖춘 재해공영주택을 제공한다.

재해민의 권리 보존에 관한 특별조치법 [Special Action Low for Preservation of Sufferer's Right and Interests from Severe Disaster]

심각한 재해민들의 기본적인 권리를 보장하기 위해 재정지원을 포함한 폭넓은 원조를 시행하는 특별법이다.

재해보험 [insurance for disaster losses]

일반적으로 손해보험은 해상보험과 비해상보험 분야로 구분하고 있는데, 비해상보험 분야 중에서 화재보험 계통을 제외한 것을 재해보험이라고 부른다. 재해보험 중 풍수해보험이란 국민안전처가 관장하고 민영보험사가 운영하는 정책보험으로서 보험가입자가 부담하여야 하는 보험료의 일부를 국가 및 지자체에서 보조함으로써 국민은 저렴한 보험료로 예기치 못한 풍수해(태풍, 홍수, 호우, 해일, 강풍, 풍랑, 대설, 지진)에 대해 능동적으로 대처할 수 있도록 하는 보험이며 가입대상시설물은 주택 및 온실에 한정된다.

재해심리학 [psychological research on disaster]

재해에는 자연재해 · 노동재해 · 산업재해, 그리고 가정 내 재해, 교통재해 등이 있다. 재해심리학은 이들 재해의 발생 메커니즘과 관련한 인간행동 요인의 규명, 재해발생 사태에 직면한 개인행동 또는 집단행동의 역리(力理:dynamics) 탐구, 재해가 개인과 집단생활에 미치는 영향과 그 과정의 기초심리학적 연구, 또 재해방지 연구와 재해 발생 시의 피난 유도, 재해에 의한 개인 및 집단생활의 손상으로부터의 회복에 관한 실천(응용)심리학적 연구 등을 행하는 분야이다.

재해원조상주조정관 [resident coordinator/humanitarian coordinator]

UN개발계획이 사무소를 두는 국가의 상주대표는 재해가 발생한 경우 해당국이 원조를 요청한 경우 창구역할을 하고 다른 UN기관의 대표를 소집하거나 UN원조기관의 출석을 요구하여 지원사업을 조정하기 위한 협의를 할 권한을 가진다.

재해위험도 [disaster risk]

어떤 특정 기간 동안 특정 지역 또는 사회에 발생할 수 있는 생명, 건강상태, 생계, 자산 및 서비스의 잠재적 재해손실을 말한다. 재해위험도의 정의는 지속적인 현재조건의 위험에 대한 결과로서의 재해에 대한 개념을 반영한다. 재해위험도는 잠재적인 손실의 다른 유형으로 구성되며 이는 종종 계량하기 어렵다. 그럼에도 불구하고, 지배적 위험에 대한 지식, 그리고 인구와 사회-경제적 발전양상과 같은 지식을 기반으로 적어도 넓은 의미에서는 재해위험도가 평가되고 도식화될 수 있다.

재해위험도 경감 [disaster risk reduction]

위험노출경감, 인명과 재산의 위험도경감, 토지와 환경의 현명한 관리, 불리한 영향에 대한 개선방안을 포함하여 재해의 인과관계를 해석하고 관리하는 체계적인 노력 기반의 재해위험도 경감 개념과 실행방안을 말한다.

재해위험도 관리 [disaster risk management]

행정적인 지휘, 조직, 관리 그리고 재해의 불리한 영향 및 재해 가능성의 경감을 위한 전략, 정책 및 향상된 대처능력을 구현하기 위한 기술과 능력을 사용하는 체계적인 과정을 말한다. 이 용어는 재해 위험의 특정 문제를 설명하기 위하여 더 일반적인 용어인 '위험도 관리'로 확장된다. 재난위험 관리는 경감과 준비를 위한 활동과 대안마련을 통하여 위험의 불리한 영향을 회피, 경감 또는 전이하는 것을 목표로 한다.

재해위험도경감 국가 플랫폼 [national platform for disaster risk reduction]

재해위험도 경감에 대한 조정과 정책제안 수행을 위한 국가기구를 포괄하는 용어로 자국 내 모든 관계자를 포함하는 공적, 사적, 그리고 시민사회 참여자와 함께 하는 다중분산형 상호규율을 말한다.

재현기간 [return period]

어떤 특정한 랜덤사상의 발생시간간격의 평균치. 수문통계나 기상통계의 분야에서는 방재계획기준의 표현으로서 어느 방어대상이 되는 양의 연 최대치가 어떤 특정의 값(설계외력)을 초과하는 확률의 역수를 연수로서 나타내어 확률년이라고도 한다.

저류함수모형 [storage function method]

하천, 유역에서의 유출응답을 산정하기 위해 kimura(1961)에 의해 제안된 모형을 말한다. 자연상태에서 발생하는 홍수파의 비선형을 고려할 수 있으며, 수문자료로부터 매개변수를 산정할 수 있다. 또한 수식이 간단하여 홍수유출을 이해 및 산출이 쉽다.

저서생물 [benthos]

해저(sea floor)에 서식하는 생물(organisms)을 통칭한다.

저속도층 [low velocity layer]

연약권 내에서 깊이 80~220km 사이에 지진파가 급격히 감소하는 층이다. 지진파의 급격한 감소의 원인은 암석이 부분적으로 용융되어 있는 부분이 연약원 내에 존재하기 때문이다. 이 부분은 상부보다 뜨거우며 강도가 약하여 암석이 유동성을 나타낸다. 저속도층은 연약권 내부에 포함되어 있다.

저수지 [reservoir]

유수를 저장하여 물의 과다 또는 과소를 조절하는 인공시설로서 하천에서 충분한 용수를 확보할 수 없을 때의 중요한 지표수 용수원이다. 시설비가 비싸고 수질이 떨어지는 결점은 있으나, 풍부한 수량을 확보할 수 있고 수온도 흐르는 물보다는 높은 경우가 많아 농업용수로서 유리하다.

저수지 최적운영 [optimal reservoir operation]

저수지의 운영형태를 목적함수와 제약조건이라는 수리모형로 표현하여 목적함수를 최대·최소화하는 방류량 계열을 수리계획법에 의해 구하는 방법이다. 침수피해액 등의 피해지표나 발전량 등의 생산지표가 목적함수로 이용되며 해의 탐색방법으로는 DP, LP, 비선형계획법이 이용된다. 최적조작에는 과거의 홍수나 갈수에 대해 주로 계획목적으로 이루어지는 오프라인 조작과 실제 관리를 대상으로 하는 온라인 조작이 있으며 댐 군의 통합관리에 반드시 필요한 방법이다.

저온(하강)기류 [low temperature air current]

고기압 지역에서 많이 나타나는 현상으로 고기압 내부에서는 공기가 주변부로 흐르기 때문에 상층부의 공기가 아래로 내려오게 된다.

저온장해 [low temperature injury]

저온에 의해 받는 장해로서 동결에 의한(freezing injury)와 저온 자체에 의한 장해(chilling injury)로 나뉜다. 작물에는 각각의 생육에 맞는 적온이 있으며 이보다 낮은 온도에서는 생육이 억제되고 저온이 될수록 그 정도가 크다.

저지현상 [blocking phenomena]

중위도 지역의 대류권에 우세한 고기압이 장기간 정체하여 동쪽으로 움직이는 저기압의 진행이 저지되거나 역행되는 현상을 말한다.

저탁류 [turbidity current/sediment induced density current]

저탁류는 퇴적물 중력류로서 흔히 대륙붕단이나 해저계곡 근처의 경사가 급한 지역 위에 있는 퇴적물이 폭풍이나 지진의 충격을 받으면 대륙사면 하부로 빠르게 이동하는 퇴적물의 흐름을 말한다. 호수에서도 생성될 수 있다. 저탁류의 힘은 대단해 1929년 미국에서 유럽으로 가던 해저케이블 몇 가닥이 저탁류로 몽땅 잘렸다. 끊어진 신호를 보아 저탁류의 속도는 시속 20~75km 정도였다. 저탁류는 모래와 자갈과 진흙이 섞여 흘러내려가 아주 뿌옇고 탁하다.

적설 [snow pile]

지면에 쌓인 눈을 말한다. 관측소 주위의 지면에 1/2 이상이 눈으로 덮여 있어야 적설이 있다고 말하며 눈이라고 하면 순수한 눈뿐만 아니라 싸락눈 등도 포함된다. 깊이와 존속 시간과는 관계가 없다.

적설 균열 [crack of snow cover]

지면에 반 이상이 눈으로 덮이는 적설(지면에 쌓인 눈, 순수한 눈뿐만 아니라 싸락눈 등도 포함)에 의해서 건축물이나 구조물이 갈라지는 현상을 적선균열이라고 한다.

적설 크리프 [creep of snow cover]

잔설(or 눈)로 덮인 땅의 변형. 심한 일교차나 낮은 기온 등에 의해 잔설이 녹고 다시 얼면서 발생하는 현상들을 총칭하는 의미로 이러한 변형은 2차 재난(빙판길)이 발생할 수 있다. 주로 건축물의 모르타르나 구조물에 영향을 준다.

적설 투과율 [air permeability of deposited snow]

지상에 쌓여 있는 눈이나 싸락눈 등 또는 지면의 1/2 이상이 이들에 의하여 덮여 있는 상태에서 단위 두께.

적설강도 [snowfall intensity]

단위시간당의 적설량을 말한다.

적설량 [accumulated amount of snowfall]

지면에 쌓인 눈의 깊이를 cm로 나타낸 값. 기상관서에서 정의하는 적설(積雪)은 관측 장소의 주위 지면이 반 이상 눈에 덮여 있을 때를 의미하고 이때 쌓인 눈의 깊이를 적설량이라 함. 따라서 눈이 내렸어도 극히 소량이어서 관측 장소의 지면을 절반 이상 덮지 않은 경우에는 적설로 보지 않는다.

적설심계 [snow depth meter]

적설표면과 지면과의 수직거리를 말한다. 사면적설의 경우 사면의 수직방향의 두께를 말하며 측정방식은 설척이나 적설표지, 자동 관측용의 초음파방식이나 광학방식 등의 것이 있다.

적설지 [snow disposal field]

기상관측을 할 때 관측소 주위 지면의 1/2 이상이 눈으로 덮여 있는 곳을 말한다.

적설책, 방설책, 눈막이울타리 [snow fence]

눈보라로 인해 설해를 방지하기 위해 분지기로 바람이 불어오는 쪽 등에 설치되는 설비를 말한다. 주로 철도나 도로에 눈이 쌓이는 것을 최소로 하기 위해 설치된다. 보통 울타리의 높이는 1~3m 정도로 방지위치에서 15~20m 떨어진 곳에 세운다.

적설특별지역 [specific area of snow cover]

적설량이 많아 적설로 인한 재해의 가능성이 높은 지역을 말한다.

적설함수율 [liquid-water content of snow cover]

적설 중에 포함되는 액상의 물의 비율을 나타내는 수치이다. 액상의 물의 질량과 눈 전체의 질량과의 비로서 나타내는 것이 많다. 눈의 역학적 강도는 함수율에 의해 크게 변화하므로, 물을 포함한 적설의 여러 현상을 조사하는 데 함수율의 측정은 중요하다.

적운/적란운 [cumulus/cumulonimbus]

쌘구름이라고도 부르며 수직으로 발달한 구름을 칭한다.

적조 [red tide]

식물성 플랑크톤(phytoplankton), 특히 와편모조류(dinoflagellate)가 대량으로 번식하며 바닷물 색깔을 적색 또는 황갈색으로 변화시키는 현상을 말한다. 적조현상은 부패성 유기 오염물질과 미량금속 및 증식촉진물질이 풍부하게 용존되어 있고, 일사량, 수온, 염분 등 환경조건이 적당하면 플랑크톤이 대량 번식하여 발생한다. 특히 바람이나 조류에 의하여 집적되면 고밀도 적조가 발생하게 된다. 생활하수가 다량 유입되고 저층에 퇴적된 영양물질이 용출되는 곳인 폐쇄성의 내만이나 연안에서는 상습적으로 적조현상이 발생한다.

적합직교분해(POD 해석) [proper orthogonal decomposition]

적합직교분해는 Karhunen -Loeve 변환으로도 알려져 있으며 매우 큰 자유도계나 여러 가지 복잡한 물리현상이 연성된 계의 해석에 활용되고 있다. 진동해석의 경우 일반적인 계의 주어진 영역 Ω에서 진동신호를 $v(x,\ t)$라고 하고 일정한 시간 t_i에서 샘플링된 신호(일종의 snapshot)를 $v_i(x)$라 할 때 POD에서는 이들 snapshot들로부터 원래 구조 진동 모드에 가장 유사한 $\phi(x)$를 구하게 된다. 식으로 나타내면 다음과 같다.

$$Minimize\ \lambda = \sum_{i=1}^{n}(\phi(x) - v_i(x))^2\ \forall\ x \in \Omega$$

전기 동력 배급장치 [electric power supply facilities]

전기에너지를 여러 장소로 배급하는 장치를 말한다.

전기 전도도 [electrical conductivity]

전기가 통하기 쉬운 정도를 나타내는 값. 전기 저항의 역수. 물의 도전율은 수중의 이온 농도와 밀접한 관계가 있으므로 전도도를 측정하면 용해성 물질의 대체적인 그 값을 추정할 수 있다.

전기광학 거리측정기 [electro-optical distance measurement]

같은 시간 동안 빛이 진공 속을 통과하는 거리를 측정하는 기기를 말한다.

전기탐사 [electrical exploration]

지하에 있는 암반의 전기적 성질 차이를 관측함으로써 지질구조나 광체의 위치 · 규모 등을 판정하는 수단의 총칭. 비저항을 주된 측정항목으로 하는 것과 분극(分極) 현상에 착안한 것 등 두 가지의 중요한 계열이 있다.

전단 [shear]

물체에 외부에서 힘을 가하였을 때 물체 내에 가상한 두 선분 간의 각도가 변화하는 비틀림. 층밀리기라고도 하며 공학에서는 전단이라 한다. 전단으로 물체의 체적 변화는 일어나지 않지만 외형이 변화한다. 전단의 크기는 생긴 각도의 변화에 의해 주어진다.

전단강도 [shear strength]

재료의 전단력에 의하여 파단이 되는 강도를 말한다.

전단속도 [shear velocity]

강 등 유사 운송능의 지배 파라메타인 개수로, 관로의 흐름의 벽면 전단 응력을 유체의 밀도로 나눈 양의 제곱근을 말한다. 전단 응력(마찰력)이 힘 학문적 물량인 것에 대해 속도의 차원을 가진 운동학적 양으로 아는 것으로서 속도장에 미치는 마찰력 지표로서의 의미를 갖는 것이 명명의 유래가 되고 있다. 난류장에서는 레이놀즈 응력을 밀도로 나눈 양. 즉, 난류 속도의 평균상 침실량의 제곱근으로, 난류 강도의 지표이기도 하다.

전단응력 [shear stress]

전단되는 면에 작용하는 전단력을 그 단위 면적으로 나눈 값인데, 부재의 형상에 따라서 그 분포가 변화하기 때문에 형상 계수 κ를 곱해서 그 단면의 최대 응력값을 구하고 있다. $\tau = \kappa Q/A$. Q/A를 '평균 전단응력도'라고도 한다.

전단파괴 [shear failure]

전단응력에 의해 발생하는 균열에 의한 파괴 또는 파면을 말한다. 전단파괴는 연성재료에 전단 또는 비틀림이 가해진 경우에 생기며, 파면의 방향은 최대 전단응력의 방향과 일치한다. 파면은 둔한 광택의 매끄러운 섬유상의 양상을 보인다.

전달함수 [transfer function]

진동계에 입력에 대한 출력의 증감 비율을 주파수 영역으로 표현한 것을 말한다. 지진 공학 분야에서는 기초 퇴적지반에서의 지진동 증폭 배율이나 구조물의 압력에 대한 응답 비율을 주기 또는 주파수의 함수로 나타낸 것을 말한다. 이들은 주파수 응답 함수라고도 한다. 계를 질점계로 나타낸 경우 질량 감쇠 계수 및 스프링 상수에 의해 결정 복소함수가 된다.

전도 [overturning]

후방의 불연속면이 사면 전방에 급한 기울기를 이룬 경사를 가질 경우 개개의 암편이 중력으로 인해 붕락하려는 암반사면에서 일어나는 불안전한 형상을 말한다. 이 활동은 절리에서 빙압이나 수압에 의해 발생한다. 이와 같은 파괴형상을 전도파괴(overturning failure)라 한다.

전도모멘트 [overturning moment]

구조물을 전도시키는 작용을 하는 모멘트로 구조물의 기부(基部)에서의 외력 모멘트의 총합이다. 기초의 회전·인발(引拔) 등을 검토하는 외력에 해당한다.

전력 송전선 [electric transmission line]

발전소에서 생산된 전력을 어느 거리만큼 떨어져 있는 부하점까지 보내기 위하여 사용되는 선로이다. 발전소 또는 변전소에서 다른 발전소 또는 변전소로 전력을 수송하고, 또는 연계하기 위한 전선로, 가공 송전선과 지중 송전선으로 대별된다.

전력공급시설 피해추정 [damage estimation of electric power supply facilities]

전력을 공급하기 위한 시스템, 변전소, 전력 변환 장치 등이 지진, 태풍, 홍수, 가뭄, 해일, 화재 등이나 뜻밖에 일어난 재앙과 고난에 의해 직·간접적인 피해수준을 평가하는 일련의 작업을 말한다.

전력시설의 복구곡선 [restoration curve of electric power supply facilities]

일반적으로 지진피해를 입은 라이프라인시설의 기능이 정상적으로 되돌아오기까지의 복구시간과 복구율과의 관계를 나타낸 곡선을 말한다.

전력시설의 복구전략 [restoration strategy of electric power supply facilities]

재해피해를 입은 전력시설에 대해 사회적 영향도, 경제성, 시설의 강도 등을 기초로 최적의 복구방법을 검토하는 것을 복구전략이라고 한다. 복구전략에서 고려해야 하는 것은 ① 중요한 전력수요가정을 우선, ② 정전건수의 시간적 누적을 최소화하는 것, ③ 정전으로 인한 손실과 복구비용의 총합을 최소화하는 것, ④ 정전으로 인한 사회·경제적 영향을 최소화하는 것 등이다.

전선 [front]

온도·습도·밀도 등 물리적 성질이 서로 다른 두 기단이 만나는 경계면이 지면과 만나는 선을 말한다. 따라서 전선에서는 기온·기압·이슬점온도·풍향 등이 불연속이며 전선 부근에서는 날씨가 나쁘다. 전선은 거의 저기압에 동반되며, 한랭전선과 온난전선이 마주치는 곳에 저기압의 중심이 있다. 온난전선·한랭전선·폐색전선·정체전선으로 분류된다.

전선뇌우 [frontal thunderstorm]

한랭 전선의 돌입으로 급격한 상승 기류가 새기면서 일어나는 천둥과 번개를 동반한 세찬 비를 말하며, 계뢰라고도 한다. 전선 부근에서는 한기와 난기의 상하교체가 심하기 때문에 거대한 난적운(亂積雲)이 발생하며, 이것이 전선을 따라 뇌우를 동반하면서 이동해 간다. 여름철 이외의 뇌우는 거의 전선뇌우의 성질을 나타낸다. 예컨대, 춘뢰(春雷)는 약 100km의 너비를 가지면서 수십 km/h의 속도로 서에서 동으로 빠져나가는 전선뇌우의 일종이다. 빨리 이동하기 때문에 옛날에는 신뢰(迅雷)라고도 하였다. 가장 격심한 전선뇌우는 한랭전선을 따라 발생한다.

전자 전구체 [electromagnetic precursor]

어떤 물질대사나 화학반응 등에서 최종적으로 얻을 수 있는 특정 물질이 되기 전 단계의 물질을 말한다. 여기서 특정 물질이란 금속·이온·단백질·핵산·탄수화물·지방 등 모든 물질을 포함하며, 꼭 어떤 반응의 마지막 물질일 필요는 없고, 임의로 정한 어느 단계에서 얻을 수 있는 물질을 말한다.

전진 [foreshock]

큰 지진이 일어나기 전에 일어나는 작은 지진들을 말한다. 여진이 더 큰 경우에 앞의 것이 전진으로 분류된다.

절단목재를 이용한 긴급제방보호 [emergency bank protection with cut trees]

물가에 흙이나 돌, 콘크리트 따위로 쌓은 둑으로서 홍수나 해일에 물이 넘어 들어오지 못하기 하거나 물을 막아 고이게 하는 기능을 하는데, 긴급 상황 시에 제방이 무너지거나 무너지려 할 때 나무를 잘려서 임시적으로 그 기능을 하게 만드는 것을 말한다.

접도의무 [road contact requirement of building site]

접도구역(接道區域)은 도로구역의 도로 구조의 손궤방지, 미관 보존 또는 교통에 대한 위험을 방지하기 위하여 지정되는데 일반국도의 경우 도로경계선으로부터 5m 이내, 고속도로의 경우 20m 이내에서 접도구역(接道區域)을 지정할 수 있으며 접도구역 내에서는 규정에 따라 다음의 행위가 금지된다. ① 토지의 형질을 변경하는 행위, ② 건축물이나 그 밖의 공작물을 신축·개축 또는 증축하는 행위.

접지역전층 [surface inversion]

지표면에 따라서 대기 최하층에 형성되는 역전층. 지표면에 냉각에 따라 야간부터 새벽에 걸쳐 형성된다. 접지 역전층에서 하층이 (무거운) 밀도 성층이 형성되기 때문에 대류가 억제되어 난류도 발생하기 어렵다. 따라서 상공에서 강풍이 불고 있어도 지표 부근에서는 거의 바람이 불지 않는 상황이 발생한다. 낮에는 이슬이 올라 태양에 의해 지표면이 가열되면 접지 역전은 해소한다. 접지 역전이 해소되면 상공의 강풍의 영향이 지상에 도달하게 지상 바람이 강해진다.

정규압밀 [normal consolidation/normally consolidated]

현재 받고 있는 압밀 응력으로 압밀이 종료되고 있는 상태를 말한다. 원리적으로는 하중 등의 새로운 변동이 없는 한 침하하지 않는다.

정기 임대권 [period lease ownership of land]

건물의 소유를 목적으로 남의 토지를 빌려 기간을 정해놓고 사용하는 지상권 및 임차권의 총칭을 말한다.

정단층 [normal fault]

단층면을 기준으로 상반이 하반보다 상대적으로 아래에 있는 단층으로서 전장단층이라고도 한다. 비스듬한 단층면을 기준으로 단층면보다 위에 있는 지반을 상반, 아래 있는 지반을 하반으로 나눈다. 양쪽 끝에서 잡아당기는 장력(張力)으로 만들어지기에 상반이 미끄러져 내려간다.

정단층 [normal fault]

암반에 생기는 단층 형식의 하나로, 세로로 밀린 단층에서 단층면 위쪽이 반대쪽에 대해서 내려가는 방향으로 밀린 것을 말한다.

정보 네트워크의 복구곡선 [restoration process curve for information network]

라이프라인으로서 통신 시스템은 많은 설비로 구성되어 있고 복잡한 네트워크를 형성하고 있다. 또한 각 시설은 서로 영향을 주어 시스템 전체에도 영향을 끼친다. 이런 시스템의 복구과정은 각 단계에 따라서 시간적으로 실시되므로 가로축에는 시간, 세로축에는 기능회복을 나타내는 곡선으로 표시된다.

정보통신시설 [telecommunications facilities]

정보통신을 제공하는 시설은 각각이 개별 기능을 분담해 운용되도록 네트워크화된 시스템이다. 정보를 다량에 안정적으로 공급하는 전송 방식으로서, 유선 방식과 무선 방식이 있다. 유선 방식의 시설로는 정보의 전송 매체인 통신 케이블과 이를 수용하는 토목 시설이 있다. 통신에서 과거에는 메탈 케이블이 사용되고 있었지만, 현재는 경량으로 대용량의 광케이블이 사용되고 있다.

정보통신시설의 복구전략 [restoration strategy for telecommunications facilities]

재해발생 후의 복구에는 ① 통신리소스의 확보와 관리, ② 통신 리소스의 투입과 분배, ③ 긴급위성정보 시스템의 구축, ④ 위기관리체제의 강화가 필요하다. 특히 대규모 재해 시에는 이런 사항을 체계적으로 진행할 필요가 있다.

정상류 [steady flow]

유체 내 특정 지점에서 속도가 시간에 따라 변하지 않는 유체의 흐름상태이다.

정상수위 [normal water level]

유효저수량에 상당하는 수위를 말한다.

정상유량 [normal discharge]

하천에서 흐르는 물의 정상적인 기능을 유지하기 위하여 필요한 유량. 유지 유량과 수리 유량의 쌍방을 만족하는 유량으로서 하천 관리를 위해 정해진다.

정상파압 [standing wave pressure]

진동의 마디(node), 배(antinode)의 위치가 움직이지 않는 파동에 의한 압력. 진동수와 진폭이 같은 두 파가 마주보게 진행하면 정상파를 만든다.

정상화 편견 [normalcy bias]

재해심리학에서 연구하는 주제로 '나만은 괜찮겠지'라는 편견을 의미한다. 현재 정상화 편견을 감퇴시키는 연구가 행해지고 있다.

정신적 피해 [psychological damage]

대규모 재해 시에는 극도의 스트레스 상태에 빠진 재해 피해자가 급증하여 재해가 가져오는 정신적 피해가 큰 문제로 대두된다. 대피소에서의 스트레스, 부상이나 질병의 회복이 장기화되는 것에 대한 불안, 가족이나 재산을 잃은 충격, 장래의 생활설계에 대한 불안 등이 원인이 되어 우울증, 불면증, 고혈압, 공포 과민증 등의 정신적인 피해가 나타난다. 전문가와 자원봉사자 등이 연계된 재해 피해자의 정신적 치료대책이 필요하다.

정압력 [static pressure]

정상 상태에서 유체의 흐름에 직각방향으로 작용하는 압력의 크기를 말한다.

정진동 [seiche]

호수·소만(小灣)·만·항구처럼 부분적으로 육지로 둘러싸인 해협에서 발생하는 주기적인 진동이다. 정진동은 한 번에 수분에서 몇 시간까지 때로는 2일 정도 계속된다. 이 현상은 18세기 스위스 레만 호에서 처음 발견되어 연구되었다. 정진동은 대기압의 지역적 변화에 의해 발생한다. 또한 지진운동에 의해 시작되기도 하고 해협에서 쓰나미(津波)에 의해서도 발생한다. 예를 들어 1964년 알래스카 지진에서 발생한 지진 표면파(表面波)가 미국 남서부 텍사스 지역을 통과하면서 정진동 해일(海溢)을 일으켰다. 정진동 운동을 연구한 결과, 수면이 교란되면 이후 중력에 의해 수평면으로 복원되려는 힘이 작용해 수직적 단진동운동이 잇달아 일어나게 된다. 수면에서 발생한 충격파는 수심에 의해 결정되는 속도로 분지를 가로질러 이동하며, 분지 한쪽 끝에서 반사되어 간섭을 일으킨다. 반복되는 반사는 1개 이상의 수직운동이 없는 마디로 구성된 정상파를 만든다. 호수의 길이는 정확히 각 마디 사이 간격의 정수배이다. 정진동은 배가 항구로 들어올 때 강한 역류를 발생시켜 입항을 방해하기도 하고 계류된 선박을 흔들어 닻줄이 끊기게도 하며 부두나 바닷가에 있는 사람을 불시에 덮치기도 한다.

정체전선 [stationary front]

세력이 비슷한 한랭전선과 온난전선이 수렴하여 전선의 이동이 활발하지 않고 거의 정체된 상태를 말한다. 장마전선이 대표적인 정체전선을 말한다.

정체점 [stagnation point]

유체 흐름에서 장애물에 의한 속도가 0이 되는 점을 의미한다.

제1차 지반분류 [primary classification of ground]

많은 지방 자치 단체에서는 장래 발생이 예상되는 특정의 지진에 대해 피해 예상 조사를 실시하고, 지진방재대책에 이바지할 수 있는 시도가 이루어지고 있다. 여기서 가장 중요한 정보는 진원 모델의 가정, 지반 자료의 수집 및 모델화, 현재 존재하고 있는 건물구조, 인구 분포 상황 등이 있다. 자료 및 기타 기반 자료를 종합하고, 기반층보다 얕은 기반 모델을 작성하는 것을 제1차 지반 분류로 칭한다.

제방 [levee]

좁은 의미로는 유수가 하천 외로 유출되는 것을 막기 위해 유로를 따라 설치된 성토구조를 원칙으로 하는 하천구조물이다. 넓은 의미로는 하천의 유수를 제어하는 구조물로, 여기에는 도류제, 윤중제, 산붙임제, 월류제 등도 포함된다.

제설 [snow removal]

적설 지역에서 교통이나 장소의 확보 등 원활한 사회 활동의 운영을 목적으로 눈이나 얼음을 제거하는 것을 말한다. 기계를 이용한 기계 제설과 사람에 의한 인력 제설이 있다.

제설 [snow sweeping]

물리적인 힘을 가하여 눈을 쓸어버리는 것을 말한다. 인력을 이용하는 경우도 있고, 제설기와 같은 기계를 이용하기도 한다.

제설제 [deicing chemicals]

제설제는 눈의 어는점을 낮춰 얼지 않고 녹도록 하는 것으로, 염화칼슘이나 소금(염화나트륨) 등이 주로 쓰인다. 눈이 많이 왔을 때 도로에 뿌리는 제설제는 주로 염화칼슘이다. 염화칼슘은 석회암에 염산을 가하고 농축·가열하여 얻는 화학물질이다. 콘크리트에 섞어서 동결 방지에 사용하며 제설제로 사용된다.

제어공사 [control works]

어떠한 재해를 방지하기 위해 실시하는 공사 또는 일.

제진 [seismic response control of structures]

응답 제어 개념 또는 기구를 포함. 지진의 흔들림을 저감하고 거주성, 안전성 향상을 도모하는 형태 건축 토목 구조물. 액티브형과 패시브형으로 나뉜다. 센서가 응답을 측정하여 그것에 따라 컴퓨터 제어 장치를 움직인다. 그리고 외부 에너지 공급을 필요로 하지 않는다.

제진설계 [vibration control design]

제진(制振)설계와 제진(制震)설계의 정의는 아직까지 명확히 구분되지 못하고 있다. 제진(制振)설계는 건축물에 생기는 진동(응답) 그 자체를 제어한다는 포괄적인 의미로 사용되며, 제진(制震)설계는 지진으로 인한 건축물의 진동을 제어한다는 의도적인 의미로 해석되고 있다. 건축물의 응답제어라는 관점에서는 수동형, 능동형, 반능동형 및 복합형의 제어방법이 있다. 적용 사례가 많은 대표 예로 수동형에는 강재감쇠장치와 점탄성감쇠장치를 건축물에 설치하여 지진응답을 저감하는 손상제어구조가 있고, 능동형에는 강풍에 대하여 양호한 거주성을 확보하기 위한 매스댐퍼가 있다.

제트기류 [Jet stream]

대류권 상부나 성층권에서 거의 수평축을 따라 불고 있는 강한 바람대를 말한다. 공간적으로는 길이 수천 km, 넓이 수백 km, 두께 수 km나 되며, 수직 및 수평으로 강한 층밀리기를 가지고 있다. 극을 둘러싸고 있는 제트기류는 중위도 지방을 강의 흐름과 같이 파동 현상을 이루면서 흐르고 있으며 겨울에는 최대풍속이 100m/s에 이르기도 한다. 북반구에서는 제트기류가 여름보다 겨울에 강하고 위치도 남쪽으로 내려온다. 계절 변화는 북반구가 남반구보다 현저하게 드러난다. 보통 고층일기도 상에 두 개의 제트기류가 나타나고 있는데, 위도 30° 부근과 중위도의 위치에 나타난다. 전자는 아열대제트기류로 불리고 후자는 한대전선제트기류라 불린다. 제트기류의 중심부에는 특별히 난류(亂流)가 심한 부분이 있으므로 항공기 운항에 주의를 기울여야 한다. 또한 인공 핵폭발 실험으로 형성된 방사성 오염 물질이 제트기류를 따라 빠른 속도로 멀리까지 운반되는 경우도 있다. 제트기류의 순환은 한 달 또는 그 이상 기간의 순환주기를 갖는다.

조간대 [intertidal zone]

해안에서 밀물에 의해 해수가 해안선에 제일 높게 들어온 곳(고조선, high water line)과 썰물에 의해 제일 낮게 빠진 곳(저조선, low water line)의 사이에 해당하는 부분을 말한다. 조간대는 수온, 염분, 광선, 물의 운동 등 환경의 변화가 매우 커서 이곳에 서식하는 생물들은 극심한 환경변화에 잘 적응되어 있다. 조간대에서는 생물의 다양도는 낮으나 생산력이 높고, 특히 광조건이 좋기 때문에 일차생산력은 높은 편이다. 조간대는 생태학적인 측면에서 연안대라고도 한다.

조기경보 시스템 [early warning system]

위험에 처한 개인, 단체, 조직이 위험에 준비하고 적절한 행동을 취할 수 있도록, 그리고 위해 또는 손실의 가능성을 줄일 만큼 충분한 시간을 가질 수 있도록 시의 적절하게 의미 있는 경보를 생성하고 보급하는 데 필요한 시스템을 말한다.

조도계수 [roughness coefficient]

하천이나 수로상의 벽면이 흐름에 미치는 저항을 계수로서 정량적으로 나타낸 것으로 Manning 공식의 계수를 주로 이용한다.

조산운동 [orogenic movement/orogeny]

지구 표면을 덮은 약 10장의 강한 판이 운동을 하여 다른 판에 부딪치거나 다른 판 밑으로 들어가 산맥을 만드는 것을 말한다. 판끼리 접촉하는 지대에서는 지진이나 화산 활동이 빈번하게 일어난다.

조성지 [improved land]

주택지나 공업용지로 이용하기 위하여 보도나 상수도, 배수로 등 기본적 시설(facilities)이 정비된 나지(raw land). 보통은 시설뿐인 토지나 건물과 시설을 정비한 토지(개발지역). 조성지는 택지로 만든 토지를 말하며, 조성하기 위해서는 매립, 절토, 성토 등의 방법이 있다.

조작지원장치 [operation(management) support system]

댐과 같은 방류 설비 등을 조작하기 위해서 조작 타이밍, 조작 순서, 조작량 등의 판단 정보를 제공하는 시스템이다. 조작 지원 시스템은 지원만할 뿐 제어는 하지 않는다. 조작 지원 시스템은 관측 정보의 적부를 판단하는 기능, 수리 제량의 예측을 수행하는 기능, 조작에 따른 현상을 시뮬레이션하는 기능, 의사 결정을 위한 판단 정보를 제공하는 기능 등으로 구성되어 정보 수집 장치, 출력 장치 등과 연계되어 마련된다. 조작 지원 시스템의 일부에는 인공 지능 기능을 갖추고 과거의 조작 경험에 따른 조작 타이밍의 제시, 이용자로부터의 문의에 대응하여 정보를 제공할 수 있는 기능 등이 실현되기도 한다.

조파저항 [wave-making resistant force]

(물결이 만드는 저항) 수면파의 표면 바로 아래 생성되는 것으로, 잠수함의 경우가 수면 바로 아래에 저항의 될 것. 최대 전체 표면의 마찰 저항 외에도 물결을 이루어 저항(중간)이 있다.

종상화산 [tholoide]

안산암질 내지 조면암질 용암이 저온 상태에서 화구를 꽉 채우면서 서서히 올라와 화구 위에 형성한 돔형 또는 종 모양의 화산체를 말한다.

종합수해방지 [comprehensive flood disaster prevention]

강한 비 등에 의하여 일어나는 홍수해, 침수해 등의 수해를 방지하기 위한 종합적인 대책을 말한다.

종합재난관리계획 [comprehensive disaster management plan]

지진, 해일 등의 대형 재난이 발생할 경우 원활하게 정보를 공유하고 효율적으로 구호활동을 실시하기 위한 계획을 말한다.

좌굴 [buckling]

기둥의 길이가 그 횡단면의 치수에 비해 클 때, 기둥의 양단에 압축하중이 가해졌을 경우 하중이 어느 크기에 이르면 기둥이 갑자기 휘는 현상을 말한다.

주 철근/축 철근/휨 철근[main reinforcement/longitudinal reinforcement/flexural reinforcement]

주 철근은 철근콘크리트 구조물로 설계하중에 의해 계산된, 설계하중을 지지하는 데 쓰이는 철근이다. 휨 모멘트에 의해 생기는 장력에 대하여 배치된 철근이다. 축 철근은 철근 콘크리트에서 주축 방향으로 배치되는 주철근이다. 응력을 부담시키는 목적으로 배치한다. 휨 철근은 철근 콘크리트 보에 있어서 휨 모멘트에 저항하기 위해 배치한 인장 주철근은 휨 모멘트가 작아져 여유가 생긴 곳에서 철근을 위로 구부리거나 아래로 구부려 경사 인장력에 저항하도록 한 철근이다.

주간예보[one week forecast]

기상전망, 예보구역별 육상 및 해상 날씨, 지점별 기온, 파고에 대한 1주일 앞까지의 매일의 날씨예보를 말한다.

주간인구[daytime population]

어느 구역 내에서 주간에 거주 또는 활동하고 있는 인구. 상주인구(야간인구)에 대칭되는 개념이다. 그 지역에서 일하는 취업자나 통학하는 학생을 비롯하여 여행, 상용, 쇼핑 등으로 일시적으로 체류하는 사람도 포함되나 실시조사, 예를 들면 국세조사의 예로는 취업지, 통학지를 조사하는 것에 따라 야간과 주간의 인구 차, 즉 통근인구를 조사하는 방법이 채택되고 있다. 이 경우는 일시적으로 그 지역에 유입하는 사람은 포함되지 않는다. 주간인구는 대도시에서 도시문제와 깊은 관계가 있다.

주민 임대주택[affordable house for local resident]

지역주민을 위하여 임대 목적으로 제공되는 주택을 말한다.

주민참가[resident participation/public involvement]

행정조직의 의사결정에 대하여 직접적으로 주민이 관여하거나 그것을 보증하는 정치적 체계를 의미한다. 최근에는 여러 행정분야에서 주민참여가 이루어지고 있으며 새로운 마을을 만들기 위한 활동에서 중심적인 위치에 있는 경우도 많다.

주빙하현상[periglacial phenomena]

주빙하작용에 의해 생겨난 여러 가지 지표부근의 현상을 일컫는다. 주빙하(periglacial)란 말은 카르파티아(Carpathian) 산지에서 빙기의 암설 생산을 동결파쇄작용과 결부시킨 폴란드의 로진스키(W. Lozinski, 1909, 1910)에 의하여 제창되었다. 주빙하현상은 넓은 면적에 걸쳐서 일어나는데, 지형적으로는 기복(起伏)이 2~3m 이하이며, 개개의 지형 넓이는 폭 $100m^2$ 이하인 미지형(微地形)으로 존재하는 경우가 많다. 또 여러 가지 형태를 나타내는 지중빙(地中氷)이나 그들을 포함하는 동토, 상주(霜柱) 등은 그 자체가 주빙하현상이다. 화석 주빙하현상의 경우에는 현상이 지표면에서 관찰되지 않고, 노두에서의 단면형태로서 나타나는 경우가 많다(involution, cryoturbation, ice-wedge cast 등) 이에 대하여 비교적 커다란 기복을 이루어 개개의 지형이 넓이 100m^{2}를 넘는 대규모의 주빙하현상(pingo, alas, 암해(岩海), 암괴류, cryopediment 등)은 주빙하현상이라고 부르는 대신 주빙하지형이라고 구별하여 부르는 것이 일반적이다.

주상절리 [columnar joint]

용암이 분출되어 굳어진 화산암지역에서 많이 나타나는 현상으로 암괴나 지층에서 기둥 모양의 절리가 지표에 대해 수직으로 형성되어 있는 형태를 말한다.

주요시설 [critical facilities]

일상적인 상황뿐만 아니라 극단적인 비상상황에서도 사회 또는 지역사회의 제 기능을 수행하기 위해 사회적·경제적 또는 작전상 필수적인 주요 자연구조물, 기술기반시설물과 시스템을 칭한다.

주진 [main shock]

진원지에서 발생하는 지진 중 작은 지진이 여러 차례 발생하고, 이어서 발생한 큰 지진을 말한다. 일반적으로 지진 규모가 클수록 여진도 광범위하고 긴 시간 동안 발생한다.

주철관 [cast-iron pipe]

주철로 만들어진 둥근관을 말한다. 주철관은 주로 수도 배수관에 많이 사용되며, 다른 관에 비하여 방식성과 내압성이 우수하다. 급배수용, 냉동 배관의 냉각수를 보내는 데 이용된다. 인장강도 25~45kgf/mm^{2}를 가지며 부식을 방지하기 위하여 정제타르를 가열하여 사용한다.

주파수 [frequency]

파의 진동수를 말한다. 주기의 역수로서 1초 동안에 되풀이되는 주파의 횟수이며, 단위는 사이클(cycle) 또는 헤르츠(hertz)이다.

준화재예방지역 [quasi-fireproof district]

도시화재예방을 위한 도시계획적 대책의 하나로서 평상시는 화재의 확산을 막고 도심지대 화재 시에는 화재가 번지는 속도를 저감시켜 소방활동을 돕기 위한 것이다.

중간 규모 [mesoscale]

시간규모가 수 분에서 수 일까지이고 공간 규모는 1~100km 정도인 대기운동을 말한다. 해륙풍, 뇌우, 그리고 토네이도 등이 여기에 속한다. 중규모라 한다.

중간 규모 여층 구성 [meso scale bed configuration]

여층에서 유효경, 균등계수, 비중, 여층두께 등 특성인자들을 여과지의 규모를 중규모로 정수하는 방법을 의미한다.

중간층, 초고층 대기 관측 레이더 [Middle and Upper radar]

중간층과 초고층의 대기환경을 관측 및 분석할 수 있는 레이더를 말한다. 레이더는 대기 중에 떠있는 강수 시스템을 탐지하는 원리로 호우, 강설을 예측한다.

중공 [zero-order valley/hollow, 中空]

구멍, 원호(圓弧)를 뜻하는데, 예컨대 홀로 샤프트(hollow shaft)는 중공축(中空軸), 홀로 키(hollow key)는 새들 키를 뜻한다.

중등재난교육 [disaster education at junior high schools]

중등재난교육은 초등재난교육을 기초로 좀 더 전문화된 교육을 하는 것을 목적으로 각종 재난에 대처하는 행동요령에 대해 실습과 훈련 등을 통한 교육으로 대상의 역량을 고려하여 초등재난교육 내용에 응급처치, 성폭력 등 추가하여 교육이 이루어진다.

중량식 적설계 [snow weight meter]

적설 중량을 이용하여 적설량을 측정하는 기구를 말한다. 일정 크기의 강설판에 로드셀을 설치하여 호설의 무게를 높이로 환산하는 방법을 사용한다.

중력가속도 [gravitational acceleration]

지구의 중력이 지구상의 물체에 작용하는 가속도를 뜻하며, 약 $9.8m/s^2$이다. 중력가속도는 측정하는 위도와 고도에 따라 달라진다. 즉, 지구의 자전에 의한 바깥 방향으로의 원심가속도, 지구가 바깥 방향으로 부풀어 적도에서는 질량 중심까지의 거리가 증가하는 특성, 부풀어 오른 부분의 질량 등에 의해 중력가속도는 측정 위치에 따라 달라진다.

중립면 [neutral plane]

굽힘 모멘트에 의하여 보의 단면에는 수직 응력이 발생하는데, 그 내부에는 수직 응력이 생기지 않는 면, 즉 신축하지 않는 면을 중립면이라 한다. 이 중립면과 횡단면이 만나는 직선을 중립선 또는 중립축이라고 한다.

중수도 [wastewater reuse system/water supply system for miscellaneous use]

산업배수, 생활배수, 하수 등을 청정도를 필요로 하지 않는 수준으로 처리해서 순환 이용하는 시설을 말한다. 상수도와 하수도의 중간에 위치하며. 주로 대형 건물에서 사용하고 남은 수돗물을 자체 정화하여 수세식 화장실용수, 정원용수로, 청소용수, 세차용수로 사용한다.

중요 수해방어지점 [important section for flood fighting activities]

홍수 시 수방상 특히 주의를 요하는 구간을 중요수방지점이라고 하며, 하천관리자는 그 구간을 관련 기관에 알려 철저히 관리하도록 해야 한다. 수방지점의 중요도는 제방고(유하능력), 제방단면, 사면붕괴, 산사태, 누수, 수충부, 세굴, 공작물 등을 대상으로 정해져 있다. 예를 들어 제방고에 대해서는 계획고수유량 규모의 홍수수위가 현황의 제방고를 넘는 개소, 계획고수유량규모의 홍수수위와 현황의 제방고의 차가 제방계획상 여유고를 넘지 않는 개소 등으로 분류하기도 한다.

중점복구(부흥)지역 [priority restoration promotion district]

한신 대지진 후 고베시를 비롯한 재해 지자체에서 제정된 '지진 재해 부흥 긴급 정비 조례'에 따라 지정된 피해지역 시가지 중 건축물이 집중적으로 붕괴되고 신속하고 중점적으로 도시 기능의 재생, 주택의 공급, 도시기반정비, 그 외 시가지 정비를 촉진해야 할 지역을 말한다. 시장이 각각 지역 정비 목표를 정해 지정 고시를 하며, 중점 부흥 지역 가운데 도시계획 사업지구를 검은 바탕 지역, 그 이외를 회색 지역이라는 호칭으로도 불린다.

지각구조 [crustal structure]

지구의 가장 바깥부분을 이루고 있는 층으로 그 두께가 지구 반지름에 비하여 매우 얇고 지역에 따른 구조 및 성분의 변화가 심한 특징이 있으며, 주로 현무암질층인 해양지각(5~10km)과 화강암질층인 대륙지각(30~65km)으로 이루어진다.

지각반발 [elastic rebound, 地殼反撥]

지구 내부의 응력에 의하여 지각이 지속적으로 변형을 받아 어느 한계에 도달하면 약한 부분을 따라 단층이 형성되면서 저장된 에너지가 탄성화의 형태로 전달되어 지진을 일으키는 것을 말한다.

지각운동/지각변형 [crustal movements/crustal deformation]

지각 내부에서 부분적인 밀도의 불균형으로 인한 물질의 이동이나 마그마의 유동으로 지표가 좌우상하로 움직이는 현상을 말한다.

지각응력 [crustal stress]

지구의 내부구조를 층으로 구분했을 때 가장 바깥쪽의 표면을 구성하는 부분으로 지표로부터 모호로비치치불연속면까지의 부분에 외력이 작용하였을 때, 그 외력에 저항하여 지각의 형태를 그대로 유지하려고 하는, 즉 지각 내에 생기는 내력을 말한다.

지각평형설 [isostasy]

깊은 지하에 있는 경계면으로 그 위의 질량이 동일하여 압력이 같게 되어 전체적인 균형이 유지된다는 가설이다. 산맥의 아래의 물질은 밀도가 작고 부력에 의해 맨틀 위에 떠 있다. 해양지각이 대륙지각에 비해 매우 얇다는 것은 지각평형설(isostasy) 등으로 추측·가정되고 있었다. 조륙 운동은 지각이 융기하거나 침강하는 운동으로, 지각 평형설로 설명된다.

지구의 핵 [earth's core]

지구 핵은 지표면으로부터 약 2,900km부터 약 5,100km의 외핵과 약 5,100km부터 약 6,400km의 내핵으로 나뉜다.

지동 [subterranean rumbling]

지구 내부 축적된 에너지로 인하여 지하가 움직이며 지구 내부로 힘의 파동이 전파되는 현상이다.

지반 운동 [tectonic movement]

지각을 구성하는 암석, 지층을 변형시키고 습곡, 단층 등을 유발하는 운동의 총칭. 원래는 Haarmann(1926)가 산지의 융기 운동(협의의 조산 운동)과 지질 구조의 변형 운동을 구별하기 위해서 제안한 용어. 그러나 플레이트 텍토닉스 이론과 지구 물리학적 관측에 기초한 테크토닉 연구의 진전에 따라 지각, 맨틀 등 지하 심부에 일어나 기인하는 광역의 운동에 의해 큰 구조가 형성되어 가는 것이 밝혀졌다. 따라서 요즘은 플레이트 운동 등 광역의 운근에 의해 지질 구조가 형성되어 가는 운동 내지는 과정이라고 다루고 있다.

지반-구조물 상호작용 [soil-structure interaction]

대부분의 구조물은 지반과 직접적인 접촉을 가지는데, 지반-구조물 상호작용은 구조물과 구조물이 접촉하고 있는 지반이 서로 작용을 미치는 것을 말한다. 특히 동적인 문제는 해석이 매우 어려워 생략하고, 각각 단체로서 생각하는 경우도 많다.

지반-구조물 시스템 [soil-structure system]

구조물이 지반에 설치되어 있는 상태를 말한다. 복잡한 경계 조건을 가지는 시스템일수록 해석이 어렵고, 지반의 특성과 구조물의 특성에 따라 지반-구조물 상호작용에 영향을 미친다.

지반침하 [ground settlement]

외력에 의한 토립자 형상의 변화와 체적의 변화 등에 의한 지반의 변형을 지반침하라 한다. 지반침하의 원인과 메커니즘 중 가장 대표적인 것은 유체의 추출에 따른 압밀에 의한 침하이다.

지반침하 대책 [countermeasure against land subsidence]

지반침하는 주로 지표의 인공축조물을 지탱하는 지질물질이 아래로 내려앉는 현상을 가리키는 용어이다. 이러한 지반침하에 대해 대처할 계획이나 수단을 말한다.

지방 분권 추진 계획 [sencond plan for the promotion of decentralization]

정부는 지방 분권 추진 법(1995년 법률 제 96호)에 정하는 기본 방침에 입각하면서, 제 5차 권고(지방 분권 추진위원회에서 지방 분권의 관점에서 중앙 부처 등 개혁에 관련된 국가의 행정 조직과 사무 사업의 감량화 등에 관한 지방 분권 추진위원회의 권고〈1998년 11월〉)를 최대한 존중하여 새롭게 제 2차 지방 분권 추진 계획을 정하고 앞으로의 계획과 맞게 지방 분권의 추진에 관한 시책을 종합적이고 계획적으로 추진 해 나가기 위해 1999년 3월에 각의 결정이 이루어졌다. 해당 계획에서는 공공사업의 본연의 자세를 검토 기본적인 사고방식으로 중앙 부처 등 개혁 기본법을 근거로 국가와 지방의 역할 분담의 명확화, 국가 역할의 중점화의 관점에서 국가의 사무 사업 중 지방 공공 단체에 맡길 수 있는 것으로 오는 한 맡기는 것으로 직할 등 사업에 대해서는 그 범위의 재검토, 개별 사업 기준의 명확화, 범위의 재검토, 직할 사업 부담금 의 재검토, 직할 사업 등의 재검토에 따른 재원의 확보 등 또한 보조 사업에 대해서는 통합 보조금의 창설, 지방 도로 정비 임시 교부금의 유용 개서, 일부 보조금의 폐기, 지방 재정법 제 16조 보조금의 재검토 등이 정해져 있다.

지방재정공제제도 [mutual aid system among local governments]

전국의 지방자치단체 상호 간에 재정상의 어려움을 해결하고자 공제이념을 바탕으로 상호지원 하는 제도. 재해복구사업, 지방관공선사업, 공공청사정비사업, 배상공제사업, 회원지원사업 등을 보다 효율적으로 추진하고자 함에 있다.

지상풍 [surface wind]

지표면 부근에서 마찰력에 의하여 발생하는 지표바람을 말한다. 지상풍은 지상에서 등압선이 직선일 때 기압경도력, 전향력, 마찰력이 비길 때 등압선에 대하여 발생한다. 공기덩어리가 이동하면서 상층풍(기압 경도력과 원심력, 전향력)에 지표면의 지형, 지물의 마찰력이 추가되어 복잡한 관계를 가진다.

지속 가능한 개발 [sustainable development]

요구를 충족하려는 미래세대의 능력과 타협하지 않으면서 현재의 요구를 충족시키는 개발을 말한다. 1987년 Brundtland 위원회에 의해 제안된 정의는 매우 간결하지만 단어 개발 그리고 사회적, 경제적, 환경적 변화과정에 함축된 의미와 관련한 많은 질문에 답을 하지 못하는 상태로 남겨져 있다. 재해위험은 환경저하와 같은 지속 가능하지 않은 요소의 개발과 연관되어 있는 반면 재해위험도경감은 감소된 손실과 향상된 개발훈련을 통해서 지속 가능한 개발의 달성에 기여한다고 할 수 있다.

지압력 [confining pressure]

지하에 있는 물질이 모든 방향에 대하여 상호간 균일하게 가해지는 압력을 말한다.

지역 기상 관측 시스템 [AMeDAS]

자동 기상 계측기에서 전화 회선을 거쳐 자동적으로 즉시 데이터를 수집하여 기상 관서에 배신(配信)하는 시스템. 집중 호우 등 국지적인 이상 현상의 상시 감시를 목적으로 한다.

지역(방재)위원회 [local disaster prevention council]

지역별 재난 및 안전관리에 관한 사항을 심의·조정하기 위하여 특별시장·광역시장·특별자치시장·도지사·특별자치도시사 소속으로 시·도 안전관리위원회를 두고, 시장·군수·구청장소속으로 시·군·구 안전관리위원회를 둔다(재난 및 안전관리 기본법 제11조).

지역사회 기반의 재난복구운동 [community-based recovery movement]

지역사회 스스로가 주축이 되어 자기 지역에서 발생한 재난에 대한 복구 활동을 하는 것.

지역사회 기반의 재난복구운동 지원체계 [community-based recovery movement supporting system]

각 기관이 가지고 있는 재난 자원현황과 재난정보를 공유하고, 합동 모의훈련과 합동 점검과 같은 재난 예방을 통해 재난대응역량을 높인다. 재난 발생 시에는 각 기관 간의 보유 장비와 인력을 상호 지원해 신속한 초동대응과 복구를 하게 된다.

지역사회(커뮤니티) 재난교육 [disaster education in communities]

각종 질병, 자연재해 등 재난에 대응할 수 있는 역량을 강화할 수 있는 커뮤니티 구축을 목적으로 실시하는 교육으로 커뮤니티 내 공공기관(경찰서, 소방서 등)이 주가 되어 재난에 대응할 수 있도록 각각의 역할(분담)과 기능에 대한 교육을 말한다. 또한 커뮤니티 구성원으로서 커뮤니티 내에 발생한 재난에 대한 신속한 대처능력과 대응능력 강화의 교육 프로그램 등이 있다.

지역사회와 협력한 재난교육 [disaster education in collaboration with local communities]

의료시설/소방시설 등 지역사회와 협력(합동)으로 재난에 대응할 수 있도록 커뮤니티를 구축하고 커뮤니티 내 각 기관별 교육을 일컫는다.

지역사회의 개발/지역사회의 개선 [community development/community improvement]

지역사회의 인적·물적 자원을 발굴·파악·개발하여 그 주민 개개인 또는 전체집단이 골고루 보다 높은 수준에서 행복한 생활을 누리고, 그 지역사회가 그 주민들의 경제·사회·문화 활동의 공동체적 기본단위가 되도록 만드는 과정이다.

지역소방계획 [regional plan for fire prevention]

지역의 화재위험의 경감을 목적으로 소방대책을 계통적으로 운용하기 위한 계획을 말한다.

지역지진정보센터 [regional earthquake information center]

각 기상대 등을 단위로 하여 지역별로 지진에 대한 조사결과를 수집할 때 사용하는 명칭이다.

지역화 [regionalization]

한 지점에서의 데이터만으로는 홍수사상의 모집단을 파악하기에는 기록년도가 짧다. 홍수와 같은 임계치의 관측기록에는 약간의 오차가 발생하기도 한다. 이런 점을 보완하기 위해 수문학에서는 동질의 지역에서 얻어진 데이터를 종합화해서 필요한 재현기간의 보다 실제적인 홍수 평가방법을 고안했다. 이것을 지역화라고 하며, 지역홍수빈도해석이라고도 한다.

지오이드 [geoid]

평균해수면을 이용해 지구의 모양을 나타낸 것으로, 어디에서나 중력방향에 수직이다. 지오이드면상에서는 중력장의 크기가 같으므로 등포텐셜면(equipotential surface)이라고도 한다. 특히 육상의 질량분포는 불규칙하기 때문에 지오이드면과 회전타원체의 면은 일치하지 않는다. 측량 해발고도의 기준면이 된다.

지원 [aid]

주요활동의 효과적인 결과를 위해 도움을 주는 활동을 말한다.

지원 피로 [aid fatigue]

지속적인 지원으로 인해 반복되는 정신적·육체적 작업에 수반해서 발생하는 심신기능의 저하상태를 말하다.

지전류 [earth current]

전기현상(자연과 인공에서 모두 발생)으로 지하 및 해수 중에 흐르는 자연전류로 크게 분류하면 인공적인 것과 지구자기변동에 의한 천연적인 것으로 구분한다.

지중침식 [underground erosion/subsurface erosion]

투수성이 높은 토층과 결정, 편암 등 파편이 사면 등은 땅속의 흐르는 지하수에 의해 토층에서 세립 퇴적물의 침식, 운반, 즉 지하 침식이 발생한다. 토층에 변동이 생길 때에는 활발 샘물의 물이 탁해지거나 붕괴 없이 강물이 탁해진다. 투수성이 낮은 토층에서는 표면침식이 탁월하고 투수성이 높은 토층에서는 지하에 침투 한 지하수에 의한 지하 침식에 의해 토층의 공극의 증가에 기인하는 토층 침하와 산사태 등 사면 변동이 생긴다.

지중화 [peat soil fire]

마른 지피물층(地被物層)과 이탄층(泥炭層), 부식층(腐植層)에서 일어나는 불로 나무의 뿌리를 죽인다.

지진 [earthquake]

지각이나 맨틀 상부에서 장기간에 걸친 변형이 축적되어 임빈이 견딜 수 있는 한도를 넘는 경우 암반의 미끄러짐 파괴가 생기는데 이 변형의 해방 시 발행한 탄성파가 지표에 전달되어 나타나는 자연재해를 말한다.

지진 관측(관찰) [earthquake observation]

지진을 관측하는 행위(지진의 성질 및 내부구조 규명 등)를 말한다.

지진 구역 [seismic zoning]

해당 지역의 지진동의 발생 확률 및 예상되는 지진동의 강도가 지역에 따라 다를 수 있다는 것은 경험적으로 잘 알려져 있다. 또한 지역이 사회적인 요청에 의해 높은 내진성이 요구되는 경우도 있다. 내진설계에 있어서 이러한 지역별 지진동의 특성의 차이, 그 지역에 예상되는 내진성을 반영하기 위해 자연적인 경계 또는 인위적인 경계에서 설계를 할 수 있다. 자연적인 발각 침식이 생기기 쉽다.

지진 기반 [seismic bedrock]

지반 진동을 해석 할 때에 지진을 입력하는 기반이 되는 암반 또는 경질 지반. 그 지역에서 일정한 공간이 있고, 그보다 아래에서 지반의 전단 탄성파 속도의 현저한 변화가 보이지 않는 것을 조건으로 설정된다. 일반적으로는 그 전단 탄성파 속도가 400m/s 이상의 층에 설정되는 경우가 많다.

지진 단층 [earthquake fault]

지진 발생으로 생긴 단층(암석이 변위된 단열 또는 단열계). 지진은 에너지 진동파의 연속으로 변형된 암석에 억압된 에너지를 방출시키는 것으로 단층은 지진의 근원(seismic sources)이다. 단층에는 주향이동과 경사이동의 2가지 기본적인 형태의 단층이 있고, 이들은 지구물질이 이동하는 방향에 의해 구분된다. 주향이동단층(strike-slip fault)에서는 지반이 주로 수평으로 이동하고, 경사이동단층에서는 주로 수직 방향으로 움직인다. 경사이동단층은 지구물질의 이동방향에 따라 역단층(revers fault) 또는 정단층(normal fault)으로 분류된다.

지진 방재 특별법 [Earthquake Disaster Prevention Special Act]

지진 등 재해 예방 관련(관측, 예방, 대비, 대책, 관련 연구, 기술개발 등) 사항을 규정하여 국민의 생명과 재산을 보호하기 위해 제정하였다.

지진 복구 추진(진흥) 지역 [earthquake restoration promotion area]

지진 피해 지역으로 원활한 지진 복구 촉진을 위해 지정되는 지역을 칭한다.

지진 시 피난 [evacuation in case of earthquake]

지진이 발생했을 때 안전한 곳은 떨어질 것이 없는 운동장, 근처 초·중·고등학교의 운동장으로 대피하는 것이 최선의 방법이다. 버스나 지하철 같은 대중교통을 이용 중일 경우, 강한 충격으로부터 몸을 보호하기 위해 단단한 손잡이나 기둥을 꽉 잡고 있어야 한다. 갑작스러운 지진에 두려움을 느껴 문을 열고 뛰어내려서는 안 된다. 지나가는 차량에 치이거나 고압선에 감전되는 등 사고가 발생할 수도 있기 때문이다. 운전 중이라면 차를 멈추고 라디오를 크게 틀어 대피 방송에 귀를 기울이고, 지시에 따라 침착하게 행동해야 한다. 등산 중이거나 야영을 하고 있을 때는 즉시 언덕 경사면에서 멀리 떨어져 산사태에 대비해야 한다. 해안에 있을 경우 지진해일의 위험이 있는 지역에서 벗어나 높은 곳으로 즉시 이동하는 것이 좋다. 라디오나 자체 방송에 귀 기울여 대피 지시에 따라 신속하게 움직이고 안내요원의 지시에 따라 차분하게 대피해야 한다.

지진 예측 [earthquake prediction]

지진의 위치, 시간 및 규모 등 예측(또는 지진이 일어나기전의 상황이나 징후를 다루는 지진학 분야).

지진 예측 계획 [earthquake prediction plan]

지진의 위치, 시간 및 규모 등 예측에 관한 계획.

지진 위험도 [seismic hazard/seismic risk]

지진 위험도는 지진 해일과 지진 위험 2가지 의미로 쓰인다. 특정 지점에서 특정 기간에 특정 강도 이상의 지진동이 생길 확률을 지진 하자 한도(seismichazard)라고 한다. 지진 위험도는 대상 지점 주변에서 발생하는 지진의 위치, 규모, 시기에 관계하여 확률 모델과 지진이 발생한 경우에 대상 지점에서 생기는 지진동 강도에 관계하는 확률 모델을 통합한 확률론적 지진 해저드 해석에 의해 평가하고 평가 결과는 지진 해일 곡선(지진동 강도와 특정 기간에 그 강도를 넘는 지진동이 생길 확률과의 관계)으로 표현된다. 지진동 강도로 최대 가속도와 최대 속도, 가속도 응답 스펙트럼 등이 이용되고 있다. 최신의 확률론적 지진 해저드 해석에서는 2종류의 불확정성(예측 불가능한 격차로 우연적 불확정성〈aleatory uncertainty〉과 지식과 데이터의 부족에 의한 인식론적 불확정성에〈epistemic uncertainty〉)을 구별하는 것이 일반적이며, 인식론적 불확정성에 의한 지진 해일 곡선의 차이가 확률론적 방법 등을 사용하여 평가된다. 지진 해일에 대해 지진 위험(seismic risk)은 일반적으로 대상 지점에 조물주의 손상이나 손실액을 포함한 지진 위험도 평가에 대해 사용된다.

지진 재보험제도(시스템) [earthquake reinsurance system]

지진 피해에 대하여 보험계획상 책임의 전부 또는 일부를 다른 보험자에게 인수시키는 보험.

지진 재현기간 [earthquake recurrence period]

지진이 발생한 후, 같거나 그 이상의 지진이 발생하기까지의 시간 간격을 의미한다.

지진 전조(현상) [earthquake precursor]

지진이 발생하는 지점이나 그 부근에서 일어나는 물리적 특성변화와 특이한 자연현상을 말한다.

지진 피해 예상기간 [estimated period of earthquake damage]

지진 발생 시에 피해가 발생하며, 그 피해가 지속되는 기간을 말한다.

지진 피해 조사 [survey of earthquake damage]

지진 피해 조사는 학술 목적과 국가나 지방자치 단체 등이 실시하는 행정 목적이 있다. 그 내용으로는 지진의 흔들림의 크기와 분포 진원 단층 등을 파악하고 지반에 의한 지진 동 증폭 특성을 밝히기 위한 여진 관측 등 자연 현상으로 지진을 대상으로 한 조사 건축 물건이나 토목 구조물의 피해 상황 등 지진동에 의한 직접적인 물리적 피해(1차 피해)의 조사, 인적 피해와 전력, 상하수도, 가스, 통신 등의 기능 손상 등 비교적 단기 생활환경에 대한 피해(2차 피해)의 조사, 사회, 경제에 미치는 영향과 방지 험한 곳이나 가설 주택에서 주민의 생활 상황이나 심리 상태 등 비교적 장기적인 지진의 영향(3차 피해) 조사 등이 있다. 조사 결과는 종종 학회 등의 조사 기관에서 보고서로 간행되고 연구자 그룹의 이름으로 공개된다. 과거 많은 지진에 대한 자료는 지진 방재의 기초 자료로 활용되고 있다.

지진 피해의 정도 [degree of earthquake damage]

지진의 피해 정도를 등급으로 나타낸 것이 '진도'라 부른다. 우리나라는 지진관측이 시행되면서 일본식 JMA 진도계급을 사용해오다가 2001년부터 미국식인 MM 진도계급(Modified Mercalli Intensity scale)을 사용하고 있다.

지진 화재 [whole of earthquake fires]

지진에 의해서 생기는 화재, 대지진이 일어날 때 많다. 지진이 있을 때에는 여러 지점에서 동시에 화재가 발생하기 때문에 소방 능력이 떨어져서 대화재로 발전하기 쉽다. 이러한 화재는 지진의 피해를 수십 배로 증폭시킨다.

지진 활동도 [seismicity]

어떤 지역에서의 지진 발생의 빈도. 과거의 지진 발생의 상황(규모, 장소, 때)에 입각하여 정해지며 기왕의 피해 지진의 통계에서 재현 연수에 따라 예상할 수 있는 지진동의 기댓값을 가속도나 속도의 등치선(等値線)으로 지도상에 나타낸 그림이다. 지진 지역 계수를 정하는 자료로 쓰인다.

지진 후 변동 [post-seismic deformation]

지진으로 인해 엄청난 지반 변동이 발생한 후 몇 년의 장기간에 걸쳐 계속해볼 수 있는 지반의 변동을 말한다. 변화는 시간과 함께 점점 줄어들지만 시간 상수는 여러 가지이며, 수십 년에 이르는 경우도 있으며 해안 지진에 비해 내륙 지진이 짧은 경우가 많다.

지진계 [seismometer, seismograph]

지진에 의한 지면의 진동을 측정하는 장치이다. 지진기록계에는 지진파의 진폭을 확대하는 장치가 꼭 필요하다. 최근에 사용되고 있는 지진계는 전자식이며, 이는 진동속도에 비례하여 유도전류의 세기(또는 전압)가 커지므로 지진동의 속도성분을 관측하기에 유리하다. 또한 진동속도를 관측함으로써 지진에 의한 지진동과 관계없이 서서히 진행하는 변위, 즉 잡음성분을 피할 수 있는 이점이 있다. 속도성분을 관측하는 지진계를 속도지진계(velocity seismograph)라 하고, 변위와 가속도를 관측하는 지진계를 각각 변위지진계(displacement seismograph), 가속도 지진계(strong motion seismograph or accelerometer)라고 한다. 가속도지진계는 내진설계와 공학적인 용도로 주로 사용되고 있다. 지진 시 공간 상에서의 지면의 진동을 알기 위해서는 흔히 상하, 동서, 남북의 세 방향으로 측정해야 하며, 진앙결정이나 단층면해를 얻기 위한 경우에는 상하동 성분만의 관측으로도 가능하다.

지진계획 [seismic planning]

구조물을 포함한 시스템적인 지진에 대한 종합적인 대책을 수립한다. 개별 구조물에 대한 내진설계를 통해 지진 시의 안전성과 기능 유지가 고려되지만, 인간의 피난 화재 대책, 수도, 가스, 전기, 교통 등의 라이프 라인의 검토를 포함한다. 연속 하드웨어에 대해서는 각각의 내진 성능의 적절한 목표 설정이 중요하다. 요구되는 기능과 그것을 만족시키는 성능등급은 경제성도 고려 위에서 종합적인 판단이 필요로 한다. 또한 지진의 강도는 지진동의 흔들림의 크기, 지속 시간, 지리적 범위에 따라 다르다. 단일 지진의 상정 아니라 규모도 포함한 다양한 조건에 대한 검토가 필요하다. 내진설계에서 설계 지진동이 획일적으로 결정할 수 아니라 성능 요구와 지진 발생 확률을 반영한 평가에 근거하는 것과 마찬가지이다. 또한 재해 경감 대책으로는 시간적인 요소도 고려하는 것이 중요하다고 하는 것이다. 예를 들어 지진 전에 지진 시 지진 후 상황에 따라 인간의 생활환경을 확보 있는 소프트웨어의 대응책이 필요하다. 정보 전달 시스템과 위기관리 계획도 구조물의 거동과 함께 다양한 시나리오에서 고려될 것이다.

지진공학 [engineering seismology/earthquake engineering]

지진학, 응용역학, 구조공학 등의 학문영역을 기초로 한 건축물, 토목구조물 등이 지진을 받을 때 어떤 식으로 진동과 손상이 발생하는 지를 규명하고 지진에 대해서 안전하고 구조물의 기능을 손상 받지 않도록 구조물을 설계 시공하기 위한 제 기술을 확립하는 학문영역을 총칭한다.

지진군 [earthquake swarm, 地震群]

규모가 작고 국지적으로 발생하는 일련의 지진을 말한다. 진원은 비교적 얕은 곳에서 발생하여 진원지 부근에 상당한 피해를 일으키기도 한다. 활동양상은 불규칙하여 예측하기 어려우나, 처음에는 급속히 횟수가 증가하다가 점진적으로 감소하는 경우가 많다. 특히 화산지역에서는 분화와 관계된 지진군이 자주 일어나며 지진이 잇달아 일어나는 경우 그것이 지진군에 의한 것인지 대지진의 시작인지의 여부는 확실한 인과관계가 규명될 때까지 단정 짓기 어렵다.

지진규모 [magnitude]

지진에 의하여 발생한 에너지를 등급화하여, 지진자체의 절대적 크기를 대표하는 지표를 말한다. 리히터(C.F. Richter)가 우드앤더슨형 지진계의 진폭을 사용해서 정의하였다. 지진계의 수평 2성분의 합성 진폭과 진앙까지의 거리를 사용해서 계산한다. 통상 M으로 표현한다. 지진의 중심에서 100km 떨어진 지점에서 기록된 지진계의 최대진폭을 미크론 단위로 측정하여 그 상용 대수치로 표시한다. 지진 규모가 1이 커지면 진폭은 10배, 2로 커지면 진폭은 100배가 되나 방출 에너지는 매그니튜드가 1이 커지면 약 32배이고 2로 커지면 1000배가 된다.

지진기반 진동추정 [estimation of earthquake motion on bedrock]

지진기반이란 지반진동을 해석할 때 지진을 입력하는 기반이 되는 암반 또는 경질기반을 말한다. 지진기반 진동추정이란 지진계를 이용하여 지면이 아닌 땅속의 암반 또는 경질기반에 직접 전달되는 진동을 측정함으로써 지반진동 추정보다 정확한 값을 측정할 수 있는 장점이 있다.

지진대 [earthquake belt/seismic zone]

지각이 불안정하여 지진이 자주 발생하는 곳 또는 발생하기 쉬운 곳을 연결한 띠 모양의 지역을 말한다.

지진대책긴급정비사업계획 [plan for projects for urgent improvement of earthquake countermeasures]

지진방재대책 강화지역의 지진방재대책 추진을 위해 지방 단체장이 실시하는 지진대책 긴급정비사업계획을 말하며, 한정된 기간 내에 긴급 정비의 필요 최소한의 사업으로 지진재해로부터 지역 주민의 생명과 재산의 안전을 확보하려면, 지진대책 긴급정비사업계획의 충실과 기간 연장, 이들 사업을 신속 정확하게 실시함으로써 지진대책의 충실에 한층 더 노력해야 한다.

지진동 추정 [estimation of earthquake ground motion]

지진계를 이용하여 지면의 진동을 측정하는 것이다. 통상 여러 점에서 동시에 장기간에 걸쳐 측정이 이루어지며, 관측된 데이터로부터 지진의 발생위치, 지진의 진원특성, 지진동의 특성 등이 해석된다. 설치된 지진계에 따라, 미소지진관측, 광대역지진관측, 강진관측으로 분류된다. 미소지진관측은 단주기고감도속도형지진계로 지진파 도래시각을 정확히 측정하고 지진의 발생위치를 추정하는 것을 주목적으로 한다. 광대역 지진 관측은 광대역 속도형 지진계가 설치되어 지진파형을 정확히 추정하고 지진의 발생 메커니즘을 추정하는 것을 주 목적으로 한다. 강진관측은 가속도형강진계가 설치되어 지진동을 정확히 측정하고 지반의 증폭 특성과 구조물에의 입력지진동을 추정하는 것을 주 목적으로 한다. 이외에 지각구조의 추정과 진원의 상세한 메커니즘의 해석에도 사용된다. 지진의 크기를 나타내는 단위는 규모(magnitude:m)로 표시하며 $\log e = 12.24 + 1.44m$ 식에 의해서 규모 m과 에너지 e(erg)의 관계를 나타낸다. 식에 따르면, 지진의 규모는 한 단위가 증가할 때 그에 따른 에너지가 25~30배 증가한다. 보통 느낄 수 있는 지진의 규모는 2.0 이상이며, 큰 피해를 주는 지진은 대개 6.0 이상이다.

지진력 [earthquake force]

지진 발생 시 구조물에 작용하는 힘을 말한다(그 크기는 지역과 지반의 특성에 따라 다름).

지진모멘트 [seismic moment]

지진이 두 쌍의 서로 직교하는 우력에 의하여 발생한다고 가정하여, 이러한 우력에 대응하는 힘의 크기를 말한다. 탄성론을 이용하면, 작용한 응력과 변형률은 서로 비례하므로 지진모멘트 $Mo = \mu US$로 나타낼 수 있다. 여기서 μ는 강성률(rigidity), S는 단층면의 면적, U는 단층면 상의 평균변위를 나타낸다. 지진 모멘트는 이 식에서 단층면상의 평균변위와 단층면의 면적을 직접 대입하여 구할 수 있다. 단층면 상의 평균 변위는 지진 발생으로 출현한 지진단층의 야외조사로부터 구할 수 있으며, 단층면의 면적은 지진단층의 조사 또는 여진면적(aftershock area)으로부터 추정할 수 있다. 이와 같이 직접적인 방법 외에 지진파의 변위에 대한 스펙트럼(spectrum, 진동수(주파수)에 대한 진폭 또는 에너지의 크기를 나타낸 그래프)으로부터 구할 수 있다.

지진방재 기본계획 [basic plan for earthquake disaster prevention]

국가의 지진 방재에 관한 기본적 방침과, 지정 행정 기관, 지방 공공 단체 등이 정하는 지진 방재 강화 계획 및 특정 민간 사업자 등이 정하는 지진 방재 응급 계획의 기본이 돼야 할 사항 등을 정해 해당 지역의 지진 방재 체제 추진을 도모하는 것.

지진방재 긴급 공문 [Dispatch of Earthquake Disaster Prevention]

지진발생에 따른 행정상의 긴급 공문으로 각종 행정 절차를 진행하기 위한 행정적 서류를 일컫는다.

지진방재종합대책 [intensified plan for earthquake disaster prevention]

2005년 3월 20일 후쿠오카 근해지진에 따른 해일피해 우려 등 우리나라도 더 이상 내륙지진은 물론 지진해일의 안전지대라고 볼 수 없다. 이로 인해 2005년 3월 22일 국무총리가 범정부차원의 지진방재종합대책을 수립토록 지시하여, 2005년 4월 12일 지진방재종합개선대책을 국무회의에 보고하였다. 그 후속조치로 지진방재종합개선기획단을 발족하여 개선과제에 대한 종합적인 로드맵작성 등 지진방재종합대책을 마련하였다. 지진방재종합대책의 기본방향은 국가차원의 내진성능 목표설정 및 법 제정 등 각종 제도정비로 지진재해에 강한 국가건설, 지진/지진해일 관측 및 예·경보 시스템 개선으로 초기 대응태세 완비, 지진재해대응 시스템 구축 및 교육·훈련 강화 등 신속대응으로 피해경감 및 확산방지, 내진설계기준강화 및 지진위험도 작성 등 지진재해경감기반 구축 등이며, 추진체계는 목표설정 및 제도정비, 예방 및 대비(기반구축, 대책수립), 대응 및 복구이다.

지진보험제도 [earthquake insurance system]

지진 피해(시설이나 구조물 등)에 따른 배상책임 및 생활보장 등에 대한 보험제도를 말한다.

지진복구를 위한 비상 시 조례 [emergency city ordinance for earthquake restoration]

지진피해복구를 하기 위하여 비상시 시에서 정한 조례를 말한다.

지진예보 [earthquake prediction]

지진이 발생하기 전에 장소, 크기, 시기 등의 3요소를 어느 정도 한정된 범위에서 지정하는 것. 각 점의 선행 현상을 관측하며, 발생하는 지진의 규모, 지점 및 시기를 예측하는 것을 목적으로 하는 학문 또는 사업, 측지, 검조, 지진 관측, 탄성파 속도, 지자기, 지전류, 지하수 등 각종 선행 현상의 관측이 행하여진다. 그러나 지진은 시간적 공간적으로 매우 불규칙하게 발생하므로 통계적 추정에 의한 것은 실제 예보에 도움이 되지 않는다. 따라서 현재의 지진예보는 지진 발생 전에 나타나는 여러 가지 전조현상에 집중하고 있다. 갑작스런 융기, 암석의 전기전도율 변화, 깊은 샘물에서의 방사성동위원소 양의 변화, 미소지진활동의 변화, 그 지역을 지나는 지진파의 속도변화 등이 그것이다.

지진예보조직 [Organizations for Earthquake Prediction]

지진 발생 전에 그 전조(선행현상)를 조사하여 지진의 발생시기, 장소 및 크기 등 지진 3요소에 관하여 예보하는 조직을 말한다. 지진 3요소 중 어느 하나라도 빠지면 지진예측으로서의 의미가 없다. 지진예보를 방재대책의 일환으로 적용하기 위해서는 이 3요소의 정밀도가 사회적으로 대응할 수 있는 범위에 있어야 한다.

지진예측 조정위원회 [Coordination Committee for Earthquake Prediction]

CCEP는 1969년에 일본에서 설립된 기구이다. 측지위원회에서 두 번째 지진예측계획의 일환으로 지진 데이터를 종합적으로 평가하여 지진을 예측하기 위하여 설립된 단체로 30명의 위원으로 구성되어 1년에 4번의 회의를 한다.

지진원 스펙트럼 [earthquake source spectrum]

지진이 발생하는 곳의 범위를 말한다.

지진위험 [seismic risk]

지진의 위험은 건물, 시스템, 또는 다른 지진의 손상을 지칭한다. 지진의 위험은 특정 기간에 발생할 수 있는 유해 사건의 전위 경제적, 사회적 및 환경적 영향으로, 대부분의 관리 목적을 위해 정의되었다. 이 지진공학 원리를 소리가 내장되어 있는 경우 높은 지진 위험 지역에 위치한 건물은 낮은 위험에 있다. 한편, 벽돌 건물에서 작은 지진 활동의 역사를 가진 지역은 위험도가 높다. 특별한 일부는 도시의 특정 문제에서 보이는 도시의 지진 위험이다. 리스크 결정 및 비상 대응도 지진 시나리오를 사용하여 결정될 수 있다.

지진재난예방 비상계획(지진재난대책) [emergency plan for earthquake disaster prevention]

지진은 태풍, 홍수, 폭설 등 다른 자연재해와 달리 지진의 발생을 예측하기 어려우며, 지진발생 초기 피해상황을 수집하고 피해규모를 판단하기 곤란하여 초기에 적절한 대응이 매우 어려운 특성을 가지고 있다. 따라서 지진재해 비상계획은 이러한 지진재해의 특성을 정확히 이해하고 지진에 대한 대응조치를 신속하고 효율적으로 집행 할 수 있도록 하는 계획이다. 이러한 계획에는 비상대응조직과 임무, 상황전파체계, 유관기관 협력체계, 단계별 조치활동, 피난 및 구조구급계획, 응급복구계획 등으로 구성된다.

지진파 [seismic wave]

지진이 발생하면, 암석에 저장된 탄성에너지가 진원으로부터 방출되어 지구의 다른 부분으로 퍼져나가게 되는데, 이때 다른 진동체와 마찬가지로 파동이 진원으로부터 사방으로 퍼져나가게 된다. 이 파동을 지진파라고 한다. 지진파는 크게 두 종류로 구분된다. 하나는 지구의 내부를 통과할 수 있는 실체파(body waves)이며, 다른 하나는 지표를 따라 전파되는 표면파(surface waves)이다. 실체파는 P파와 S파로 세분되는데, P파는 종파(compressional waves)이며 지진파 중에서 지진계에 가장 먼저 도달한다. S파는 횡파(shear waves)이며 지진계에 P파에 이어 두 번째로 도달한다. 그 이후에 표면파가 도착하는데, 표면파는 러브파(love wave)와 레일리파(rayleigh wave)로 세분된다.

지진파 속도 [seismic wave velocity]

진원에서 발생된 지진파의 속도를 말한다. 지진파는 종파(P파)와 횡파(S파)로 나눌 수 있으며. 인공적으로 발생시킨 탄성파의 전파속도를 측정하여 암반의 강도, 안정성 등을 추정하고 있다. 지진파의 속도는 P파, S파, 표면파 순으로 전파속도가 느리다.

지진파의 반사 [reflection of seismic waves]

지진파가 속도가 다른 매질경계면에 접하면 새로운 매질내부에 진행하는 파동(굴절파) 이외에 원래의 매진내부로 되돌아오는 파동(반사파)을 생성하는 현상.

지진피해 평가 적용 [application of earthquake damage estimation]

지진으로 인해 발생한 피해를 진단하여 평가한 결과를 알맞게 이용하거나 맞추어 쓴다.

지진피해상정조사 [research on estimating earthquake damage]

대규모 지진이 발생한 경우 상정되는 피해의 조사. 광역적 피해가 예상되는 경우 피해상정을 해서 방재기관 등이 피해인식을 공유하고 연계해서 대책을 세울 필요가 있다.

지진피해예보 [announcement of earthquake damage estimation]

지진발생의 주기, 발생지역, 규모 및 범위, 피해의 예상범위 등을 사전에 전달하는 것.

지진피해의 실시간 평가 [real-time assessment system of earthquake damage]

대규모 지진피해가 발생 직후의 정보공백기에 피해지역과 피해규모를 신속히 파악하여 긴급대응계획에 도움을 주기 위한 피해평가 시스템. 일반적으로 기상청의 진원정보와 지진관측망의 진도 등의 정보에 근거하여 대상지역전체의 지구별(1Km 격자 등)의 지진동분포(계측진도분포, 최대가속도분포, SI치분포 등)를 추정하고, 필요한 정보항목당 피해추정을 하여 피해상황을 지진정보 시스템에 따라서 표시하는 경우가 많다.

지진해일 [tsunami]

쓰나미라고도 부르는 지진해일은 주로 해양성지진에 수반되는 해저지반의 융기 또는 함몰에 의해 해수가 급격하게 이동할 때 형성되는 주기가 매우 긴(수 분~수십 분) 파랑(천해파)을 말한다. 지진해일이 연안에 가까워지면 천수효과와 지형에 의한 집중효과 때문에 파고가 급격히 커져 연안지역에 큰 피해를 주는 경우가 많으며, 또한 만내에 침입하면 만의 형태 및 고유진동주기와의 관계에 따라 파고가 크게 변화한다.

지진해일의 증폭 [amplification of tsunami]

해저에서 급격한 지각변동으로 발생하는 파장을 해일이라고 하며, 그 해일의 높이주기를 증폭이라 한다. 대체 30km 이내의 얕은 진원을 가진 진도 7 이상의 지진과 함께 일어나거나 해저화산 등에 의해 토사가 함몰, 핵폭발에 의해서도 발생한다.

지진화재 [post-earthquake fire]

지진에 의한 진동이 원인인 화재를 말한다. 특히 대규모 지진에 연이어 발생하는 동시다발 화재는 그 수가 소방력을 상회할 수 있어, 목조주택이 밀집한 지역에서는 급속히 화재가 확대될 위험성이 있다. 지진 시의 화재원인으로는, 일본의 관동지진 등 비교적 오래전 지진에서는 고형원료를 사용하는 화기기구가 발화원인인 경우가 많았으나, 근래에 와서는 석유난로 등 액체연료를 사용하는 화기기구와 약품의 혼합, 가스기구 등에서 발화가 되는 경우가 많다.

지진화재전파 [spreading earthquake fires]

지진화재는 지진 시 발생하는 2차 재해의 하나를 말한다. 종종 지진화재의 전파가 지진의 직접적인 손실에 비해 훨씬 큰 경우가 있는 것처럼 매우 위험한 화재이다. 지진화재는 다양성, 다발성, 동시성 및 유발성의 특징이 있다.

지진화재추정 [estimation of fire breakout points in earthquake]

지진화재란 지진에 의한 진동이 원인인 화재를 말한다. 특히 대규모 지진에 연이어 발생하는 동시다발 화재는 그 수가 소방력을 상회할 수 있어, 목조주택이 밀집한 지역에서는 급속히 화재가 확대될 위험성이 있다. 지진 시의 화재원인으로는, 일본의 관동지진 등 비교적 오래전 지진에서는 고형원료를 사용하는 화기기구가 발화원인인 경우가 많았으나, 근래에 와서는 석유난로 등 액체연료를 사용하는 화기기구와 약품의 혼합, 가스기구 등에서 발화가 되는 경우가 많다. 또한 계절, 시간에 따라서 피해의 규모가 크게 달라지고, 통행장해가 발생하고 통로가 제한되어 소방 출동대가 현장 도착까지 시간이 많이 걸린다.

지진화재피해 평가 [estimation of earthquake fire damage]

지진화재에 의한 피해는 다음의 방법으로 평가한다. ① 지진화재는 발생시간이나 기상조건에 의해 상황이 크게 달라지므로 기상조건과 발생시간을 고려한다. ② 출화원인은 일반화 기구, 전기기기·배선, 화학약품, 누설가스 등이 되며, 일부 요인에 대해서는 계절변화와 시간변화에 의한 것으로 취급한다. ③ 지자체의 총출화 건수로부터 주민의 초기 소화활동으로 완전히 소화 못한 경우를 구한다. 초기 출화율은 지진의 크기에 의해 설정한다. ④ 출화의 설정은 250m mesh 단위로 실시한다. 지자체별 완전히 소화 못한 경우의 수를 출화위험도가 높은 mesh로 나누어 출화점 mesh를 설정한다. ⑤ 소방력을 고려하여 소화 가능한 출화점 mesh를 산정한다. ⑥ 출화점 mesh 중에서 자연 진화되거나 소화 가능한 것을 제외한 것을 연소(延燒)출화점 mesh로 설정한다. ⑦ 연소출화점 mesh의 건물에서 지진화재가 연소된 것으로 가정하고, 불연영역율과 소실동수와의 경험식에 근거하여 연소 동수를 산정한다.

지진활동 공백지역 [seismic gap/seismic quiescence]

지역에 있는 크기 이상의 지진이 발생하지 않는 현상. 지진 전에 많은 관측 사례가 지진

전조의 하나로서 주목된다. 공간적으로 특정 지역에서 지진이 일어나지 않은 것이다. 먼저 종 빈 영역(seismicgap)이라 부르지만 원래 테쿠토니쿠스으로 지진이 일어나지 않는 장소는 포함하지 않는다. 과거 활발했던 지역의 지진 활동이 평온화한 것을 둘째 종 빈 영역(seismicquiescence)이라 한다.

지질구조선 [lineament]

지형도 상에 표시할 수 있는 규모의 선형으로 나타나는 구조로서, 대부분 단층, 절리, 균열 등 지표 암석권의 단열구조와 일치되는 것으로 알려져 있다. 지형적인 특성, 수계특성, 선형구조를 따른 식생 분포 등에 의해서 결정되고, 단층과 절리 등과 관련된 지질구조선은 지하수 부존 및 유동과 밀접한 관계를 가지고 있다.

지질학적 위험 [geological hazard]

사상, 부상 또는 기타 건강에 미치는 영향, 재산 피해, 생계 및 서비스 손실, 사회적, 경제적 혼란, 또는 환경 손실 등의 원인이 될 수도 있는 지질학적 변화과정이나 현상을 말한다. 지질학적 위험에는 지진, 화산활동 및 용출과 같은 지구 내부 프로세스, 그리고 지반붕괴, 산사태, 암반붕괴, 표면붕괴, 토사류 또는 흙탕물 흐름과 같은 지구물리학적 과정이 포함된다. 수문기상학적 요인이 이러한 과정에 영향을 미치는 주요 매개체이다. 지진해일은 분류가 어려운데, 비록 지진해일이 심해지진과 기타 지질학적 이벤트에 의해 발생하나 그들은 본질적으로 명확한 해양학적 과정으로 해수 관련 위험이다.

지체능력 [tectonic stress]

플레이트 운동 등의 조구조 운동에 따라 지각·맨틀에 작용하는 응력으로 습곡, 단층 등의 대규모 조산운동을 일으키는 힘 등을 일컫는 말이다. 일반적으로 연직 방향의 주응력은 정수압(lithostatic pressure)에 거의 동일하다고 생각하고 있지만, 수평 주응력은 플레이트 운동 등의 영향에 따라 지역적으로 다르다. 연직 응력이 최소 주응력의 경우 반대 단층형 중간 주응력의 경우 어긋난 단층형 최대 주응력의 경우 긍정적 단층형 지진, 지형, 지질 구조가 탁월하다. 직접 측정의 다른 측지 측량 지진 발진 장치, 활단층과 화산의 측면 화구 열 분포 등에서 추정할 수 있다.

지표하 흐름 [subsurface flow]

땅속을 통하여 흙입자 공극이 포화 및 불포화 상태로 물이 흐르는 것을 말한다.

지하 공간 침수대책 [underground inundation counter measures]

도시 폭 영역의 지하 공간에는 지하상가, 지하철, 건물의 지하, 지하, 공동구 등 수많은 지하 시설이 마련되어 있어 재해 대책으로는 지금까지 화재나 지진에 대한 대응해왔다. 하지만 지하철이나 지하 등에서는 지금까지도 많은 수해가 발생했다. 지하 시설은 낮은 위치에 침수유입이 쉽게 유입되는 폐수가 매우 곤란하다는 것이 특징이다. 또한 빌딩 지하 또는 지하실 등 바닥 면적이 좁은 시설은 침수 상승이 매우 빠르다. 지하 시설의 침수 상승은 지하 시설의 바닥 면적 A와 출입구 폭 B로 규정된다. 토목 연구소에서 물리모형실험의 결과에 의하면 예를 들면, 침수가 지하 1층 천장(3m)까지 도달 시간은 A/B가 100m에서 약 22분, A/B가 20m에서 약 13분 짧은 시간에 침수가 상승하는 것이 특징이다. 지하 공간의 홍수 대책으로는 방수판이나 방수문을 설치한다.

지하 터널 시스템 [underground tunnel system]

지하 하천은 일반적으로 홍수 유량의 일부를 지하수로 부담시키는 방식이며, 도로 등의 지하 공간이 이용되는 예가 많다. 작은 것은 개수로 흐름에 의한 자연 유하를 기본으로 하고 있지만, 수도권 외곽 방수로는 펌프 운용에 의한 압력관 방식을 채용하고 있다. 지하 하천은 전체가 완성될 때까지 엄청난 세월이 필요하고 치수 안전도의 향상을 도모하고 있다. 지하 하천은 지하의 이용이라는 관점에서 매력적이지만, 건설비용을 감안하면 치수 효과와 함께 비 홍수 시의 지하 하천 공간을 어떻게 활용하는지, 그 기술의 확립도 기대된다.

지하구조물 [buried structure]

지표면 아래(지하 부분)에 구축되는 구조물의 총칭한다. 각종 터널, 지하 배수로, 파이프라인, 지중 탱크, 공공지하상업 시설, 하수처리 설비, 지하 발전소 등 광범한 용도로 이용되는 모든 구조물을 말한다.

지하철도 피해 [damage to underground railways]

대도시에서 교통의 혼잡을 완화하고 빠른 속도로 운행하기 위하여 땅속에 터널을 파고 부설한 철도를 지하철도라고 한다. 이러한 지하철도가 지진, 태풍, 홍수, 가뭄, 해일, 화재 등이나 뜻밖에 일어난 재앙과 고난에 의해 직·간접적으로 입는 피해를 말한다.

지하철의 복구 [restoration of subways]

지상과 달리 지하철 복구공사는 재료의 반출입로, 작업공간확보 등 지하구조물이 가지는 여러 가지 제약조건하에서 실시하여야 한다. 또한 긴급복구로 지하구조물의 안전성을 확보한 후 운행을 시작하여 운행하면서 본 복구를 하는 경우에는 승객의 안전을 확보하기 위한 장소와 작업장소를 구분해야 하는 등 시공에 큰 제약이 따른다.

지하층 [basement layer]

지반면 하에 있는 층으로 법적으로는 지하층 바닥면에서 지반면까지의 높이가 그 층의 천장 높이의 2/3 이상(바닥에서 천장까지의 높이)에 있는 것을 말한다.

지형도 [topographic map]

축척을 이용하여 지표의 기복, 형태 및 특성을 그려낸 지도를 말한다. 일반적으로 등고선, 색, 기호 등을 이용하여 나타내며, 등고선을 기본으로 하여 땅의 기복을 입체화시키는데, 산골짜기와 능선과 같은 특성을 지표면에 나타낸다. 행정구역과 지명으로 1/50000, 1/25000, 1/10000 등으로 축소하고 있다.

지형분류 [Landform Classification]

토지의 형상을 그 형태, 성인(成因), 성질 등에서 분류함으로써 구체적으로 그 토지가 산지인지, 대지(台地)인지, 저지대인지, 또한 인공 수정지인지의 여부 등을 구분하는 것이다. 대개 그것들의 대지형의 구분을 더욱 세분하는 범례를 구성한다. 목적에 따라, 지형의 성인(成因)이나 연대에 유의한 지형 발달사에 따른 것, 기복량, 골(谷) 밀도 등 지형의 형태를 바탕으로 한 것, 재해 위험도의 관점에서 방재적인 것 등, 다양하게 사려된다. 주로 항공사진·지형도 등의 판독과 현지 조사를 바탕으로 이루어진다. 일본에서 대표적인 지형 분류도는 국토 지리원의 토지 조건도(축척 2만 5000분의 1)와 국토교통성 토지 분류 기본 조사의 지형 분류도(축척 20만분의 1과 5만분의 1)이다.

직립 소파 [wave absorbing structure]

소파 기능을 가지는 벽체로 구성되는 직립제 또는 혼성제의 방파제로서 반사파의 경감, 월파량의 감소, 방파제 앞면의 정온도(静穩度) 향상, 방파제 모서리에의 파 집중 방지 등을 꾀하기 위하여 이용된다. 구조 형식으로서는 투과벽 케이슨과 블록 쌓기형으로 크게 나누어지며 투과벽 케이슨으로서는 원형공(孔), 사각형공, 슬릿 등의 형식이 있다.

직접 피해 [direct damage]

재해의 영향을 직접적으로 받는 경우를 말한다.

직접피해 평가 [estimation of direct damages]

재해에 의해 사회경제활동에 지장을 주는 것과 같은 영향이나 정신적인 타격 등의 간접피해와 달리, 재해에 의해 직접적으로 영향을 받는 자산 등과 같은 직접피해를 항공 관측, 항공사진 또는 직접관측에 의하여 실제 피해지역을 직접 평가하는 것을 말한다.

진도 [seismic intensity]

한 장소의 지진동의 세기를, 체감, 주위의 물체나 구조물의 영향으로 어디에 근거하여 여러 단계로 쪼개는 수치로 나타낸 것. 일본에서는 1996년 4월 이후, 진도는 계측 지진계에서 관측한 측진도에 따른 것으로 정의되어 진도 0~4,5 미만, 5강, 6 미만, 6강, 7의 10계급이 되었다. 계측 진도는 카로 속도계의 파형 데이터를 필터 처리하고, 0.1초에서 2초의 주기 범위에서 지동 가속도와 속도의 중간의 특성을 가진 파형을 만들며, 그 진폭부터 지속 시간을 고려해 산출한다. 체감 등에 바탕 정미 결정된 진도와 일치하도록 정해져 있다.

진도규모 [seismic intensity scale/seismic intensity/earthquake intensity]

지진 한 지점에서 지진동의 세기를 나타낸 지수. 원래 인체 감각, 물체의 움직임, 피해 등을 토대로 정해졌지만, 최근에는 모두 그릇에 따라 결정되는 계측 진도도 한다. 일본에서는 1996년 4월 지진계에 의한 계측 진도에 개정되었다. 진도는 카로 속도 계획의 진폭에 필터를 쓰고, 주파수 0.5~10Hz에서 지진동을 강조하게 정해져 있다. 계측 진도에 따라 진도 층이 계측 진도의 소수 1을 반올림한 것으로, 10계급으로 구분된다. 예전 진도 층과 비교하면 진도 0에서 7까지의 8계급인 진도의 중, 진도 5, 6이 각각 리히터 규모 5 미만·진도 5강, 진도 6 미만·진도 6강이 되고 있다. 이 개정 때 그것까지 각 계급에 부쳐졌다 약진, 중진, 강진 등의 이름도 폐지되고 있다. 진도는 지진 발진 기구, 지반의 조건에 따라 다르므로, 실제 그 흙 땅의 진도가 기상청이 발표할 것과 일치한다고 하는 상기의 진도층은 일본 특유의 것으로, 구미에서는 12계급의 개정 메르칼리 진도층(MM 진도층) 등이 이용된다. MSK 진도층의 세계적인 통일사용이 유네스코에 의해 제안되었지만 채용하기에는 이르지 않았다.

진동 [vibration]

시간에 대하여 속도, 온도 압력 등이 기준치보다 커지거나 작아지는 현상을 말한다. 자유진동, 강제진동, 자려진동과 같이 3가지 종류로 나눌 수 있다. 일반적으로 물리량이 변하는 현상을 주기에 따라 반복되는 것을 말한다.

진동 센서 [vibration sensor]

① 일정한 진동수 범위에서 지반운동의 속도, 가속도, 변위에 비례해서 전압을 발생시키는 지진 감지기. ② 탄성파 에너지를 전기적인 신호로 변환시켜 주는 장치. 탄성파 탐사의 수진기(受振器)에는 육상에서 매질의 입자운동을 측정하는 지오폰과 해상 및 이수로 충전된 시추공에서 수진점의 압력 변동을 측정하는 하이드로폰의 두 가지 종류가 있으며, 진동원 및 주파수에 따라 응용할 수 있는 센서가 결정된다.

진동대 실험 [shaking table test]

유압 서브 액튜에이터나 전자식 액튜에이터 등의 구동원을 이용해 테이블을 동적으로 흔들리는 장치를 진동대라고 부른다. 요동 테이블 위에, 청나라 조물주와 그 모형 시험체를 황급히 결시, 시험체를 진동대까지 흔들고 시험체의 동적 응답 성상 조사 실험을 진동대 실험이라는 요동 테이블의 진동으로 지진 진동을 입력하면 시험하는 지진 응답이 직접적 재현할 수 있는 등 지진 공학·내진 공학에서의 핵심적인 실험 방법 중 하나이다. 진동대 실험 지금은 요동 테이블을 수평 두 방향과 수직 방향에 대해 동시에 흔들 수 있는 3차원 진동대와 10MN(1000tonf)의 중량을 갖춘 시험체를 흔들기의 대형 요동 테이블 등도 개발되어 특히 일본을 중심으로 세계 각국의 연구기 침실에 도입되고 있다. 요동 테이블의 진동으로 구조물의 바닥 응답 등을 이용하면 어떤 동적 응답도 재현할 수도 있다.

진압성토 [loading berm]

연약 지반에 성토를 하는 경우에 생기는 저부 파괴 방지나 슬로프 시설 파괴의 방지 대책에 채용된다. 대상 경사면에 성토하고 균형의 역할을 기능시켜 미끄럼에 대한 저항력(저항 모멘트)을 증가시키는 것을 목적으로 하고 있다. 여분의 용지를 필요로 하지만, 매우 효과적인 방법이다. 흙막이의 근입 부족 대책이나 터널 갱구의 편압대책(보호성토라고도 한다)에 이용되는 일도 있다.

진앙 [epicenter]

지진이 발생할 때 지반의 파괴가 시작된 곳인 진원을 수직으로 지표면에 투영한 점을 말한다. 진앙거리는 지진의 발생원의 직하 지표면의 점(진앙)에서 관측점까지의 거리이다.

진앙 거리 [epicentral distance]

기호는 △를 사용하고, 관측점에서 진앙까지의 지표면에 따른 최단 거리를 나타낸 것이다. 지진의 진동이 최초로 일어난 장소 즉 진원은 지표아래의 어느 정도 깊이에 위치해 있는 것이 보통이다. 그 진원 바로 위 지표의 지역을 진앙이라고 하는데, 진앙은 상당한 범위를 갖는 지역이나 보통 지표상의 한 점으로 대표된다. 진앙보다는 지표가 있는 관측점까지의 거리가 진앙 거리이고, 보통 km의 단위로, 지구의 구면을 따라 측정한다. 진앙 거리가 1,000~1,500km 이상의 원지 지진의 경우는 지구의 중심각으로 측정한다.

진원 [hypocenter]

지진이 발생할 때 지반의 파괴가 시작된 곳으로 거리와 깊이를 뜻한다. 진원거리는 지진을 관측한 장소에서 지하의 지진이 발생한 지점까지의 거리이다.

진원 과정 [earthquake source process]

최초로 지진파가 발생한 지역을 찾는 과정(절차, 프로세스)

- 진원 : 지구 내부에서 지진이 최초로 발생한 지점

진원을 찾는 방법으로는 P파와 S파의 도달시산의 차(P-S시간)를 이용하는 방법과 지진파가 지원으로부터 관측점에 도달하는 데 걸리는 시간과 진안 거리의 관계를 나타낸 주시곡선(走時曲線)을 이용하여 컴퓨터로 산출하는 방법 등이 있다.

질량 이동 [mass transport]

중력의 직접적인 작용에 의해 풍화 물질인 암석과 토양이 사면 아래로 이동하는 현상이다. 물과 같은 매질과 무관하게 일어난다.

질병확산 [spread of diseases]

감염성 질병들이 확산되는 것을 말한다. 체액이나 공기 중의 바이러스에 의한 확산되는 경우가 많다.

집괴암 [agglomerate]

화산활동에 의해 발생한 화산쇄설물들 중 각력질 암편과 화산회 등의 화산 분출물이 퇴적, 고결된 응회암질 암석을 집괴암이라 말한다. 보다 넓은 뜻으로 화산 퇴적물은 물론 산록 퇴적물, 수성 퇴적물, 부분적 관입암, 동물뼈 등의 특수물질이 퇴적된 것 등 둥근 물질이 아닌 각진 퇴적물을 칭할 때도 사용한다.

집수정 [water catchment well]

지층 미끄러짐 억제공법의 하나로, 두 개 이상의 수원이나 못, 우물로부터 물을 모아 하류로 보내는 큰 우물을 만들어 배수한다. 현재는 '물 저장고'라고 순화하여 사용되기도 한다.

집중위험도 [intensive risk]

대규모 사망 및 자산 손실을 포함하는 잠재적으로 치명적인 재해로 이어질 수 있는 집중위험행사와 같은 고밀도의 인구집중 및 경제활동에 대한 노출과 연관되어 있는 위험도를 말한다. 집중위험도는 대도시 또는 인구 밀집 지역의 주요한 특성으로 이들 지역은 강한 지진, 화산활동, 큰 홍수, 지진해일, 또는 대규모폭풍과 같은 집중위험에 노출되어 있을 뿐만 아니라 이러한 위험에 대한 보안 취약성이 크다.

집중질량계 [lumped mass shear system]

선박진동의 연구영역에서 프로펠러 기진력과 주기관 기진력에 의해 유발되는 선체진동과 축계진동에서 사용하는 해석법이다. 축계진동에서는 전달행렬법, 에너지법, 집중질량계 해석법, 유한요소법을 사용하여 정확하게 해석하고 있다.

집합주택 [collective house]

복수의 주택이 한 채의 건물 안에서 독립된 주생활을 영위할 수 있게 한 각각 한 동으로 나뉜 주택의 형식. 형식에는 독립, 연속, 공동, 주택이 있고, 높이에 따라 저층, 중층, 고층주택으로 분류되며, 통로형식에 따라 계단실형, 편복도형, 중복도형, 집중형, 스킵프플로어 형으로 나뉜다.

짙은 안개(농무) [dense fog]

짙은 안개를 말하는 것으로 시정거리가 200m 이하인 안개를 말한다. 그러나 해상의 경우에는 시정거리가 500m 이하일 때를 의미한다. 짙은 안개(농무)의 발생 원인으로는 해안 부근의 온난한 공기가 한류에 의한 찬바람으로 냉각되기 때문이다. 또는 연기가 많은 공장지대 및 먼지가 많은 대도시에는 도시무 또는 연무가 발생하기도 한다. 우리나라 동북 해안지방은 농무의 발생으로 해상 교통이 지장을 받는 경우가 많다. 해상의 농무는 항해에 지장을 주며 육상의 농무는 농업에 지장을, 그리고 대도시의 농무는 교통 장애를 초래하기도 한다.

짧은 기둥 [short column]

장주와 같이 좌굴로 단면이 결정되는 것이 아니고 압축력으로 결정되는 세장비가 작은 기둥을 가리킨다. 철근 콘크리트 기둥에서는 시어 스팬비가 작은 기둥을 말하며, 지진 시에 전단 파괴가 일어나기 쉬운 기둥을 그렇게 부른다. - 길이에 비해 단면이 크고 좌초의 위험 없는 압축재.

쯔라스 [shirasu/nonwelded pyroclastic flow deposits]

화산성 백색 사질 퇴적물의 뜻이다. 최근에는 대규모 화산 쇄설류 퇴적물의 용결 시에 이용된다. 좁게는 가고시마 주변에 한 차례 널리 분포하는 닛토(다고) 화산 쇄설류 퇴적물을 말한다. 닛토 화산 쇄설류는 약 2만 5,000년 전 가고시마 만오부 칼데라에서 확인된 것으로, 동쪽은 미야자키, 북쪽은 히토요시까지 도착해 가고시마 현 본토의 약 6할을 덮는다. 비고 100m 안팎의 광대한 쯔라스 대지를 형성했다. 백자는 경석과 화산재, 카타 등이 혼재하고 상당히 도태가 나쁘다. 보통 모래에 비해 현저히 다른 역학적 성 모양을 가지는 것부터 토질 역학에서는 특수토(特殊土)로 불린다. 하자 없는 상태의 백자는 자립성이 좋아, 높이가 수십 m의 급이 형성된다. 그 결과, 대지 연고 지역에 있어 벼랑이 무너지는 재해가 다발한다. 유명한 백자 재해이다. 제2차 세계대전 후에는 대규모 침식 재해가 많았지만, 최근에는 표토가 무너진 표층 미끄럼이 많아지고 소규모 군발의 경향이 있다. 또한 백자가 침식되고 다시 쌓은 물건을 2차 백자라고 한다.

ㅊ

차연 [smoke stop]

의도한 부위에 연기의 침입을 막는 것. 차연성은 차연의 성능이나 정도를 의미한다. 연기의 제어 설계는 차연 조건이 명시된다. 차연 조건은 연기의 침입을 불허하는 압력이다.

차염성 [integrity]

방화문, 셔터 등이 일정시간 화재에 견디고 화염의 관통을 방지하는 성능은 차염성이라고 부른다. 건물에서 파이프 샤프트, 에어컨용 덕트 등의 설비의 설치 부분과 벽이나 바닥의 줄눈에서 불꽃이 새지 않는 성능도 차염성이라 하며, ISO 834 등의 내화 시험에 의해 평가되고 있다. → 내화 성능 화학 시험.

착빙 [icing, ice accretion]

겨울철, 과냉각한 운립(雲粒)이 바람을 타고 산의 수목과 송전선(電線 着氷雪), 산정구조물(山頂構造物) 등에 충돌하면, 그 자리에서 동결하고 바람이 불어오는 측에 얼음이 성장한다. 이 현상 또는 얼음이 착빙(着氷)으로 알려졌다. 특히 수목에 내려 있는 것을 서리라고 한다. 착빙의 성장 속도는, 기온, 풍속, 운수량, 물체의 크기와 열전도도 등에 따라 달라진다. 이들 조건의 차이에 의해 형태, 성질이 다른 착빙이 형성되어, 그것은 수빙(樹氷, 희고 부드러운, 새우 꼬리 모양), 조빙(粗氷, 반투명), 우빙(雨氷, 투명하고 매끄러운 모양)의 3가지로 분류된다. 비행기 날개에도 착빙이 일어나지만, 그 대책은 완성되고 있다. 한편, 어선의 전복을 일으키는 선체 착빙은 해수 부딪쳐 선체에 부착, 동결하여 일어난다.

착빙설예측 [prediction of snow or ice accretion]

착빙의 속도는 주로 기온, 풍향(전선과 이루는 각도), 풍속, 구름의 수분량에 따라 정해지므로 이들의 기상 조건에 대해 알면 착빙시기를 미리 예측할 수 있다. 한편, 착설은 기온,

강설 강도, 풍향, 풍속, 및 지속 시간 등에 지배되므로, 이들 기상조건을 측정하면 착설 시기를 예측할 수 있다.

착설 [snow accretion]

눈이 물체에 부착하는 현상 또는 묻은 눈을 말한다. 눈은 온도가 0°C 갈수록 부착성이 더욱 더 눈이 물을 포함하고 있으며 물의 표면 장력에 의해 특히 부착하기 쉬워진다. 전선 착설은 송전선이나 배전선로 습설이 부착되는 현상으로 심할 때는 눈이 전선의 주위를 직경 10~20cm의 원통형에 부착하고 전선의 절단, 철탑 도괴를 일으킬 수 있다(전선 착수 눈). 열차 착설은 신칸센 등의 열차가 고속 주행 시 날아 오른 눈이 차체 하부에 부착함으로써 일어난다.

착설하중 [load of snow accretion]

송전선, 열차 및 교통 표지판 등에 부착한 눈의 무게를 착설 하중이라고 한다. 착설이란 강설편끼리 얽히거나 젖은 눈송이의 수분 작용으로 눈이 물체에 부착하는 현상을 말한다. 기온이나 강설의 상황이 착설에 적합하면 크게 발달할 수 있고, 표지판에 적힌 내용을 읽을 수 없게 되거나 그 무게에 의해 표지등이 손상되거나 송전선이 끊어지는 등의 사고를 일으킬 수 있다. 송전선에서는, 1m당 수 kg, 수백 m의 경간은 수 톤의 하중이 걸려 철탑이 붕괴된 사례가 있다.

착화성 실험 [ignitability test]

가연물 발화성을 측정하기 위한 시험. 건축 자재 등 가연물의 ISO의 점화 시험은 점화 시간 및 점화 온도를 다른 복사 가열 조건에서 측정할 수 있다.

참여적 개발 [participatory development]

절대빈곤층을 포함, 재산, 교육, 인종, 성 등의 차원에서 불이익에 처한 광범위한 현지주민 및 지역사회가 자신들에게 직접영향을 미칠 수 있는 개발 프로젝트의 설계, 집행, 평가 등의 제반과정에 자발적이고 적극적으로 관여하는 일종의 개발 분권화 전략이라 할 수 있다. 따라서 참여적 개발은 수혜자 참여(beneficiary participation)라는 개발 프로젝트와 직결된 협의의 개념으로부터 올바른 통치, 민주화, 인권존중 등을 포괄하는 광의의 개념까지 매우 다양하다고 할 수 있다.

채설기 [snow sampler]

적설의 깊이나 눈의 입도를 측정하기 위하여 적심 시료를 채취하는 기구를 말한다. 스노 샘플러라고도 하며 휴대하기에 편리하도록 지름 약 5cm, 길이 약 75cm의 크기로 만들었으며 선단에는 예리한 날이 붙어 있다.

처리장 [treatment plant]

환경으로 배출되기 전에 폐수를 처리하기 위해 만들어진 시설을 말한다. 처리, 저장 및 처리 시설은 유해 물질, 처리, 저장, 폐기 사이트. TSD 시설은 EPA의 규제 및 RCRA에서 명시된다. 수송된 오수 중의 오염 물질을 처리하고 방류처로 구성된 공용 수역 수질 오염을 방지하는 시설에서 물 처리와 진흙 처리로 구성된다. 하수의 성상이나 필요한 처리 수질에 보다 다양한 처리 방법이 채용된다. 옛날에는 침전 처리 법, 날개 물거르개 법 등도 채용되었지만, 대부분의 처리장에서는 표준 활성법이 채용되고 있다. 수질 개선 차원의 BOD, COD 등의 유기물을 대상으로 한 처리에서 인, 질소 등 영양 염류의 제거에 의한 부영양화 방지를 위한 처리 방식에 개선되고 있다. 한신·아와지 대지진에서는 액체화에 따른 구조물, 시설이 손상된 처리 기능이 정지하는 등 심각한 피해가 발생했다. 지진에 필요한 처리 수준에 따른 대책을 강구할 필요가 있다. 지진 시에 필요한 처리 수준에 따른 대책을 강구해야 처리 수준의 복구 순서로는 양수 등의 하수 배제 멸균에 의한 전염병 예방, 오수의 침전 방류를 선행하고 고급 처리, 슬러지 처리 후에 하는 것이 제안되어 있다.

천문조 [astronomical tide]

천체의 만유인력, 특히 달과 태양의 인력에 의해 해수면이 통상 하루에 두 번 주기적으로 상승, 하강하는 조석 현상이다. 천문조는 달 및 태양의 운행에 근거하여 몇 가지의 규칙적인 조석의 합으로서 생각할 수 있고, 각각의 규칙적인 조수를 분조라 하며, 주태음반일주조, 주태양반일주조, 일월합성일주조, 주태음일 주조의 네 가지의 영향이 가장 중요하다.

천발지진 [shallow earthquake]

지진이 발생하는 깊이, 즉 진원의 깊이에 따라 0~70km의 천발지진, 70~300km의 중발지진, 300km 이상의 심발지진으로 구분한다. 천발지진은 지표에서 가까운 곳에서 발생하는 지진으로, 지하 70km 미만의 지역에서 발생한 지진만을 말한다. 중발지진과 심발지진은 일부 한정된 지역에서만 나타나고 천발지진은 지구조적인 지역 모두에서 나타난다.

천수변형 [wave shoaling]

수심의 변화에 따른 파의 파고변화를 말한다. 파에너지의 전달속도는 수심에 따라 변하며 얕을수록 작게 된다. 파에너지와 군(群)속도가 곱해진 에너지유속은 일정하기 때문에 수심이 얕아 군속도가 작아지면 파에너지는 크게 된다. 츠나미 등이 연안에 도달하면서 거대한 파도를 형성하는 것은 에너지유속의 원리에 근거한 천수변형에 의한 것이다.

천정천 [raised bed river]

홍수로 인해 하천 바닥에 흙이 퇴적되고 범람하는 것을 막기 위해 인공제방을 쌓고, 이런 과정을 반복한 결과 하천 바닥이 주변의 땅보다 높아진 하천을 의미한다. 이러한 인공제방은 바깥쪽으로 범람할 수 없도록 만들어서 하천 바닥을 높이는 결과를 초래한다.

철골건물 [steel building structure]

구조물의 골자를 이루는 강재 및 각종 형강을 볼트 및 용접 등의 접합 방식을 사용하거나 형강을 사용하여 구성하는 구조물을 말한다.

철근관입보강토공법 [reinforced earth method by steel bar installation]

일반적으로 1~10m 정도의 철근을 산지나 절토법면에 관입하여 사면을 보강하는 공법이며, 사면붕괴를 막기 위해 이용된다.

철근콘크리트 [reinforced concrete]

철근 콘크리트는 철근으로 보강된 콘크리트로서 인장, 진동, 충격에 대한 저항을 증대시킨 것이다. 인성의 철근으로 보강함으로써 취성 재료인 콘크리트의 인장에 약한 성질이 보상된다. 철근은 주로 인장을 담당하는 외에 콘크리트를 구속하여 압축 강도를 향상시키는 역할을 한다.

철도 내한성 대책 [measures of railways against snow damage]

겨울철 철도차량이 운행에서 추위와 동파에 의한 눈제와 사고 발생을 대비하기 위한 대책을 말한다. 눈사태, 적설, 고드름 등 빙설현상 대비와 철도 구조물에 쌓인 눈의 하중에 의한 파손 등을 막아 정상적 철도운행을 하는 데 목적이 있다.

철도 시스템 피해추정 [damage estimation of railway systems]

철도 시스템이 지진, 태풍, 홍수, 가뭄, 해일, 화재 등이나 뜻밖에 일어난 재앙과 고난에 의해 직·간접적으로 입은 피해의 수준을 평가하는 것을 말한다.

첩수로 [cut-off]

하천 유로의 굴곡이 심한 부분을 단락하여 홍수의 소통을 좋게 하기 위해 파낸 수로를 말한다.

초고층 건물 [super high-rise buildings]

높이 200m 이상 또는 50층 이상 건물을 말하며 피난안전구역을 지정하여 지상으로 통하는 대피로를 확보해야 한다. 서울시는 전망 측, 피난안전구역, 방제대책, 피난용승강기, 소화설비 등을 건축위원회 심의기준에 따라 설치해야 한다.

초과홍수 [excessive flood]

일반적으로 치수계획에서는 유역의 자연조건이나 유역 및 범람원의 사회경제조건 등을 고려하여 기본고수유량이나 계획고수유량이 결정되며, 이것에 기초하여 댐 등의 홍수조절시설이나 제방 등의 하천관리시설이 계획, 설계, 시공된다. 이 계획을 넘는 유량이나 수위가 되는 홍수를 초과홍수라고 하며, 이것이 발생한 경우 인명의 안전 확보와 피해의 최소화를 도모하는 것이 중요하다. 또한 계획된 치수정비가 달성되기 위해서는 장기간을 요하기 때문에 정비도상의 단계에서도 정비수준을 넘는 홍수에 의한 피해를 최소화하는 대책도 중요하다.

초과확률 [exceedance probability]

수문학이나 하천 공학의 분야에서 일반적으로 확률이라고 하는 개념은 확률변수인 수문량에서 특정값 이상의 값이 생길 확률이 얼마인가를 나타내는 것으로서 이것을 초과확률이라고 한다. 일반적인 의미로는 설정한 한계를 넘어서 어떤 사상이 발생하는 확률이다.

초기소화 [initial fire fighting activities]

화재는 발화한 뒤 연소가 점차 확대하게 되면 결국 소화를 위해 많은 노력이 필요하다. 초기소화란 이 확대가 진행되지 않는 시기에 행하는 활동으로 초기소화란 소방대가 도착할 때까지 화재의 초기단계에서 현장 또는 인근에 있던 사람들이 소화기나 가정용 생활용수를 이용하여 행하는 소화활동이다. 화재시작은 1~2분이 중요하다. 또한 화재 발생 시 혼자서 해보려고 하지 말고 큰소리로 가까이 있는 사람에게 협력을 요구한 다음에 소방서에 통보하거나 소화활동을 분담할 수 있다. 그러나 초기 소화활동도 자신의 안전을 확보하는 것이 전제조건이다. 초기소화의 한계를 이해하고 피난시간을 놓치지 말아야 한다. 피난대피 시에는 연소방지를 위해 문을 닫고 피난한다.

초기소화조치율 [initial fire fighting rate]

화재의 초기단계에서 부근에 있던 거주자 및 직원 등에 의해 소화되는 비율을 말한다.

초대형 폭풍 [super cell storm]

열대 해상에서 발생하는 대류권 내 저기압성 순환풍으로 열대저기압(Tropical Cyclone)을 의미하며 크기가 풍속 15m/s 이상의 반경이 800km 이상이 되는 경우 초대형으로 분류하며 이를 초대형 폭풍이라 총칭한다.

초동체제 [Incident Command System]

재난이 발생하였을 때 최초로 행하여지는 현장을 중심으로 행하는 대처 활동을 말한다.

최근의 재난 양상은 사회의 급속한 발달에 따라 광역화되어가고 있으며, 규모도 점차 커지고 있기 때문에 이러한 재난에 대응하는 대처방식을 기동화, 조직화, 신속화하여 재난 피해를 줄이고자 하는 것이다.

초등재난교육 [disaster education at elementary]

각종 재난에 대한 가장 기초적인 지식과 사전예방 등을 가르치는 교육을 목적으로 자연재해와 생활안전의 종류, 지진, 태풍, 홍수, 황사 등 자연재해 발생 시 행동요령 등 교육(초등교육이 이루어지는 장소에서 발생하는 재난에 대한 대비, 대처, 행동 교육도 포함). 가장 기초적인 재난 사례 교육(생활안전상식과 일상생활 안전사고 사례)을 말한다.

총용적률 [capacity ratio/total floor area ratio]

대상으로 하는 지역에서의 도로 등 공공 용지도 포함하는 총토지 면적에 대한 총연 바닥 면적의 비율. 토지 면적을 부지 면적으로 하는 경우에는 순용적률, 토지 면적에 부지 면적 외에 주변의 도로, 공공 빈터 등을 더한 경우에는 총 용적률이라고 하여 구별한다.

최대 가속도 [peak acceleration]

지반 진동 또는 구조물 응답의 가속도 시각이력에서의 최대치(최대진폭)를 나타내며, 단위는 gal(cm/s^2) 또는 중력정수 g(980.665gal)를 사용한다. 지반진동에서는 오랫동안 내진설계 시 표준지진동으로 사용한 EL-CENTRO 지진(1940)에서는 330gal을 나타내었으나, 현재는 2g 정도의 지진도 관측되고 있다. 구조물의 응답에서는 단주기계에서는 3배 정도까지 증폭하나, 장주기계에서는 저감한다.

최대 순간 풍속 [maximum instantaneous wind speed/peak gust]

순간적으로 잠깐 동안 강하게 나타난 풍속을 말하며 일반적으로 순간풍속 관측은 현재 에어로벤 풍속계를 사용한다.

최대 적설 상당 수량 [maximum water equivalent of snow cover]

적설의 물당량의 최댓값이다. 최대 적설 상당 수량은 채설기를 이용해서 측정하며 채설기로 채설된 적설은 스프링 저울로 무게를 측정하여 물당량을 얻는다.

최대 지하 동결선 [maximum frost depth]

흙속의 온도가 0°C 이하로 저하하여 흙이 동결하는 층과 동결하지 않는 층의 최대 경계선을 말한다. 어느 깊이 이하에서는 흙 속의 온도가 높기 때문에 동결하지 않는다.

최대이동거리 [maximum travel distance]

물체가 최대로 실제로 움직인 거리를 말한다.

최대치 제곱근 지수분포 [square-root exponential-type distribution of maximum]

연 최대치 단일 호우의 양을 적용한 분포를 말한다. 이 분포는 이론상으로 유도되었고 기존의 분포들보다 간단하다. 이 분포는 두 개의 모수를 가지고 따라서 세 개 또는 그 이상의 모수들을 가진 분포들보다 더 안정되게 평가된다. 게다가 기존의 3-모수를 가지는 분포들보다 전반적으로 24시간 강우와 단일호우의 연 최대치 빈도분포의 적합성이 우수하다.

최심적설 [maximum depth of snow cover]

일반적으로 적설판을 사용하여 판의 면과 지면이 같아지도록 수평하게 설치해두고, 그 위에 쌓인 눈의 깊이를 자로 측정하여 cm 단위로 표시한다. 최심적설은 언제 내린 눈이든 00~24시 중 실제 지표면에 쌓인 눈의 최대 깊이를 말한다.

최우도법 [method of maximum likelihood]

관측된 표본에 기초하여 관측 불가능한 파라미터를 사각 회정 방식에 의하여 요인 추정하는 방법이다.

추가 상수도 [additional water supply]

보건위생 및 소화(消火)가 주요 목적인 계통적인 급수설비로 일반적으로 수도라고 하면 상수도를 가리키나, 하수나 공업용 수도와 구별할 때는 상수도라고 하며 이를 추가적으로 확보한다.

추락 [falling]

사람이 사다리, 계단, 사면, 건물, 기계, 나무 등에서 떨어지는 것을 의미한다. 추락이 일어나는 이유는 매일 위험한 곳이 변하거나 난간이 설치되지 않는 장소, 작업하는 사람의 해이한 안전의식, 방호설비의 불량이나 설비가 되지 않을 경우 추락이 발생할 수 있다.

추정파쇄대 [inferred fault/assumed fault]

지반에 지질구조 등이 존재하는 것으로 추정되어지나 존재가 불확실한 단층을 말한다.

충격쇄파압 [impulsive breaking wave pressure]

입사파랑이 직립제 전면에서 쇄파하기 시작하여 파 전면부의 연직 파면이 벽면에 부딪칠 때 이상고압이 발생하게 되는데 이를 충격쇄파압이라고 한다. 파압의 작용시간은 매우 짧지만 이동운동량을 잃고 에너지로 변환되어 정수압의 수~수십 배의 쇄파압이 발생하기도 한다. 특히 쇄파대에 구조물을 설계하는 경우에 큰 문제가 된다. 방파제 등 해안구조물 설계 시에는 충격쇄파압이 발생하지 않도록 충격쇄파압 발생조건을 피할 수 있도록 계획해야 하지만, 기왕의 충격쇄파압이 작용하는 경우는 다음의 대책공법을 사용할 수 있다. ① 직립벽 전면에 소파블록으로 피복하여 파력완화, ② 사석부가 높은 경우는 필히 소파블록으로 피복, ③ 직립부는 소파케이슨, 사면케이슨 등 이형케이슨 설치, ④ 방파제의 법선을 파향과 경사지게 배치.

충실률 [solidity ratio]

풍압력이 작용하는 벽 등의 면적에 대한 건축 빼대와 같은 부재가 포함하는 비율을 말한다. 밀폐율, 밀폐도라고도 한다. 충실율 100%는 블록 널판장과 같은 것이고, 차풍재가 없는 경우를 0%로 한다. 충실률이 증가하면 감풍 효과도 커진다.

충적층 [alluvium]

퇴적층의 한 종류로 주로 유수의 작용으로 형성된 하천의 쇄설성 퇴적층을 의미한다.

취성적 파괴 [brittle failure]

재료가 외력에 의해 거의 소성 변형을 돈반하지 않고 물질이 탄성의 영역 내에서 변형을 받아 균열 혹은 파괴 되는 현상을 말한다. 파괴점에서 응력 조건들을 취성강도의 응력지시자라고 하는데, 이에는 전단 응력, 정압, 암석의 성분 및 온도 등이 포함된다.

취수제한 [intake control]

갈수 시에 관리자의 조정 등에 기초하여 하천수, 지하수 등의 수원으로부터 각종용수로서 취수량을 감소시키는 것을 말한다. 취수량을 기초로 제한량을 결정할 때와 수리권을 기초로 제한량을 결정할 때로 구분할 수 있다. 수원 개발의 상태, 실적, 수리권의 부여상황 등을 기본으로 갈수조정 협의회 등에서 2가지 방법 중에서 선택을 하고 사회생활이나 도시기능에 급격한 영향을 미치는 일이 없도록 관리자가 합의방법을 거쳐 취수량을 제한하는 것이 일반적이다.

취약도 곡선 [fragility curve]

구조물의 피해를 지반가속도에 따른 확률로 나타낸 것으로, 이를 이용하여 손상 확률을 추정할 수 있다.

취약성 [vulnerability]

조직, 시스템 또는 재산의 특성 및 상황으로서 위험의 손실영향에 대한 민감도를 말한다. 수많은 양상의 취약성이 있으며, 다양한 물리적, 사회적, 경제적, 환경적 요인에 의해 발생한다. 예로서 부실한 건물 설계 및 구조, 불충분한 재산 보호장치, 공공정보 및 인식 부족, 위험도 및 대비대책에 대한 공무원 인식의 한계, 현명한 환경관리 소홀 등이 있다. 취약성은 하나의 조직 안에서 시간이 흐르면서 두드러지게 변화한다. 이 정의에 의하면 이해요소(조직, 시스템, 또는 재산)의 노출은 제외한 이해요소의 특성만으로 취약성을 판단한다. 그러나 통상적으로 취약성은 위험요소의 노출을 포함하는 광범위한 의미로 사용된다.

츠나미 처오름 [run-up of tsunami]

지진해일이 해안을 강타했을 때 일어나는 해수면의 높이. 해수의 깊이 해저의 단면, 해안선의 형태에 영향을 받기 때문에 해안선의 지점마다 처오름(run-up)이 다르게 나타난다.

측면분화 [Lateral eruption]

화산체의 측면 부분에서 분출이 일어나는 현상을 말한다. 대체로 중심분출보다는 소규모의 분출이 일어나고, 또 중심분출로 형성된 주화산체 산록 부분에서 일어나며 기생화산을 형성하는 경우가 많다. 우리나라의 경우 제주도의 한라산 산록에서 측 분출에 의해서 형성된 다수의 기생화산을 관찰할 수가 있다.

측방침식 [Lateral erosion]

하천의 침식에서 양쪽측면을 깎는 현상으로, 측침식(側浸蝕)·측각작용(側刻作用)이라고도 한다. 하천이 장년기에는 지반이 안정되어 평형상태에 도달하게 되면, 하방 침식보다 양쪽 측면을 깎아서 하곡을 좌우로 측방침식이 우세해진다. 즉, 곡폭을 넓혀서 범람원을 만들고 하천은 그 범람원 속을 자유곡류한다. 특히 곡류의 공격사면에서는 특히 측방침식이 활발하여 강이 운반하는 자갈·모래가 매개가 되어 하안을 강한 힘으로 침식한다.

측방화산 [lateral volcano, adventive volcano]

큰 규모의 화산체인 성층화산이나 순상화산 등의 산복 또는 산록에서 생신 화구에서 분출된 물질로, 발달한 소형 화산체로 주 분화구의 활동이 끝난 뒤 마그마가 약한 지반을 통해 분출되어 생성된 것으로 기생화산이라고도 불리고 있다.

층류 [Laminar Flow]

층흐름이라고도 하며, 수평방향으로 유지하는 평균화된 균일의 흐름을 층류라고 한다. 난류는 그 반대이다. 층류는 유체의 가장자리가 매우 평탄하고 유속이 느리며 분자적점성이 상당히 클 때만 발생한다. 예를 들면 가는 파이프에 물을 흘릴 경우, 잉크를 넣어 흐름의 상태를 관측하면 유속에 따라 레이놀즈 수가 작을 때는 잉크의 흐름이 직선으로 나타나고, 물의 각 부분이 파이프 벽에 평행으로 움직이며 서로 섞이지 않음을 알 수 있다. 이러한 흐름이 층류이다. 또 담배를 피우면 담배에서 발생한 연기는 처음에는 거의 일자로 올라가다가 어느 정도 지나면 흐트러진 모습으로 퍼진다. 처음 상태를 층류라고 하고 나중 상태를 난류라고 한다.

층류화염 [Laminar Flame]

화염지대 부근의 흐름이 층류이며, 물질이나 열의 수송현상이 분자 확산에 의해 행해지는 화염의 일. 연소 전의 연료와 공기의 혼합 방식에 의해, 층류 예 혼합 화염과 층류 확산 화염의 2종류가 있다.

층리 [bedding/stratification]

퇴적암에서 나타나는 광물의 조성, 입자의 모양과 크기에 따라 만들어지는 층 모양의 배열. 용암에서 볼 수 있는 층상배열은 층리라고 하지 않는다.

층밀림선 [shear line]

수평바람의 선(線)에 평행한 성분이 급변하는 선, 또는 대상역(帶狀域)을 말한다. 즉, 수평바람의 층밀리기가 최대인 선을 가리킨다.

층진 [classquake]

지구 인구의 절반에 해당한다고 추정되는 도시빈민들이 사는 집들은 유독 지진에 약하다. 그래서 이러한 특정 계층에 대해서 유독 지진 피해가 극심하게 나타나게 되는 현상을 말한다.

치내림바람 [fall wind]

산에서 밑으로 내려 부는 강한 바람으로서 활강바람의 일종을 말한다. 치내리바람은 그 기온의 특징에 따라 푄형과 보라형으로 구별할 수 있으나, 주로 보라형의 바람을 말한다. 치내리바람은 원래 찬 공기 때문에 산의 경사면을 불어 내려서 단열 승온되어도 차게 느껴지는 것이 특징이다.

친수성 방파제 [amenity-oriented breakwater]

기존 방파제 목적인 파랑의 침입으로부터 항만을 보호하는 기능에서 탈피하여 방파제에 사람들이 접근하기 쉽고 휴식을 취할 수 있는 공공의 기능을 접목한 다목적 기능의 방파제를 의미한다.

침강 [subsidence]

주변보다 높아지는 현상인 융기와 반대로 상대적으로 땅덩어리가 주변보다 낮아지는 일을 침강이라고 한다. 해수의 경우에 있어서는 연안에서 지형 효과나 바람에 의하여 해수의 수렴이 있을 때 얕은 수심에서 깊은 수심으로 가라앉는 일련의 과정을 말한다. 또한 지하에 있는 물질의 용해나 압축, 지각의 휘어짐, 지하수와 같은 유체의 추출 등에 의해 수평적 움직임 없이 지하로 가라앉거나 서서히 가라앉는 현상이다.

침수흔적도 [past inundation area map]

풍수해로 인한 침수 기록을 표시한 도면으로 기후변화로 인한 침수피해 빈발로 각종 행정계획과 개발사업, 재해예방사업 등을 추진할 때 침수흔적도를 활용하도록 '자연재해대책법'에서 의무화하고 있다.

침식 [erosion]

물, 바람, 눈, 등으로 인해 지표의 암반이 깎이고 물이 빠르게 흐르거나 경사가 급한 곳에서는 흙이 많이 깎이는 현상이 일어나는데 이를 침식이라 한다. 침식 작용은 물질의 이동은 포함하지만 이동이 없는 정적인 물질의 이동은 포함하지 않는다. 다양한 침식 중에서 가장 중요한 침식은 유수에 의한 침식이다. 침식은 물이 평지를 흐르는 경우에도 바깥쪽의 흐름이 빠르기 때문에 침식이 발생하고 퇴적암의 경우에도 암석의 침식으로 인해 발생한 현상이다.

침식 및 홍수 통제 긴급조치법 [erosion and flood control emergency measures law]

침식 및 홍수 통제 긴급조치법률이란 긴급 상황이 벌어졌을 때 연안침식과 홍수를 막기 위해 연인관리법과 하천법에 제정된 긴급 대응조치 법률을 말한다.

하천법 제41조(홍수조절을 위한 조치)

① 댐 등의 설치자는 홍수에 대비하여 댐의 저수를 방류하려는 때에는 대통령령으로 정하는 바에 따라 국토교통부장관의 승인을 얻어야 한다.

② 하천관리청은 홍수로 인한 재해의 발생을 방지하거나 줄이기 위하여 긴급한 조치가 필요한 때에는 그 수계에 관한 하천의 상황을 종합적으로 고려하여 댐 등의 설치자에 대하여 필요한 조치를 명할 수 있다. 다만, 국토교통부장관은 미리 하천관리청인 시 · 도지사와 협의한 경우에는 시 · 도지사가 할 조치명령을 직접할 수 있다.

③ 국토교통부장관 또는 하천관리청은 제2항에 따른 조치명령을 한 때에는 그 내용을 「재난 및 안전 관리기본법」에 따른 중앙재난안전대책본부장에게 통지하여야 한다.

침식 방지 및 홍수 통제 [erosion control and flood control]

침식 방지는 침식을 방지하기 위하여 사용되는 테라스, 댐, 유수지, 방지장치 등의 인공구조물, 또는 식생에 의한 지표면의 가속 침식 방지하는 활동이다. 토양 침식을 막는 행위로 지표 피복, 유거수량 감소, 유거수 속도 감소 등의 방식으로 이루어진다. 홍수 시에 홍수 피해를 막기 위하여 상류나 하류에 있는 댐의 수문을 조절하여 강물의 수위를 조정하는 것을 홍수통제라고 한다.

침식 해안 [eroded coast]

해안선이 육지를 향해 이동하고 모래와 자갈이 바람이나 파도로 인해 씻겨나가 해안이 후퇴하는 현상을 의미한다. 침식 해안은 어느 한 지점의 공급되는 양보다 유실되는 양이 더 많은 경우 일어난다. 이러한 침식 해안을 막기 위해 인접 해안에 해안 구조물을 설치하거나 여러 가지 사전 조사를 통해 가장 적합한 공법을 찾고 선택할 필요가 있다.

침전물 범람 [sediment flooding]

도로, 택지, 농지 등에 외부에서 토사가 다량 유입하고 범람·퇴적하는 현상. 외부에서 토사가 유입되는 원인으로는, ① 파제 범람 : 제방 붕괴로 일어난 토사만 아니라 수로 내의 유송 토사가 침식에 따른 생산된 토사가 제내지에 범람·퇴적하는 경우, ② 절벽이 무너진 것 : 폭우와 지진에 의한 뒷산 비탈이나 낭떠러지가 무너지고 토사가 범람·퇴적하는 경우, ③ 토석류 : 토석류나 토사류의 유하에 의한 하천과 하천의 토사가 퇴적돼 바닥이 상승하거나 바닥에 토사가 퇴적하지 않는 경우에도 허용 능력을 넘는 규모의 토석류나 토사류의 유하에 의해 장소를 무너지게 하고 토사가 범람·퇴적하는 경우, ④ 제방의 홍수 때에 제방을 범람 물에 의한 부유 모래나 미세 부유사 등의 미세 토사가 범람·퇴적하는 경우 등이 있다.

침착된 침전물 [deposited sediment]

액체 속에 함유되어 있는 불순물 등이 바닥에 가라앉은 것으로, 수질오염의 원인이 된다, 수질오염을 통한 2차 피해 예방대책 요구된다.

침투시설 [percolation facility]

우수의 직접 유출량을 감소시키기 위하여 지반으로 침투를 용이하게 고안된 시설을 지칭하며, 대부분 해당지역에서 발생한 우수유출량을 해당지역에서 침투시킬 수 있도록 설치한다. 침투시설에는 침투통, 침투측구, 침투트렌치, 투수성포장, 투수성보도블럭 등이 있다.

ㅋ

카르만 소용돌이 [Karman vortex]

유체 속에 놓인 기둥모양의 장애물 하류 쪽에 소용돌이의 줄이 생기는 현상을 말한다. 대기 중에서는 강한 역전층이 존재하는 곳에 하층바람이 고립된 산을 불어 돌아갈 때 보통 100km 정도의 카르만 소용돌이가 발생한다. 우리나라에서는 겨울철 제주도 남쪽에서 종종 카르만 소용돌이를 볼 수 있다.

칼데라 [caldera]

화산이 폭발할 때 기존의 산체를 폭파시키거나 분출 말기에 대규모 함몰에 의해 생긴 거대한 분지 또는 요지(凹地)로서 다소 원형에 가깝다. 직경이 화구보다 훨씬 크며, 보통 2km 이상에 이른다. 최조로 칼데라가 연구된 카나리아 제도의 지명에 의한다.

칼데라 호 [caldera lake]

칼데라에 물이 고여 만들어진 호수를 말하며, 백두산의 천지가 하나의 예이다.

커스프 [cusp]

자연 해안, 특히 결궤성 해안에 있어서는 해안선이 호상의 출입을 하는 수가 많다 이와 같은 호상 해안선을 칭한다.

컴팩트 시티 [compact city]

도시 중심부에 주거·상업 시설을 밀집시켜 시민이 교통수단을 이용하지 않고 걸어 다니며 생활할 수 있게 한 도시 모델이다. 압축 도시라고도 한다. 도심에서 주거·사무·쇼핑·문화시설을 모두 해결할 수 있는 것이 특징으로, 도심 외곽에 자족 기능 없는 베드타운(Bed Town : 도심 지역으로 일하러 나갔던 사람들이 밤이 되면 잠자기 위해 돌아오는 주택 지역을 말함)을 양산하는 것에 비해 도심 본래 기능을 최대한 살리는 것에 중점을 두고 있다. 인구 감소 시대에 대비한 도시 모델로 주목받고 있다.

컷세트 [cut set]

일반적으로는 정상사상을 발생시키는 기본사상의 집합을 말한다. 최소 컷세트(Minimal cut set)는 정상사상을 발생시키는 기본사상의 최소집합을 말한다. 특히 상수관망에서는 상수관망의 절점(node)에 용수공급을 중단시킬 수 있는 최소한의 단위(subsystem)이다.

콘크리트 블록 [concrete block]

콘크리트를 틀에 넣어 성형한 것으로, 모르타르를 이용해 겹쳐 쌓아서 벽을 만든다. 공동(公胴) 내에 철근과 콘크리트를 넣고 보강해서 사용하는 것이 많다. 구조에 따라 보강콘크리트블록, 거푸집콘크리트블록, 벽붙임 콘크리트로 분류된다.

쿠로시오 [Kuroshio]

일본해류라고도 알려져 있으며, 북태평양환류의 일부분으로서 대표적인 서안경계류이다. 쿠로시오해류는 필리핀으로부터 일본의 동해안까지 북동쪽으로 흐른다. 이 해류는 대만과 Ryukyu islands 해협의 동쪽으로 흐르며, 대한해협을 통과하는 대마난류라는 지류를 갖는다. 쿠로시오해류는 북위 약 35°에서 찬 오야시오해류의 영향을 받아 동쪽으로 방향을 바꾼다. 방향을 바꾼 해류는 북태평양해류로서 동쪽으로 흐르며 하와이에 도착해서는 사라지게 된다. 쿠로시오해류는 일반 해수보다 훨씬 검푸른 색을 띠며, 유속은 50~300cm/sec이다. 그리고 약 20°C의 고온과 34.5‰의 고염분을 가지고 있으며, 폭이 약 200km, 깊이는 700m에 달한다.

크러시 존 [crush zone]

사고 등으로 자동차가 충돌했을 때 찌그러지면서 그 변형에 따라 운동에너지를 흡수하여 승객의 충격을 완화하는 부분(존)을 말한다.

크러시 증후군 [crush syndrome]

사고 등으로 신체의 일부가 무거운 물체에 깔려 있다가 갑자기 압박에서 풀려났을 때 급사하는 현상을 말한다.

크리프 [creep]

물체가 일정한 변형력 아래서 시간의 흐름에 따라 천천히 변형하여 가는 현상을 말한다.

크리프형 산사태 [creep type landslide]

호우, 지진, 화산에 의해 산의 일부를 이루고 있는 암석이나 토양이 붕괴되는 현상이 크리프형으로 나타나는 것을 말한다. 여기서 크리프형이란 물체에 외력이 작용할 때 일정 응력에 대해서 변형이 시간과 함께 증대해가는 현상이다.

크립토돔 [cryptodome]

마그마가 화산체의 지표 가까이 관입한 암체로서 주변의 암석이나 토양층을 돔 형태로 부풀게 한다.

E

타원형 진동 [ovalling oscillation]

쿨링 타워, 사일로 등의 얇은 원통형 횡단면 내에서 동적 변형하는 진동을 말한다. 원통 반류에 주기적으로 방출되는 칼만 소용돌이가 원인 중에 하나이며, 칼만 소용돌이는 유체 중에서 기둥 모양의 물체를 적당한 속도로 움직이면 물체의 좌우 양측에서 교대로 반대 방향의 소용돌이가 발생하는 현상이다. 칼만 소용돌이 발생 주파수 또는 그 고조파와 기둥 내 변형 진동 모드의 고유 진동수가 일치한 경우에 큰 진동을 발생시킨다.

탁도 [turbidity]

수중에 있는 부유물질 등에 의해 물이 탁한 정도를 말하며, 물을 탁하게 하는 주된 원인은 토양입자, 도시하수, 산업폐수의 부유물질 등이 있다. 탁도 성분에는 아주 미세한 물질에서 상대적으로 큰 입자까지 다양하게 분포되어 있다. 탁도의 측정은 탁도가 높은 물을 측정하는 고령토나 탁도가 낮은 물을 측정하는 포르마딘 고분자가 사용된다.

탄성 [elasticity]

외력에 의해 변형이 발생한 물체가 외력을 제거하면 본래의 모양으로 되돌아오는 성질을 의미하며, 고무나 스프링 등에서 쉽게 관찰할 수 있다.

탄성 지진응답 [elastic earthquake response]

지진동을 받는 구조물의 탄성영역에서의 응답을 말한다. 구조물은 기둥, 보, 벽, 등의 구조부재로 구성되어 있다.

탄성 한계 [elastic limit]

탄성한도(彈性限度)라고도 한다. 물체에 외부의 힘을 가하면 물체가 변형되고, 어느 정도까지 외부의 힘을 가한 뒤 그 힘을 없애면 물체는 본래의 형태를 다시 회복한다. 예를 들어 스프링과 고무는 늘리면 늘어나지만, 힘을 더 이상 가하지 않으면 본래의 길이로 되돌아간다. 이와 같이 본래의 형태로 되돌아가려는 성질(반발력)을 탄성(탄력성)이라 하고, 이와 같은 변형을 탄성변형이라고 한다.

탄성반발설 [elastic rebound theory]

외부로부터 힘(응력)이 가해졌을 때, 암석은 탄성적으로 거동하며, 탄성한계에 도달하기까지 응력이 축적되어 내부에 에너지가 저장된다. 이를 탄성변형에너지(elastic strain energy)라고 하며, 이 에너지가 한계점에 도달하면 취성파괴(단층)가 일어난다. 이때 축적된 에너지는 지진파(지진)로 발산되며, 암석은 새로운 위치로 튕기면서 원래의 상태로 돌아온다. 이와 같은 방식으로 지진의 원인을 해석한 학설이 탄성반발설이다.

탄성파 [elastic wave]

탄성체 내에서 전파되는 파이다. 진동방향과 전파방향이 평행한 p파, 수직인 s파가 있다. 또한 자유표면을 가지는 탄성체에서는 표면을 따라 전파하는 표면파가 있다.

탄성파기록 [seismogram]

한 음원으로부터 지표 또는 지하 지층을 전파하여 수진기에 도달되는 탄성파 에너지를 시간의 함수로 기록한 것이다. 진동기록, 진동도라고도 한다.

탄소성 지진응답 [elasto-plastic earthquake response, 彈塑性 地震應答]

지진동을 받는 구조물의 탄소성영역에서의 응답이다. 탄성지진응답과 대비해서 구조부재가 탄성 범위를 넘어선 비선형영역에서 진동을 받으며, 부재의 비선형성은 구조물의 균열, 손상 등으로 이어진다.

탄소잔사 [residual char]

식물, 동물, 합성섬유, 합성수지를 원료로 한 가연물을 가열하면 분해하여 수소, 산소, 질소 등 기체로 날아가고 마지막으로 탄소를 주성분으로 하는 물질이 남는다. 이 잔사를 탄소잔사라고 한다.

탈염 [desalting]

일반적으로 순수(純水)를 얻을 목적으로의 탈염, 예를 들면 해수의 담수화 등을 말한다. 여기에는 역삼투, 이온교환, 증류 등의 방법이 있다. 물질이 염류와 같은 정도의 분자량이 있는 저분자의 경우에는 탈염방법도 여러 가지가 있다. 예를 들면 전하가 없는 물질의 경우, 이온교환수지에 의해 염류만을 선택적으로 흡착시킨다. 하전물질의 경우에도 이온교환체에 흡착시킨 후, 휘발성 염용액으로 용출하여 동결건조로 탈염한다. 생체물질만을 선택적으로 흡착하는 활성탄법도 유효인경우가 많다. 물질이 분자량 수천 이상인 고분자의 경우는 염류와의 분자크기 차이를 이용하는 여러 가지 방법, 즉 겔여과, 한외여과, 투석 등으로 쉽게 탈염을 할 수 있다.

탈진 증후군 [burn out syndrome]

번아웃 증후군이라고 불리는 신조어인 탈진 증후군은 하나의 일에 지나치게 집중하게 되면 어느 순간 무기력해지고 업무에 적응하지 못하며 이는 일이 생각대로 되지 않거나 육체적, 정신적으로 힘들 때 발생한다. 탈진 증후군은 스트레스를 극도로 많이 받는 직업일수록 보통 직업에 비해 보다 높은 확률로 빠지게 될 수 있다.

탈출속도 [escape speed]

탈출 속도는 주어진 중력장과 위치로부터 별다른 추진 없이 중력을 벗어날 수 있는 최소속도를 의미한다.

탈출시간 [escape time]

재난이나 화재 발생 시 현장에서의 탈출 하여 안전을 확보 할 수 있는 시간을 말한다.

태풍위원회 [typhoon committee]

태풍에 의한 재해 방지를 목적으로 설치된 기관 약어가 TC. 유엔 아시아 태평양 경제 사회위원회(약칭 ESCAP)의 지역 협력 프로젝트로 1968년에 설치되었다. 회원국은 캄보디아, 중국, 조선민주주의 인민공화국, 홍콩, 일본, 라오스, 마카오, 말레이시아, 필리핀, 한국, 태국, 미국, 베트남에서 본부는 태국 방콕이다. 기상 분야에서는 각국의 기상기구에 의한 정보 교환, 시설 개선, 태풍 관측이고, 수문 분야에서는 주요 하천에 홍수 예보, 경보 시스템의 설립을 실시하고 있고 방재 분야에서는 방재 세미나 개최, 정보, 교환을 실시하고 있다.

택지분양/택지축소 [contribution/reduction of housing lot]

집단적으로 조성한 택지의 각 구획을 개개의 구입자에게 분양, 매각하는 것을 말한다.

터널 [tunnel]

지하 또는 해저에 건설되는 내공 단면 $2m^2$ 이상의 연속 공간을 말한다. 건설 공법에 의해 산악 터널 공법, 쉴드 터널 공법, 개착 터널 공법, 침매 터널 공법 추진 공법이 있다. 상시에는 화재에 대한 방재 대책이 필요하다. 내진설계법으로는 관성력의 영향이 낮고, 지반과 거의 유사하게 변형한다고 가정 한 변위법이 사용되고 있다. 효고 현 남부 지진 시에는 지하철 기둥이 지반의 강제 변형에 견디지 못하고 무너졌다. 변형 성능의 관련 항목이 필요하다. 또한 단층면을 횡단하는 경우에는 특별한 주의가 필요하다.

터널 화재 [tunnel fire]

철도 터널이나 자동차 터널은 통과하는 차량과 적재 가연물 또는 터널의 케이블 류 등의 고정 설비가 가연물이 되는 화재가 발생하는 것. 터널 공간의 장대화, 통과 교통의 대중 교통화·고속화에 따라 일단 화재가 발생하는 것으로 터널에 열기가 가득 차기 쉽고, 또 소방대의 활동도 화재의 책임 진입로가 길어지는 등 어려움이 따르기 때문에 큰 손상을 일으킬 위험이 높다. 대표적인 터널 화재로 일본에서는 1974년의 호쿠리쿠 터널 화재(사망자 30명), 1979년 메이 고속도로 일본 자카 터널(사망자 6명, 그중에서 2명은 충돌에 의해 사망)이, 해외에서는 1996년 영불 해협 터널에서의 열차 화재가 꼽힌다.

테이 다리 붕괴 [Tay bridge collapse]

스코틀랜드의 테이 다리는 1879년에 완성 후 1년 반 해 폭풍 시 우연히 통과 중인 여객 열차가 수중에 전락하고 75명의 인명을 빼앗아 갔다. 이 다리는 길이 3km, 85 경간 연철 트러스로 당시 최대 규모의 구조물이었다. 이때쯤 교량 설계에 고려해야 할 적절한 설계 표준도 없이 설계·풍하중의 배려가 불충분하여 주로 교각이 쓰러진 것으로 추정되고 있다.

테프라 [tephra]

화산이 분화할 때 분화구에서 대기 중에 분출되는 고체의 화산 쇄설물을 말한다. 일반적으로 화산재와 부석 등을 말한다.

테프라연대학 [tephrochronology]

잔존 화산재(tephra)를 분석하여 과거의 분화시기를 추정하는 것을 의미한다.

토네이도 [tornado]

바다나 넓은 평지에서 발생하는 매우 강하게 돌아가는 깔때기 모양의 회오리바람이다. 수평방향의 규모보다 수직방향의 규모가 크며, 중심에서는 100~200m/s 풍속이 되기도 하며, 지상의 물체를 맹렬하게 감아올린다.

토사붕괴 [soil failure]

토사가 무너짐으로써 적재물 및 낙반 등에 매몰, 충돌, 협착되는 경우, 적재물이 경사면으로 일괄적으로 무너져 내리면서 가해하는 경우를 말한다.

토사재해 [sediment disaster, muddy debris flow disaster]

붕괴는 지질에 관계없이 급사면에서 발생하며, 이동속도가 빠르지만 사태에 비하여 규모가 작고 발생위치에 따라 산사태, 낭떠러지의 사태 등으로 구분된다. 토석류는 계류에 연해 있는 토사가 급격히 떠내려가는 현상을 말한다. 이 토석류를 사면재해에서 제외한, 협의의 사면재해인 사태와 붕괴를 합하여 토사재해라고 한다. 지진, 태풍, 폭우 등 자연재난에서 산사태를 동반하는 경우, 토석류를 동반한 사사태의 일종으로 피해지역, 피해규모가 대규모로 발생한다.

토사침식 방지림 [protection forest against soil erosion]

임목 및 지표식생, 기타 지표물이 표토의 침식 및 토사의 유출을 방지할 목적으로 지정된 보안림을 말한다.

토석류 [debris flow]

중력에 의해 사면을 따라서 흙이나 돌이 물과 함께 빠르게 내려오는 현상이다. 토석류는 짧은 시간에 폭우에 관련되고 규모는 공급되는 물의 양에 따라 관계된다. 토석의 양이 많을 경우 파괴력이 엄청나며 큰 피해를 초래한다.

토양다짐 [soil compaction works]

토양에 충격 또는 하중을 가하여 토양의 공극률을 감소시키고 전용적 밀도를 높여 토양의 강도를 증가시키거나 투수성의 억제를 목적으로 하는 작업을 말한다. 토양압밀이라고도 하고 압축(compression)과 수축(shrinkage)의 과정이 있다.

토양수 [soil water]

토양의 공극을 채우고 있는 물을 말한다. 화학적·물리적 및 생물학적 작용을 촉진하고 영양분의 용매로 작용한다. 증산·침투·증발·유출 등에 의하여 소실된다. 토양 표면의 물 분자에 대한 흡착력과 물 분자간의 인력이 합해져 토양이 물을 보유하는 힘이 나타난다. 토양수는 모세관수, 결합수, 중력수 등으로 나뉜다.

토양침식 [soil erosion]

토양이 물과 바람 등에 의해 이동하여 상실되는 현상을 말한다. 수식과 풍식으로 나뉘며 전자는 강우강도가 어느 한계를 넘어 지표에 물이 괴어 경사지에서는 토양을 흘러내리게 하는 것이고, 후자는 바람에 의해 토양입자가 비산하는 것을 말한다.

토양피각, 토양피막 [soil crust]

빗방울에 의하여 토양의 입단구조가 파괴되고 작은 입자로 흐트러진 것들이 다시 빗방울에 의하여 다져져서 생긴 토양표면의 얇은 층을 말한다. 두께는 얇지만 건조밀도가 높고 공극량이 적기 때문에 빗물의 침투를 극히 제한하며 물에 의한 침식 또는 한발을 가속시킨다. 토양피각은 건조하면 단단해져서 식물종자의 발아를 저해한다.

토지구획 정리 [Land readjustment]

개발, 정비가 되어 있지 않은 토지를 이용하고 생활환경을 향상시키기 위해 실시하는 사업 방식이다. 토지 구획 정리 사업에서 정리 전의 토지를 대신하여 임시로 사업 기간 동안 사용하고 수익을 얻을 수 있도록 지정한 토지로 공공시설에 사용되는 토지 확보와 효과적이고 경제적인 이용을 위해 실시한다.

토지개간 [Land reclamation]

① 농지, 산림 등 자연 지형을 절취, '성토'등에 의해 인공적으로 개편하고, 주택용 토지를 조성하는 것, ② 간척지, 산림지, 유휴지 등을 경작지 또는 그 밖의 목적으로 이용하기 위하여 토지를 조성하고 개량하는 것. 재해에 양호한 택지를 공급하기 위한 토지개간이 필요하다.

토지구획 정리사업의 변화 [variation of land readjustment projects]

도시 계획 구역이나 국토의 계획 및 이용에 관한 법률에 의한 취락 지구의 토지에 대하여 대지(垈地)로서의 효용을 증진하고 공공시설을 정비하기 위한 토지의 교환, 분합, 기타의 구역 변경, 지목 또는 형질의 변경, 공공시설의 설치 변경에 관한 사업.

토지이용 [Land use]

토지의 충분한 조사와 그 토지에 관한 적절한 자연조건과 인문조건을 고려하여 토지를 효율적으로 이용하는 것을 의미한다. 이용 구분에는 공업, 상업, 교통 용지, 기타 또는 혼합으로 사용될 수 있고, 이용의 정도에는 건축물 높이를 규제하거나 건축물의 바닥 면적을 제한 등이 실행된다.

토질검층기록 [soil borehole log]

지반 내 시추공 안에서 깊이에 따라 측정된 하나 또는 그 이상의 물리량의 영원한 기록으로 암상 구분, 지층 대비, 지하자원 부존 가능 층 발견, 지층 내에 포함되어 있는 유체의 종류를 구분하는 데 사용되는 검층 결과물을 말한다. 검층 기록은 검층기(sonde)를 케이블로 연결하여 시추공 내로 내리면서 측정하는 동안 기록된다. 검층기에 의해 측정되는 값은 주로 물리량으로 전기적, 음향학적, 방사성, 열, 크기 등에 관련 된 값들이며, 이들은 시추공 및 시추공 주변 환경과 관련된 물리적 특성들을 나타낸다.

토플링 [toppling]

암반사면이 붕괴 될 때 중력으로 인해 기둥 모양 또는 판 모양으로 회전을 하면서 붕괴하는 현상을 말한다. 사면측으로 급경사하는 지질적인 불연속면이 존재할 경우 토플링이 발생할 위험이 있다.

통계학 [statistics]

관찰 및 조사를 통해 얻을 수 있는 불균형적인 자료로부터 응용수학의 분석 방법을 이용하여 데이터의 성질, 규칙성, 또는 불규칙성을 증명하는 기법을 말한다.

통문 [water gate/sluice]

수문과 동일 목적의 제방을 가로질러 만든 통수로. 수문보다 통수 단면이 작다. 통문과 통관의 구별은 확연하지 않으나 통수 단면이 특히 작은 것을 일반적으로 통관이라 한다. 길이가 긴 통문 등에서는 뱀장어 막이라고 하는 중간 차수벽을 만든다. 현재는 거의 철근 콘크리트 구조이다.

통신 시스템 피해추정 [damage estimation of telecommunication systems]

정보를 어떤 지점에서 특정 지점으로 전기적 또는 광학적 방법으로 전달하는 전기 통신을 실현하기 위한 집합체가 지진, 태풍, 홍수, 가뭄, 해일, 화재 등이나 뜻밖에 일어난 재앙과 고난에 의해 직·간접적인 피해수준을 평가하는 일련의 작업을 말한다.

통신기능 장애 [disruption of communication functions]

통신시설 및 통신 시스템에 무제가 발생하여 통신서비스가 원활하게 이루어지지 못하는 현상을 말하며, 자연재난 및 인위재난 발생으로 인하여 통신시설의 파괴, 통신시설물 침수, 통신시설의 고립 등 2차적 재난의 성격으로 발생하는 경우 많다.

통행량조사 [person trip survey]

교통 계획을 입안하기 위한 기초가 되는 자료를 얻기 위해 여러 지자체에 걸친 광역 도시권의 주민을 대상으로 하여 개인의 1일 통행에 대해 조사하는 것을 말한다. 이 조사에서는 통행의 목적, 출발지와 목적지, 출발 시간 및 도착 시각, 이용 교통 기관 등을 조사한다. 이 조사표를 통해 특정 시각에 특정 지역에 있는 개인을 산출해서 집계하면 당해 시각의 일시적 체류자 수를 구할 수 있다.

통화통제 [telephone communication control]

재해 시의 혼잡을 줄이기 위한 네트워크 운영 대책의 하나. 재해지 밖에서 재해지에 오는 전화를 규제하고 피해 지역에서 발신 통화를 규제하는 발신 규제가 있다. 들어오는 규제는 정체하고 있는 특정 지역 영역을 대상으로 하기 때문에 대지 규제라 하고 일반 가입 전화에서 피해 지역의 지역 번호로 오는 25~100%가 상황에 따라 교환기에서 자동으로 차단된다. 정부 기관, 경찰, 소방 보도 기계 등 방재 관계 기관의 중요한 회선, 공중전화는 통화 규제의 대상이 되지 않는다.

퇴적 [sedimentation]

물질이 중력, 유수, 파도, 연안류, 빙하, 바람 등에 의해 운반되어 퇴적되는 것을 말한다. 환경의 변화에 따라 퇴적의 모습이 달라지는 과정을 퇴적윤회라고 하며, 이러한 층상의 차이에서 퇴적환경을 유추할 수 있다. 퇴적작용의 결과로 퇴적암이 형성되며, 퇴적암을 통해 그 당시의 지리적·지형적 환경을 알 수 있다.

퇴적물 [siltation]

퇴적물은 점토 또는 실트 지배 입경, 미립자 지상파 쇄설 재료에 의한 물의 오염이다. 그것은 부유 퇴적물의 증가된 농도 모두를 의미하고, 바닥에 미세한 퇴적물의(일시적 또는 영구적) 증가 축적, 퇴적물은 대부분 토양 침식 또는 퇴적 유출로 인해 발생한다. 또한 퇴적물 입자에 결합 저부에 퇴적 된 퇴적물, 또는 오염 물질의 화학적 오염을 참조하는 데 사용할 수 있기 때문에, 해당 용어가 바람직하지만 때로는 퇴적물이 퇴적 오염이라고 부른다. 퇴적물은 또한 미사 이외의 입자 크기를 포함하기 때문에 경우에도 완전히 엄격하고, 연안 연해 표류가 활발한 모래 하마 해안과, 실트, 진흙 성분이 많은 해안에 건설된 항구에서 발생하는 경우가 많다. 일반적으로는 항구로부터 침입하는 토사의 퇴적이 문제가 되기 때문에 토사의 이농당이 식어시고 잎비디끼기 에방을 했다. 항구를 축소하는 등의 대책이 추진되지만 정박지에 침입하는 토사는 일반적으로 작은 입경의 해저 물질인 높은 파랑 때에는 쉽게 부유 상태가 되고 운반되기 때문에 대책이 어렵다. 예를 들면 항구 정박지의 정온성이 커지고 또 퇴적이 진행될 경우도 있으며, 구조물에 의한 대책에는 한계가 있기 때문에 정기적인 유지 준설로 대응이 실시된다.

퇴적물 제거작업 [sediment removal works]

저수지 또는 사방 댐, 유사지, 사류에 등에 퇴적된 토사를 제거하는 것을 말한다. 저수지에 퇴적된 토사는 준설, 굴착에 의해 제거되는 것이 일반적이지만, 배사문, 배사관 및 소용돌이 배사관에 의해 제거될 수도 있다. 사방 분야에서는 토사 배제를 제석이라고도 부른다. 토석류 대응의 사방 댐 및 유사지, 사류에 항상 사구 용량을 확보해 둘 필요가 있어, 토사 제거가 필수적이다. 따라서 제거 작업의 편의를 위해 토사 반출로 등을 계획해둘 필요가 있다.

퇴적해안 [depositional coast]

퇴적물에 의해 형성된 해안을 말한다. 하천이나 빙하 등 육성의 힘에 의해 형성된 1차 퇴적해안과 바다의 작용에 의해 형성된 2차 퇴적해안이 있다. 1차 퇴적해안에는 하천퇴적물, 빙하퇴적물, 풍성퇴적물, 사태퇴적물 등 육성퇴적물에 의한 해안이 있으며, 2차 퇴적해안으로서는 연안주 해안, 첨각주 해안, 해안평지, 사니평지, 염수습지 등 바다의 흐름이나 파도에 의해 운반, 형성된 해안이 있다.

투영면적 [projected area]

임의의 방향에서 바라본 건축물 혹은 보는 방향에 수직인 면으로 사영했을 때 그림자의 면적을 의미한다. 수평투영면적은 실제 건축이나 토지의 면적을 확인할 때 기준이 된다.

트러스 [truss]

다수의 직선 부재를 일반적으로 삼각형 모양으로 접합시킨 구조 부재 내지 구조 형식을 말한다. 개별 직선 부재의 양단을 핀 접합으로 설계하는 경우가 많고 이러한 경우 각개 재료는 주로 축력에 저항한다. 평면 구조로 조립되는 트러스 빔, 트러스 기둥은 소규모 건축 및 교량에 사용된다. 또한 입체적 내지는 쉘 모양으로 조립한 입체 트러스는 큰 스팬 구조물의 지붕 구조로 사용된다. 트러스 자체의 하중 능력을 한계 붙이는 요인은 개인 재의 좌굴 및 파단의 전체 구조의 불안정 현상 등이 있다. 하지만 실제 피해 예로는 트러스 격판 부분의 피해가 많다.

특별관측지역 [area of special observation]

대지진 경험 지역, 활단층(活斷層) 지역, 지진 다발 지역, 수도권 등 특히 지진에 관한 관측이 중요하다고 생각되는 지역.

특별산불관리지역 [special forest fire management area]

산불의 위험도가 높거나 산불의 빈도가 높아 특별히 관리할 필요가 있는 지역을 말한다.

특별피난계단 [special escape stairs]

건축법 시행령 제39조에 지정된 피난할 때 가장 중요한 계단을 말한다. 건축물의 11층 이상 또는 지하 3층 이하의 층에서 피난 층 또는 지상으로 통하는 직통 계단에 이에 속한다. 또한 화재 시 화재와 연기의 침입을 방지할 수도 있는 계단이다.

ㅍ

파 표류력 [wave drift force]

파의 영향으로 배나 부유체에 압력을 가함으로써 그 방향으로 떠내려가도록 하는 힘을 말한다.

파랑 기후 [wave climate]

어떤 지역의 장기 파랑 자료에 근기한 월별 또는 계절별 파랑 특성을 의미한다.

파랑 스펙트럼 [wave spectrum]

파랑의 진동수에 대한 파고의 분포를 보여주는 그래프를 말한다.

파랑 예보 [wave forecasting(hindcasting)]

기상자료를 통하여 파향, 파고, 파속 등을 예측하여 파랑의 특성을 예보하는 것을 말한다. 파고가 3m 이상인 경우 파랑주의보, 6m 이상이 되면 파랑경보를 발표한다. 예보를 통하여 항만공사의 작업일수나 선박의 통행 가능 일수 결정에 사용된다.

파랑 회절 [wave diffraction]

파랑이 방파제 및 섬 등의 배후 지역으로 돌아서 전파되는 현상을 의미한다.

파랑의 굴절 [wave refraction]

해안선의 드나듦이 심한 해안에서는 파랑은 돌출부 부근에서는 일찍부터 진행속도가 늦어지고, 만의 중앙부에서는 늦게까지도 속도가 줄지 않아서 파랑의 파정선은 결국 수심선과 조화를 이루어 대체로 해안선을 따라 구부러지는 현상을 말한다. 파랑의 굴절 현상은 직선상의 해안에서도 파랑이 비스듬하게 접근할 때에는 동일하게 나타난다.

파랑의 처오름 [wave run-up]

경사진 해안 또는 제방 등에 파랑이 입사하면 쇄파 후 수제선(手際線)보다 위로 파랑이 처오르는 현상을 의미한다.

파력 [wave exciting force]

파에 의해 구조물에 가해지는 힘. 파도의 상하운동 에너지. 이 에너지를 이용해서 동력을 얻고자 하는 파력 발전이 연구되고 있다.

파상형 [Looping]

기온감률이 증가하여 온도가 높이에 따라 급격히 감소하게 되고 대기가 불안정하게 되고 풍속이 강한 경우, 파동모양으로 분산되는 현상을 말한다. 지표면에 닿는 경우, 지상오염 농도는 증가한다.

파쇄역 산사태 [Landslide in fracture zone]

코이데에 의한 산사태의 지질 분류의 하나이며, 왜력을 받은 지질체의 암석을 파쇄되어 발생한 산사태이다. 파쇄역은 단층 운동 등 지각변동에 따라 형성되어 주로 서남 일본의 외부 범위의 결정 편암계류와 중·고생계에 발생하는 사태가 이에 해당한다. 최근 이 지역의 산사태가 반드시 암석의 파쇄에 원인이 있는 것이 아니라, 층리면과 층면 편리면 등의 측면 구조에 규제되고 있다는 견해가 나오는 등, 파쇄역 산사태에 비판이 있다.

파압공식 [wave pressure formulae]

주어진 파랑과 구조물의 조건에 따라 구조물에 미치는 파압을 구하는 공식.

파워 스펙트럼 [power spectrum]

신호를 주파수 성분으로 나타내어 개별성분의 제곱값을 말한다. 불규칙하게 분포하는 스펙트럼의 밀도를 이용하여 파형 분석을 해석하는 데 사용된다.

파의 반사 [wave reflection]

두 매질 사이의 경계에서 빛이 되돌아오는 현상을 말한다. 빛의 경우 회절(回折)을 무시하면 프레넬의 법칙에 따른다. X선 등의 브래그 반사는 원래 회절 현상이지만, 격자면(格子面)에서 반사된 것과 같으므로 반사라고 한다. 빛이 거울에서 반사되는 것과 같은 경우를 거울 반사 또는 정반사(正反射), 같은 유리에서처럼 반사파가 사방으로 흩어지는 반사를 난반사(亂反射) 또는 확산 반사라고 한다.

파의 변형 [wave transformation]

해파가 연안으로 전파되면 파의 전파속도는 수심의 영향을 받아 수심이 얕은 곳에서는 전파속도가 감소하고 깊은 곳에서 증가하는 현상을 말한다. 이때 해안선 모양과 해저 지형의 차이 때문에 해안선이 돌출한 지점으로 파의 굴절이 일어나 파의 에너지가 집중되고 파의 깨짐 현상도 두드러지게 된다. 연안에서 해저 지형의 변화로 나타나는 연안쇄파의 형성과정은 다음과 같다. 연안에서 멀리 떨어진 곳에서 발생한 해파가 연안으로 접근하게 되면 군속도는 감소하고 단위 면적당 에너지의 크기는 증가한다.

파이프 [pipe]

속이 빈 가늘고 긴 관 또는 튜브를 말한다. 수도관, 가스관 등 일상생활, 각종 공업용시설에서 사용되고 있다. 파이프는 주로 유체의 수송에 사용되는 관로를 말하며 유체의 유량, 특성 등을 고려하여 설계해야 한다.

파이핑 [piping]

침투수에 의해 토립자가 유실하여, 지반 내에 파이프모양의 구멍과 물길이 생기는 현상을 말한다. 일부에서 파이핑이 발생하면 그 부분에서의 동수경사가 커지고, 그것에 의해 침투력이 증대되어 파이핑이 더욱 진행된다. 파이핑에 의한 지반파괴는 진행성 파괴의 형태를 띤다. 파이핑의 발단은 침투수가 유출하고 있는 부분에서의 여러 가지 침식과 두더지나 지렁이의 구멍인 경우도 있다. 흙과 콘크리트 및 흙과 강재의 경계면에서는 파이핑이 발생하기 쉽고 이것을 특히 루핑(roofing) 또는 크리프(creep)라 부른다.

파일 [pile]

건축, 토목의 기초 공사를 할 때에 구조물의 안정성을 확보할 수 있는 지지층(기반암)까지 시공하는 말뚝으로 파일의 종류로는 강관말뚝, PHC 말뚝, 현장타설말뚝 등이 있다.

파일공 [pile works]

건축, 토목의 기초 공사를 위해 파일을 지반에 설치하는 작업으로 타격 또는 진동에 의해 관입시키는 방법, 천공을 하여 지반에 삽입하는 방법 등이 있다.

파제 [levee breach]

강우, 홍수, 지진 등의 외력에 의해 발생하는 제방의 전면적인 파괴를 말하며, 하천수위가 높을 경우 외수가 대량으로 제내지로 흘러들어 막대한 피해가 발생한다. 파제의 원인으로는 주로 ① 홍수 시의 월류에 의한 유실, ② 강우, 하천수의 제체 내로 침투, 누수에 의한 비탈면 붕괴나 파이핑, ③ 유수에 의한 하안침식의 진행, ④ 지진 시의 액상화에 의한 지반과 제체의 침하와 붕괴가 고려된다.

파트너십 [partnership]

서로 다른 다수의 주체가 특정된 공통목적을 달성하기 위해서 자원 및 역할을 분담하여 서로 협력하는 관계로서, 공공과 민간이 공동출자해 설립하는 제3의 조직(기구) 등은 그 고전적인 예이다. 그러나 최근에는 '공공과 민간의 파트너십'과 같이 각각이 대등한 입장으로서 서로를 존중하면서 협력하는 이념을 의미하는 경우가 많다.

파편흐름 [Debris Flow]

파편 흐름은 중력의 영향을 받아 경사면 아래로 이동하는 이른바 진흙, 모래, 흙, 암석, 물의 혼합물이 중력 경사면 아래로 몰리는 자연현상이다. 파편 유동 물질의 움직임이 느슨한 '유동'할 수 있어야 하며, 재료의 적어도 50%는 모래 입자 크기 이상이어야 고려하여야 한다.

파편흐름재해 [debris flow disaster]

파편 흐름은 자연현상이지만, 건물, 교량 또는 인프라, 또는 파편 흐름 결과, 생명이나 재산의 손실이 발생하는 경우, 그것을 파편 흐름 재해라고 말한다.

파호이호이용암 [pahoehoe lava]

염기성 용암의 한 종류로 고화되기 직전에 가스가 용해되어 있는 조잡한 포상태(泡狀態, form, froth)를 거치는 용암을 말한다. 승상용암(繩狀熔岩, ropy lava)이라고도 한다. 파호이호이라는 말은 견수자(絹輪子, satin)같이 매끄러운 의미를 갖고 있는 말이다. 용암의 표면이 매끄러운 것으로 광택이 나는 것이 특징이다.

판경계 지진 [interplate earthquake]

지진이 특정지역에서 많이 발생하는 이유는 판구조론(板構造論)으로 설명되는데, 전 지구의 지각 및 맨틀 상부는 대략 100km의 두께를 가지는 12개 정도의 암판(岩板) 또는 판으로 구성되어 있다. 그런데 이 판들이 그 밑의 연약권(軟弱圈) 위를 수평으로 이동하며 판들의 경계에서 이들의 상대운동에 의하여 암석들이 파쇄되면서 지진이 발생한다. 따라서 지진이 많이 발생하는 지역인 일본, 대만 등이 판들의 경계가 된다. 판과 판 사이(판경계)에서 발생하는 지진의 총칭으로 리히터 규모 8을 넘는 큰 지진의 대부분은 이 판경계 지진에 속하며 대형 참사를 초래한다.

판구조론 [plate tectonics]

판구조론은 지구 표면의 암석권(lithosphere)의 움직임을 거시적으로 해석하기 위한 기본 이론이다. 이 이론에 따르면 암석권은 7~8개의 주요판과 다수의 작은 판들로 구성된 여러 개의 지판(tectonic plate)으로 분리되어 있으며, 이 판들은 이동하며 서로 상호작용한다. 암석권에서의 변형은 판들의 경계부를 따라 발생하며, 이와 관련되어 판의 경계부에 지진, 화산 활동, 조산운동 등이 집중된다. 이러한 판의 움직임을 이끌어내는 대표적인 원동력(driving force)으로는 연약권의 대류, 섭입대에서의 흡인력(suction force), 발산형 경계에서 판을 밀어내는 힘(slab push force) 등이 존재한다.

판내부 지진 [intraplate earthquake]

지진이 특정 지역에서 많이 발생하는 이유는 판구조론(板構造論)으로 설명되는데, 전 지구의 지각 및 맨틀 상부는 대략 100km의 두께를 가지는 12개 정도의 암판(岩板) 또는 판으로 구성되어 있다. 지진의 대부분은 판경계에서 일어나지만 판내부에서도 종종 지진이 발생한다. 이 지진의 발생 간격은 1,000년 이상이며 활동규모도 판경계지진보다 작지만 내륙에서 발생하기 때문에 도시에서는 큰 피해를 초래한다.

패스셋 [path set]

신뢰성 해석 시 연결 신뢰도를 계산할 때 사용되는 개념으로 패스셋은 정상사상을 일으키지 않는 기본사상의 집합을 말하며, 미니멈 패스셋은 정상사상을 일으키지 않는 기본사상의 최소한의 집합을 말한다.

펌프시설 [pumping station]

우수나 하수를 양수하는 목적의 펌프, 동력장치, 제어장치, 흡입 및 배출관로 등을 포함한 시설을 총체적으로 지칭하며, 목적에 따라서 중계펌프장, 빗물펌프장이 있다.

페리 브리지 냉각타워 붕괴사고 [failure of Ferry Bridge cooling tower]

1965년 11월 첫째 주, 영국의 페리 브리지 발전소 8개동의 냉각타워 중 3개동이 격렬한 강풍에 의해서 붕괴된 사고. 남은 5개동의 냉각타워에도 균열이 발생하는 등의 손상을 입었다. 다행이도 사상자나 다른 피해는 없었지만, 후일 냉각타워의 설계에 영국의 강풍을 반영한 내풍력 구조가 적용되지 않은 것으로 밝혀졌다. 강풍에 의한 천재라고 인식되었으나 구조적 결함에 의한 인재로 판명되었다.

펠레식 분화 [Pelean eruption]

화산 분화의 유형 중에서 점성이 가장 큰 용암을 분출하며, 용암과 화산재, 암석 덩어리들이 뒤섞여 분화구 위로 솟아오르고, 분출 혼합물은 100km/h 이상의 속도로 계곡이나 산사면을 따라 내려온다. 카리브 해의 마르니크 섬에 있는 펠레 화산에서 유래 하였으며, 펠레 화산이 1902년 분화할 때, 화산 쇄설류가 흘러내려 약 8km 떨어진 생피에르 마을을 덮쳐 불과 1~2분 사이에 28,000명의 주민을 질식시켰다.

편심 [eccentricity]

힘의 작용이 재축에서 벗어나 작용하는 것을 의미한다. 힘이 편심하고 있는 경우는 재축 방향의 힘과 휨이 작용하고 있는 것과 같다.

평균 수위상승 [wave setup]

쇄파대 내에서 평균 수위가 정수면보다 높게 상승하는 현상을 의미한다.

평균풍속 [mean wind velocity]

단위시간에 대한 공기 이동 거리의 비율을 말한다. 일반적으로 10분 동안의 풍속의 평균을 나타낸 값을 사용한다. 지상 10m의 10분간의 평균 풍속을 측정한다.

평면 2차원 흐름해석 [plane 2-D depth-averaged flow analysis]

하도 내의 흐름, 파제후의 홍수범람수의 거동, 얕은 호수나 만내의 유동 등 수심에 비해 평면적 확산이 넓은 흐름을 수평방향으로 2차원적으로 수치해석하는 것을 의미한다. 3차원의 연속식, 운동방정식을 수면과 상하류 경계조건을 고려하여 수심방향으로 적분함에 따라 유도되는 평면 2차원의 연속식, 운동량식이 기초식이 된다. 이때 유속분포의 일양성과 정수압분포를 가정하는 경우가 많은데 목적에 따라 Boussinesq 방정식 등의 고차이론이 이용된다. 하천류의 경우 하도형상에 적합한 일반좌표계에서의 기초식으로 변환하여 계산하는 경우가 많다. 또한 홍수범람예상구역도는 본 해석법을 적용하여 작성된다. 유한체적법, 차분법, 유한요소법에 기초한 수치해석법이 다수 제안되어 있다.

폐색 전선 [occluded front]

온대 저기압으로 온난전선이 발생하여 중심에서 한랭전선과 합쳐져 두 전선이 겹쳐진 전선을 말한다.

포사 마그나 [Fossa Magna]

일본의 동북지역과 서남지역의 지질학적 경계가 되는 지대로 중앙지구대라고도 불리며 큰 구덩이, 큰 도랑을 의미한다.

포상류 [sheetflow]

비교적 기복이 적은 평탄한 사면을 넓게 덮어서 흐르는 유수를 말한다. 포상류는 지표의 물질을 균일한 두께로 제거하므로 뚜렷이 눈에 띄는 결과를 가져오지 않는 경향이 있으며, 산정부의 포상류는 사면을 흘러내림에 따라서 빠른 비율로 증수하고, 점차 릴류(rill 流)로 변한다. 포상류는 범람하여 대홍수를 일으킬 때가 많은데, 이러한 호우로 연약한 지층으로 이루어진 곳은 불규칙한 골(谷)이 무수히 파인 악지형(惡地形)을 형성한다.

포아송비 [Poisson's ratio]

탄성체를 한 방향으로 잡아당길 경우 축방향 신장과 동시에 횡방향 수축이 발생된다. 이때 축방향 신장량에 대한 횡방향 수축량의 비를 포아송비라 말하며, 재료마다 고유한 값을 가진다.

포켓해안 [pocket beach]

바다로 돌출해 외해(外海)의 큰 파랑이 밀려오는 해안에 분포하는 초승달 모양의 모래해안 또는 사빈(砂濱, sand beach)을 말한다.

포화도 [degree of saturation]

토양 속의 물의 체적이 간극 부분 속에 차지하고 있는 비율을 말한다. 포화도는 백분율로 표현되며, 토양에 포함된 수분에 따라 습윤정도를 나타내는 지표이다.

폭굉 [detonation]

가연성가스의 농도가 완전연소의 조성(組成)에 가깝거나 가연성가스와 산소와의 혼합물과 같이 과격한 연소가 일어나는 것은 화염의 전파속도가 화염이 확산되어 가는 사이에 가속되어 음속을 초과하는 경우가 있다. 이러한 경우에는 충격파가 발생하며, 이러한 현상을 의미한다.

폭발 [explosion]

급속히 진행되는 화학반응에서, 반응에 관여하는 물체가 급격히 또한 현저하게 그 용적을 증가하는 반응이다. 그 조건은 연소의 조건을 갖추고 있으며, 또한 폭발물질이 산소와 화합하는 가연성 물질이고, 산소화합물이 혼합되어 있어야 한다. 보통 열 폭발과 연쇄폭발로 구분되는데, 전자의 대표적인 예는 기체의 폭발이다.

폭발물 [explosive material]

고압을 발생하는 급격한 고속 반응을 일으키는 물질로써 물질의 민감성에 의존하는 폭발물은 화재(열), 마찰, 진동, 충격 또는 폭발에 의해 반응하며, 폭발을 목적으로 하는 화학적인 합성물이나 혼합물 또는 장치 등을 말한다. 단체의 폭발성 물질로는 불안정한 n-o 결합(니트로 화합물 등), n-n 결합(디아조 화합물 등), o-o 결합(유기과산화물 등), o-할로겐 결합(염소산 에스테르 등)을 가지는 물질이나 산화에틸렌이나 아세틸렌 등의 분해폭발가스 등이 있다. 또한 혼합물의 폭발성 물질은 혼합화약류와 같이 산화성 물질을 가연성 물질과 혼합한 것 등이 있다.

폭발압력 [explosion pressure]

폭발성 물질이 폭발하면 충격파가 발생한다. 충격파의 압력을 폭발압력이라고 한다.

폭발적 저기압 [explosive cyclone/bomb]

폭발적으로 발달하는 저기압을 말한다. 단시간에 급격하게 발달하는 온대저기압으로 주위에 강풍, 폭우, 폭설 등의 피해를 발생시킨다. 1978년 9월 대서양을 항해중인 퀸엘리자베스 2세 호가 입은 폭풍 피해로부터 '폭발적 저기압' 이라는 명칭이 생겼다. 이 폭풍은 중심기압이 24시간동안 60hPa 저하된 저온대기압에 의한 것이다. 세계기상기관의 정의(WMO)에 의하면, 위도 60°를 기준으로 하고, 위도 ϕ에서 중심기압이 24시간 동안 24(sinϕ/sin60°)hPa 이상 저하되는 저온대기압을 가리킨다.

폭발지진 [explosion earthquake]

화산지진의 일종으로 화산활동이 폭발적으로 발생하여 화산 바로 아래에서 발생하는 지진을 말한다. 일반적인 지진과 달리 S파 성분이 적고 수 Hz 이하의 저주파 진동이 탁월하다. 최근의 연구에 의하면 진원역에서 미소한 팽창으로 시작되어 계속해서 현저한 수축이 발생하는 것으로 추정하고 있다.

폭발파 [blast wave]

화약의 폭발과 같은 원인에서 발생으로 발생하는 충격파의 일종으로, 기압파와 같은 형태로 전파된다. 또한 물체가 음속 이상의 속도로 운동할 때 발생한다.

폭발형 분화 [explosive eruption]

마그마가 지각의 틈을 뚫고 지표면으로 분출할 때, 심하게 폭발하면서 연기이 재를 내뿜는 분화를 말한다. 용암은 많이 흘러내리지 않지만 심하게 폭발하면서 많은 화산재와 열운이 나오며, 미국의 세인트헬렌즈 화산과 마르티니크의 펠레 화산이 그 예이다(분출형 분화 참조).

폭설 [blizzard, heavy snowfall]

일시에 눈이 많이 내리는 것을 말하나, 그 용어는 북아메리카 지역에서 부는 지방풍에서 기원한다.

폭주 [telephone traffic congestion]

재해 발생 후 안부 확인이나 문안의 전화가 재해지에 쇄도해 트래픽(통신량)이 통신 설비 용량을 웃도는 전화가 연결되기 때문에 연결이 어렵게 되는 현상. 1995년 효고현 남부지진에서는 전국에서 고베에 착신이 급증하고 1월 17일에는 짧은 시간 피크 값에서 통상의 약 50배(1시간 평균 약 20배), 이듬해 18일에도 약 20배(동 7배)를 기록하고, 22일까지 폭주가 이어졌다. 폭주 대책으로는 통화 기준 발착 신의 제한, 교환기 간 회선 증설, 전국 이용형 전언 다이얼(보이스 메일) 등이 있다.

폭풍 전파 [storm propagation]

폭풍 전파는 폭발에 의하여 발생하며, 대기의 압력이 공간상으로 전파하는 음향 현상이다. 불연속적 특성에 의해 충격파로 간주할 수 있다.

폭풍 해빈 [storm beach]

파형경사가 큰 파의 높은 파고에 의해 발생하는 해빈 침식현상을 말한다. 파고에 따라 물가(fore shore)는 거의 평탄화되며, 쇄파대(surf zone), 포말대(swash zone)의 폭이 넓어지게 된 후 평형 상태에 있는 해빈이다.

폭풍해일 [storm surge]

조석현상과 밀접한 관계를 가지며, 태풍이나 폭풍과 같은 강한 저기압영향으로 해수면이 비정상적으로 높아지는 현상을 의미한다. 해일의 높이는 관측 해수면과 예측 해수면의 차로 정의되며, 일반적으로 해안 접근시각이 조석주기의 고조 시와 일치하는 경우 해수면의 상승효과를 증대시켜 폭풍 해일에 의한 피해가 극대화된다.

폭풍해일 대책 [storm surge countermeasures]

태풍, 해일, 홍수, 집중호우와 같은 해안재해에 대해 방제기본계획에 준하여 방제계획을 책정하고, 계획에 따라 폭풍해일 대처방안을 말한다.

폭풍해일 피해/고조피해 [storm surge damage]

폭풍해일에 의한 해수면의 상을 발생시켜 연안에서의 농경지 및 가옥 등의 침수를 발생시킨다. 또한 해수면의 상승으로 인하여 폭풍해일에 대한 대비가 부족한 지역까지 파랑이 도달하여 인명피해, 구조물파괴를 발생시킨다.

폭풍해일범람 [inundation by storm surge]

해일에 의해 조위가 해안 제방을 월류하여 육지 영역에 바닷물이 침입하는 것을 말한다. 지반고가 해수면보다 낮아 해안 방파제에 의해 바닷물의 침입을 막고 있는 지역은 폭풍해일에 의한 범람의 잠재적 가능성이 있으므로 충분한 지역 방재 대책이 필요하다.

폴리에틸렌관 [polyethylene pipes]

화학적, 전기적 성질은 염화비닐관보다 우수하고, 비중도 0.92~0,96(염화비닐의 약 2/3)으로 가볍고 유연성이 있으며, 약 90°C에서 연화하지만 저온에 강하고 -60°C에서도 견디므로 한랭지방의 배관에 적합하다. 결점으로는 연질이어서 외상(外傷)을 받기 쉽고 인장 강도가 작다는 점이다. 유백색이지만 태양광을 쬐면 산화 피막이 생겨 열화하기 때문에 카본 블랙을 혼입시켜 흑색으로 만들어 급수관에 많이 쓰이고 있다. 일반용과 수도용관이 있고, 또 각각 연질관과 경질관의 구별이 있다.

푄현상 [foehn phenomena]

산을 넘어 불어 내리는 바람이 건조한 고온의 바람이 되어 반대편의 사면을 덮어 부는 현상. 흔히 산맥을 경계로 기압차가 있을 때에 일어나며, 푄현상이 생기면 이상 건조로 인하여 큰 불이 나기 쉽다. 높새바람이라고 하며, 늦봄에서 초여름에 걸쳐, 한랭하고 습윤한 해양성 기단인 오호츠크 해 고기압이 동해상으로 세력을 뻗어올 때 기류가 태백산맥을 넘으면서 푄현상을 일으켜 영서지방에 고온 건조한 바람이 불게 된다. 예로부터 벼농사를 비롯한 농작물의 생장에 큰 피해를 입혔으며, 심할 때는 경기도, 충청남북도, 황해도 지방을 비롯해 서해안의 도서지방 및 평안도까지 영향을 미치며 이상고온일이 여러 날 계속된다.

표 토양층 [surface soil layer/topsoil/regolith]

지반, 사면의 맨 위에 존재하는 토양층의 것을 말한다. 대개 동물의 시체, 식물의 부식, 바위의 풍화, 사면 상류에서 운반물에 의해 형성된 것 등이 있다. 토양학에서는 흙의 단면은 보통 표면에서 A층, B층, C층으로 정의하는 일이 많은데 이 경우의 표 토양층은 A층에 해당한다. 그곳에서는 부식이 진행되어 조직은 부드럽다. 암색 조기는 검정색을 띤다. 한편, 지형학에서는 표층 또는 미고결 퇴적물로 구성된 토양화된 토층을 가리키는 것이 있다.

표면 서리 [surface hoar]

눈 표면에 생긴 서리 결정에서 긴칭직 취약 세승의 하나. 맑은 날 야간에 눈 표면이 냉각이 되면, 공기 중의 물. 눈 표면에 승화 응결한다. 표면 서리는 부채꼴과 휘장의 잎에서 위쪽으로 향해 성장하고 큰 것은 길이 1cm에 이른다. 햇빛을 받으면 반짝 반짝 빛나는 강한 냉각과 수증기 공급이 충분히 있으면, 하룻밤에 두께 1cm 정도의 서리의 층이 생긴다. 약한 바람과 수증기 공급이 많으면 서리의 발들이 생기고, 서리는 위가 아니라 축을 향해 성장한다. 이 층의 강도는 매우 작다. 사면에 표면 서리가 생기며 그 후 대량의 강설이 있고, 표면 서리는 메워진 층이 된다. 표면의 눈 그 밑에 표면 서리가 있을 때는 표층 눈사태의 위험이 크다.

표면 유출 [surface runoff]

강우가 토양에 침투하지 않고 그대로 지표면을 내려가는 것. 토양 표면의 침투 능력은 삼림에서는 일반적으로 강수 강도보다 훨씬 커서 표면 유출은 발생하지 않지만, 밭, 나지, 산불 사적지, 화산재 강하지 등에서는 표면 유출이 크게 발생한다. 최근 방치 인공림에 있고, 하층 식생의 소실 때문에 표면 유출이 발생하고 있는 사례가 많이 보고되고 있다. 표면 유출이 발생하면 하도 도달 시간이 짧기 때문에 홍수가 발생하는 것이 많고 토양 침식, 흙 석류 등의 토사 재해의 직접적인 원인이 되기 쉽다.

표본 [sample]

전체 모집단(population)의 축도(縮圖) 또는 단면(斷面)이 된다는 가정하에서 모집단에서 선택된 모집단 구성단위의 일부이다. 표본의 수가 많으면 많을수록 신뢰도가 높은 추정이 가능하다. 수문학의 경우 과거에 관측 된 자료가 표본이 되지만 자료의 수는 한정되어 있어 소수의 표본에서 모집단의 특성을 추정해야 한다.

표본추출 [sampling]

전체 모집단의 어떤 정보를 얻기 위해서 또는 어떤 사실을 확인하기 위한 방법의 하나로 여론조사나 고용문제 등 사회문제, 농업, 의학 등 과학 분야에서 널리 사용한다. 샘플링을 표본추출법이라고도 부른다. 표본추출법은 전체를 조사하는 것이 아니라 그 일부만을 조사하기 때문에 비용면에서나 시간적으로 많은 유리한 점이 있으며 필연적으로 오차를 수반한다. 이를 표본오차라 부른다. 표본추출방법으로는 다단추출법, 단일추출법, 비례추출법, 확률비례추출법, 비확률표본, 유의추출법, 할당법 등이 있다.

표준관입시험 [standard penetration test]

현재 국내에서 가장 많이 사용되고 있는 현장시험으로 소정 규격의 샘플러(sampler)를 소정에너지로 타입할 때 지반의 관입저항을 측정하여 흙의 강도를 추정하는 시험을 말한다. 해머를 자유낙하 시켜 샘플러를 관입시키는데 소요되는 타격횟수를 측정하는데, 이 때 타격횟수를 N값(N-value) 또는 표준관입시험치라 한다.

표준구조계산 [standard for structural calculation]

사하중, 활하중, 풍화중, 설하중 등에 대한 안전을 확인하기 위한 계산이다. 부재에 항상 작용하는 장기하중과 단기간 작용하는 단기하중으로 나누어 구조물의 허용하중을 넘지 않게 설계하는 방식이다.

표층 지반 [surface ground]

지표면 근처에 분포하는 지층이나 암석의 총칭. 일반적으로 구조물의 기초를 설치하기 위해 지지력의 보는 점에서 볼 경우에 쓰이며 기반 면에서 상층의 비교적 연질의 퇴적층에 의해 구성되는 층을 가리키는 경우가 많다.

풍공학 [wind engineering]

각종 풍동실험(풍압, 풍력, 풍진동, 풍환경 등)과 실험모형제작, CFD(Computational Fluid Dynamics) 해석, 현장실측, 풍동설계·제작 및 설치, 구조물의 내풍설계, 풍력발전단지 설계 등 연구하는 학문 분야를 말한다.

풍동 수치해석 [numerical wind tunnel]

공기가 흐르는 현상이나 공기의 흐름이 물체에 미치는 힘 또는 흐름 속에 있는 물체의 운동 등을 조사하기 위해 수치해석을 통하여 분석하는 것을 의미한다.

풍동 터널 [wind tunnel]

공기가 흐르는 현상이나 공기의 흐름이 물체에 미치는 힘 또는 흐름 속에 있는 물체의 운동 등을 조사하기 위해 인공적으로 공기가 흐르도록 만든 장치이다.

풍동시험 [wind tunnel testing]

실험적으로 자연풍 상태에서의 구조물의 거동 특성을 분석하기 위하여 풍동을 이용하여 구조물의 내풍 안정성을 확인하는 시험을 말한다. 공기저항, 양력, 횡풍 등에 의한 영향을 분석한다.

풍랑 [wind waves]

해상에서 바람을 외력으로 하여 발달하며 진행하는 표면파를 말한다. 일반적으로 주기 1~20초의 파도를 말하며, 바람이 강해질수록 파랑의 파고는 증가한다.

풍력계급 [wind force scale]

풍속을 나타내는 척도를 말한다. 일반적으로 보퍼트 풍력계급(Beaufort wind force scale)을 사용하며, 항해에서 미치는 영향을 바람의 계급으로 구분하여 등급을 두었다. 고요상태를 0, 태풍(시속 120km 이상)을 12로 규정한다.

풍수해 [flood damage]

저기압이나 태풍 등에 수반되는 강한 비 등에 의하여 일어나는 재해의 총칭이다.

풍압 [wind pressure]

일정한 면적에 미치는 바람의 압력을 말한다. 풍압은 풍속의 제곱에 비례하므로 풍속의 증가에 대해 가속도적으로 증가한다. 구조물의 측면에 작용하는 바람의 압력.

풍적설 [snow drift]

눈보라에 의해 형성된 눈 더미를 말한다. 풍적설은 사구와 유사한 방법으로 형성된다. 눈보라 유량의 수렴에 의하여 형성되거나 또는 바람에 의하여 눈이 이동하고 정지되어 있는 물체가 있는 곳처럼 바람이 사실상 멈춘 곳에 형성된다.

풍적설 밀도 [snow drift density]

눈보라에 의해 형성된 눈 더미의 단위부피당 질량을 말한다. 이 값은 적설깊이와 풍속의 함수로 나타낼 수 있고 입자의 크기와도 관련이 있다.

풍적설 이송률 [snow drift transport rate]

단위시간당 단위 폭에 지나가는 눈의 양(kg/(m·s))을 말하고, 바람에 의해 날려 쌓이는 눈이 바람에 의해 제거되는 눈보다 얼마나 많은지를 나타내는 것을 말한다. 풍속과 밀접한 관계가 있다.

풍하중 [wind load]

구조물 주위에 바람이 불 때에 받는 하중을 의미한다. 설계용 풍하중은 기준 풍속에 의한 바람이 속도압과 수압면의 풍력 계수를 기본으로 하여 각종 계수를 곱해서 조립된다.

풍해 [wind damage]

바람에 의한 자연재해로 태풍, 저기압, 계절풍 등과 같은 기상요란에 의한 강풍과 지형으로 인해 발생하는 국지바람 등으로 피해가 발생한다. 평균풍속이 약 20m/s 이상이 되면 피해가 심해지며 기상요란의 종류에 따라 풍해의 형태도 다르다.

프리스트레스트콘크리트구조물 [prestressed concrete structure]

콘크리트 인장 강도가 현저하게 작으므로, 인장 응력이 생기는 부분에 미리 압축의 프리스트레스를 주어 콘크리트의 인장 강도를 증가시키도록 한 것으로, 보의 인장 측에 이 원리를 사용하면 보의 휨 강도를 증가시킬 수 있다. 제작 방법에는 프리텐션법과 포스트 텐션법이 있다. 설계 하중을 받았을 때 균열이 생기지 않고, 수축 균열이 적고, 항선과 가요성이 풍부하다는 등의 이점이 있다.

플랑크톤 [plankton]

해양, 호수, 늪 등에 부유하는 수중생물로 운동능력이 전혀 없어 수동적으로 행동하는 생물을 말한다. 분류학적으로 식물성과 동물성 플랑크톤으로 분류한다. 태양 에너지로부터 식물 색소를 이용하여 광합성을 하여 바닷물 속의 1차 생산자로 어종의 먹이가 된다.

플래쉬오버 [flash over]

화재의 초기 단계에서 착화물의 주변으로 한정되어 있던 연소 범위가 차례대로 확대되면서 가연성가스 농도가 연소 범위까지 높아져 한 번에 인화되어 큰 불꽃으로 인해 방 전체가 불꽃이 되는 현상. 플래쉬오버가 될 때까지의 시간이 피난 허가시간을 결정한다.

플러터 [flutter]

유체 내의 탄성체가 유속 범위에서 일어나는 불안정 진동의 하나. 일종의 자려진동이며, 급격히 진폭이 증대하는 경우가 있다. 플러터는 불안정 진동의 전반을 지칭하는 경우도 있으나 바람에 의해 공기역학적 불안정 진동의 경우에는 풍 직각 방향의 1자유도 진동을 갤러핑, 비틀림 1자유도 진동을 플러터, 휨비틀림 2자유도 연성진동을 휨비틀림 플러터로 구별해 부른다. 형상에 의해 늘 일어나는 것이 아니며, 구조체의 진동특성이 크게 관계되는 현상이다.

플로팅구조 [floating structure]

구조물의 바닥이 물에 뜨는 함체로 구성되고 그 위에 건축물을 축조하여 수면의 높낮이에 유동적으로 떠있는 형태로 여름에는 시원하고 겨울에는 따뜻하여 지구온난화로 인한 해수면 상승에 대비한 친환경 기술개발과 탄소배출 저감시설 등 효율적인 건축물로 인정되고 있으며 이미 선진국에서는 연안이나 호수에 건축물을 축조하여 주택, 컨벤션센터 등으로 사용하고 있다.

플리니식 분화 [Plinian eruption]

점성이 큰 유문암질 마그마가 분출하는 화산 분화 형식을 말한다. 화산 분화구로부터 고속으로 분출된 마그마 파편류와 가스가 지속적으로 솟아올라 고도 11km 이상의 성층권에까지 이른다. 공중에 떠 있는 거대한 양의 화산재인 테프라와 엄청난 폭발이 특징적이다. 고대 로마의 도시 폼페이를 덮었던 베수비오 산의 분화에 대해 상세히 기록한 사람인 플리니우스에서 이름이 유래되었다. 대규모의 화쇄류가 발생하여 광범위한 지역에 피해를 입힌다.

피난계단 [evacuation to upstairs]

연기의 침입을 방지하여 피난에 유효하게 이용할 수 있도록 직접 지상으로 통하는 계단이다. 옥내 피난계단과 옥외 피난계단의 두 종류가 있으며 옥내 피난계단은 계단실을 내화구조의 벽으로 구획하고 출입구는 자동폐쇄식의 방화설비로 한다. 출입구 이외의 개구부 설치가 어려워 옥외에 개구부를 마련하는 경우에는 주위의 창 등에서 일정한 거리를 떼어놓아 연기의 영향을 받지 않게 한다. 또 옥외 피난계단은 상시 외기에 개방되어 연기의 영향을 받지 않게 주위의 개구부는 제한된다.

피난구 [exit]

화재 등 비상시에 건물 내에서 긴급하게 대피 또는 탈출하여 옥외나 기타 안전한 장소로 이동할 수 있게 이용할 수 있는 거실, 복도, 건물로부터의 출구를 말한다. 특히, 비상시에 이용할 수 있는 것은 비상구라고 부르기도 한다. 많은 나라의 건축법규 등에서는 이방향 피난을 확보하기 위해 일정규모 또는 수용 인원수가 일정 이상인 거실에 대해 둘 이상의 피난 출구가 요구되는 것이 일반적이다. 또한 불특정 다수가 이용하는 장소에서는 피난 시의 혼란을 방지하기 위해 출구의 문이 반드시 열릴 수 있는 상태로 유지해야 하는 것으로 정해져 있다.

피난구유도등 [exit sign/emergency exit sign]

화재 시 비상구를 통하여 안전하게 대피할 수 있도록 연기에 의해 가시도가 감소된 장소에서도 식별할 수 있는 조도를 유지하고 비상구임을 나타내는 전등의 일종으로 비상구의 상단에 설치되는 유도등 또는 유도표지이다. '비상구 또는 exit'로 표시하고 화살표로 방향을 지시하기도 한다.

피난소 [shelter]

재해 때문에 실제로 피해를 받거나 받을 수 있는 자로 수용하지 않으면 안 되는 자를 일시적으로 수용하고 보호하는 것을 보호대상이라며 학교, 복지 센터, 공민관 기타 기설의 건물 또는 가설물 등을 말한다.

피난유도법 [refuge inducement method]

피난유도에는 피난장소표시나 재해지도의 공표 등 평상시 기초정보를 게시하는 것과 피난지시명령이나 현지에서의 지원 등 재해 시 실시간으로 행하는 것이 있다. 효과적인 유도를 위해서는 정보의 전달방식과 피난 시 리더의 존재가 중요하다.

피난항 [port of refuge]

선박의 안전을 위하여 풍랑, 악천후, 태풍 등을 피하기 위하여 일시적으로 기항지외에 대피하는 항구를 말한다. 항로와 가까운 위치를 가져야 하며 정박지가 넓고, 적당한 수심을 확보해야 한다.

피난행동모사 [refuge simulation]

피난 시의 주민대피의 모습을 계산기로 재현하여 정보의 제공기간과 방법, 유도방법을 분석하는 방법. 범람수거동이나 정보전달과 같은 외적요인에 대해 주민이 반응하는 과정을 어떻게 표현하는 가에 따라서 상정피난인수를 이용하는 방법, 현지조사결과로부터 피난인수를 나타내는 함수를 이용하는 방법, 주민이 위험을 느끼는 과정을 인공지능기술을 이용하여 표현하는 방법 등이 있다.

피복 [covering works]

서릿발, 함박눈, 지표수로 인한 침식 등에 의해 붕괴하기 쉬운 부분을 피복하여 보호하는 공법, 짚매립공, 섶매립공 등이 있다.

피압지하수 [confined groundwater/artesian groundwater]

지하수면이 없는 대수층의 상한과 하한의 불투수층 사이에서 가압된 상태의 지하수를 말한다. 피압된 지하수는 지하수의 수두가 상위층의 수도보다 높은 상태이다. 대수층 가운데의 지하수는 수압 및 그 상위 지층의 하중을 받아 압력이 대기압 이상의 압력을 나타낸다.

피재시가지부흥추진지역 [promotional area of urban reconstruction]

피재 시가지 부흥 특별조치법에 근거하여, 도시계획 결정에 의해 정해지는 재해발생 후의 초기 대응을 위한 도시계획의 일환이다. 대규모 재해에 의해 상당수의 건축물이 붕괴, 소실되어 방치하면 복구 불능의 시가지가 될 수 있으므로 정비를 위한 사업 실시가 필요한 구역을 피재 시가지 부흥 추진지역으로 정한다. 본 지역내에 있어서는 최장 2년간에 거쳐서 건축행위 등의 제한과 동시에 지방자치단체는 긴급 부흥방침에 따라 토지구획정리사업의 실시, 지구계획의 결정 등 필요한 조치를 강구하지 않으면 안 된다.

피해 이직자 [jobless victims]

재해에 의한 근무처의 도산과 경영 악화에 의해 일을 잃은 자. 이러한 피해 이직자에 대한 생활 지원은 단기 과제로 피해 지역에 표면화하기 위해 고용 보험 제도의 적용 등 기동적인 대응이 요구된다.

피해 평가 [damage evaluation]

지진, 태풍, 홍수, 가뭄, 해일, 화재 등이나 뜻밖에 일어난 재앙과 고난에 의해 직·간접적으로 입은 피해의 수준을 평가하는 일련의 작업을 말한다.

피해발생 가능성 [exposure to hazard]

재해는 가해력이 시간적, 공간적으로 나타나는 것과 인간이 취약성을 가지고 있는 것으로 조건이 동시에 발생하여야 생기는 것이다. 자연현상에 의하여 에너지나 분출물질이 단시간으로 방출될 때에 가해력의 크기가 결정된다. 가해력이 작용하는 것은 대체로 결정된 지역이고 거기서는 지진, 화산, 해일, 열대저기압 등의 가해력이 발생한다. 경사가 급하고 지각변동이 심한 산지에 큰 강우가 발생하고 하류에 넓은 범람원이나 해안 저지대가 있는 지역에 가해력이 작용하면 재해가 발생한다. 가해력이 작용하는 지역 중 인구가 집중되어 있는 100개의 지역에 세계인구의 1%라고 하는 많은 인구가 수용되어 있고 이미 50개의 도시가 여기에 있다. 일반적으로 '가해력이 작용하면 빈곤층이 보다 많이 피해를 입게 된다.'라는 공리가 있다.

피해상정(지표) [Is index]

내진 진단 기법으로 정의하는 건물의 내진 성능을 표현하기 위한 날들의 지표로 수평력에 대한 건물이 보유한 강도를 나타내는 지표(C 지표)와 끈기를 나타내는 지표(F 지표)의 곱으로 정의되는 성능기본지표(E_O 지표)에 건물의 구조 계획에서 비정형성이나 노후화에 따른 감소 계수(각각 S_D 손가락 목표, T 지표)를 곱한 값으로 정의된다($Is = E_O \times S_D \times T$). 일본에서 내진 성능 검토 및 내진 수리 계획 후 성능 평가에서 널리 이용되고 있다.

피해업체 [damaged enterprise]

지진, 태풍, 홍수, 가뭄, 해일, 화재 등이나 뜻밖에 일어난 재앙과 고난에 의해 직·간접적으로 피해를 입는 기업들을 말한다.

피해지역 밖 의료시설 [medical services outside of stricken area]

재난발생으로 인한 피해지역 주민들에 대한 의료서비스를 공급하기 위하여 인근지역의 의료시설을 이용하여 공급하는 것을 말한다.

필수 재료 [essential material]

재난이 발생했을 때 생존을 위한 필수재료로서, 비상식·음료, 보온담요·의류, 조명 및 발전장치 등 생존을 위한 필수 재료를 말한다.

ㅎ

하구 밀도류 [density current in river mouth]

하구란 육지 안쪽으로 바다가 들어가 있으며 강이나 하천으로부터 유입되는 담수와 해수가 섞이는 해역이다 이런 하구에서 발생하는 바닷물의 수평적인 밀도 차에 의한 해류이다.

하도유수지 [retarding basin in stream]

주요 홍수방어지역에 가급적 가까운 하천의 중류부의 평지에 하천의 폭을 크게 넓혀 여기에 홍수의 일부를 저류해 하류의 피크유량을 저감시키는 것. 이 방법은 정량적으로 계획하는 것이 어려우며 유수지의 기능을 충분히 발휘하기 위해서는 홍수조절지가 적합하다.

하도정비 [channel improvement]

하도의 유하능력을 증가시킴에 따라 계획홍수량을 안전하게 바다까지 유하시키는 방식이다. 홍수 시의 수위가 지반고보다 너무 높아지지 않도록 필요한 유수단면적이 확보되도록 제방을 쌓거나 저수로 또는 고수부를 준설한다. 하도의 안정을 위해 부유사량도 고려하여 설계하고 필요에 따라 호안이나 수제 또는 바닥막이 등을 설치한다.

하부저수지/보충저수지 [after-bay reservoir/compensation reservoir]

유수(流水)를 저장하여 물의 과다 또는 과소를 조절하는 인공시설로서 하천에서 충분한 용수를 확보할 수 없을 때 중요한 지표수 용수원으로 하부에 위치하여 보충해주는 저수지.

하상계수 [coefficient of river regime]

하천의 한 지점을 계측하여 유량의 최댓값과 최솟값의 비로 나타낸 값을 말한다. 하상계수의 값이 1에 가까울수록 하천의 유량변동 폭이 작으며, 값이 클수록 유량변동 폭이 크게 나타나 불안정한 하천을 말한다. 홍수나 가뭄발생에 따라 하상계수가의 값이 증가하는 원인이 된다.

하상변동해석 [riverbed variation analysis]

하상변동을 지배하는 방정식을 해석적으로 또는 수치계산을 통해 풀어서 하상변동의 재현이나 장래의 예측을 하는 것. 해석적 방법으로서 기초방정식에서 확산형의 방정식을 유도해 그것을 적당한 경계조건을 이용하여 푼다. 수치계산 방법은 지배방정식을 차분법 등을 이용하여 푸는 것이다.

하상유사 [bed sediment/stream bed sediment]

바닥면에서의 토사로 비교적 큰 유사입자들로 구성되어 있으며 소류사로 표현하기도 한다. 바닥면을 따라서 rolling, sliding, jumping로 이동하는 형태를 가진다.

하수도 응급전략 [emergency strategy for sewage system]

가스나 상수도에 비하면 하수도 기능정지에 의한 긴급 위험도는 일반적으로 낮다. 그러나 상수도가 정상적으로 사용될 때에는 하수관거부터 다량의 오수 유출 등 문제도 많다. 여기서 지진발생 직후에는 피해 정보를 수집하여 평가하고 긴급 조치로서 도로, 주변 시설의 영향을 고려하여 위험 개소의 표시, 통행규칙, 이동식 펌프에 의한 배수 하수도 시설의 사용중지가 진행된다. 따라서 2차 재해의 확대방지를 위하여 관로, 맨홀 내부의 토사의 준설, 지수밴드에 의한 압송관의 지수, 이동식 펌프에 의한 하수의 배출, 가수로, 가관거의 설치 등이 응급대책으로 진행된다. 복구에서는 인적 피해에 따른 2차 재해를 방지하기 위한 긴급조치, 하수도의 기능을 임시적으로 확보하기 위한 응급복구, 그리고 시설의 본 복구의 3단계로 나뉘어 복구 전략을 수립할 필요가 있다.

하수도 피해추정 [damage estimation of sewage systems]

여러 곳에서 배출된 가정오수·공장폐수·빗물·지하수 등을 모아서 배제 또는 처리하기 위해 설치된 공작물과 시설물이 지진, 태풍, 홍수, 가뭄, 해일, 화재 등이나 뜻밖에 일어난 재앙과 고난에 의해 직·간접적인 피해수준을 평가하는 일련의 작업을 말한다.

하수도의 복구 [sewage recovery]

하수도가 파괴되면 하수가 유출 지하수를 오염시킬 수 있다. 하수구는 지중에 매설되어 있는데다 흘린 하수가 새는지 여부를 파악하는 것이 어렵고, 특히 파손 개소의 특정이 어려우며, 복구는 비교적 시간이 걸린다. 또한 상수도가 복구되지 않아 하수의 유입량도 적지만, 말단 처리 시설이 피해를 입고 오수 처리는 큰 문제가 된다.

하수 시스템 내진설계기준 [earthquake-resistant standards for sewage system]

지진 내구성이 높은 하수 시스템 설계기준을 말한다.

하안 침식 [bank erosion]

하천 양쪽의 둔덕의 침식현상으로 하안침식은 하안의 구성 재료가 흐름에 의해 운반되어 발생한다.

하안단구 [river terrace/fluvial terrace]

하천의 흐름에 따라 발생하는 계단상의 지형을 말한다. 지각변동과 침식으로 인한 지형의 변동에 따라 곡저평야 내에 계단상을 남기는 하안단구를 형성한다. 경사가 급한 경사면과 평탄한 부분이 교차하며 나타난 곳에서의 평탄한 부분을 단구면이라 부른다.

하와이안 분화 [Hawaiian eruption]

가스 폭발과 화산 쇄설물의 폭발이 없이 조용히 용암을 유출하는 가장 조용한 성질을 보여주는 분화를 말한다. 하와이의 킬라우에아 화산, 마우나로아 화산 등이 대표적인 예이다. 점성이 낮은 현무암질 용암이 홍수처럼 퍼져 나가기 때문에 현무암질 홍수 분화라고도 한다. 액체 용암류가 방사상으로 흘러내려 순상화산을 만든다.

하제 [kasumitei levee/discontinuous levee]

불연속제의 대표적인 제방이다. 제방단부에서 제내지로 홍수를 역류침수 시키기 위하여 제방의 하류단을 개방하고 그 다음에 제방의 상류단을 제 내에 연장하여 중복되도록 한 것이다. 급류하천에서는 보통 출수기는 짧고 또 조용한 침수는 농작물에 거의 해가 없는 까닭에 홍수조절을 위하여 시행된다. 그러나 근년 토지이용이 고도화됨에 따라 하제의 효용은 차츰 없어져 가고 있다. 놀둑이라고도 한다.

하천 사방 기술 기준 [Technical standards for river works]

하천 사방, 해안 등 및 급경사에 관한 사업의 조사, 계획, 설계, 시공 및 유지 관리를 실시하는 데 필요한 기술적 사항에 대한 기준을 정한 것이다. 하천 등에 관한 사업에 관련된 기술의 체계화를 도모하고, 기술 수준의 유지와 향상을 목적으로 1958년에 책정되었다. 하천 사방 기술 기준은 하천법 등 법령에 근거한 것은 아니지만, 제정·개정된 기준은 방안으로 구 건설 성 하천 국장 통지에 관련 부서에 통지되어 있으며, 준용 하천에 관한 사업과 재해 복구 사업을 제외 소관 사업에 널리 적용 되고 있다. 조사, 계획, 설계, 시공, 유지 관리의 5편에서 나며 1976년 이후 개정이 이루어지고 있다. 1997년에는 국제단위계로의 전환, 안전, 환경, 혁신 등의 관점에서 개정의 필요가 생긴 것으로 조사 편, 계획 편, 설계 편에 대한 개정이 이루어졌다.

하천개수, 수로개량 [channel improvement]

홍수 조절과 수로 정비를 위하여 강바닥을 파내고 둑을 쌓거나 물길을 바로 잡는 것을 의미한다.

하천관리시설 [river management facilities]

댐, 제방, 수문, 호안 등 하천의 유수에 의해 발생할 수 있는 공리를 증진시키고 재해를 경감하기 위해 설치한 시설.

하천기본계획 [national census of river environment]

유역의 강우, 하천의 유량, 수질 및 생태, 하천의 이용현황 등 하천의 치수, 이수, 환경에 관한 재반사항을 조사 분석하여 하천의 종합정비 및 이용 자연친화적인 하천관리에 필요한 기본적인 사항을 작성하는 것이다.

하천법 [river law]

하천의 관리를 위하여 여러 사항들을 규정하는 법률을 말한다. 하천 사용의 이익 증진, 친환경적 정비, 홍수나 가뭄을 예방하기 위한 규정하여 공공복리 증진에 기여함에 목적이 있다.

하층제트 [Low level jet]

700~850hPa 대기에서 발생하는 강풍으로 풍향 및 풍속의 변동이 크게 나타나는 것을 말한다. 제트기류는 국내의 집중호의 발생 원인의 56%를 차지하며, 호우의 발생 위치를 결정한다. 하층제트 기류가 지속되는 시간은 길지 않으나 정체되는 경우에 수 일씩 지속되기도 한다.

학교 재난관리 활동 [disaster management activities at schools]

학교에서 재난을 예방하고, 피해를 최소화하고, 신속하게 대처하는 등 재난에 대응하는 일련의 모든 활동을 말한다. 재난관리(disaster management)는 사전에 재난을 대비하며, 재난 발생 후에는 그로 인한 물적 · 인적피해를 최소화하고 본래의 상태로 시설을 복구하기 위한 모든 측면을 포함하는 용어로 재난의 잠재적 원인과 재난의 진행, 그리고 재난으로 인한 결과를 관리하는 것이다.

학교안전조직활동 [organizational activities for disaster management at schools]

학교안전사고 예방 사업과 학교안전공제 사업의 효율적 수행을 위한 조직활동으로 교육활동 중에 발생한 학교안전사고를 예방하고, 학생 · 교직원 및 교육활동참여자가 학교안전사고로 인하여 입은 피해를 신속 · 적정하게 보상하여 학생은 학업에 충실하고, 교직원은 본연의 직무를 수행함으로써 안정적인 교육여건을 조성하는 활동이다.

학교와 피난소 [schools and shelter]

학교는 지역 주민에게 재해 발생 시에 피난하는 곳이며 또한 지방 공공단체의 지역 방재 계획에 의해 학교가 피난소로 지정된 경우가 많다. 피난소로 이용 기간은 재해의 종류와 피해 정도에 따라 다르다, 며칠 이내라는 단기간의 이용으로부터, 경우에 따라서는 수 달 또는 그 이상 이용될 수 있다. 그러나 학교의 본래의 사명은 아동 등에 대한 교육을 실시한 것이며, 학교가 피난처로 이용되기에 따라 자녀들에 대한 교육이 저해되는 일만은 절대 피해야 한다. 그러므로 ① 피난소 운영을 위한 교직원의 업무 내용의 명확화와 역할 분담의 철저, ② 피난소로 이용 기간에 따른 교내 시설의 사용 구분, ③ 피난소 운영에 관한 지역 주민 등과 사전 협의 등을 하는 것이 필요하다. 특히 피난소의 운영은 피난자 스스로 주체적으로 하는 것이 가장 바람직하며, 최종적으로는 이재민의 조기 자립 재건을 위해 가장 중요하다.

학교재난교육 [disaster education at schools]

초등학교, 중학교 등 학급별 각종 재난(화재, 질병, 지진 등)에 대한 대응(대피, 신고 등) 방안 등 교육으로 학급별 눈높이 교육으로(재난 및 안전사고 예방 이론교육, 소화기 사용법 등 실습교육 등) 생활안전상식과 일상생활 안전사고 사례 교육을 통해 자연재해와 생활안전의 종류, 지진, 태풍, 홍수, 황사 등 자연재해 발생 시 행동요령 숙지 등을 일컫는다.

학교재난지침 [disaster guidance at schools]

학교 내(학교현장) 상황별(사회 인적 재난 및 자연 재난 포함) 재난 지침서로 자연재난(홍수, 지진, 태풍 등), 인적재난(화재, 가스폭발 등), 사회적 재난(정전, 테러 등) 등 재난의 형태, 강도 등에 따른 행동요령과 교사와 학생 등 위치에 맞는 행동요령을 제시하는 지침서 또는 그림으로 작성된 지침을 말한다.

한계동수경사 [critical hydraulic gradient]

점착력이 없는 흙의 내부입자 압력이 위쪽방향의 침투수에 의하여 초립자 압력이 제로(0)가 된 때의 동수경사.

한랭전선 [cold front]

한랭기단과 온난기단이 인접하여 상대적으로 차가운 한랭기단이 온난기단의 아래로 파고들어 밀어내는 전선을 말한다. 한랭전선에 따라 소나기, 장마 등이 나타난다.

한풍해 [cold wind damage]

겨울에 강하게 불어오는 바람에 의해 농작물이 입는 피해를 말한다.

함박눈 [aggregates/snowflakes]

온난하고 습윤한 지방에서 여러 개의 눈의 결정이 달라붙어 눈송이가 커져 내리는 눈.

함수량 [water content/moisture content]

수분함량을 의미하며, 일정한 양의 흙 속에 함유되는 수분의 양. 일반적으로는 물의 무게와 흙 입자의 무게와의 비를 백분율로 나타내는 함수비(含水比)로 표시하지만 또는 물의 무게와 흙 전체의 무게와의 비를 백분율로 나타내는 함수율을 사용하기도 있다.

합리식 [rational formula]

유역에서 홍수유출의 피크유량의 추정식. 홍수도달시간 내의 평균강우강도에 유역면적(집수면적)과 유출계수를 곱한 것이다. 강우의 공간적 분포가 일정하다고 가정하고 이론적으로 얻어진 관계식에 근거하여 계산한다. 홍수 시 유량관측자료가 부족하며 상류에 홍수조절시설이 없는 200~300km^2 이하의 중소유역의 치수계획에 이용된다.

항공 소방활동 [air fire fighting]

항공기를 이용한 화재진압활동을 말한다.

항공기 화재 [aircraft fire]

항공기 자체 결함, 사용자의 부주의 등으로 인하여 불이 나는 재난을 말한다.

항만 [port/harbor]

지연 또는 인공으로 축조한 시설물로서 외력으로 작용하는 파랑을 막아서 정온한 수면을 형성하여 비교적 안전하게 선박이 정박하고 계류하여 선박에 적재된 하역물(또는 사람)을 하역하거나 선박에 적재하는 등 수륙을 연결하는 접속시설을 말한다. 선박이 안전한 출입 또는 정박할 수 있는 장소로서 연안지역에 있으며, 사람이나 화물 등 수륙수송을 전환하는 기능을 가진다.

항만구조물 [port structures]

항만의 여러 기능을 수행하는 데 필요한 구조물을 말한다. 이는 선박이 출입하는 항로와 정박을 위한 정박지로 이루어진 수역시설, 바람·파도를 막는 방파제와 육지를 떠받치는 호안 및 수심을 조절하는 갑문 등의 외곽시설, 부두·안벽·잔교 등의 선박계류시설, 도로·철도 등의 임항교통시설, 하역기계 등의 화물처리시설, 창고·사일로·저탄장 등의 보관시설을 기본으로 한다. 그 밖에 여객시설·선박보급시설·폐유처리시설 등이 있으며 이러한 시설이 합리적으로 배치되어 항만의 기능을 한다.

항만시설 피해추정 [damage estimation of port facilities]

선박의 출입, 사람의 승선·하선, 화물의 하역·보관 및 처리, 해양친수활동 등을 위한 시설과 하물의 조립·가공·포장·제조 등 부가가치 창출을 위한 시설이 지진, 태풍, 홍수, 가뭄, 해일, 화재 등이나 뜻밖에 일어난 재앙과 고난에 의해 직·간접적인 피해수준을 평가하는 일련의 작업을 말한다.

항복점 [yield point]

물체의 탄성한계를 넘어서 외력을 증가시켰을 때 급격히 영구 변형이 증가하는 점을 말한다.

해구형 지진 [trench type earthquake]

해양 플레이트가 육지 측 플레이트 아래에 가라 앉아가는 트렌치 부 부근에서 발생하는 플레이트 경계 형 지진. 우리나라 주변에서는 1923년의 간토 지진(M 7.9), 1944년 동쪽 남쪽 바다 지진(M 7.9), 1946년 남쪽 바다 지진(M 8.0), 1968년 앞바다 지진(M 7.9), 1978년 앞바다 지진(M 7.4) 등 수많은 피해 지진의 예가 있다. 플레이트 운동에 의해 끌려 육지 측 플레이트가 갑자기 반사함으로써 발생하는 강한 흔들림과 동시에 매화 바닥의 급격한 융기에 따라 해일을 일으키는 경우가 많다.

해류 [ocean current]

바다에서의 흐름을 총칭하는 말로 다양한 요인에 따라 분류한다. 바람에 의해 발생하는 취송류, 바닷물의 밀도 차이로 인한 밀도류 등으로 나뉘며 발생하는 위치에 따라 표층수와 심층수의 움직임으로 나뉜다.

해변 안정 공법 [shore stabilization method]

파도의 작용에 의해서 변동하는 불안정한 모래를 구조물을 설치해 안정화시키는 공법으로, 침식을 받고 있는 해변과 인공적으로 만든 모래사장의 안정화를 도모할 목적으로 시행된다.

해변의 평형 경사 [equilibrium beach]

해빈의 평형 경사란 일정한 파를 오랜 시간 동안 작용시켜 평형 상태에 도달한 해빈의 단면을 말한다. 해빈이란 해안선을 따라서 해파(sea wave)와 연안류(longshore current)가 모래나 자갈을 쌓아 올려서 만들어 놓은 퇴적지대로서, 특히 해파의 작용을 크게 받고 있다.

해빙 [Sea ice]

바닷물의 동결에 따라 생긴 얼려있는 바닷물의 한 형태를 말한다. 일반적으로 빙하빙이나 빙산 등과는 구별하여 형상과 관계없이 생성된 얼음을 의미한다.

해상공항 [offshore airport]

소음을 방지하고 용지난을 해소하며 안전성을 제고한다는 관점에서 연안 5km 정도의 해상에 건설된 공항으로 건설공법에 매립, 간척, 파일, 플로팅(floating, 부표 가설) 등 4가지 방법이 있다.

해수면 상승 [sea level rise]

지구온난화와 같은 기후변화에 따라 빙하의 융해로 해수량의 상승으로 해수면이 증가하거나 파랑의 발생으로 해안선의 수위가 상승하는 등 다양한 원인에 의하여 해수면이 상승하는 현상을 말한다.

해식절벽 [Sea Cliff]

일반적으로 산지가 해안까지 연결된 암석해안에서 잘 볼 수 있다. 바다로부터 오는 계속되는 침식은 암석의 연약한 부분을 따라서 해식동굴을 만들기도 하며 오랜 시간 동안 파도의 영향을 받고 나면 해식동굴은 무너져 절벽이 후퇴한다. 암석의 강한 부분이 따로 남아 있는 경우 해안선 가까운 곳에 시스택(Sea stack)이라 부르는 작은 바위섬으로 남기도 한다. 해식절벽의 규모는 육지를 이루는 암석의 종류, 바다의 상태 등에 따라 결정되며 지구에서 가장 높은 해식절벽은 하와이 제도의 몰로카이(Molokai) 섬에 위치한 칼라우파파(Kalaupapa)에 있는 절벽으로 해수면으로부터 무려 1,010m나 솟아 있다.

해안 측량 [shoreline surveying]

해안선의 단기, 장기적 변화의 경향을 파악하기 위해 정선 위치의 측량이 이루어진다. 물가 위치의 평면적인 형상을 평판 및 토털 스테이션 등의 측량 기구로 측정한다. 또 항공사진을 이용하면 해변 전체 해안선형 모양을 쉽게 얻게 되는데, 물가의 판정에 오차를 수반하는 것이 있다. 실제 물가 위치는 조위 변동에 따라 이동하기 위해 보통 평균 조위에 대응하는 해안선 위치를 정선으로 한다. 따라서 해변의 비탈을 고려해 조위 보정을 실시할 필요가 있다.

해안변화 [beach change]

조석, 파랑, 기압 변화 등에 따라 해면이 승강하므로, 해안선의 위치, 형태가 변동하는 현상. 장기적으로는 지각 운동, 빙하성 수면 변화, 해식 작용, 육지의 퇴적 작용에 의해 해안의 형태가 바뀐다.

해안보존 [coastal protection]

제방, 돌제, 호안 등을 시설하여 해수에 의한 침식을 방지하고 해안을 보호하는 것을 말한다.

해안보존시설 [coastal protection facilities]

침식 등으로부터 해안을 보호하기 위해 축조된 제방, 돌제, 호안 등을 일컫는다.

해안선후퇴 [retreat of shoreline]

안중표사(해안선에 직각방향성분의 표사)가 탁월한 곳에서는 거친 파도에 먼 바다 방향으로 표사가 발생해 해안선이 후퇴하지만 그 후 파도가 잦아들면 먼 바다에 퇴적된 모래가 해안선으로 다시 회귀하여 가역적인 비치싸이클을 형성한다. 반면 연안표사(해안선에 평행한 방향의 표사)가 탁월방향을 가지는 경우 해안구조물에 의한 표사경로가 차단되어 표사의 하류 쪽 방향에서 해안선 후퇴를 일으킨다.

해양광물자원 [ocean mineral resources]

산업용으로 사용되고 있는 광물 가운데 바닷물 또는 연안역의 해저에서 채집되고 있는 자원 또는 대륙붕이나 대륙붕 외연의 해저에서 채굴되고 있는 자원을 말한다. 해수 자체도 인구 증가에 따른 물의 부족에 대처하기 위한 중요한 자원이라고 할 수 있으며 해양 광물자원은 해수 속의 광물자원, 해수의 담수화, 얕은 바다 밑의 광물자원, 해저하의 광물자원, 심해저의 광물자원으로 나눌 수 있다.

해양구조물 [offshore structures]

인류가 해양이 갖고 있는 공간, 광물자원, 생물자원, 에너지 자원 등을 유효하게 이용하는 행위를 해양개발이라 하며, 해양개발을 위하여 해상 또는 해저에 설치되는 구조물을 통칭하여 해양구조물이라 하는데 수심에 따라 고정식, 반잠수식, 부유식으로 분류한다. 주로 석유 및 천연가스 등의 에너지원의 탐사와 채취에 이용되며, 기타 레저, 항만 및 환경 시설 등으로도 이용된다.

해양예보 [marine forecast]

해양현상과 원인과의 관계를 역학적으로 규명하고, 관계를 이용하여 해양관측자료와 수치예측 모델을 통하여 해황, 해양의 순환, 조석, 조류, 해파, 수질 등에 대한 미래 상태를 예측하는 것. 해양예보를 통해서 해일과 같은 연안 재해를 감소시킬 수 있고, 수산업 등 관련 분야의 경제성을 향상시킬 수 있다.

해양오염 [marine pollution]

해양에 배출된 물질이 바닷물을 오염시키는 일. 대기오염과 환경파괴의 주요 원인이 된다. 해양오염은 여러 형태의 간접적 피해로서 결과가 나타난다. 주된 피해형태로는 해양생물과 서식환경을 직접적으로 파괴하는 경우와 오염생물을 사람이 섭취함으로써 피해를 입는 경우로 구분할 수 있다.

해외재난지원국 [Office of Foreign Disaster Assistance(OFDA)]

대외 원조를 담당하는 미국의 정부 기관인 국제개발처(USAID; United States Agency for International Development)의 산하기관이다.

해일 [surge/hydraulic bore]

폭풍 때문에 발생하는 것은 폭풍해일, 지진이나 화산폭발로 일어나는 것은 지진해일(쓰나미)이다. 해일은 달과 태양의 인력에도 영향을 받는데, 특히 사리 때에 발생하는 해일은 그 피해가 크므로 주의를 기울여야 한다. 해일은 밀물과 썰물의 관측에 쓰이는 검조의(檢潮儀)로 관측한다. 기상청에서는 먼 바다에서 해일이 발생하면 해일전파도를 제작하여 해일의 진행 상황을 파악하고, 해당 지역에 해일경보를 발한다. 해일경보가 발표되면, 그 지역 주민들은 즉시 높은 산 등으로 피난해야 한다.

해저 산사태 [submarine landslide]

해저에서 발생하는 산사태를 말하며, 그 규모는 지상에서 발생하는 산사태와 비교하면 상당히 크기 때문에 심각한 사회적 손실과 인명피해를 초래한다.

해저 유사이송 [submarine debris flow]

해저흐름에 따라 해저 면에서 유사가 이송하는 현상을 말한다.

해저 저부 퇴적물 [sea bed material]

해변 지역에 대한 토사의 공급은, 하천 유송 토사 및 해안 사구, 바다 절벽 붕괴 토사에 의해 충당되고 있다. 하천에서 공급 흙더미는 유송 과정에서, 해안 사구, 바다 벼랑에서 공급 토사도 파도, 흐름의 작용으로, 파쇄, 마모를 통해 도태된다. 연해 표류의 이동을 생각하는 데 중요한 해저 물질의 물리적 성질은, 입경(혼사에 대해서는 입도 분포) 및 밀도이지만, 그 밖에도, 형상, 광물, 공극률, 투수성 등의 성질도 연해 표류량에 영향을 준다. 백색해변의 저부 퇴적물은 혼합 입경이지만, 입경 분포의 대표적인 지표는 도태 계수 S이고, 퇴출된 해변에서는 S=1.25 정도(균일 모래면 S=1.0)이다. 밀도는 석영이 주체가 되는 일반적인 해변에서는 2.65 정도이지만, 광물에 의존하고 3으로 위가 되는 경우도 있다.

ㄱ ㄴ ㄷ ㄹ ㅁ ㅂ ㅅ ㅇ ㅈ ㅊ ㅋ ㅌ ㅍ ㅎ

해저 폭발 [submarine eruption]

해저에서 지각변동에 의한 내부 에너지의 폭발로 인하여 엄청난 에너지가 밖으로 방출된다. 때에 따라 지진해일, 해저 산사태 등이 뒤따른다.

해저 화산 [submarine volcano]

해저에서 발생하는 화산을 말하며, 해저 화산의 분출물에 의한 퇴적이나 융기로 인하여 화산섬이 생기기도 한다. 해수가 마그마와 만나는 순간 수증기 폭발이 생기기도 한다.

해저드 맵 [hazard map]

자연재해에 의한 피해를 예측하고 그 피해 범위를 지도로 만든 것을 말한다. 예측되는 재해의 발생 지점, 피해의 확대 범위, 피해 정도, 피난 경로 및 피난 장소 등을 지도상에 나타낸다. 위험도 지도라고도 한다.

해저지진계 [ocean bottom seismograph]

해저 지진 관측을 위한 장비로서 지진동의 속도를 검출하는 지진계, 파고를 측정할 수 있는 압력식 파고계, 자료 저장 및 전송을 위한 기록계, 그리고 해저케이블로 구성되어 있다.

해저화산 [submarine volcano]

대양저에 위치한 화산으로 주로 솔레아이트 현무암으로 구성된다.

해저화산 해저지형도 [bathymetric chart of submarine volcanoes]

해저화산에 대한 해저 지형을 등심선으로 표현한 그림으로 해저 지형도는 해수면이 더 내려가지 않는 면(기본 수준면)의 깊이를 나타내는 등심선(等深線)으로 해저를 표현하고 있다.

허리케인 [hurricane]

강대한 바람이라는 뜻으로 싹쓸바람이라고 한다. 최대 풍속 64노트 이상의 열대성 저기압의 발생 지역에 따라 명칭이 다르며, 필리핀 근해에서는 태풍(Typhoon), 북대서양 카리브해, 맥시코만, 북태평양 동부에서 발생하는 것은 허리케인(Hurricane)이라 부른다. 지름 320~480km이며 중심 부근에서는 120km/h 이상의 강풍이 불어 인명 및 재산 피해를 입힌다.

허용응력 [allowable stress]

기계나 구조물의 부재의 강도를 설계할 때 외부의 하중을 받아 내부에서 발생하는 응력이 설계단계에서 안전하다고 인정되는 허용된 최대의 값을 말한다.

허용응력 설계방법 [allowable stress design methods]

중량에 의하여 재료가 파괴되지 않고 충분히 견딜 만하도록 인정되어 중량을 가하도록 설계하는 방법.

허용침하량 [allowable settlement]

구조물의 기초에서 발생하는 침하량에 대하여 구조물의 안정성에 영향이 없는 범위의 침하량을 말한다. 기초공법에 따라 기초의 침하량은 구조물이 지지할 수 있는 허용침하량을 넘어서는 안 된다.

현 위치 시험 [in situ test]

일반적으로는 지반을 구성하는 흙의 성질을 살피기 위해 현장에서 하는 시험의 총칭. 샘플링 · 토질 시험 · 표준 관입 시험 및 사운딩 이외에 하는 시험. 평판재하시험 · 말뚝의 재하 시험 · 말뚝의 시공 시험 · 양수 시험이 주된 것이다.

현무암 [basalt]

화산암의 일종. 현재까지는 반려암 또는 노라이트에 대응하는 화산암의 의미로 사용되고 있다. 따라서 염기성 사장석과 철고토 광물(鐵苦土鑛物)을 주성분으로 한다. 1908년 H. Rosenbusch는 현무암이라는 단어를 신생대 염기성 화산암에 사용하였고, 그 이전 시대의 현무암을 특히 흑빈암(黑玢岩)이라고 불렀다. 흑빈암은 많은 경우 변질해 있는 것이 보통이다.

현장점검 [entry for inspection]

행정기관의 명령을 받은 자가 행정법규의 준수를 확인하기 위해, 사무소 · 영업소 · 공장 등에 방문하여 장부설비 등의 검사를 실시하는 것을 말한다.

현장투수시험 [in situ permeability test]

원위치에서 흙 및 지반의 투수성을 현장의 흙 상태에서 조사하는 시험을 말한다. 현장의 흙을 교란시키지 않고 원지반 상태 그대로 지반의 거시적인 투수성을 측정할 수 있다.

호상공 [river bed protection]

하도횡단구조물에 의해 상류로부터의 토사공급정지나 고속의 월류수가 일으키는 하상세굴을 방지, 경감하기 위한 것으로 콘크리트 블록이나 사석을 이용한다.

홍수 [flood]

하천의 범람으로 인하여 주변지역에 피해를 발생시키는 자연현상을 말한다. 국내의 주요 홍수 발생 원인은 여름철 장마전선과 같은 집중호우이며, 농경지나 주택이 침수되어 재산상의 피해 및 인명 손실을 가져온다.

홍수 경보 [warning for flood fighting]

홍수 피해를 사전에 예측하고, 적절한 판단과 신속한 전파를 통해 홍수로 인한 피해를 최소화에 그 목적이 있다. 현재 대한민국에는 4개 홍수통제소, 전국 12개 수계를 대상으로 홍수 경보 시스템이 구축되어 운영 중에 있다.

홍수 추적 [flood routing]

홍수파가 전파되는 상황을 계산으로 구하는 것. 홍수 추적 계산법은 연속식을 기초로 하는 수문학적(水文學的) 방법과 운동 방정식을 이용하는 수리학적 방법으로 대별된다. 수문학적 방법은 다시 저수지에 있어서의 방법과 하천에 있어서의 방법으로 나뉘며 전자에는 펄스법, 계수법 등이 있고, 후자에는 마스킹(masking)법, 저류 함수법에서의 홍수 추적 계산법 등이 있다.

홍수도달시간 [flood concentration time]

홍수가 도달하는 시간을 말한다.

홍수범람 방지 대책 [measures against inundation above floor level]

건설교통부는 홍수범람 방지 대책을 수립하여, 지방국토관리청과 홍수통제소를 통하여 홍수에 대비를 한다. 홍수조절에 저수 역할을 수행할 수 있는 다목적댐과 지난 수해지역에 대하여 하천둑에 흙쌓기 등을 통하여 홍수에 따른 범람을 대비한다.

홍수보험 [flood insurance]

보험인이 홍수로 인한 재산손실에 대해 책임지는 보험으로 우리나라에는 풍수해보험이 있다.

홍수위 [normal top water level for flood season]

하천의 수위 중에서 몇 년에 한 번씩 발생할 정도의 홍수 때의 수위를 기준으로 수공구조물 홍수위를 고려한 설계를 함에 목적이 있다.

홍수조절지(댐) [flood control reservoir]

수력발전, 관개, 상수도, 공업용수 등의 이수(利水)와 홍수 조절 및 사방 등의 치수, 치산을 목적으로 저수지를 설치하기 위하여 하천, 계곡을 횡단하여 축조한 구조물을 말한다. 홍수의 일부 또는 전부를 저수(貯水)하여 수해나 토사의 유출에 따른 재해를 방지하기 위한 저수지로 홍수조절댐이라고도 하며, 하천에 설치하는 것에는 자연조절식과 인공조절식이 있다. 관개, 수력발전, 상수도, 오탁제어(汚濁制御) 등 겸용의 다목적 저수지로서 만드는 경우가 많다. 홍수조절용으로 하천에 설치하는 것에는 자연조절식과 인공조절식이 있다. 자연조절식은 제방에 방류구(放流口)를 뚫고 저수지에 유입한 홍수의 유량이

적을 동안은 이것을 통해 방류되고, 유량이 늘어나면 저수지에 괴도록 되어 있다. 인공조절식은 수위(水位)조절용의 수문에 의해 홍수를 인위적으로 조절하는 것으로 대부분 이 방법을 사용한다.

홍수통제 저류능력 [storage capacity for flood control]

홍수를 예방하기 위한 저류시설물의 홍수를 수용할 수 있는 능력을 말한다.

홍적세 [Pleistocene(series)]

신생대의 마지막 단계이며 오늘날과 같은 기후상태와 대륙빙하가 발달하였던 시기가 교대로 나타나는 대단히 불안정한 기후로 특징되는 시기로, 흔히 '빙하시대(氷河時代)'라고 불리기도 한다. 홍적세의 마지막 단계라고 볼 수 있는 현재는 지나간 마지막 빙하기에 이어지는 간빙기로 볼 수 있다. '제4기(Quarternary)'라고 하는 용어는 18세기에 굳어지지 않은 퇴적물이라는 뜻으로 사용된 것인데, 오늘날에는 홍적세와 같은 시기를 의미하는 용어로 사용되고 있다. 그리고 신생대의 나머지 시기는 제3기로 부른다.

홍적층 [Diluvium]

홍적세(지질시대의 구분으로, 신세대의 최후의 세대)시대에 쌓인 지층을 말하며, 육상의 퇴적물과 해저의 퇴적물로 나뉜다.

화강풍화토 [decomposed granite soil]

화강암이 풍화되어 생성된 흙을 말한다.

화구 [fire ball]

유성 중에서 특히 크고 밝은 것을 말하며 불덩어리 유성이라고도 한다. 화구 중에는 대기 중에서 폭발하며 큰 소리를 내는 것도 있으며 심한 것은 공중에서 완전히 소실되지 않고 지상에 떨어져 운석이 되기도 한다.

화구호 [crater lake]

화구나 칼데라에 빗물이나 지하수가 모여 형성된 호수를 말한다.

화도관 [volcanic (magma) conduit]

화산작용으로 만들어진 관을 말한다.

화산 가스 [volcanic gas]

화산 활동에 의해 분출되는 가스로 수증기가 50~90%, 그 밖에 이산화탄소·수증기·이황화탄소·황화수소로 이루어져 있다. 또한 수소·헬륨·질소·염화수소·플루오르화수소·수은 같은 소량의 휘발성 원소나 혼합물도 포함되어 있다. 마그마로부터 방출되는 특정 가스 혼합물들은 온도, 압력, 휘발성 원소 성분들에 따라 변화한다. 산소는 화산 가스 성분변화에 중요한 역할을 한다. 산소가 부족하면 메탄·수소·황화수소가 안정하나 화산 가스가 대기와 섞이면 이산화탄소·수증기·이황화탄소가 안정하다. 일부 가스는 고압에서 다른 가스보다 마그마에 잘 녹지 않고 분리된다. 이산화탄소는 지하 40km에서 마그마로부터 분리되기 시작하나 황은 마그마가 지표에 거의 도달할 때까지도 방출되지 않는다.

화산 기본 지형도 [topographic map of active volcanoes]

화산 분화 예측 프로그램의 한축, 기초 자료 정비의 일환으로서 국토 지리원이 활화산을 대상으로 연차적으로 정비해 온 5,000분의 1혹은 1만분의 1지형도. 1997년 현재 20곳의 여러 화산 지형도가 간행되어 현저한 분화된 이즈오 섬, 미야케 섬, 운젠 흐겐다케에 대해서는 수정 표가 만들어졌다. 용암 흐름과 화산 쇄설류 등의 분출 물량의 추정, 화산 관측, 화산 재해 예측도 작성, 화산 지질 조사 등, 다방면으로 활용되고 있다.

화산 돌기 [volcanic spine]

화산암침과 같은 의미로 사용되며 유동성이 큰 용암이 굳어서 된 용암 기둥이다. 화산 활동의 최후 단계로 유동성이 큰 용암이 화도에서 밀려 올라온 것으로 처음부터 거의 굳어버린 상태의 용암이 화구 위에 솟아 오른 것이다. 화산폭발이 끝난 이후 2~3주 사이에 탑처럼 높이 솟아오르다가 붕괴되어 없어지기도 한다.

화산 모니터링 [volcano observation/volcano monitoring]

화산 감시와 같은 의미로 사용되며, 전 세계 활화산들의 화산폭발 위험을 사전에 경고하여 피해를 최소화하기 위한 활동을 말한다.

화산 모래 [volcanic sand]

화산 모래는 화산쇄설물 중 하나로서 화산재와 같은 뜻으로 사용되며, '폭발적인 화산분출로 생성된 2mm 이하의 크기를 갖는 화산기원 입자'로 정의된다. 하지만 순수한 화산쇄설물의 분류명명에서는 화산진, 화산력 등의 명을 사용하고, 화산모래라는 용어는 사용하지 않는다.

화산 분출물 [volcanic product]

화산 활동에 따라 마그마가 분출할 때 고온의 마그마 물질이 지표사이로 방충되는 현상을 말한다. 화산 분출물은 화산가스, 화산쇄설물, 용암으로 구성되어 있다. 화산분출물의 양에 따라 규모가 결정되며, 중량이 큰 조립질의 분출물이 쌓이고 가벼운 세립질은 바람에 날아간다.

화산 승화물 [volcanic sublimate]

화산 지대에서 분기공, 황기공 등을 통해 분출되는 고온의 가스가 분출될 때, 화산 가스 속 광물 성분이 압력 및 온도 저하, 공기에 의한 산화(酸化), 주변의 광물과의 반응 따위로 굳어진 것 광물을 통틀어 이르는 말이다. 황, 염화암모늄, 붕산 따위가 이에 해당한다.

화산 위험 예측 [volcano hazard assessment]

산체 변형, 화산성 지진, 그리고 화상 분출량 등의 자료를 종합해 화산 분화를 예측하고, 화산의 위험성과 유해성 등을 평가하는 활동을 말한다.

화산 위험도 [volcanic hazard map]

과거에 발생한 화산자료를 통계적인 방법으로 해석하여 어떤 지역에서 주어진 기간 동안에 발생할 화산의 크기를 등치선의 형태로 나타낸 지도를 말한다.

화산 재해 [volcanic disasters]

화산 활동과 동시에 발생하는 용암, 화산 가스, 화산재, 화신이류 등에 의한 재해와 더불어 화산 활동이 발생하기 전과 후에 발생하는 지진과 해일 등을 포괄한 모든 재해를 말한다.

화산 지각 변동 [volcanic crustal (ground) deformation]

화산 활동에 의해 형성되고 변형되는 지각의 모든 상태를 말한다.

화산 지형 [volcano-tectonic depression]

화산 가스, 용암, 화산쇄설물 등의 형태로 지상에 방출되어 퇴적작용으로 형성되는 지형을 포함하여, 폭발적인 분화에 따른 붕괴나 함몰로 형성된 지형 모두를 포함한다.

화산 폭발 [summit eruption]

지구 내부의 에너지가 화살활동으로 인해 고체, 유체, 기체의 형태로 발산하는 것을 말한다. 정상에서부터 용암이 서서히 흐르는 폭발에서부터 화산쇄설류가 격렬하게 뿜어져 나오는 폭발 등이 있다.

화산 폭발 지수 [volcanic explosivity Index(VEI)]

화산 폭발 지수(火山爆發指数)는 1982년에 미국지질연구소의 크리스토퍼 뉴홀(Christopher G. Newhall)과 하와이대학의 스테판 셀프(Stephen Self)에 의해 고안된 화산의 폭발력을 나타내는 지수다. 화산 자체의 크기가 아니라 폭발의 크기를 보여주는 지표로써 화산 분출물의 양으로 화산 폭발 지수를 표기한다. 0부터 최대 8까지의 규모로 구분되며, 화산 폭발 지수가 1 올라갈 때마다 분출물의 양은 대체로 10배가 된다.

화산력 [lapilli]

화산분화에 의해 발생한 화산암편 혹은 화산쇄설물을 말한다. 화산암편은 그 크기에 따라 화산암괴(火山巖塊, 64mm 이상), 화산력(火山礫, 2~64mm), 화산회(火山灰, 1/16~2mm), 화산진(火山塵, 1/16mm 이하) 등으로 나뉜다. 이 중에서 화산력은 지름이 2~64mm에 해당하는 것으로 역질 응회암(Lapilli tuff)으로 고결되며, 형태는 여러 가지로 일정하지 않다.

화산뢰 [volcanic thunder/volcanic lightning]

화산뢰(火山雷)는 화산이 폭발할 때 뿜어나오는 연기 속에서 발생하는 불꽃 방전을 말한며, 화산 분출물들의 상호 마찰에 의해 발생한다.

화산분출물 [volcanic ejecta]

화산분화에 의해 화구로부터 공중으로 분출되는 가스, 용암, 암편 또는 암석가루 등을 통틀어 화산분출물이라 정의한다. 좁은 의미로는 화산가스를 제외한 모든 고체나 액체상태의 물질을 말하기도 한다.

화산성 미동 [volcanic tremors]

활동 중인 화산 부근에서 지진계에 기록되는 1~ 9Hz 정도의 사인파의 미동으로, P파와 S파의 구별이 되지 않으며, 발생시간은 수십 초부터 수 일까지 다양하다.

화산성 우뢰 [volcanic rumbling]

화산성 우뢰는 화산이 분출 또는 활동할 때 으르렁 거리는 소리와 현상을 말한다.

화산성 지진 [volcanic earthquake]

지구조 운동보다는 화산활동에 의해 일어나는 것으로 생각되는 지진을 말한다. 화산 및 그 주변에서 발생하는 지진으로, 진원의 깊이는 지표에서 대략 10km 이내의 지각상부이다. 규모는 작은 편이나 가끔 큰 지진이 발생한 예도 있다. 통상의 지진과 같이 응력집중에 의해 지각이 파괴되어 생기는 p파와 s파의 위상이 명확한 지진과 마그마의 관입발포 등에 의해 지표 부분에 발생하는 저주파가 탁월한 지진으로 대별된다.

화산쇄설물 [pyroclastic material]

화산분화에 의해 지상에 방출된 후 퇴적된 파편상의 고체물질의 총칭이다. 줄여서 화쇄물이라고도 한다. 화산쇄설물은 크기와 모양에 따라 분류한다. 직경이 64mm 이상인 것을 화산암괴, 2mm 이상 64mm 이하인 것을 화산력, 2mm 이하인 것을 화산재, 특히 0.06mm 이하 미세한 가루는 화산진이라고 한다.

화산암 [volcanic rock]

화산으로 마그마가 지각 외(지상, 수중, 공중)로 분출 또는 지각의 얕은 곳으로 관입해서 형성된 화성암을 말한다. 지표나 얕은 지하에서 급속히 냉각, 고결이 진행되므로 광물입자가 매우 작은 결정질 또는 유리질이다, 그 종류로는 유문암, 안산암, 현무암 등이 있다.

화산이류 [lahar]

화산회를 포함한 화산쇄설물 등이 다량의 수분을 함유하여 유동성의 액체형태가 되어, 초속 수십 m의 고속으로 산기슭을 흘러내리는 현상을 말한다.

화산자갈 [volcanic gravel]

화산암석이 5~40mm 정도의 크기로 부서져서 만들어진 돌을 말한다.

화산작용 [volcanism]

마그마와 그의 기체 성분이 지각으로 올라와 지표로 분출하는 과정 혹은 마그마의 지하에서의 활동을 포함한 지각 내외의 모든 활동을 말한다.

화산재 [volcanic ash]

화산이 폭발할 때 분출된 화성쇄설물 가운데 지름이 0.25~4mm 정도의 작은 알갱이들의 퇴적물을 말한다.

화산재 낙하 [ash fall]

화산활동에 의한 강력한 화산 폭발로 대기 중으로 분출된 화산재가 지표에 낙하하는 현상을 말한다.

화산재 제거 [removal of volcanic ash]

도로, 주택, 경작지 등 생활구역에서 화산재를 제거하는 것.

화산지진 [volcanic earthquake]

화산지진(火山地震)은 화산이 폭발성 분출 시 혹은 지하에 마그마가 관입할 때에 일어나는 지진을 말한다. 해저에서는 대양저 산맥 능선부를 따라 발달한 열곡에 맨틀이 대류하면서 상승하는 마그마가 해양지각 내로 밀려들어와 해양지각에 새롭게 첨가될 때도 지진이 일어나는데, 이것도 화산지진에 포함시킨다.

화산탄 [volcanic bomb]

화산탄(火山彈)은 화산분출 시에 주로 폭발에 의해서 유동성이 큰 용암 덩어리가 상공으로 높이 솟아오르면서 냉각되어 괴상으로 형성된 화산쇄설물을 말한다. 공중에서 비행하는 동안에 특유의 외형, 표면의 모양, 내부 구조를 갖게 된다. 외형이 거의 결정된 후에 냉각에 동반하는 고화나 발포가 이루어지므로, 특징적인 표면 문양이나 외형에 조화를 이루는 내부 구조를 가진다. 이들 형태는 가역성의 용암편이 분화구로부터 방출되어 공중을 비행하여 지상에 떨어지기까지의 사이에 생기므로, 구상, 타원상, 막대상, 방추형, 판상 등 다양하다.

화산폭발 규모 [scale (magnitude) of volcanic eruption]

화산 폭발의 크기. 분출된 용암, 화성 쇄설암 등의 총량과 분화의 총 에너지 양으로 나타낸다. 쓰야(1955)는 분출 물량의 자리 수에 따라 10단계 폭발 강도 층을 정의했다.

화산폭발예측 국책사업(화산폭발예측사업) [national project for prediction of volcanic eruptions]

일반기업에서 하기 힘들고 국민을 위한 정책적 사업으로, 화산폭발재난을 예측하기 위하여 국가가 하는 사업을 말한다.

화산활동 [volcanic activity]

마그마가 지표 및 지하에서 일으키는 모든 현상을 말한다. 지구 내부의 암석 물질이 녹아서 만들어진 마그마는 상승 작용을 하는데, 그 과정에서 지각의 틈을 뚫고 지표로 분출될 때 일어나는 여러 과정이나 현상을 화산 활동이라고 한다. 대부분은 지표면을 이루는 거대한 암석권의 판들이 충돌하거나 갈라지는 곳에서 일어나며 판 운동의 방향과 크기에 대한 중요한 정보를 준다. 지표로 분출된 마그마에서 기체가 빠져나간 것을 용암이라고 하는데, 화산 활동이 일어나면 폭발과 함께 용암과 화산 가스, 화산탄, 화산재 등이 뿜어나온다. 이 물질들로 인해 화산 지역에 인명·재산 피해가 생기기도 하지만 화산재가 쌓여 영양분이 풍부한 토양이 되거나 마그마가 식어 유용한 광물이 되기도 하고 온천과 간헐천 같은 관광 자원이 만들어지기도 한다. 화산 활동은 짧은 시간에 지표의 모습을 변화시키는데, 평평하던 땅에 높은 화산이 만들어지거나 제주도나 독도처럼 바다 가운데 화산섬을 만들기도 한다.

화산회 [volcanic ash]

화산회(火山灰)는 대부분 직경 4mm 이하의 암편으로 이루어진 화산쇄설물로 고결되지 않는 것을 말한다. 일반적으로 1932년 미국 지질학자인 체스터 웬트워스(Chester. K. Wentworth, 1891~1969) 정의가 사용되는데, 1966년 리처드 피셔(Richard. V. Fisher, 1929~2002)는 직경 2mm 이상을 화산회로 정의하고 있다. 화산이 활동할 때, 분출된 부스러기 상태의 미세한 입자들은 떨어지면서 바람으로 먼 곳까지 날아가 넓은 지역에 광범위하게 쌓여 분포한다. 화산회는 광물조성이 특이하여 다른 화산회 퇴적물들과의 구별이 가능하다. 백두산 또는 울릉도에서 분출한 화산재는 바람에 의해 일본 열도까지도 운반된다. 입자의 크기에 따라 지름 64mm 이상인 것을 화산암괴, 4~64mm를 화산력, 4mm 이하를 화산재, 0.25mm 이하의 미세한 가루를 화산진이라 한다. 습윤 또는 아습윤 기후에서 화산회와 그 밖의 화산 분출물로 이루어지는 토양을 화산회토라고 한다.

화성쇄설물 [pyroclastic material]

폭발적인 화산 분화에 의해 지표로 분출된 파편상의 크고 작은 고체물질로서 화구에서 직접 방출된 쇄설물만으로 한정하여 말한다.

화성쇄설암 [Pyroclastic Rock]

폭발적인 화산활동으로 분출된 화산쇄설물이 고결되어 이루어진 암석이다. 직접 화산활동에 의해 퇴적된 암석 외에도 바람이나 유수에 의해 재 퇴적된 암석도 포함한다.

화쇄 서지 [pyroclastic surge]

고속으로 확산하는 밀도가 작은 화산 쇄설물과 가스의 혼합체를 말한다. 화쇄류는 세곡을 따라 흐르지만 화쇄 서지는 산 능선도 넘으며, 산림과 구조물을 파괴할 정도로 고속이며 화재를 일으킬 정도로 고온이다.

화쇄류 [pyroclastic density current]

여러 가지 화산쇄설물이 한 덩어리가 되며 고온의 가스와 혼합되어 고밀도의 흐름을 형성하고 고속으로 흐르는 현상으로 혼합물의 밀도가 높은 경우 계곡 등 낮은 지형을 따라 시속 수십 km에서 수백 km 이르는 고속으로 흐르는 pyroclastic flow와 밀도가 낮은 경우 난류에 의한 측면 확산이 수반되고 상대적으로 저속으로 흐르는 pyroclastic surge로 구분된다.

화약 [explosive/gun powder]

산화제와 연료를 혼합하여 급속히 연소반응을 완료할 수 있도록 한 물질을 가리킨다. 다른 의미로는 고체 또는 액체 폭발성 물질로서 일부분에 충격 또는 열을 가하면 순간적으로 전체가 기체물질로 변하고 동시에 다량의 열을 발생하면서 기체의 팽창력에 의해서 유효한 일을 하는 물질을 뜻한다. 연소의 전파속도(연소파)가 로켓의 추진약과 같이 탄성파보다 저속의 폭약과 다이너마이트와 같이 탄성파보다 고속의 폭약으로 나눌 수 있다.

화염 [flame]

연료와 공기가 공간에서 타고 있는 상태이다. 화염은 외염, 내염, 염심의 형태로 구분되며, 가연 기체(연소 가스나 가연 증기)가 공기와 반응하여 연소하면서 발광하는 부분을 말한다.

화염전파 [flame spread]

고체의 표면에 착염(着焰)하여 착염 영역이 확대해가는 현상이며, 압축된 혼합 가스가 스파크 플러그에 의해 점화하면 연소가 시작되고 플러그 선단을 중심으로 불꽃은 점점 퍼져가서 최고 압력에 도달하는 현상을 말한다.

화이트 아웃 [whiteout]

겨울철 악천후에 자주 발생하는 현상으로 주변을 구분하기 어려운 상황을 말한다. 강설과 산안개로 인해 시계가 하얀색 일색이 되어 모든 것이 하얗게 보이며, 원근감, 공간감이 없어지는 현상이다. 백시(白視) 또는 시야상실(視野喪失)이라고도 한다. 등반 중에 화이트 아웃 상황이 되면 설면과 공간 간의 경계 구분이 어려워 행동 장애를 초래한다. 또한 시계 불량으로 한 지점을 중심으로 원을 그리며 방황하는 환상방황 상태에 빠질 수도 있다.

화재 기류 [fire plume]

화재 시에 발생하는 기류, 열대류 현상의 일종이지만, 화재가 원인이 되는 경우는 화재 기류라 한다.

화재 소용돌이 [fire whirl]

화재 악마, 화재 토네이도라고도 불리며, 화재에 의해 유도된 불꽃들로 구성된 회오리바람이다.

화재 시 행동요령 [fire action plan]

① 불을 발견하면 "불이야" 하고 큰소리로 외쳐 다른 사람에게 알리고 화재경보 비상벨을 누른다. ② 엘리베이터를 이용하지 말고 계단을 이용하되 아래층으로 대피가 불가능한 때에는 옥상으로 대피한다. ③ 불길 속을 통과할 때에는 물에 적신 담요나 수건 등으로 몸과 얼굴을 감싼다. ④ 연기가 많을 때는 한 손으로는 코와 입을 젖은 수건 등으로 막고 낮은 자세로 이동한다. ⑤ 방문을 열기 전에 문손잡이를 만져 보았을 때 뜨겁지 않으면 문을 조심스럽게 열고 밖으로 나간다. ⑥ 출구가 없으면 연기가 방 안에 들어오지 못하도록 물을 적셔 문틈을 옷이나 이불로 막고 구조를 기다린다.

화재 원인 [fire cause]

자연발화, 실험 또는 어떠한 작업도중 부주의에 의한 발화, 전기합선, 담배꽁초나 모기향에 의한 발화, 가스폭발, 어떠한 물질이 지속적으로 열을 받아 분해하기 시작하는 분해열에 의한 발화 등이 있다.

화재 하중 [fire load]

화재의 규모를 판단하는 척도로서 화재실 또는 건물 안에 포함된 방화지역에 있는 모든 가연성 물질의 완전연소에 의해 발생하는 방화지역의 단위면적당 열량을 의미한다. 한 건물에 대한 화재 하중은 내부의 가연물 양으로 정해지며, 인접 건물에 대한 화재 하중은 내부 가연물의 양과 화재 건물의 구조를 포함한 것이 된다.

화재계속시간(연소지속시간) [fire duration time]

건축물의 화재 시 불이 번지면서 부터 가연물이 타게 되어 불이 꺼져가기까지의 시간으로 방화공학에서는 화재의 최성기의 시간을 말한다.

화재대응능력 표준 [standard of fire defence capabilities]

소방공무원에 한하여 화재에 대하여 화재진압관련 능력을 평가하기 위한 기준(소방방재청훈련 제 345호, 2013)이다.

화재방지 원조협정 [mutual aid agreement on fire protection]

화재재난을 예방하고 방지하기 위해 상호부조로 원조를 함을 약속하는 협정이다.

화재연소 임계거리 [critical distance of fire spread]

화재 시 한 건물의 불이 다른 건물에 옮겨 붙어 번지는 일을 화재연소라고 한다. 이러한 화재의 연소가 일어나지 않을 최소의 거리를 말한다.

화학물질에 의한 출화 [fire break-out from chemicals]

출화는 점화원과 그 주변에 있는 가연물(착화물)이 결부되어 일어난다. 출화는 본격적인 화재로 결부되는 것이 아니고, 80%는 작은 불이나 부분연소이며, 20%가 본격적인 화재로 발전한다.

화학물질의 접촉 [contact of chemicals]

본래 화학물질은 혼합물과 대비되는 순수(純粹)물(하나의 단체(單體) 또는 화합물과 같이 기계적 조작(여과 등) 또는 상태변화(증발, 증류 등)에 의해서 2종의 물질로 분리할 수 없는 물질이라고 해석되지만, 일반적으로 이들 가운데 화학적으로 제조되는 것을 말하고 있는 일이 많다. 산업현장에서 다양한 화학물질이 사용되고 있으며, 그 취급이 부적합하면 단독 또는 복합으로 다양한 영향을 주위에 미친다. 이 결과 폭발화재, 만성 또는 급성중독, 피부장해, 직업암 등 여러 가지 산업재해가 발생한다.

확률론적 분석 [probabilistic analysis]

어떤 단일 독립시행(trial, 실험 또는 관찰)에서 나올 수 있는 가능한 결과들의 확률을 계수적(combinatorial) 기법으로 도출할 때 확률론적분석이라고 한다. 확률론적 분석기법은 해석조건이나 입력물성치의 불확실성을 고려하기 위하여 주로 실시하며, 일반적으로 많이 사용되는 방법으로는 몬테카를로 기법(Monte carlo simulation)과 일차신뢰성분석법(First order reliability method)이 있다.

확률수문량 [probabilistic values of hydrological variable]

어느 값에 대해 비초과확률이 $1/T$ 또는 초과확률이 $1/T$인 수문량이다. 여기서 비초과확률이 $1/T$인 수문량을 재현기간 T의 비초과확률수문량, 초과확률이 $1/T$인 수문량을 재현기간 T인 초과확률수문량이라 한다. 확률수문량은 수문량의 histogram에 적합시킨 확률분포로부터 계산된다. 따라서 어떠한 확률분포를 이용할 것인가 또는 그 확률분포의 매개변수 산정은 무엇을 이용할 것인가에 따라 확률수문량이 달라지므로 주의가 필요하다. 최근에는 수문량의 시계열에 비정상성이 존재한다는 것이 밝혀졌다. 이렇게 되면 확률분포는 시간(년)에 따라 변화하므로 확률수문량을 시간적으로 변화시키지 않으면 안 된다.

확산 [diffusion]

서로 다른 농도(밀도)의 물질이 혼합되었을 때, 밀도 차이나 농도 차이에 의해 물질을 이루고 있는 입자들이 농도(밀도)가 높은 쪽에서 농도(밀도)가 낮은 쪽으로 액체나 기체 속으로 분자가 퍼져 나가면서 시간의 흐름과 함께 농도(밀도)가 균일해지는 현상을 말한다.

확산불꽃(염) [diffusion flame]

확산 염소에 의해 생긴 화염을 말한다. 염은 길고, 황색 또는 적색의 휘염이다. 연소 과정에 화염 중에 생성한 탄소 입자의 고온도 연소에 의한 것이다.

환경영향평가 [environmental impact assessment]

토지형상의 변경, 공작물의 신설 등의 특정 공공사업을 시행함하는 데 「환경영향평가법」에서 규정하는 공공사업에 의한 환경의 영향을 사전에 조사, 예측, 평가하여 그 결과를 바탕으로 환경보전조치를 검토하여 사업을 환경보전 차원에서 보다 환경영향을 피하거나 줄일 수 있는 방안을 강구하는 것을 말한다.

환경오염 [environmental pollution]

공장 또는 사업장 등의 생산 활동, 자동차, 기차, 항공기, 선박 등의 수송활동, 냉난방, 취사, 여가선용 등 일상생활을 포함한 각종 인간활동에 의해 유발되는 인위적인 대기오염, 수질오염, 토양오염, 소음, 진동, 지반침하, 악취 등의 발생량이 자연계의 회복 능력을 넘어서 유해 또는 악영향의 영역으로 넘어가 자연환경이나 생활환경을 손상시키고 궁극적으로는 사람의 생활 및 건강에 유해한 영향을 미치는 현상을 말한다.

환경오염원 [environmental hazards]

환경오염이 발생하는 주된 원인으로 보일러, 연소로, 도료제조, 핵폭발, 생활하수, 농약, 방사성 물질, 세제 등 종류가 대단히 다양하다.

환경저하 [environmental degradation]

사업 활동, 그 밖의 사람의 활동에 수반해서 생기는 대기오염, 수질오염, 토양오염, 열오염, 소음, 지반의 침하, 악취 등 환경오염으로 인하여 자연회복기능 자체가 사라지는 것을 말한다.

환경호르몬 [endocrine disrupting chemicals]

환경호르몬은 내분비계 교란물질(endocrine disruptors)로 생체 외부에서 들어와 내분비 기관 안에서 호르몬의 생리 작용을 교란시키는 화합물이다. 정확한 명칭으로는 외인성 내분비 교란 화학물질이며, 우리 몸에서 정상적으로 만들어지는 물질이 아니라, 산업 활동을 통해 생성, 분비되는 화학물질이다. 환경 호르몬은 생체 내 호르몬의 합성, 방출, 수송, 수용체와의 결합, 수용체 결합 후의 신호 전달 등 다양한 과정에 관여하여 각종 형태의 교란을 일으킴으로써 생태계 및 인간에게 영향을 주며, 다음 세대에서는 성장 억제와 생식 이상 등을 초래하기도 한다.

환기계수 [ventilation factor]

환기계수(換氣係數)는 호기 시 잔류공기와 새로운 흡기 시 전폐 공기량간의 용적비를 말한다.

환기지배형 화재 [ventilation controlled fire]

화재 중기 이후 가연물의 연소속도가 공급되는 공기의 양보다 빨라서 화재의 형태가 환기요인에 의해 영향을 받는 화재를 말한다. 내화조 건축물에서 환기지배형 화재는 환기계수에 의해 그 최고 온도가 달라지며, 환기계수가 커지면 옥외 분출화염이 발생할 가능성이 높아진다. 따라서 건물의 붕괴방지 및 인접건물로의 연소 확대 방지 등을 위해서는 환기계수 등 최고온도와 지속시간에 영향을 미치는 다양한 인자를 고려한 성능위주의 내화설계가 필요하다.

환태평양 지진대 [Circum-Pacific seismic zone]

태평양을 둘러싼, 고리형의 활발한 지진대로서 화산대와 지진대가 겹쳐 있고 습곡산맥이 발달하고 호상열도가 분포되어 있는 지대이다. 지중해-히말라야의 유럽-아시아 지진대와 함께 지각이 가장 불안정하고 약한 지대이다. 이 지대에서는 진원(震源) 깊이 300~700km의 지진이 보통 일어난다.

환태평양 화산대 [circum-pacific volcanic zone]

태평양을 둘러싼 남북미 대륙의 서해안, 알류산열도, 일본열도, 필리핀, 뉴우기니, 뉴질랜드에 이르는 화산대를 말한다. 환태평양화산대는 동시에 지진대이기도 하며, 환태평양조산대와도 일치해 지질시대의 제3기 이후 현재에 이르는 지구상 최대의 변동대를 이루고 있다.

활단층 [active fault]

지질시대 중 신생대에 활동하고 현재도 활동이 계속되는 것으로 보이는 단층. 단층의 활동은 연속적이 아니고 간헐적이며 수백 년 또는 수천 년에 한 번 급격하게 움직인다. 사람은 아주 갑작스러운 지진으로 느낀다.

활만경 [silkenside]

암반이 움직일 때, 마찰에 의해 형성되는 매끄러운 면. 그 위에 평행한 라인과 층으로 요철 부분이 있고, 변위 방향의 판별이 가능한 경우가 있다. 지진으로 인해 지표에 생긴 신선한 단층면에서 볼 수가 있다.

활성단층 [active fault]

활성단층 혹은 활단층이라고 표기하며, 그 정의는 지표에 나타난 단층 중 제4기 후기 사이에 변위를 반복한 형적이 있고 금후에도 같은 활동을 할 가능성이 클 것으로 보는 단층을 말한다. 또는 충적세 동안 지진 활동의 지질학적 증거나, 역사적으로 연 평균 1mm 이상의 미끄러짐이 있는 단층을 말하기도 한다.

활화산 [active volcano]

현재 분화(噴火)를 되풀이하고 있거나 분연(噴煙)이 올라가는 등 활동 중인 화산, 또는 앞으로도 분화나 분기의 활발화 · 지진 군발 · 명동(鳴動) 등의 화산성 이상현상이 일어날 것으로 인정되는 화산을 의미한다. 즉, 과거에는 활동 여부에 따라 활화산, 휴화산, 사화산으로 구분하였으나, 현재에는 넓은 의미에서 종래에 규정하였던 휴화산과 일부의 사화산까지도 활화산으로 구분하여 정의한다.

황사 [yellow sand dust/Asian duststorm]

한랭전선을 동반한 저기압이 발생할 때 생선된 강한 상승공기에 의하여 대기 중에 퍼진 미세한 모래먼지가 지상으로 서서히 떨어지는 현상 또는 떨어지는 모래흙을 말한다. 우리나라에서의 황사현상은 중국이나 몽골 등 아시아 대륙의 중심부에 있는 사막과 황토 지대의 작은 모래나 황토 또는 먼지가 하늘에 떠다니다가 상층 바람을 타고 멀리까지 날아가 떨어지는 현상을 말하며 마그네슘·규소·알루미늄·철·칼륨·칼슘 같은 중금속산화물이 포함되어 있다.

황토 [Loess]

주로 실트 크기의 입자들로 구성되어 있으며, 탄산칼슘에 의해 느슨하게 교결되어 있는 연황색 퇴적물이다. 황토는 대개 균질하며 층리가 발달되어 있지 않고 공극률이 크다. 또한 퇴적층을 수직방향으로 갈라지게 하는 열극이 발달해있다. 두꺼운 황토층은 두께 1~5m의 황토단위층으로 구성되어 있는데, 각각의 황토단위층은 황토층이나 황토와 유사한 퇴적층을 협재하고 고토양층과 모래층 등의 유사한 물질을 포함하고 있다. 오늘날 황토는 온대지역과 사막 주변부에 나타나는 반건조지역에 가장 넓게 분포하며, 지표면의 약 10%를 덮고 있다.

황폐 계류 [torrent stream]

황폐산지로부터 생산된 토사가 공급되어 계상 변동이 빈번한 계류로서, 유로의 길이가 짧을 뿐만 아니라 계상 물매(斜度)가 급하고 불규칙적이며, 유량과 사력의 이동이 많아 홍수나 도석류 등이 자주 발생한다. 황폐계류가 계곡 밖에서 농경지 등과 접속될 때에 야계(野溪, torrent)라 하나, 일반적으로 야계를 황폐계류와 유사한 의미로 사용하는 경우가 많다.

회로자동차단기 [circuit breaker]

과부하나 합선으로 인한 전기회로의 손상을 방지하기 위해 고안한 장치로서, 회로 보호하기 위하여 전류를 차단하는 자동 전기스위치의 일종이다.

회복도 [resiliency]

외부 힘에 의해 변형을 일으킨 물체가 힘이 제거되었을 때 원상태로 되돌아가려는 성질을 말한다.

횡단층 [lateral fault]

상대측의 암반이 자기 앞의 암반에 대하여 어긋난 방향을 보고 구별하여, 암반이 거의 좌우로 어긋나 발생하는 좌 어긋남 단층과 우 어긋남 단층 등의 주향이동단층이다.

후지타 등급 [Fujita scale]

토네이도의 강도를 분류하는 관측 기준표를 말한다. 미국 시카고 대학교 기상학 교수인 테츠야 후지타(Tetsuya Theodore Fujita)가 1971년 엘렌 피어슨(Allen Pearson)과 함께 풍속과 피해액을 토대로 하여 토네이도의 강도를 분류하는 6단계 관측 기준표를 개발하였으며, 이 표는 1916년 이후 26,000건의 토네이도를 조사하여 얻은 것이다.

후화산 작용 [post-volcanic action]

화산이 사화산의 상태에 들어간 후에 화산체 및 그 주위에서 수증기, 유황기체, 이산화탄소를 분기공을 통하여 분출하며 이루어지는 작용으로, 온천, 간헐천, 탄산천을 용출 등을 말한다.

휨강도 [flexural strength]

휨 시험에 의한 재료 파괴 시의 휨 모멘트를 단면 계수로 나눈 값을 말하며, 휨 방향으로 작용하는 응력에 대한 저항성을 의미한다. 휨 강도는 주철, 콘크리트 등 취성 재료의 인장 강도를 판단하기 위해서 사용한다.

휨파괴 [bending failure/flexural failure]

굴곡 압력에 의해 발생하는 도체 회로의 파괴(불량)으로 주어진 굴곡 압력에 대해 특정 시간 동안의 저항력 증가치로 표시한다.

휴면 화산 [dormant volcano]

과거에는 분화하였으나 현재 분화를 중지하고 활동하지 않는 화산 혹은 장래에 분화가 예상되는 화산이다. 그러나 현재의 개념으로는 현재 활동을 하고 있지 않지만 분화가 예상되는 것은 넓은 의미의 활화산으로 구분하며, 과거에는 분화하였으나 앞으로 분출할 가능성이 없는 것은 큰 의미로 사화산으로 구분하여, 현재의 개념으로 휴화산은 사용하지 않는다.

흐름 바닥경사 [stream bed slope]

평수 시 하천의 바닥경사 또는 지반경사를 말한다.

흐름분리 [separation of flow]

무딘 물체 주위의 흐름은 전연의 우각부나 곡면상의 어떤 점에서 벗겨져 뒤쪽으로 밀쳐 구분되는데, 이 현상을 흐름의 박리라고 한다. 또 뒤쪽으로 밀려난 박리류가 물체의 뒤쪽 어느 부분에 다시 합치는 것이 있는데, 이를 흐름의 재부착이라 한다.

흡입 [suction]

일반적 정의로 액체 혹은 기체의 물질을 관 등을 통해 빨아올리는 것 또는 필요한 압력이다. 이 중 흙입자의 표면 흡착력, 모세관현상, 토중수 등에 포함된 용질에 의한 침투압으로 유지되는 토중수를 대기로 끌어내는 데 필요한 압력으로 구분하여 표기한다.

ㄱ ㄴ ㄷ ㄹ ㅁ ㅂ ㅅ ㅇ ㅈ ㅊ ㅋ ㅌ ㅍ ㅎ

재난안전 용어사전

영문색인

[A]

aa lava 아아용암
abnormal dry weather 이상 건조
acceleration of snow melting 융설 가속도
acceptable level of risk 위험 허용수준
acceptable risk 수용가능 위험도
accumulated air temperature 누적 기온
accumulated amount of snowfall 적설량
accumulated freezing temperature 누적 결빙 온도
acid rain 산성비
acid snow 산성눈
acid(acidic) deposition 산성강하
acid(acidic) fog 산성안개
acoustic emission 어쿠스틱 방출
acoustic sounder 음향 측심계/음파기상탐지기
Act Concerning Support for Reconstructing Livelihoods of Disater Victims 이재민의 생계수단을 복원하기 위한 지원활동
active fault 활단층
active fault 활성단층
active volcano 활화산
added mass 부가질량
additional water supply 추가 상수도
adventive volcano 측방화산
advisory 경보
aerodynamic admittance 공력 어드미턴스
aerodynamic damping 공력 감쇠
aerodynamic force 공기력
aeroelastic instability 공력탄성학적 불안정성
aerosol 에어로졸
affordable house for local resident 주민 임대주택
after-bay reservoir 하부저수지
aftershock 여진
age determination 연대 측정
agglomerate 집괴암
aggregates 함박눈
agricultural disaster compensation system 농업재해보상제도
agricultural insurance 농업보험
agricultural water 농업용수
aid 지원
aid fatigue 지원 피로
air entrainment 공기유입
air fire fighting 항공 소방활동
air hoar 상고대
air permeability of deposited snow 적설 투과율
air pollution 공기오염
air supply shaft 급기 샤프트
air turbulence 난기류
aircraft fire 항공기 화재
air-raid fire 공습화재
Akaike's Information Criterion(AIC) 아카이케 정보척도
alert level 경고수준, 경보수준
allowable settlement 허용침하량
allowable stress 허용응력
allowable stress design methods 허용응력 설계방법
alluvium 충적층
Alpine orogeny 알프스 조산 운동
Alps-Himalayas seismic zone 알프스-히말라야 지진 구역
alteration 변질
AMeDAS 지역 기상 관측 시스템
amenity-oriented breakwater 친수성 방파제
amount of snow damage on urbanized area 도심지 폭설 피해양
amplification of tsunami 지진해일의 증폭
anchor 앵커
anchor works 앵커박기
angle of attack 영입각
angle of repose 안식각
announcement of earthquake damage estimation 지진피해예보
anoxic water 무산소 물

API(antecedent precipitation index) 선행강수지수

application of earthquake damage estimation 지진피해 평가 적용

aquifer 대수층

architecture 건축

area of special observation 특별관측지역

armoring 외장

artesian groundwater 피압지하수

artificial beach 인공해변

artificial earthquake 인공지진

artificial frozen soil 인공동결토양

artificial ground freezing method 동결공법

artificial reef 인공어초

artificial snow 인공눈

artificial snow avalanche 인공눈사태

ash fall 화산재 낙하

Asian duststorm 황사

assumed fault 추정파쇄대

astronomical tide 천문조

atmospheric boundary layer 대기경계층

atmospheric diffusion 대기확산

atmospheric general circulation 대기대순환

Atomic Energy Committee 원자력위원회

attenuation of seismic waves 자동화재경보설비

automatic notification system 자동 화재알림설비

autonomous disaster prevention organization 자율방재단

autoregressive (AR) model 자기 회귀 모델

[B]

backdraft 백드래프트

backup system 백업시스템

baiu 장마

bank erosion 하안 침식

bank full discharge 만제 유량

bar 사주

barrage 보

basalt 현무암

base isolated structure 면진건축물

basement layer 지하층

basic plan for disaster prevention 방재기본계획

basic plan for earthquake disaster prevention 지진방재 기본계획

basic policy (master plan) for city planning 도시계획 기본방침

basic survey for city planning 도시계획 기초조사

bathymetric chart of submarine volcanoes 해저화산 해저지형도

beach change 해안변화

beach erosion control works 사방 공사

Beaufort wind scale 보퍼트 풍력계급

bed sediment 하상유사

bedding 층리

bedrock 기반암

bending failure 휨파괴

benthos 저서생물

berm 둑턱

big data 빅데이터

biological hazard 바이오 헤저드

blast wave 폭발파

blizzard 폭설

blocking phenomena 저지현상

blowing 높날림눈

blowing snow 눈보라(눈사태)

blowing snow forecast 날린 눈 예보

blowing snow gauge 설량계

blown sand 비사

boilover 보일오버

bomb 폭발적 저기압

bora 보라

boring 보링

boundary layer radar 바람 프로파일러

boundary layer wind tunnel 경계층 풍동
bracing 스테이
breaker zone 쇄파대
breaking load 붕괴하중
breakwater 방파제
bridge 교량
brittle failure 취성적 파괴
buckling 좌굴
building 건물
building code 건물법규
building coverage ratio 건폐율
building fire 건물 화재
building restriction 건축 제한
building standard law 건축법
building structure 건축 구조물
building-induced winds 빌딩풍
buoyancy flow 부력 흐름
buried structure 지하구조물
buried valley 매몰곡
burn out syndrome 탈진 증후군
burning rate 연소 속도
burning velocity 연소 속도
business continuity planning 업무연속성

[C]

calamity support fund 재난 지원 기금
caldera 칼데라
caldera lake 칼데라 호
cange in radon concentration 라돈 농도의 변화
capacity 역량
capacity development 역량개발
capacity for water utilization 이수 용량
capacity ratio 총용적률
capillary water 모세관수
cast-iron pipe 주철관
casualty 사상자, 피해자
cement grouting 시멘트 주입
centrifuge model test 원심 분리기 모형 시험
channel 유설구
channel improvement 하도정비, 하천개수, 수로개량
channel works 수로공사
chart of fire spreading 연소 동태도
check dam 사방댐
chimney effect 굴뚝효과
cinder 소각재
cinder cone 분석구
circuit breaker 회로자동차단기
circular slide 원형계산자
Circum-Pacific seismic zone 환태평양 지진대
circum-pacific volcanic zone 환태평양 화산대
city gas governer 도시가스 조정기
city planning council 도시계획위원회
city planning green space 도시 공원녹지계획
City Planning Law 도시계획법
city planning park 도시공원계획
city planning road 도시도로계획
civil defense 민방위
civil organization for disaster prevention 민간방재기구
civil organization for fire-fighting 민간소방기구
class A river 일급하천
classquake 층진
clastic sediments 쇄설성 퇴적암
climate change 기후변화
coastal current 연안류
coastal destruction 연안파괴
coastal dike 연안 제방
coastal protection 해안보존
coastal protection facilities 해안보존시설
coefficient of river regime 하상계수
cold damage 냉해
cold front 한랭전선
cold wind damage 한풍해
collapse 붕괴

collapse load 붕괴하중
collective house 집합주택
columnar joint 주상절리
combustible 인화성
combustible material(s) 인화성 물질
combustible mixture 가연혼합기
combustible of flammable gas 인화성 가스
combustible of liquid combustible 인화성 액체
combustible triangle 연소의 3요소
community agreement 공동체 합의
community development 지역사회의 개발
community empowerment 권한부여/지역사회 권한분산, 지역사회 역량강화
community improvement 지역사회의 개선
community solidarity 공동체 결속
community-based recovery movement 지역사회 기반의 재난복구운동
community-based recovery movement supporting system 지역사회 기반의 재난복구운동 지원체계
compact city 컴팩트 시티
compartment fire 개실 화재
compensation reservoir 보충저수지
complete collapse, half collapse and partial collapse 완전 붕괴, 절반 붕괴, 부분 붕괴
composite volcano 복합화산
compound disaster events 복합 재난사고
comprehensive countermeasures against drought 가뭄대비대책
comprehensive disaster management plan 종합재난관리계획
comprehensive flood disaster prevention 종합수해방지
comprehensive improvement promotion project for urban residential district 도시주거지역에 대한 종합적인 개선 추진계획
compressibility of snow 눈의 압축성
compressive failure 압축파괴
compressive strength 압축강도
concrete block 콘크리트 블록
confined groundwater 피압지하수
confining pressure 지압력
connectivity 연결성
consent to building permit 건축허가동의
conservation and repair of historical buildings 역사적 건물의 보존과 수리
consistency 농도
consolidation settlement 압밀침하
contact of chemicals 화학물질의 접촉
continental ice 대륙빙
contingency planning 대응전략
continuous snow cover 묵은눈
contribution/reduction of housing lot 택지분양/택지축소
control works 제어공사
convective available potential energy 대류의 유효위치에너지
convective instability 대류 불안정
convergence line 수렴선
converted wave 변환파
cool summer 냉하
cool water damage 냉수해
cool weather resistance variety 냉해 저항성, 추위에 대한 저항력
cool wind damage 냉풍해
Cooperative for American Relief Everywhere(CAREInternational) 미국원조물자발송협회
Coordination Committee for Earthquake Prediction 지진예측 조정위원회
coping behavior 대처행동
coping capacity 대처역량
corrective disaster risk management 시정재해위험도관리
cost-benefit analysis 비용 편익 분석
council for drought management 가뭄관리 자문위원회
countermeasure against land subsidence 지반침하 대책
countermeasure against tsunami 쓰나미 대책

countermeasure against wave overtopping 월파 대책

countermeasure for frost heave 동상작용 대책

covering works 피복

crack 균열

crack of snow cover 적설 균열

crater lake 화구호

creep 크리프

creep of snow cover 적설 크리프

creep type landslide 크리프형 산사태

crisis communication 위기 의사소통

crisis management 위기관리

critical distance of fire spread 화재연소 임계거리

critical facilities 주요시설

critical hydraulic gradient 한계동수경사

crowd movement 군중 운동

crown fire 수관화

crush syndromc 그러시 증후군

crush zone 크러시 존

crustal deformation 지각변형

crustal movements 지각운동

crustal stress 지각응력

crustal structure 지각구조

cryosphere 빙권

cryptodome 크립토돔

culvert/conduit 암거/도관

cumulus/cumulonimbus 적운/적란운

curriculum development for disaster education at educational institutions 교육기관에서 재난교육 교육과정 개발

cusp 커스프

cut set 컷세트

cut-off 첩수로

cyclone 사이클론

[D]

dacite 데사이트(석영안산암)

dam 댐

dam failure 댐 붕괴

dam operation rules 댐 운용 규정

dam reservoir 댐 저수지

dam reservoir with drought capacity 댐 저수지의 가뭄 수용력

damage assessment 손해사정

damage estimation of block fences 블록담장 피해추정

damage estimation of city gas supply systems 도시가스 공급체계 피해추정

damage estimation of electric power supply facilities 전력공급시설 피해추정

damage estimation of highways 고속도로 피해추정

damage estimation of lifeline systems 라이프라인체계 피해추정

damage estimation of port facilities 항만시설 피해추정

damage estimation of railway systems 철도 시스템 피해추정

damage estimation of sewage systems 하수도 피해추정

damage estimation of streets 도로 피해추정

damage estimation of telecommunication systems 통신 시스템 피해추정

damage estimation of water supply systems 상수도 피해추정

damage evaluation 피해 평가

damage of cultural heritage 문화유산 피해

damage of wooden structure 목조건축물 피해

damage to industries 산업피해

damage to underground railways 지하철도 피해

damaged enterprise 피해업체

damping factor 댐핑계수

dangerous semicircle 위험 반원

dangerous water stage 위험 수위

dating 연대 측정

daytime population 주간인구

debris avalanche 암석사태

debris barrier 사방댐

debris flow 토석류
Debris Flow 파편흐름
debris flow disaster 파편흐름재해
debris removal 잔해 제거
decision support system 의사결정 지원 시스템
decomposed granite soil 화강풍화토
deep earthquake 심발지진
deep water wave 심해파
deep weathering 심층풍화
deep well 깊은 우물
degree day 도일
degree day factor 융설계수
degree of earthquake damage 지진 피해의 정도
degree of safety 안전도
degree of saturation 포화도
degree-of-freedom system 자유도계
deicing chemicals 제설제
delimitation of crisis 위기의 한정화
delta 삼각주
demand and supply of drinking water 음용수의 수요와 공급
demand and supply of foods 음식의 수요와 공급, 식량 수급
demand control 디맨드 컨트롤
demand elasticity of water price 물가격의 수요탄력성
dense fog 짙은 안개(농무)
densely-inhabited district 인구 집중 지구
density current in river mouth 하구 밀도류
deposited sediment 침착된 침전물
depositional coast 퇴적해안
depth of fresh snow 강설깊이
depth of newly fallen snow 강설깊이
depth of snow cover 눈깊이/적설심
depth-area-duration analysis 디에이디 해석
desalting 탈염
desertification 사막화
design fire source 설계화재의 근원
design flood discharge 계획 홍수량
design rainfall 계획 우수량
design sea level 계획 해수면(설계조위)
design seismic coefficient 설계진도
design storm 설계강우량
design water level 설계조위
design water stage 계획(설계) 수위
design wave 설계파
design wave force 설계 파력
design wind speed 설계 풍속
designation of city planning 도시계획 지정
detached breakwater 도형 방파제(도제)
detached rock 떨어져 있는 암석
detailed survey of building damages 건축물 피해의 자세한 조사
detention facility 유수지(유수시설)/저류지(저류시설)
determinism 결정론
deterministic analysis 결정적 분석
detonation 폭굉
detrital sediments 쇄설성 퇴적암
devastation slope land 경사지 파괴
development and conservation 도시정비 발전 설계
Development Assistance Committee(DAC) 개발원조위원회
development of dam reservoirs 댐 저수지 개발
diagonal bracing 가새
diagonal reinforcement 경사철근(빗철근)
dielectric constant of snow 눈 유전율
differential settlement 부동 침하
diffusion 확산
diffusion flame 확산불꽃(염)
dilatancy 다이레이턴시
Diluvium 홍적층
dioxin control 다이옥신 제어(관리)
direct damage 직접 피해
direct-protection structure for snow avalanche 눈사태 보호 구조물

disaster 재해
disaster (management) cycle 재난(관리) 주기
disaster area information network 재해(재난) 지역 정보망
disaster assessment 재난 평가
disaster assistance 재난구조/재난지원
disaster awareness 재난 의식
disaster condolence money 재난성금
disaster counseling 재난상담
disaster declaration by the US President 재난선언
disaster donation of goods 재난물품기부
disaster donation of money 재난현금기부
disaster drill and training 재난 훈련 및 교육
disaster drills at schools 재난훈련학교
disaster education at elementary 초등재난교육
disaster education at home 가정재난교육
disaster education at junior high schools 중등재난교육
disaster education at kindergartens 유아재난교육
disaster education at schools 학교재난교육
disaster education at senior high schools 고등재난교육
disaster education in collaboration with local communities 지역사회와 협력한 재난교육
disaster education in communities 지역사회(커뮤니티) 재난교육
disaster education in educational programs 재난 교육 프로그램
disaster emergency response 재난비상대책
disaster guidance at schools 학교재난지침
disaster in and around a mountainous region 산악지방(지역) 및 주변 재난
disaster information communication systems 재난정보 의사전달(통신) 시스템
Disaster Information System(DIS) 재난정보 시스템(DIS)
disaster legislation 재난법
disaster management activities at schools 학교 재난관리 활동
disaster medical system 재난의료(의학) 시스템
disaster mental health for children 어린이 재난정신건강(서비스)
disaster mitigation 재난완화, 재난경감
disaster mutual benefits program 재난상생(상호이익) 프로그램
disaster of extreme severity 극단적(심각한) 재난
disaster prevention center 방재 센터
disaster prevention council 방재 위원회
disaster prevention fair 방재 박람회
disaster prevention forest 방재림(방재숲)
disaster prevention of cultural heritage 문화유산 방재
disaster prevention of historical buildings and townscape 역사적 건물과 도시경관 방재
disaster prevention plan 방재계획
disaster prevention program 방재프로그램
disaster prevention town development program 방재 도시개발 프로그램
disaster prevention week 방재 주간
disaster prevention welfare communities 방재 복지 커뮤니티(공동체)
disaster recovery public housing 재해공영주택
disaster recovery volunteer 재난복구 (프로젝트) 자원봉사
disaster reduction 재난저감
Disaster Reduction and Human Renovation Institution 인간(사람)과 재난 감소 혁신 기관
disaster reduction capacity 재난 저감 능력
disaster reduction plan 재난 저감 계획
disaster relief 재난구조/재난지원
disaster relief coordinator 재난구조 코디네이터
disaster relief dispatch 재난구조 파견
disaster resilience 재난회복력
disaster resistance 내재해성(재난 저항)
disaster response plan 재난대응 계획
disaster risk 재해위험도

disaster risk area 재난 위험 지역
disaster risk management 재해위험도 관리
disaster risk reduction 재해위험도 경감
disaster stress 재난 스트레스
disaster subculture 재난 하위문화
disaster syndrome 재난 증후군
disaster utopia 재난 유토피아
disaster waste 재난 폐기물
disaster-proof living zones 재난방지 생활권(역)
disaster-proof redevelopment promotion district 재난방지 재개발 촉진지구
disaster-proofing urban planning 재난방지 도시계획
discharge control 유량 조절
discharge measurement 유량 측정
discharge-duration curve 유황곡선
discontinuity 단절면/불연속면
discontinuous levee 하제
discontinuous plane 단절면/불연속면
discovery of risk 위험(요소) 발견
Dispatch of Earthquake Disaster Prevention 지진방재 긴급 공문
dispatch system of town planning consultants 도시(마을)계획 자문 파견제도
dispersive wave 분산파
disruption of communication functions 통신기능 장애
dissolved oxygen 용존 산소량
distributed runoff model 분포형(강우) 유출모형
distribution of pressure difference 압력차 분배(방식)
distribution pipe 옥외배관(분배 파이프)
divergence 발산
diversion 우회로(전환)
diversion channel 가배수로(분수로), 방수로(배수로)
Doppler weather radar 도플러 기상레이더
dormant volcano 휴면 화산
double mortgages measures 이중 담보 조치
downburst 강한 하강 기류
drag force 견인력
drainage layer 배수층
drainage pumping station 배수펌프장
drift ice 유빙
drifting snow 높날림눈, 눈보라(눈사태)
drop works 낙차공
drought 가뭄
drought damage 가뭄 피해
drought duration curve 가뭄 지속 기간 곡선
drought in summer 여름 가뭄
drought in winter 겨울 가뭄
drought management 가뭄 관리
drought period 가뭄 기간(갈수기)
drought risk 가뭄 위험(요인, 요소)
drought year 가뭄 해(연도)
drought/water famine 가뭄/물 기근
dry snow avalanche 건조한(마른) 눈사태
dual polarization radar 이중편파레이더
ductile iron pipe 연성철관
ductility 연성
dune 사구(모래 언덕)
durable period 내용연수(내용기간)
dust explosion 분진 폭발
dynamic pressure 동압력
dynamic response analysis 역동적 대응 분석(동적 응답 분석)

[E]

early warning system 조기경보 시스템
earth current 지전류
earth reinforcement technique 보강토공법 기술
earth's core 지구의 핵
earthquake 지진
earthquake belt 지진대
Earthquake Disaster Prevention Special Act 지진 방재 특별법
earthquake engineering 지진공학
earthquake family 유사 파장유형의 지진

earthquake fault 지진 단층
earthquake force 지진력
earthquake insurance system 지진보험제도
earthquake intensity 진도규모
earthquake observation 지진 관측(관찰)
earthquake precursor 지진 전조(현상)
earthquake prediction 지진 예측, 지진예보
earthquake prediction plan 지진 예측 계획
earthquake recurrence period 지진 재현기간
earthquake reinsurance system 지진 재보험제도(시스템)
earthquake resistant design 내진설계
earthquake restoration promotion area 지진 복구 추진(진흥) 지역
earthquake source process 진원 과정
earthquake source spectrum 지진원 스펙트럼
earthquake strong motion records 강진관측 기록
earthquake swarm 지진군
earthquake with similar wave form 유사 파장유형의 지진
earthquake-resistant joint 내진 공법
earthquake-resistant standards for sewage system 하수 시스템 내진설계기준
earthquake-resistant standards for water supply system 급수 시스템 내진설계기준
eccentricity 편심
economic damages 경제적 피해
economic vulnerability 경제적 취약성
effective grain size 유효입경
effective humidity 유효 습도
effective input ground motion 유효입력지반운동
effective rainfall 유효 우량
effective stress 유효 응력
effusive eruption 분출형 분화
egress 대피
El Niño 엘리뇨
El Niño-Southern oscillation phenomenon 남방진동현상
elastic earthquake response 탄성 지진응답
elastic limit 탄성 한계
elastic rebound 지각반발
elastic rebound theory 탄성반발설
elastic wave 탄성파
elasticity 탄성
elasto-plastic earthquake response 탄소성 지진응답
electric power supply facilities 전기 동력 배급장치
electric transmission line 전력 송전선
electrical conductivity 전기 전도도
electrical exploration 전기탐사
electromagnetic precursor 전자 전구체
electro-optical distance measurement 전기광학 거리측정기
elevated viaduct 고가/구름다리
eluviation 용탈
emergency alarm broadcasting 비상경보방송
emergency alarm receiver 비상경보수신기
emergency bank protection with cut trees 절단목재를 이용한 긴급제방보호
emergency city ordinance for earthquake restoration 지진복구를 위한 비상 시 조례
emergency damage assessment 긴급피해평가
emergency disaster prevention base development program 긴급재해 예방개발계획
emergency exit sign 피난구유도등
emergency fire fighting aid units 긴급소방 지원기관
emergency lighting 비상조명
emergency management 비상관리
emergency management center 비상상황실
emergency plan for earthquake disaster prevention 지진재난예방 비상계획(지진재난대책)
emergency power 비상전원
emergency pump 응급펌프
emergency relief 비상대응

emergency relief activities 응급구호활동
emergency relief coordinator 재난구조 코디네이터
emergency response 비상대응
emergency response of electric power supply facilities 비상대응 전력공급설비
emergency response on initial stage 비상대응 초기단계(초동대처)
emergency response organization 긴급대응기관
emergency response phase 비상(긴급) 대응단계
emergency response strategy 응급전략(긴급대응전략)
emergency shutoff valve 긴급차단 밸브
emergency strategy for sewage system 하수도 응급전략
emergency telecommunication satellite system 긴급위성통신 시스템
emergency transport road 긴급수송로
emergency transportation 긴급수송
emergency well 비상우물
emergent group 비상그룹
employment survey 고용조사
empowerment 권한부여/지역사회 권한분산, 지역사회 역량강화
endocrine disrupting chemicals 환경호르몬
engineering seismology 지진공학
entropy 엔트로피
entry for inspection 현장점검
environmental degradation 환경저하
environmental hazards 환경오염원
environmental impact assessment 환경영향평가
environmental pollution 환경오염
epicenter 진앙
epicentral distance 진앙 거리
equilibrium beach 해변의 평형 경사
equi-risk line 등위험도선
equivalent coefficient of friction 등가마찰계수
equivalent roughness 등가조도
eroded coast 침식 해안
erosion 침식
erosion and flood control emergency measures law 침식 및 홍수 통제 긴급조치법
erosion control and flood control 침식 방지 및 홍수 통제
errors in rainfall measurement 강우측정의 오류
eruption 분화
eruption phenomenon 분화현상
escape 대피
escape route 대피통로
escape space 대피공간
escape speed 탈출속도
escape stairs 비상계단
escape time 탈출시간
essential material 필수 재료
estimated period of earthquake damage 지진 피해 예상기간
estimation of building damage 구조물 손상도 평가
estimation of direct damages 직접피해 평가
estimation of earthquake fire damage 지진화재피해 평가
estimation of earthquake fires due to leaked gas 누설 가스에 의한 지진화재 평가
estimation of earthquake fires from furnaces 용광로에서 지진 화재의 추정
estimation of earthquake ground motion 지진동 추정
estimation of earthquake motion on bedrock 지진기반 진동추정
estimation of emergency responses 긴급대응기능평가
estimation of evacuated population 대피인구
estimation of fire breakout points in earthquake 지진화재추정
estimation of fire spreading 연소 확대 평가
estimation of human damages 인적 피해추산

estimation of injured persons 부상자 추정
estimation of liquefaction 액상화 평가
estimation of population 인구 추산
estimation of refugees 난민 추정
estimation of social disruptions 사회적파괴추정
estimation of sufferer's needs 이재민 요구 추정
estimation of traffic congestion 교통체증 추정
estimation of victims unable to return home 이재민 추산
eutrophy 부영양화
evacuation 대피
evacuation counsel for disaster and order of evacuation 대피권고 및 대피지시
evacuation in case of earthquake 지진 시 피난
evacuation site for wide area 대피장소
evacuation to upstairs 피난계단
event tree 사건판단도
event tree analysis 사건수 분석기법
exceedance probability 초과확률
excessive flood 초과홍수
existing buildings of non-conformity 기존 부적격 건축물
exit 피난구
exit sign 피난구유도등
expansion joint 신축 이음
expected losses 예상손실
explosion 폭발
explosion earthquake 폭발지진
explosion pressure 폭발압력
explosive 화약
explosive cyclone 폭발적 저기압
explosive eruption 폭발형 분화
explosive material 폭발물
exposure 노출
exposure to hazard 피해발생 가능성
extension joint 신장절리
extensive risk 광범위한 위험도
extinct volcano 사화산
extratropical cyclone 온대저기압
extreme statistics 극치통계
extreme value 극치
extreme wave 이상파랑
extruded ice 압출 얼음

[F]

failure of Ferry Bridge cooling tower 페리 브리지 냉각타워 붕괴사고
fall countermeasures of steep slopes 급경사지 붕괴대책
fall risk area of steep slopes 급경사 지역의 붕괴 리스크
fall wind 치내림바람
falling 추락
false report 오보
false warning 오보
famine 기근
famine early warning 기근조기경보
famine in northern China 북중국 대기근
famine in Sahel region 사헬 지역 대기근
fan 선상지
fault 단층
fault clay 단층 점토
fault parameter 단층 변수
fault scarp 단층 절벽
Federal Emergency Management Agency(FEMA) 미국 연방재난관리청
felt earthquake 유감 지진
filter 여과기
finite amplitude wave 유한 진폭파
fire action plan 화재 시 행동요령
fire ball 화구
fire break-out from chemicals 화학물질에 의한 출화
fire cause 화재 원인
fire cistern 소화수조
fire compartment 방화구획
fire door 방화문

fire duration time
화재계속시간(연소지속시간)

fire elevator(emergency elevator)
비상용 엘리베이터

fire engine(fire truck) 소방차

fire equipment 방화용구

fire extinguishing system 소화설비

fire fighter 소방관

fire fighting 소방

fire fighting school 소방학교

fire hose 소화호스

fire hydrant 소화전

fire load 화재 하중

fire plume 화재 기류

fire protection construction 방화구조

fire protection equipment 방화설비

fire protection material 방화 재료

fire resistance building 내화 건축물

fire resistance structure 내화 구조

fire resistance test 내화 시험

fire resistance time 내화 시간

fire spreading 연소 확대

fire wall 방화벽

fire whirl 화재 소용돌이

fire-break belt 연소 차단대

fireproof district 방화지구

fissure eruption 열극분화

fissure water 열극수

flame 화염

flame spread 화염전파

flammable gas 인화성 가스

flash back 역화

flash flood(rapid flood) 돌발홍수

flash over 플래쉬오버

flexible structure 유연구조

flexural failure 휨파괴

flexural reinforcement 휨 철근

flexural strength 휨강도

floating structure 플로팅구조

flood 홍수

flood concentration time 홍수도달시간

flood control reservoir 홍수조절지(댐)

flood damage 수해, 풍수해

flood insurance 홍수보험

flood routing 홍수 추적

floodway 방수로(배수로)

flutter 플러터

fluvial terrace 하안단구

foehn phenomena 푄현상

Food and Agriculture Organization(FAO)
식량농업기구

forecast 예측

foreshock 전진

Fossa Magna 포사 마그나

foundation 기초

fragility curve 취약도 곡선

frame 골조

frame structure 골조구조

framework act on fire services 소방기본법

free vibration 자유진동

freeboard 여유 높이

freezing 결빙

freezing and thawing 동결융해

freezing depth 동결심도

freezing index 동결 지수

freezing of road surface 도로결빙

frequency 주파수

friction coefficient 마찰계수

front 전선

frontal thunderstorm 전선뇌우

frost damage 상해

frost heaving 동상현상

Fujita scale 후지타 등급

fumarole 분기공

[G]

geoid 지오이드

geological hazard 지질학적 위험

global information and early warning system on food and agriculture (GIEWS) 식량조기경보 시스템

glowing cloud 열운

gouge 단층 점토

grain crushing 입자파쇄

grain shape 설상

gravitational acceleration 중력가속도

greenhouse gases 온실가스

ground settlement 지반침하

gun powder 화약

[H]

harbor 항만

Hawaiian eruption 하와이안 분화

hazard 위험, 위험도

hazard map 위험도 지도, 해저드 맵

hazard prevention 위해 예방

heavy snowfall 폭설

high-standard levees 대규격 제방

hollow 중공

hot spot 열점 화산

humanitarian coordinator 재해원조상주조정관

hunger 기근

hurricane 허리케인

hydraulic bore 해일

hydrometeorological hazard 수문기상학적 위험

hydrothermal alteration 열수변질작용

hypocenter 진원

[I]

ice accretion 착빙

ice flow 얼음의 유동

Icelandic eruption 아이슬란드식 분화

icing 착빙

ignitability test 착화성 실험

ignition limit 발화한계

ignition source 발화원

ignition temperature 발화온도

ignition time 발화시간

immature debris flow 소류집합유동

impact force of snow avalanche 눈사태 충격력

impedance 임피던스

impermeable layer 불투수층

impervious area 불투수 지역

important section for flood fighting activities 중요 수해방어지점

improved land 조성지

improvement (development) of city infrastructure facilities 도시 기반 정비

improvement order 개선순위

improving restoration work 개선복구사업

impulsive breaking wave pressure 충격쇄파압

in situ permeability test 현장투수시험

in situ test 현 위치 시험

inattention due to false alarms 늑대소년증후군

Incident Command System 초동체제

inclinometer 경사계

indeterminate structure 부정정 구조물

indirect damage 간접피해

indirect psychological impact 간접심리영향

induced earthquake 유발지진

industrial complex 공업단지

industrial damage 산업피해

Industrial fire 산업화재

industrial restoration committee 산업부흥위원회

industrial water 공업용수

inertia force 관성력

inferred fault 추정파쇄대

information for evacuation activities 대피정보

information system for disaster management 방재정보 시스템

initial fire fighting activities 초기소화

initial fire fighting rate 초기소화조치율

initiation of motion 이동한계

injury 상해

input earthquake motion 입력지진파

inshore 외빈

instant settlement 순간침하

insufficiency of sunshine 일조량 부족

insurance for disaster losses 재해보험

intake control 취수제한

integrated reservoir operation 댐통합운영

integrated river management works 유역종합치수계획

integrity 차염성

intelligent operation 인공지능조작

intensified plan for earthquake disaster prevention 지진방재종합대책

intensive risk 집중위험도

interaction(between two buildings) 상호작용(두 건물 사이에서의)

internal boundary layer 내부 경계층

internal friction angle 내부 마찰각

internal pressure 실내압

international appeal 공식구호요청

International cooperation for disaster prevention 국제방재협력

International Decade for Natural Disaster Reduction(IDNDR) 국제자연재해경감국제사업

international emergency aid 국제 긴급 원조

International emer-gency relief system 국제긴급구호체제

international Federation of Red Cross and Red Crescent Societies(IFRC) 국제 적십자·적신월사 연맹

International rescue team of Korea fire-service 국제구조대

interplate earthquake 판경계 지진

intertidal zone 조간대

inter-tropical convergence zone 열대수렴대

intervention for disaster preparedness 재난대비 활동

intraplate earthquake 판 내부 지진

intrusion of magma 마그마 관입

inundation by storm surge 폭풍해일범람

inversion 역전

involuntary risks 비자발적 위험

irrigation water 관개용수

Is index 피해상징(지표)

isopach map 등후선도

isostasy 지각평형설

isoyake 갯녹음현상

[J]

Jet stream 제트기류

jetty 둑

jobless victims 피해 이직자

joint housing project 공동 재건축(공동화)

joint rebuilding 공동 재건축(공동화)

[K]

Karman vortex 카르만 소용돌이

kasumitei levee 하제

Kinematic wave method 운동파 기법

kinetic method 동적방법

knick point 경사변환점

Kuroshio 쿠로시오

[L]

Lahar 라하르, 화산이류

Laminar Flame 층류화염

Laminar Flow 층류

Land readjustment 토지구획 정리

Land readjustment project for safe and disaster-proof environment 안전시가지 형성 토지구획 정리사업

Land reclamation 토지개간

Land use 토지이용

Landform Classification 지형분류

Landslide 산사태

Landslide caused by snow melting 융설에 의한 산사태

Landslide in fracture zone 파쇄역 산사태

Landslide investigations 산사태 조사

Landslide landform 산사태 지형

Landslide-threatened area 산사태 방지 지역

lapilli 화산력

Large diameter cast-in-place pile works 대구경 현장타설 말뚝 공

Large-Scale Earthquake Countermeasures Act 대규모 지진 대책 특별 조치법

Largest drought year 대 갈수년

Latent heat of thermal decomposition 열분해 잠열

Lateral erosion 측방침식

Lateral eruption 측면분화

lateral fault 횡단층

Lateral sewer 연결관

lateral volcano 측방화산

Lava 용암

Lava diversion 용암제어

Lava dome 용암원정구

Lava lake 용암호

Lava plateau 용암대지

lava tube 용암튜브

layout's regulation 레이아웃 규제

leadership behavior 리더십 행동

Least Developed Countries(LDC) 개발도상국

legal confirmation of building design code 건축 확인

less snow 과설

less snow year 소설년

levee 제방

levee breach 파제

leveling 수준측량

levels of safety 안전성의 레벨

life spot base for survival 라이프 스폿

lifeline network 라이프라인 네트워크

lifetime 내용연수

lift force 양력

line type convective system 선상 대류

lineament 지질구조선

linear depression 선상 함몰 지형

linear oscillation 선형 진동

linear vibration 선형 진동

liquefaction 액상화

liquefaction-induced flow 액상화에 따른 지반의 유동

liquid combustible 가연성 액체

liquid surface combustion 액면연소

liquidity index 액성지수

liquid-water content of snow cover 적설함수율

livelihood recovery and rehabilitation 생활복구

LNG terminal 가스 선반

load of snow accretion 착설하중

loading berm 진압성토

local disaster prevention council 지역(방재)위원회

local earthquake 국발지진

local heavy rainfall 국지성집중호우

local weather 국지기상

local wind 국지바람

local wind pressure 국부풍압

lock-in phenomenon 동기현상

Loess 황토

색인

Logarithmic law 로그법칙

Logarithmic normal distribution 로그 정규분포

London reconstruction plan after the Great Fire of 1666 런던 대화재 재건축 계획

Long period wave 장주기파

Long wave 장파

longitudinal reinforcement 축 철근

Long-range forecast 장기예보

Longshore bar 연안 사주

longshore current 연안류

Longshore sediment transport 연안 퇴적물 운반

Looping 파상형

loose rock 떨어져 있는 암석

loss 손실

Low level jet 하층제트

low rate public house sufferer's dwelling 재해공영주택

low temperature air current 저온(하강)기류

low temperature injury 저온장해

low velocity layer 저속도층

Lugeon unit 루전값

Lugeon value 루전값

lumped mass shear system 집중질량계

[M]

magma 마그마

magma chamber 마그마굄

magma reservoir 마그마굄

magma storage 마그마굄

magmatic emanation 마그마성 발산물

magmatic eruption 마그마성 분출

magmatic intrusion 마그마 관입

magnitude 규모, 지진규모

magnitude of snow avalanche 눈사태 규모

main reinforcement 주 철근

main shock 주진

major damage 대파

major disaster 대규모 재난

management for lifelines 라이프라인 관리

managers for hazardous materials 위험물 관리자

manhole 맨홀

mantle 맨틀

map for avoiding natural disaster 안전대응 지도

marine forecast 해양예보

marine pollution 해양오염

mass media 대중매체

mass movement 물질이동

mass transport 질량 이동

mass wasting 매스 웨스팅

master plan of urban improvement 도시정비 발전 설계

maximum depth of snow cover 최심적설

maximum frost depth 최대 지하 동결선

maximum instantaneous wind speed 최대 순간 풍속

maximum travel distance 최대 이동거리

maximum water equivalent of snow cover 최대 적설 상당 수량

mean wind velocity 평균풍속

measures against inundation above floor level 홍수범람 방지 대책

measures for disaster management 재난관리 측정

measures of railways against snow damage 철도 내한성 대책

measuring instrument of snow and ice 빙설계측장치

mechanical joint 기계식 이음

mechanical smoke venting 기계적 배연

mechanical solidarity 기계적 연대

Médecins sans frontièrer 국경 없는 의사회

medical services outside of stricken area 피해지역 밖 의료시설

meiyu (baiu) front 바이우전선

meso scale bed configuration 중간 규모 여층 구성
mesoscale 중간 규모
metamorphism 변성작용
metamorphism of snow 눈의 변성작용
meteorological data 기상자료
meteorological information 기상정보
meteorological office 기상청
meteorological satellite 기상위성
meteorological statistics 기상통계
meteorological tide 기상조석
methane hydrate 메탄 수화물
method of maximum likelihood 최우도법
microburst 순간돌풍
microcrack 미세균열
microearthquake 미소지진
microseisms 맥동
microwave radiometer 마이크로피 방시계
Middle and Upper radar 중간층, 초고층 대기 관측 레이더
minor damage 소파
mitigation 경감
mitigation 완화
mixed-phase snow 얼음의 유동
modal analysis 모드해석
Mohorovičić discontinuity 모호로비치치 불연속면
moisture content 함수량
monitoring 모니터링
monogenetic volcano 단성화산
monsoon 몬순
Monte Carlo simulation 몬테카를로 시뮬레이션
moraine 빙퇴석
mountain streamside forest 산지하천
mountain wave 산악파
movable weir 가동보
muddy debris flow disaster 토사재해
multi municipal disaster prevention plan 다수 자치제 방재계획
multicasting radio communication system 공용무선통신 시스템
multi-directional random waves 다방향 불규칙파
multiple reflection 다중반사
multiple ridges 다수 기압마루
multiple volcano 복합화산
multipurpose dam 다목적댐
multi-story river zone 다층하천구역
multivariate probability distribution 다변량 확률분포
multivariate statistical analysis 다변량 통계분석
municipal disaster prevention radio communications system 다수 자치제 방재 무선통신 시스템
municipal water 도시용수
mutual aid agreement on fire protection 화재방지 원조협정
mutual aid system among local governments 지방재정공제제도

[N]

Nakaya diagram 나카야 도표
national census of river environment 하천기본계획
national platform for disaster risk reduction 재해위험도경감 국가 플랫폼
national project for prediction of volcanic eruptions 화산폭발예측 국책사업(화산폭발예측사업)
National Voluntary Organizations Active in Disaster(NVOAD) 대재난국가자원봉사기구
natural frequency 고유주파수
natural hazard 자연위험, 자연재해
natural levee 자연 제방
natural smoke venting 자연 배연
near field earthquake 근거리장 지진
nearshore 외빈
nekton 유영동물

neutral plane 중립면

new snow depth 강설깊이

nighttime population 야간인구

non-governmental organization 비정부 조직

Non-Governmental Organization(NGO) 재난위험방지 비정부단체

non-profit organization 비영리기관

Non-Profit Organization (NPO) for disaster reduction 재난위험방지 비영리단체

non-spreading earthquake fires 비유포 지진화재

non-uniform flow analysis 부등류해석

nonuniform frost heave 부등류 동상작용

nonwelded pyroclastic flow deposits 쯔라스

normal consolidation 정규압밀

normal discharge 정상유량

normal fault 정단층

normal top water level for flood season 홍수위

normal water level 정상수위

normalcy bias 정상화 편견

normally consolidated 정규압밀

nuée ardente 열운

numerical modeling of wave overtopping 월파 수치 모델

numerical weather prediction 수치예보

numerical wind tunnel 풍동 수치해석

nutrients 영양소

[O]

occluded front 폐색 전선

ocean biological resources 수상 생물학적 자원

ocean bottom seismograph 해저지진계

ocean current 해류

ocean mineral resources 해양광물자원

Office Development Assistance(ODA) 공적 개발원조

Office for the Co-ordination of Humanitarian Affairs(OCHA) 유엔인도주의업무조정국

Office of Foreign Disaster Assistance(OFDA) 해외재난지원국

Office of the United Nations Disaster Relief co-Ordinator (UNDRO) 유엔재해구호조정관사무국

offshore airport 해상공항

offshore structures 해양구조물

offshore waves 연안파랑

old wooden houses demolition counsel 노후목재주택철거권고

one week forecast 주간예보

on-offshore sediment transport 안충표사

on-site water storage 비상용수

opening flow rate 개구유량

opening jet 개구기류

opening jet plume 개구분출열기류

opening road by removing debris caused by disaster 도로재개

operation(management) support system 조작지원장치

operational plan for disaster prevention 방재업무계획

optical fiber network 광케이블망

optimal reservoir operation 저수지 최적운영

order of evacuation 대피명령

ordinance for community development 마을개발조례

organic solidarity 유기적 연대

Organizations for Earthquake Prediction 지진예보조직

orogenic movement 조산운동

orogeny 조산운동

orographic precipitation 산악형강수

outreach 아웃리치

ovalling oscillation 타원형 진동

over consolidated 과압밀

over consolidation 과압밀

overflow levee 월류제

overtopping wave 도파
overturning 전도
overturning moment 전도모멘트
Oxford Committee for Famine Relief 옥스팜
Oyashio 오야시오
ozone hole 오존구멍

[P]

pahoehoe lava 파호이호이용암
paleomagnetism 고지자기
panic behavior 공황장애
parameter estimation 모수추정
parent distribution 모분포
parks as preventional means of disasters 방재공원
partial collapse 반파
participatory development 참여적 개발
particle breakage 입자파쇄
partnership 파트너십
past inundation area map 침수흔적도
path set 패스셋
peak acceleration 최대 가속도
peak gust 최대 순간 풍속
peat soil fire 지중화
Pelean eruption 펠레식 분화
penetration testing 관입시험
percolation facility 침투시설
perennial snow patch 만년설
performance design 성능설계
periglacial phenomena 주빙하현상
period lease ownership of land 정기 임대권
permafrost 영구동토
person trip survey 통행량조사
phase velocity 위상속도
photochemical oxidants 광화학 산화체
photochemical smog 광화학연무
phreatic explosion 수증기 폭발
phreatomagmatic eruption 수증기 마그마 분화
phreatomagmatic explosion 마그마수증기폭발
physical vulnerability 물리적 취약성
pile 파일
pile works 파일공
pilot ignition 인화
pipe 파이프
piping 파이핑
plan for projects for urgent improvement of earthquake countermeasures 지진대책긴급정비사업계획
plane 2-D depth-averaged flow analysis 평면 2차원 흐름해석
planetary boundary layer 대기경계층
plankton 플랑크톤
planting works 식재공
plastic deformation 소성변형
plasticity 가소성
plasticity chart 소성도
plate tectonics 판구조론
Pleistocene(series) 홍적세
Plinian eruption 플리니식 분화
plotting position 도시위치
pocket beach 포켓해안
Poisson's ratio 포아송비
policies for urban redevelopment project 도시재개발방침
polycrystalline ice 다결정얼음
polyethylene pipes 폴리에틸렌관
poor visibility 시정장해
pore water pressure 간극수압
port 항만
port of refuge 피난항
port structures 항만구조물
post traumatic stress disorder(PTSD) 외상 후 스트레스장애
post-earthquake fire 지진화재
post-seismic deformation 지진 후 변동
post-volcanic action 후화산 작용

poverty line 빈곤선

powder snow avalanche 연기형 눈사태(가루 눈사태)

power generation plant 발전소

power law 멱법칙

power spectrum 파워 스펙트럼

precent-day criterion for water deficit 물 부족 비율

precipitation radar 강수레이더

precursors of volcanic eruption 분화전조현상

predication of freezing 동결예측

predictability 예측 가능성

prediction of fire spreading 연소 예측

prediction of snow or ice accretion 착빙설예측

prediction of strong ground motion 강진동 예측

prediction of volcanic eruption 분화예측

predominant period 우세(탁월)주기

prefab 응급 가설 주택

premixed flame 예혼합화염(예혼합연소)

preparedness 대비

preparedness plan for urban recovery and reconstruction 사전부흥(사전도시복구 및 재생계획)계획

pressure control 압력제어

pressure gradient 기압경도

pressure model 압력모델

pressure regulator 압력조절기

pressure ridge 기압마루

pressure trough 기압골

pressurization smoke control 가압방연

pressurized smoke control of stairwell 계단가압

prestressed concrete structure 프리스트레스트콘크리트구조물

prevention 경감, 예방

prevention of adfreeze 동상방지공

prevention work against landslide 산사태 대책공

preventive measures for falling objects 낙하물 방지책

price of municipal water supply 수도요금

primary classification of ground 제1차 지반분류

primary fire-fighting operations 일차소방운용

principal policy of recovery and reconstruction 긴급복구(부흥)방침

priorities of protection 보호대책우선도

priority restoration promotion district 중점복구(부흥)지역

probabilistic analysis 확률론적 분석

probabilistic of connectivity 연결확률

probabilistic of precipitation 강수확률

probabilistic values of hydrological variable 확률수문량

probable maximum flood(PMF) 가능 최대 홍수량

progress of fire resistance structure 난연화

progress of fireproof structures 불연화

progress of urban fireproofing 도시불연화

project evaluation 사업 평가

projected area 투영면적

promotion project for urban disaster prevention 도시방재추진사업

promotional area of urban reconstruction 피재시가지부흥추진지역

proper orthogonal decomposition 적합직교분해(POD 해석)

protection forest against soil erosion 토사침식 방지림

provoking cause 사면 붕괴의 유도

pseudo dynamic test 유사동적실험

psychological damage 정신적 피해

psychological debriefing 심리적 경험보고

psychological research on disaster 재해심리학

psychological stress care 심리치료

psychological stress care for children at schools 아동심리치료
PTSD in children 아동 외상 후 스트레스 장애
public assistance 사회적 안보
public awareness 대중인식, 시민참여
public facility for temporary houses 응급가설주택공동시설
public involvement 주민참가
public water recovery 상수도 복구
pumice eruption 경석분화
pumice flow 경석류
pumice stone 부석
pump station 배수펌프장
pumping 양수
pumping station 펌프시설
pyroclastic density current 화쇄류
pyroclastic flow of Merapi type 메라피형 화쇄류
pyroclastic material 화산쇄설물
pyroclastic material 화성쇄설물
Pyroclastic Rock 화성쇄설암
pyroclastic surge 화쇄 서지
pyrolysis 열분해
quasi-fireproof district 준화재예방지역
quick inspection of damaged buildings 재해건축물의 긴급위험도 판정
quick repair of damaged houses 재해건축물의 응급수리
quick survey of building damages 가옥피해개황조사

[R]

radar equation 레이더방정식
radar network 레이더네트워크
radar rainfall estimate 레이더강우량 추정
radar raingauge 레이더우량계
radar reflectivity factor 레이더반사인자
radar-AMeDAS composite chart 레이더-아메다스 우량합성도
radiation fog 복사안개
radiation stress 방사응력
rain band 강우대
rain cell 강우셀
rain drop size distribution 빗방울입경분포
rain gauge 우량계
rain radar 강수레이더
rainfall intensity 강우강도
raised bed river 천정천
rational formula 합리식
real estate equity special loan system for the elderly 부동산활용형고령자특별융자제도
real-time assessment system of earthquake damage 지진피해의 실시간 평가
rebuilding support systems for non-conforming buildings 기존부적격건축물재건지원사업
reclamation 매립
reconstruction strategy 부흥전략
recovery 복구
recovery and restoration 복구 및 복원
recovery of lifeline systems 라이프라인 복구
recovery of water supply systems 상수도 복구
recovery progress curve 복구곡신
Red Crescent Societies 국제적십자
red tide 적조
reduced pressure supply 감압급수
reflection of seismic waves 지진파의 반사
refracted wave 굴절파
refuge inducement method 피난유도법
refuge simulation 피난행동모사
refugees 이민
region of anomalous seismic intensity 이상진역
regional earthquake information center 지역지진정보센터
regional plan for fire prevention 지역소방계획
regional water conveyance 광역도수
regionalization 지역화

regolith 표토양층

rehabilitation joint housing district 부흥공동주택구

reinforced concrete 철근콘크리트

reinforced earth method by steel bar installation 철근관입보강토공법

reinforcement 내진보강

relative density 상대밀도

reliability analysis 신뢰성 해석

reliability of warning 경보의 신뢰성

relief 구조

remanent magnetization 잔류자기

remote operation 원격조작

remote sensing 원격탐사

removal of volcanic ash 화산재 제거

repair of cultural heritage 문화재 수복

repeated load 반복하중

resampling method 리셈플링법

rescue dog 구조견

research on estimating earthquake damage 지진피해상정조사

reservoir 저수지

resettlement 이수

resident coordinator 재해원조상주조정관

resident participation 주민참가

residual char 탄소잔사

residual risk 잔여위험

residual settlement 잔류침하

residual soil 잔적토

resilience 복원력

resiliency 회복도

resonance 공진

response 대응

response spectrum 응답스펙트럼

restoration curve of electric power supply facilities 전력시설의 복구곡선

restoration curve of lifeline system 라이프라인 복구곡선

restoration curve of water supply systems 상수도의 복구곡선

restoration of roads 도로의 복구

restoration of subways 지하철의 복구

restoration of urban facilities 도시시설의 복구

restoration process curve for information network 정보 네트워크의 복구곡선

restoration strategy 복구전략

restoration strategy for telecommunications facilities 정보통신시설의 복구전략

restoration strategy of electric power supply facilities 전력시설의 복구전략

restraint works 억지공

retaining wall 옹벽

retarding basin 유수지

retarding basin in stream 하도유수지

retreat of shoreline 해안선후퇴

return flow/undertow 되돌이흐름/저류

return period 재현기간

return period of droughts 가뭄재현주기

reverse fault 역단층

revetment 방조벽

Reynolds number 레이놀즈 수

rheology 유동학, 유변학

Richardson number 리차드슨 수

riffle and pool 여울과 웅덩이

rigid frame 강접합골조

rigid structure 강구조

rill 릴

rime 상고대

ring levee 윤중제

rip current 이안류

riprap works 사석공

risk 위험도

risk assessment 리스크 분석, 위험도 평가

risk assessment tools for diagnosis of urban areas against seismic disaster(RADIUS) 도시화 지역의 내진진단사업

risk communication 리스크커뮤니케이션

risk evaluation 리스크 평가

risk management 리스크 관리, 위험도 관리

risk map 리스크맵
risk prediction 위기예측
risk prevention and avoidance 위기의 예방과 회피
risk transfer 위험도 전이
river bed girdle 띠공
river bed protection 호상공
river law 하천법
river management facilities 하천관리시설
river regime 유황
river terrace 하안단구
riverbed variation analysis 하상변동해석
road contact requirement of building site 접도의무
rock avalanche 암석사태
rock fall 암석낙하
rock fracture experiment 암석파괴실험
rockfall countermeasure works 낙석방지공
rockfall protection works 낙석방지공
rocky coast 암석해안
rotational irrigation 윤번관개
roughness coefficient 조도계수
runoff ratio 유출율
run-up of tsunami 츠나미 처오름

[S]

sabo forest 사방림
sabo investigation 사방조사
sabo structures 사방시설
safety coefficient 안전계수
safety factor 안전율
Salt Damage 염해
salt fretting 염류풍화작용
Salt injury 염해
salt weathering 염류풍화작용
saltation 도약
saltation of snow particles 눈 입자의 도약
sample 표본
sampling 표본추출
sand and gravel beach 사력(모래와 자갈) 해안
sand bar 사주
sand boil 분사
sand bypassing 우회 퇴적물
sand catching works 사류공
sand dune 사구(모래 언덕)
sand spit 사취
sand wave 모래파도
sastrugi 사스트루기
save the children 아동구호
scale (magnitude) of volcanic eruption 화산폭발 규모
scarcity of rainfall 소우 현상
scenario earthquake 시나리오 지진
schools and shelter 학교와 피난소
scoria 스코리아
screen dam 스크린 댐
Scruton number 스크르톤 수
sea bed material 해저 저부 퇴적물
Sea Cliff 해식절벽
Sea ice 해빙
sea level rise 해수면 상승
seam 심
search and rescue 인명 구조
search and rescue activities 구출 활동
seasonal frozen ground 계절 동토
seasonal parameter 계절 계수
seasonal weather forecasting 계절예보
seawall 방조벽
secondary consolidation 이차압밀
secular variation 영년변화
sediment disaster 토사재해
sediment discharge 유출 토사량
sediment flooding 침전물 범람
sediment induced density current 저탁류
sediment load observation 유사량 관측
sediment removal works 퇴적물 제거작업
sediment transport rate 유사량

sedimentation 퇴적
seiche 정진동
seismic bedrock 지진 기반
seismic deformation method 응답변위법
seismic gap 지진활동 공백지역
seismic hazard 지진 위험도
seismic intensity 진도, 진도규모
seismic intensity scale 진도규모
seismic isolation design 면진설계
seismic moment 지진모멘트
seismic planning 지진계획
seismic quiescence 지진활동 공백지역
seismic response control of structures 제진
seismic risk 지진 위험도
seismic risk 지진위험
seismic wave 지진파
seismic wave velocity 지진파 속도
seismic zone 지진대
seismic zoning 지진 구역
seismicity 지진 활동도
seismogram 탄성파기록
seismograph 지진계
seismometer 지진계
self-built temporary factory 자력 가설 공장
self-built temporary house 자력 가설 주택
self-built temporary store 자력 가설 점포
self-certification of conformation to technical standards 자기인증
sencond plan for the promotion of decentralization 지방 분권 추진 계획
Sensitive clay 예민점토
separation of flow 흐름분리
sewage recovery 하수도의 복구
shaking table test 진동대 실험
shallow earthquake 천발지진
shear 전단
shear failure 전단파괴
shear line 층밀림선
shear strength 전단강도
shear stress 전단응력
shear velocity 전단속도
sheetflow 포상류
shell construction 셸 구조
shelter 피난소
shield volcano 순상화산
ship fire 선박화재
ship icing 선박 결빙
shoal 모래톱
shore stabilization method 해변 안정 공법
shoreline surveying 해안 측량
short column 짧은 기둥
short-crested waves 단파봉
short-term forecast 단기 강우예측
short-term rainfall prediction 단기 강우예측
sign forecast and warning 예보 및 경보 표지
significant wave 유의파
silkenside 활만경
siltation 퇴적물
simple terracing work 근육 공
simplified penetration test 간이침투시험
simulation 시뮬레이션
simultaneous multiple fire 동시 다중화재
single crystal of ice 단결정수
single household elderly 고령 독신자
sinter 온천화
slaking 슬래킹
slit dam 슬릿 댐
slope disaster 사면재해
slope failure 사면붕괴
slope form 사면형상
slope revegetation 사면 녹화공
slow earthquake 느린 지진
sluice 통문
sluiceway 극문
slump 슬럼프
slush 슬래시
slush avalanche 슬래시 눈사태

slush snow 슬러시 눈
small amplitude wave 미소 진폭파
smoke 매연
smoke (exhaust) shaft 배연 샤프트(축)
smoke barrier 방연벽
smoke control 배연
smoke detector 연기감지기
smoke exhaust fan 배연 팬
smoke layer 연기 층
smoke movement in building 건물 내 연기의 유동
smoke partition 방연벽
smoke stop 차연
snow 눈
snow accretion 착설
snow avalanche 눈사태
snow avalanche classification 눈사태 분류
snow avalanche control 눈사태 제어
snow avalanche debris 눈사태 잔해물
snow avalanche forecast 눈사태 예보
snow avalanche from roof 낙설
snow avalanche from the cutting slope 경사면 눈사태
snow avalanche wind 눈사태 바람
snow ball 눈덩이, 눈뭉치
snow blowing 날린눈, 높날림눈
snow break forest 방설림
snow cloud 눈구름
snow cornice 설비
snow crystal 눈결정, 눈송이
snow damage 설해
snow damage to traffic 교통설해
snow density 눈밀도
snow depth 눈깊이/적설심
snow depth meter 적설심계
snow dimple 눈웅덩이
snow dirft gauge 설량계
snow disposal field 적설지
snow drift 풍적설
snow drift density 풍적설 밀도
snow drift transport rate 풍적설 이송률
snow fence 적설책, 방설책, 눈막이울타리
snow line 설선
snow load 설하중
snow load on loof 옥상설하중
snow melting coefficient 융설계수
snow melting reservoir 융설 저수지
snow on roof 옥상설
snow patch 설전
snow pile 적설
snow removal 제설
snow removing ditch 유설구
snow roller 두루마리눈
snow sampler 채설기
snow shed 눈사태막이
snow slide on roof 옥상눈사태
snow stake 실척, 눈자
snow surface temperature 눈표면온도
snow survey 눈측정, 적설조사
snow sweeping 제설
snow temperature 설온
snow throwing 날린눈, 높날린눈
snow tire 스노우타이어, 겨울용 타이어
snow type 설상
snow weight meter 중량식 적설계
snowfall 강설, 강설량
snowfall detector 강설 검지기
snowfall intensity 적설강도
snowflake 눈결정, 눈송이
snowflakes 함박눈
snowmelt 융설
snowmelt disaster 융설 재해
snowmelt mechanism 융설설비
snowmelt runoff 융설수, 융설유출
social capital council river subcommittee 공공하천소위원회
social participation 사회참여
social security 사회적 안보

social vulnerability 사회적 취약성
socially disadvantaged groups 사회적 취약계층
socio-natural hazard 사회-자연적 위험
sodar 음향 측심계/음파기상탐지기
soft ground 연약지반
soft rime 연한상고대
soil borehole log 토질검층기록
soil compaction works 토양다짐
soil crust 토양피각, 토양피막
soil erosion 토양침식
soil failure 토사붕괴
soil removal works 배토공사
soil water 토양수
soil-structure interaction 지반-구조물 상호작용
soil-structure system 지반-구조물 시스템
solfatara 유기공
solfataric alteration 열수변질작용
solid combustible 가연성/가연성 고체
solidity ratio 충실률
solifluction 동활침식, 솔리플럭션
somma 외륜산
sound water cycle system 건강한 물순환체계
span 경간
spatial grid dam 공간그리드 댐
Special Action Low for Preservation of Sufferer's Right and Interests from Severe Disaster 재해민의 권리 보존에 관한 특별조치법
special escape stairs 특별피난계단
special forest fire management area 특별산불관리지역
specific area of snow cover 적설특별지역
specific sediment discharge 비유사량
spectrum intensity 스펙트럼 강도
spillway 여수로
spiral hoop 나선근
spontaneous evacuation 자발적 대피
spontaneous ignition 자연발화
spray icing 아이싱 스프레이
spread of diseases 질병확산
spreading earthquake fires 지진화재전파
spring 용천, 샘
sprinkler system 스프링클러, 살수장치
squall-line 선상 대류
square-root exponential-type distribution of maximum 최대치 제곱근 지수분포
stability analysis 안정해석
stable channnel 안정수로
stack effect 굴뚝효과
stagnation point 정체점
standard for structural calculation 표준구조계산
standard of fire defence capabilities 화재대응능력 표준
standard of fire department water source 소방용수 표준
standard penetration test 표준관입시험
standing wave pressure 정상파압
state of emergency 긴급사태, 비상사태
static pressure 정압력
static seismic coefficient method 응답진도법
stationary front 정체전선
statistics 통계학
steady flow 정상류
steam explosion 수증기 폭발
steel building structure 철골건물
steel structure 강구조물
steep slopes 급경사
step diagram 단계도해
stepped dams 계단댐
stiffener 보강재
stirrup 스터럽
storage capacity for flood control 홍수통제 저류능력
storage function method 저류함수모형
storm beach 폭풍 해빈
storm propagation 폭풍 전파
storm surge 폭풍해일

storm surge countermeasures 폭풍해일 대책
storm surge damage 폭풍해일 피해/고조피해
storm-water utilization 빗물이용
story stiffness ratio 강성률
strain energy 변형에너지
stratification 층리
stratovolcano 성층화산
stream bed sediment 하상유사
stream bed slope 흐름 바닥경사
stream path 유로
streamside forest 수변림
strength 강도
strength at elevated temperature 고온 강도
strength test of weak later 사후 취약강도시험
stress concentration 응력 집중
stress-strain curve 응력-변형률 선도
strip theory 스트립 이론
Strombolian eruption 스트롬볼리식 분출, 스트롬볼리식 분화
strong motion observation 강진 관측
Strouhal number 스트로우홀 수
structural and non-structural measures 구조적 비구조적 대책
structural damage of buildings 구조상 구조물의 손상
structural engineering 구조공학
structural landform 구조지형
structural member 구조 부재
structural response control 구조 응답 제어
structural stability at elevated temperature 고온상 구조물 안전성
structure 구조물
structure of the earth's interior 구조물 내진설계
studded tire 스터드 타이어
studies on snow and ice 설빙학
studless tire 스터드리스 타이어
submarine debris flow 해저 유사이송
submarine eruption 해저 폭발
submarine landslide 해저 산사태
submarine volcano 해저 화산
subsidence 침강
subsurface erosion 지중침식
subsurface flow 지표하 흐름
subterranean rumbling 지동
suction 흡입
sudden disasters 긴급 재난
summer half year forecast 여름철 예보
summit eruption 화산 폭발
super cell storm 초대형 폭풍
super high-rise buildings 초고층 건물
super levees 대규격 제방
super volcano 수퍼화산
supply and demand of medical services 의료 서비스 수요와 공급
supply control rate 급수 제한 속도
supporting structure for snow avalanche 눈사태 지지물
surf zone 쇄파대
surface ground 표층 지반
surface hoar 표면 서리
surface inversion 접지역전층
surface runoff 표면 유출
surface soil layer 표 토양층
surface wind 지상풍
surge 해일
survey of earthquake damage 지진 피해 조사
survivor's guilt 생존자 외상
suspended load 부유 모래
suspended solids 부유 물질
sustainable development 지속 가능한 개발
swell 너울
Swiss Disaster Relief unit(SDR) 스위스 재해 구조대
system analysis 시스템 해석
system interaction 시스템 상호작용
system reliability 시스템 신뢰성

[T]

talus cone 애추

Tay bridge collapse 테이 다리 붕괴

Technical standards for river works 하천 사방 기술 기준

Techniques for lifeline analysis 라이프 라인 해석 기법

technological hazard 기술적 위험

Technological hazards 산업재해

tectonic landform 구조지형

tectonic movement 지반 운동

tectonic stress 지체응력

telecommunications facilities 정보통신시설

telemeter 원격측정기

telephone communication control 통화통제

telephone traffic congestion 폭주

temperature lapse rate 기온 감률

temporary accommodation at social welfare facilities 일시 입소

temporary building 가설 건축물

temporary complex factories 공동 가설 공장

temporary complex stores 공동 가설 상점

temporary factories 가설 공장

temporary house 응급 가설 주택

temporary houses for urban redevelopment project 사업용 가설 주택

temporary medical clinics located near tem porary housing unit 임시 진료소

Temporary Modulation Law for rights of Leased Lands and Rental Houses in Stricken 임시 변조법을 완화시켜 지역 및 임대 주택의 권리를 재앙으로 피해를 입은 지역

temporary shops and store-houses 가설 점포

tephra 테프라

tephrochronology 테프라연대학

terrace 단구

terracing 계단댐

thawing and refreezing 융해 재동결

thermal decomposition 열분해

thermal detector 열 탐지기

thermal stress 열응력

thermal thunderstorm 열뢰

thermoplastic substance 열가소성 물질

thermosetting substance 열경화성 재료

thin section of ice 얼음박편

thinking way of yakiya-zukuri 달구어가의 사상

tholoide 종상화산

thunderstorm 뇌우

thunderstroke 낙뢰

tidal area 감조구역

tidal flat 갯벌

time series analysis 시계열 분석

time-limited water supply 시간급수

tolerable limit of human body 인체의 수인 한계

topographic map 지형도

topographic map of active volcanoes 화산 기본 지형도

toppling 토플링

topsoil 표 토양층

tornado 토네이도

torrent stream 황폐 계류

torsional oscillation 비틀림 진동

total floor area ratio 총용적률

toxic gas 유독가스

track facility 궤도 장비

traffic facility 교통시설

traffic load 교통 하중

training dyke/training levee 도류공/논공학 도류제

transfer function 전달함수

transfer of water right 물 권리 이전

transportation facility 교통시설

travel time 이동시간

travelers and other non-residents 여행객과 비거주자

treatment plant 처리장

trench type earthquake 해구형 지진

triangulation 삼각측량
triggering factor 사면 붕괴의 유도
tropical cyclone 열대성 사이클론
Tropical Cyclone Program 열대 저기압 계획
Tropical Rainfall Measuring Mission 열대 강우 측정 미션
trunk fire 나무줄기 화재
truss 트러스
Trust 위탁
tsunami 쓰나미
tsunami 지진해일
tunnel 터널
tunnel fire 터널 화재
turbidity 탁도
turbidity current 저탁류
turbulence model 난류 모델
turbulent boundary layer 난류 경계층
turbulent flame 난류 화염
turbulent flow 난류
turnover rate of shelves 선반 등의 전도율
typhoon committee 태풍위원회

[U]

UN · FAO World Food Program(WFP) 유엔 · FAO 세계식량계획
underground erosion 지중침식
underground inundation counter measures 지하 공간 침수대책
underground tunnel system 지하 터널 시스템
ungated control method 자연 조절 방식
uniaxial compressive strength 일축 압축 강도
uniform flow 등류
uniformity coefficient 균등계수
unit hydrograph method 단위도법
United Nations Children's Fund(UNICEF) 유엔아동기금
United Nations Convention on the Law of the sea 유엔 해양법협약
United Nations Development Program(UNDP) 유엔개발계획
United Nations disaster situation report 유엔 재해 구호 상황 보고
unsafe conditions 불안전 상태
unstable factor 사면 붕괴의 소인
unstable water intake 불안정 취수
unsteady aerodynamic force 비정상 공기력
unusual tide 이상조위
unusual weather 이상기후
uplifting 융기
upper floor fire spread 위층 연소
upper mantle 상부맨틀
upply control 급수 제한
urban disaster 도시재해
urban fire 도시 화재
urban fire induced flow 시가지 화재기류
urban fire prevention measures 도시 방화대책
urban fire risk 도시 화재위험
urban flooding 도시 홍수
urban reconstruction 도시 재건
urban reconstruction plan 도시 재건 계획
urban reconstruction plan after the Iida city fire 이이다 대화재 복구 계획
urban reconstruction planning manual 도시 재건 계획 수립교범
Urban Redevelopment Law 도시재개발법
urban redevelopment master plan 도시재개발 종합계획
urban redevelopment project 도시재개발사업
urban snow damage 도시 눈 피해
users in transportation system 교통 체계 사용자
utility tunnel 공동구

[V]

valley density 계곡밀도
valley plain 곡저 평야

variation of land readjustment projects 토지구획 정리사업의 변화

velocity pressure 속도압

ventilation controlled fire 환기지배형 화재

ventilation factor 환기계수

very-short-range forecast 단기 기상예보

vibration 진동

vibration control design 제진설계

vibration sensor 진동 센서

virtual point heat source/a virtual origin of fire 가상 열원

visibility 가시성

visibility of blowing snow 날린 눈에 의한 가시성

void ratio 간극비

volcanic (magma) conduit 화도관

volcanic activity 화산활동

volcanic ash 화산재, 화산회

volcanic bomb 화산탄

volcanic column 분연주

volcanic crater 분화구

volcanic crustal (ground) deformation 화산 지각 변동

volcanic disasters 화산 재해

volcanic earthquake 화산성 지진

volcanic earthquake 화산지진

volcanic ejecta 화산분출물

volcanic explosivity Index(VEI) 화산 폭발 지수

volcanic gas 화산 가스

volcanic gravel 화산자갈

volcanic hazard map 화산 위험도

volcanic lightning 화산뢰

volcanic product 화산 분출물

volcanic rock 화산암

volcanic rumbling 화산성 우레

volcanic sand 화산 모래

volcanic spine 화산 돌기

volcanic sublimate 화산 승화물

volcanic thunder 화산뢰

volcanic tremors 화산성 미동

volcanism 화산작용

volcano hazard assessment 화산 위험 예측

volcano monitoring 화산 모니터링

volcano observation 화산 모니터링

volcano-tectonic depression 화산 지형

volume strainmeter(-strain guage) 부피 변형계

voluntary risks 자발적 위험

volunteer 자원봉사자

volunteer activity in disaster 재난 자원봉사 활동

volunteer center in disaster 재난 자원봉사 센터

volunteer coordination(in disaster) 자원봉사 협조

volunteer fire corps 의용소방대

volunteer with special skills 유/무자격 자원봉사자

volunteer without special skills 유/무자격 자원봉사자

vortex 와류

vortex induced vibration 와류 진동

Vulcano Italia 불카노 섬

vulnerability 취약성

[W]

wall ratio 벽률

warm front 온난전선

warm rain 온난 우

warm winter 따뜻한 겨울

warning 경보

warning area 경보지역

warning facility 경보시설

warning for flood fighting 홍수 경보

warning lead-time 경보 선행시간

warning overkill 과잉 경보

warning statement 경보(고) 성명

wash load 워쉬로드

wastewater reuse system 중수도
water catchment well 집수정
water content 함수량
water for hydropower generation 발전용수
water gate 통문
water passage 물길, 수로, 송수관
water path 물길, 수로, 송수관
water pipe 물길, 수로, 송수관
water pollution 수질오염
water quality improvement 수질개선
water reuse 물 재이용
water storage in urban area 도시유역의 저류
water supply 윤번관개
water supply equipment 물 공급 시설
water supply for limited hours 시간급수
water supply in reduced pressure 감압급수
water supply system for miscellaneous use 중수도
water transmission facilities 도수시설
water utilization planning 이수계획
water warming facilities 물 보온 시설
water-saving activity 물 절약 활동
water-saving awareness 물 절약 의식(절수 의식)
water-saving campaign 물 절약 캠페인
water-saving society 물 절약 사회
waterway 물길, 항로
wave absorbing structure 직립 소파
wave climate 파랑 기후
wave diffraction 파랑 회절
wave drift force 파 표류력
wave exciting force 파력
wave forecasting(hindcasting) 파랑 예보
wave pressure formulae 파압공식
wave reflection 파의 반사
wave refraction 파랑의 굴절
wave run-up 파랑의 처오름
wave scattering 산란파
wave setup 평균 수위상승
wave shoaling 천수변형
wave spectrum 파랑 스펙트럼
wave transformation 파의 변형
wave-making resistant force 조파저항
weather advisory 기상 주의보
weather control 기상 개조
weather modification 기상 개조
weather radar 기상레이더
weather warning 기상 경보
weir 둑
wet injury 습해
wet tongue 습설
whiteout 화이트 아웃
whole of earthquake fires 지진 화재
wide area evacuation 광역 피난
wide area evacuation plan 광역 피난 계획
wide area mutual aid agreement for disaster prevention 광역 공제 계약
wind damage 풍해
wind engineering 풍공학
wind flow over mountain 산악풍
wind force scale 풍력계급
wind induced vibration 내풍진동/바람 유발 진동
wind load 풍하중
wind machine method 윈드 머신 : 방상선
wind pressure 풍압
wind profile 바람 프로파일
wind profiler 바람 프로파일러
wind resistant design 내풍설계
wind tunnel 풍동 터널
wind tunnel testing 풍동시험
wind waves 풍랑
wind-borne missile 광풍
windbreak fence 방풍 울타리
windbreak forest 방풍림
wire trap sensor 와이어트랩 센서
wooden building 목조 건축물
woody debris 나무 잔해
woody debris trap 나무 잔해 구덩이

working lifetime 내용연수(내용기간)

World Health Organization(WHO)
세계보건기구

World Meteorological
Organization(WHO) 세계기상기구

world weather watch program
세계기상 감시 프로그램

wrong information 오보

[Y]

yellow sand dust 황사

yield point 항복점

Young's modulus 영 계수

[Z]

zero meter area(zero meter region)
영표고 지역

zero-order valley 중공

[Etc.]

(unimpaired) design flood hydrograph
기본 고수

집 필 진

(사)한국방재학회 출판위원회

김문모 신구대학교
김병식 강원대학교
김 영 경상대학교
김태환 용인대학교
노경수 승우엔지니어링
류태창 소방공인시장진흥공단
백민호 강원대학교
송창근 인천대학교
송창영 한국재난인전기술원
이민철 인천대학교
이승오 홍익대학교
이원호 광운대학교
전계원 강원대학교
전병희 강원대학교
정덕훈 동국대학교
정상만 공주대학교
정창삼 인덕대학교

재난안전 용어사전

초판인쇄 2015년 11월 17일
초판발행 2015년 11월 27일

저　　자 한국방재학회
펴 낸 이 김성배
펴 낸 곳 도서출판 씨아이알

책임편집 박영지
디 자 인 김나리, 황수정
제작책임 이헌상

등록번호 제2-3285호
등 록 일 2001년 3월 19일
주　　소 (04626) 서울특별시 중구 필동로8길 43(예장동 1-151)
전화번호 02-2275-8603(대표)
팩스번호 02-2275-8604
홈페이지 www.circom.co.kr

I S B N 979-11-5610-169-7 (91530)
정　　가 32,000원